VLSI Circuits and Embedded Systems

超大规模集成电路与嵌入式系统

(孟加拉) 哈菲兹·穆罕默德·哈桑·巴布 著
(Hafiz Md. Hasan Babu)

雷鑑铭 王真 等译

·北京·

内容简介

本书系统介绍了超大规模集成电路（VLSI）与嵌入式系统的设计与应用。全书共分为4个部分：第1部分主要介绍决策图（DD），DD广泛使用计算机辅助设计（CAD）软件进行综合电路和形式验证；第2部分主要涵盖多值电路的设计架构，多值电路能够改进当前的VLSI设计；第3部分涉及可编程逻辑器件（PLD），PLD可以被编程，用于在单个芯片中为VLSI和嵌入式系统整合复杂的逻辑函数。第4部分集中介绍用于嵌入式系统的数字电路设计架构，最后还结合大量实例介绍VLSI与嵌入式系统的应用。

本书适合从事超大规模集成电路与嵌入式系统设计及应用的从业者，也可供院校集成电路相关专业师生学习参考。

VLSI Circuits and Embedded Systems by Hafiz Md. Hasan Babu
ISBN 978-1-032-21608-9
CRC Press is an imprint of Taylor & Francis Group, LLC

图书在版编目（CIP）数据

超大规模集成电路与嵌入式系统 /（孟加拉）哈菲兹•穆罕默德•哈桑•巴布（Hafiz Md. Hasan Babu）著；雷鑑铭等译. -- 北京 : 化学工业出版社，2025. 3.
ISBN 978-7-122-47051-5

Ⅰ. TN470.2

中国国家版本馆CIP数据核字第2025Q1A297号

责任编辑：毛振威　　装帧设计：韩　飞
责任校对：边　涛

出版发行：化学工业出版社
（北京市东城区青年湖南街13号　邮政编码100011）
印　　装：河北延风印务有限公司
787mm×1092mm　1/16　印张24　字数557千字
2025年4月北京第1版第1次印刷

购书咨询：010-64518888　　售后服务：010-64518899
网　　址：http://www.cip.com.cn
凡购买本书，如有缺损质量问题，本社销售中心负责调换。

定　　价：158.00元

译者序

21 世纪以来，“后摩尔时代”持续推动电子电路，尤其是集成电路（IC）及嵌入式系统行业的创新与发展。超大规模集成电路（VLSI）与嵌入式系统作为科技发展的核心驱动力，对现代社会的各个方面都产生了深远的影响。*VLSI Circuits and Embedded Systems* 是一本全面介绍集成电路与嵌入式系统领域最新知识和技术的书籍，为了与更多的中国读者分享该书的知识，我决定将其翻译为中文。在化学工业出版社的大力支持下，华中科技大学集成电路学院在超大规模集成电路与嵌入式系统设计领域长期从事一线科研及教学研究的老师们精心翻译了本书。

翻译这本书的过程，不仅是对原文的准确传达，更是对知识和技术的深入学习和理解。我们力求在保持原文严谨性和专业性的同时，尽可能让中文读者能够流畅地阅读和理解。在这个过程中，我得到了许多同行和专家的帮助和支持，他们的宝贵意见和建议使译文更加完善和准确。

本书涵盖两大主题，分为 4 个部分。第 1 部分是决策图，共 6 章，描述了几种决策图的方法和技术，如共享多端二元决策图（SMTBDD）、特征函数的二元决策图（BDD for CF）、共享多值决策图（SMTDD）、多输出函数的多值决策图（MDD）等；第 2 部分介绍了多值电路的设计架构；第 3 部分介绍了可编程逻辑器件（PLD）的设计方法；第 4 部分介绍了数字电路的设计架构，对除法器电路、TANT 电路、加法器、SoC 测试自动化集成框架、基于忆阻器的 SRAM、微处理器等的构造方法进行了解释和说明。本书适合集成电路科学与工程、电子科学与技术等一级学科领域技术人员阅读，也可作为高等院校相关专业领域研究生及高年级本科生的教材或专业参考书。

本书由华中科技大学集成电路学院副院长雷鑑铭教授负责组织并完成全书翻译工作，参与翻译工作的还有华中科技大学集成电路学院及华中科技大学国家集成电路产教融合创新平台王真老师，以及胡昂老师，硕士研究生欧阳阁、魏祎彬、祁博闻、文宇凡等对本书翻译工作也作出了很大的贡献。本书在翻译工作中得到了华中科技大学集成电路学院邹雪城教授、刘冬生教授等诸多老师的帮助及支持，在此一并表示感谢。特别感谢文华学院外语学部英语系肖艳梅老师的审校。

译　者

原书前言

超大规模集成是微芯片处理器、集成电路和组件设计中应用最广泛的技术之一。最初设计的微芯片仅集成数千个晶体管，今天超过了数十亿个晶体管。所有这些晶体管都被极度集成并嵌入到一个微芯片中，随着时间的推移，芯片尺寸已经缩小，但仍有能力容纳大量晶体管。在超大规模集成电路中，数十亿晶体管的集成提升了设计方法，也确保了更高的运行速度、更低的功耗、更小的电路尺寸、更高的可靠性和更低的制造成本。超大规模集成电路芯片广泛应用于工程的各个领域，如语音和数据通信网络、数字信号处理、计算机、商业电子、汽车以及嵌入式系统。超大规模集成电路在高性能计算、电信和消费电子领域的重要性一直在快速持续提高。

嵌入式系统是基于微处理器或微控制器的硬件和软件系统，用于大型机械或电气系统中执行特定功能。嵌入式系统不同于通用计算机，后者被设计用于处理广泛的任务。因为嵌入式系统的设计仅用于执行某些任务，设计工程师可以优化尺寸、成本、功耗、可靠性和性能。嵌入式系统的复杂性因其设计的任务而异。其应用范围从数字手表、微波炉到混合动力汽车和航空电子设备等。所有微处理器中，有多达 98% 用于嵌入式系统。嵌入式系统便于大规模生产，从而降低了单价。它们高度稳定、可靠，体积非常小，便于在任何地方携带和装载。同时它们的速度也很快，耗电量也较小。此外，它们优化了资源的使用。由于以上原因，嵌入式系统日益普及。

本书主要涵盖两个广泛的主题：超大规模集成电路和嵌入式系统。这两个主题进一步分为四个部分：决策图、多值电路设计架构、可编程逻辑器件和数字电路设计架构。

决策图部分主要涵盖各种类型的决策图，如二元决策图、共享多端二元决策图，基于共享多端多值决策图的多输出函数的时分复用（TDM）实现，使用多值伪克罗内克（Kronecker）决策图的多输出开关函数。

具有两个以上逻辑电平的电路被称为多值电路，并且它们具有通过减少芯片上互连来减小面积的潜力。多值电路的设计架构部分主要涵盖多值逻辑（MVL）的基础，使用传输管逻辑的 MVL 触发器，基于电压模式传输管的多值多输出逻辑电路，多值输入二值输出函数，使用多值 Fredkin 门的数字模糊运算，使用查找表（LUT）来降低复杂性的多值多输出逻辑表达式。

可编程逻辑器件（PLD）是一种用于构建可重构数字电路的电子元件。可编程逻辑器件部分主要包括基于LUT的神经网络矩阵乘法，使用传输管逻辑的易测试可编程逻辑阵列（PLA），用于译码PLA输入分配的遗传算法，使用LUT合并定理的基于FPGA的乘法器，基于LUT的BCD加法器和乘法器的设计，使用鸽笼原理的基于LUT的矩阵乘法器电路，FPGA的布局布线算法，基于FPGA的可编程逻辑控制器（PLC）和通用的复杂可编程逻辑器件（CPLD）电路板。

数字电路的设计架构部分主要包括基于商和部分余数的并行计算设计除法器电路，最小化TANT电路和构造最优TANT网络的算法，使用神经网络的非对称高基有符号数加法器，使用忆阻器的非易失性6管静态随机存取存储器和电阻式随机存取存储器的设计，芯片测试自动化系统的容错微处理器和集成框架的设计。

超大规模集成电路与嵌入式系统的一些重要应用也在这本书中得到了很好的讨论：VLSI的实际实现，如工业工厂中的自主机器人、5G网络中的VLSI、用于质量控制的智能视觉技术等；嵌入式系统的实际实现，如用于路灯控制的嵌入式系统、自动售货机、用于车辆跟踪的嵌入式系统等。通过这些应用，使读者能更好地了解超大规模集成电路与嵌入式系统。

本书对于超大规模集成电路与嵌入式系统领域的读者，无论其处于初学者还是专家水平，均有所裨益，也适合作为本科生和研究生的教材。本书同样适用于全球范围内这一备受尊崇领域的教职员工及研究人员。此外，对于致力于嵌入式系统行业的专业人士而言，本书也充满吸引力。

Hafiz Md. Hasan Babu

E-mail: hafizbabu@du.ac.bd

致谢

我要向在超大规模集成电路和嵌入式系统领域工作的研究人员和我亲爱的学生们表示最诚挚的感谢。本书内容是根据每章末尾列出的各种研究工作汇编而成的。

感谢父母和家人对我的无尽支持。最重要的是，要感谢我的妻子 Sitara Roshan、女儿 Fariha Tasnim 和儿子 Md. Tahsin Hasan 为完成本书提供的宝贵帮助。

最后，还要感谢 A. S. M. Touhidul Hasan 博士和 Md. Solaiman Mia，他们为完成本书提供了支持和宝贵的时间。

目录

缩略语

ANN	Artificial Neural Network：人工神经网络
ASIC	Application Specific Integrated Circuit：专用集成电路
AHSD	Asymmetric High-radix Signed-digit：非对称高基有符号数
ASSPs	Application Specific Standard Products：专用标准产品
BCD	Binary Coded Decimal：二进制编码的十进制
BIST	Built in Self-test：内建自测试
CF	Carry-free：无进位
CPU	Central Processing Unit：中央处理器
CPLD	Complex Programmable Logic Device：复杂可编程逻辑器件
DCT	Discrete Cosine Transform：离散余弦变换
DRAM	Dynamic Random Access Memory：动态随机存取存储器
DSP	Digital Signal Processor：数字信号处理器
EAG	Enhanced Assignment Graph：增强分配图
EDA	Electronic Design Automation：电子设计自动化
FPGA	Field Programmable Gate Array：现场可编程门阵列
GA	Genetic Algorithm：遗传算法
GPU	Graphics Processing Unit：图形处理器
GMP	Generalized Modus Ponens：广义肯定前件
GMT	Generalized Modus Tollens：广义否定后件
GSM	Global System for Mobile Communications：全球移动通信系统
HDL	Hardware Description Language：硬件描述语言
IP	Intellectual Property：知识产权
IPU	Image Processing Unit：图像处理单元
MVFG	Multi-Valued Fredkin Gates：多值 Fredkin 门
MRRAM	Memristor-based Resistive Random Access Memory：基于忆阻器的电阻式随机存取存储器
MSB	Most Significant Bit：最高有效位

MVL Multiple-Valued Logic：多值逻辑

LED Light Emitting Diode：发光二极管

LUT Look-up Table：查找表

NN Neural Network：神经网络

NOW Network of Workstations：工作站网络

NPU Neural Processing Unit：神经处理单元

OTF Only Tail Factor：仅含尾部因子

PISO Parallel-in to Serial-out：并入串出

PIPO Parallel-in to Parallel-out：并入并出

PKDD Pseudo-Kronecker Decision Diagrams：伪克罗内克决策图

PLA Programmable Logic Arrays：可编程逻辑阵列

PLC Programmable Logic Circuits：可编程逻辑电路

PLD Programmable Logic Devices：可编程逻辑器件

PTL Pass Transistor Logic：传输管逻辑

RFT Reversible Fault Tolerant：可逆容错

SBDD Shared Binary Decision Diagram：共享二元决策图

SER Single Event Radiation：单粒子辐射

SIPO Serial-in to Parallel-out：串入并出

SISO Serial-in to Serial-out：串入串出

SRAM Static Random Access Memory：静态随机存取存储器

SoC System-on-Chip：片上系统

TAMs Test Access Mechanisms：测试访问机制

TDM Time Division Multiplexing：时分复用

VLSI Very Large Scale Integration：超大规模集成（电路）

第1部分

决策图

计算机被用来处理多样化的应用场景，比如在工厂中调度汽车生产线，在高层建筑中规划电梯路线，检测DNA以诊断疾病，甚至也可以帮助你决定接下来要看哪部电影。问题日益复杂，但计算机科学家始终致力于设计更快的算法，以适应不断变化的数据量。决策图（DD）已应用于计算机科学和人工智能（AI）领域数十年，用于进行逻辑电路设计、产品配置等。

二元决策图（BDD）以其在逻辑领域、验证和模型检查中的应用而闻名。二元决策图和多值决策图（MDD）是表示函数或元组集合的有效数据结构。在固定数量的变量上定义的MDD是一个层次化的有源的有向无环图（DAG），它将一个变量与其每一层相关。MDD具有指数压缩能力，并且被广泛用来求解。MDD有一个根节点，以及两个潜在的终端节点，即真终端节点和伪终端节点。与变量相关的每个节点最多可以有与变量域的值一样多的输出弧，并且这些弧由这些值标记。有效路径弧的标签向量表示有效元组。

多值决策图（MDD）是一种图形结构，已然成为表示二元和多值逻辑函数的最先进手段。最近文献中出现了许多关于MDD的研究，其中包括一些与MDD包的实现的有关问题。相继出现的自动机可以被视为未精简的MDD。此外，BDD和MDD在优化中的应用越来越多。在过去的几十年里，许多研究展示了如何有效地使用它们来建模和解决多种优化问题。MDD的一个优点是具有固定数量的变量，并且通常有很高的压缩比。然而，MDD的大小可能呈指数级增长，并且这在实践中确实会发生。

多年来，多值逻辑函数的二级表达式及其最小化一直是研究的热点。这个问题很重要，因为它提供了一种电路实现的优化方法，这些电路是二级表达式的直接转换。因此，二级逻辑表示会直接影响使用可编程逻辑阵列（PLA）的宏单元设计风格。Reed-Muller规范形式可以通过多种方式扩展到多值逻辑，主要取决于其运算的推广方式。人们已经提出了许多扩展建议。在这些扩展运算中，AND（与）和XOR（异或）运算（相应地，相当于乘法和模2加法）被推广到加法和乘法。开关函数的分解是一项重要任务，因为当分解成为可能时，它在网络综合中会带来许多优势。与此同时，这是一项艰巨的任务。

多端二元决策图（MTBDD）是通过允许整数或复数作为恒定节点的值而演进的BDD的推广。因此，MTBDD表示有限二元分组的整值或复值函数。直截了当的操作就是对任意分组函数进行推广。在这种情况下，MTBDD中的节点被具有两个以上输出边的节点替换。

第1章从共享多端二元决策图（SMTBDD）开始，介绍了一种使用SMTBDD表示多个输出函数的方法，还比较了三种BDD。

第2章描述了一种构造特征函数（CF）的较小二元决策图的方法，推导了n位加法器（adr$n$）CF的BDD节点数的上限，还比较了SBDD、MTBDD和用于CF的BDD的大小。

第3章介绍了一种使用共享多值决策图（SMDD）表示多个输出函数的方法，还提出了一些算法来配对二元决策图（BDD）的输入变量，并找到SMDD中多值变量的良好排序，推导了一般函数和对称函数的SMDD的大小。

第4章介绍了一种最小化多个输出函数的多值决策图（MDD）的方法，介绍了启发式算法，以最小化多个输出函数的多值决策图（MDD），还介绍了各种函数的MDD大小的上限。

第5章考虑了基于决策图设计多输出网络的方法，TDM（时分复用）系统在一条线路上传输多个信号，TDM方法减少了模块之间的互连。

第6章介绍了一种构造较小的多值伪克罗内克（Kronecker）决策图（MVPKDD）的方法。该方法首先由给定的二值输入二值输出函数生成四值输入二值多输出函数，然后构建了一个四值决策图（四值DD）来表示生成的四值输入函数。

第1章

共享多端二元决策图

逻辑函数的有效表示在逻辑设计中非常重要，有很多方法来表示逻辑函数。其中，基于图的表示，如二元决策图（BDD），被广泛用于逻辑综合、测试和验证。在逻辑模拟中，相比传统方法，基于 BDD 的方法提供了一定量级的潜在加速效果。现实生活中，许多实用的逻辑函数都是多输出的。

本章描述了一种使用共享多端二元决策图（SMTBDD）表示 m 个输出函数的方法。SMTBDD(k) 由多端二元决策图（MTBDD）组成，其中每个 MTBDD 表示 k 个输出函数。SMTBDD(k) 是共享二元决策图（SBDD）和 MTBDD 的推广：对于 k=1，它是 SBDD；对于 $k = m$，它是 MTBDD。BDD 的大小是节点的总数。SMTBDD(k) 的特点是：①它们通常小于 SBDD 或 MTBDD；②它们同时评估 k 个输出。本章还介绍了一种算法，用于对输出函数进行分组以减少 SMTBDD(k) 的大小。$\text{SMTBDD}_{\text{min}}$ 表示较小的 SMTBDD，是具有较少节点的 SMTBDD(2) 或 SMTBDD(3)。

1.1 引言

本章介绍了三种不同的方法来使用 BDD 表示多输出函数：共享二元决策图（SBDD），多端二元决策图（MTBDD）和共享多端二元决策图（SMTBDD）。图 1.1 给出了一个 SMTBDD(k) 的一般结构，其中 k=3。使用 SMTBDD(k) 的输出评估比 SBDD 快 k 倍，因其同时评估 k 个输出。对于大多数函数，SMTBDD(k) 小于相应的 MTBDD。在现代大规模集成电路（LSI）中，尽管可以集成更多的门电路，但减少引脚的数量并不那么容易。SMTBDD 的多输出网络的时分复用（TDM）实现和减少硬件一样有助于减少引脚数量。SMTBDD(k) 也有助于查找表型 FPGA（现场可编程门阵列）设计、逻辑仿真等。本章介绍 SMTBDD(3)。

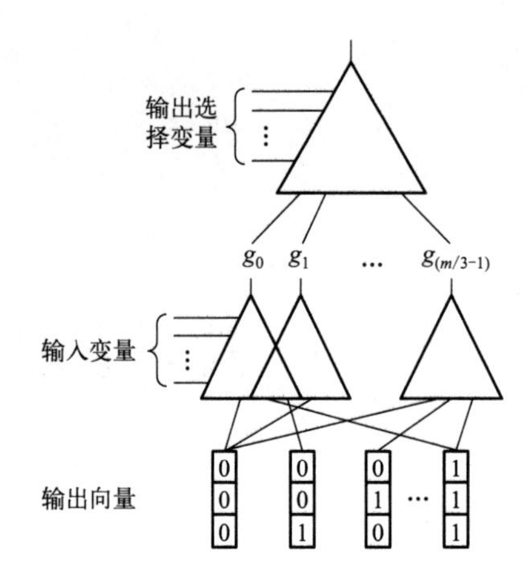

图 1.1 SMTBDD(k) 的一般结构，其中 k=3

1.2 预备知识

本节介绍多输出函数和 SMTBDD(k) 的定义和性质。

性质 1.2.1 设 $B=\{0,1\}$。一个具有 n 个输入变量 $x_1,\cdots,x_n$ 和 m 个输出变量 $y_1,\cdots,y_m$ 的函数是 $f:B^n\to B^m$，其中 $\boldsymbol{x}=(x_1,\cdots,x_n)$ 是输入向量，$\boldsymbol{y}=(y_1,\cdots,y_m)$ 是 f 的输出向量。

例 1.1 表 1.1 显示了一个 2 输入 6 输出函数。

表 1.1 2 输入 6 输出函数

输入		输出					
x_1	x_2	f_0	f_1	f_2	f_3	f_4	f_5
0	0	0	1	0	0	1	1
0	1	0	1	0	0	1	1
1	0	1	1	1	0	1	0
1	1	0	1	1	1	0	1

性质 1.2.2 设 $\boldsymbol{F}(a)=(f_0(a),f_1(a),\cdots,f_{m-1}(a))$ 是对于输入 $\boldsymbol{a}=(a_1,a_2,\cdots,a_n)\in B_n$ 的 m 个函数的输出向量。两个输出向量 $\boldsymbol{F}(a_i)$ 和 $\boldsymbol{F}(a_j)$ 是不同的，当且仅当 $\boldsymbol{F}(a_i)\neq\boldsymbol{F}(a_j)$。设 r 是 $\boldsymbol{F}(a)=(f_0(a),f_1(a),\cdots,f_{m-1}(a))$ 中不同输出向量的数量。

例 1.2 考虑表 1.1 中的 2 输入 6 输出函数。不同的输出向量有 (0, 1, 0, 0, 1, 1)、(1, 1, 1, 0, 1, 0) 和 (0, 1, 1, 1, 0, 1)。因此，不同输出向量的数量是三个，即 r=3。

性质 1.2.3 设 $f_0,f_1,\cdots,f_{m-1}$（$f_i\neq 0$）彼此不相交，即 $f_i\cdot f_j=0$，并且 $i\neq j$。然后，对于 $F(x)=(f_0(x),f_1(x),\cdots,f_{m-1}(x))$，其不同输出向量的数量是 m 或 $m+1$。

证明 1.1 由于 $f_0,f_1,\cdots,f_{m-1}$ 是彼此不相交的，在向量 $\boldsymbol{F}(x)=(f_0(x),f_1(x),\cdots,f_{m-1}(x))$ 中，至多只有一个输出 $f_i(x)$（其中 i=0, 1, ⋯, m−1）是 1，而其他的都是 0。因此，不同输出向

量的数量至少是 m。另一方面，当存在全零的输出向量时，不同输出向量的数量是 $m+1$。

例 1.3　考虑表 1.2 中的 2 输入 m 输出函数，其中 $m=3$。函数 f_0、f_1 和 f_2 的不同输出向量是 (1, 0, 0)、(0, 1, 0) 和 (0, 0, 1)。因此，不同输出向量的数量是 m。现在，考虑表 1.3 中的 2 输入 3 输出函数。f_0、f_1 和 f_2 中的不同输出向量是 (1, 0, 0)、(0, 1, 0)、(0, 0, 1) 和 (0, 0, 0)。在这种情况下，不同输出向量的数量为 $m+1$。

表 1.2　具有三个不同输出向量的 2 输入 3 输出函数

输入		输出		
x_1	x_2	f_0	f_1	f_2
0	0	1	0	0
0	1	0	1	0
1	0	0	0	1
1	1	0	1	0

表 1.3　具有四个不同输出向量的 2 输入 3 输出函数

输入		输出		
x_1	x_2	f_0	f_1	f_2
0	0	1	0	0
0	1	0	1	0
1	0	0	0	1
1	1	0	0	0

性质 1.2.4　设 f 是一个函数。f 所依赖的输入变量集合称为 f 的支撑集，并表示为 support(f)。支撑集的大小是 support(f) 中变量的数量。

例 1.4　表 1.1 展示了一个 2 输入 6 输出的函数。可以使用分组 $[f_0,f_1,f_2]$ 和 $[f_3,f_4,f_5]$ 来构造一个 SMTBDD(3)。support$(f_0,f_1,f_2)=\{x_1, x_2\}$，并且 support$(f_3,f_4,f_5)=\{x_1, x_2\}$。因此，这些支撑集的大小都是 2。

性质 1.2.5　BDD 的大小用 size(BDD) 表示，是终端节点和非终端节点总数的和。对于 SBDD 和 SMTBDD(k) 的情况，其大小包括输出选择变量的节点。

图 1.3 中的 SMTBDD(3) 的大小为 9。

共享多端二元决策图

共享二元决策图（SBDD）、多端二元决策图（MTBDD）和共享多端二元决策图（SMTBDD）用于表示多输出函数。SMTBDD 由 MTBDD 组成。SMTBDD(k) 是 SBDD

和 MTBDD 的推广：对于 1，它是 SBDD；对于 $k = m$，它是 MTBDD，其中 m 是输出函数的数量。图 1.2 和图 1.3 分别为表 1.1 的 SMTBDD(2) 和 SMTBDD(3)。在图 1.3 中，SMTBDD(3) 有两组：$[f_0,f_1,f_2]$ 和 $[f_3,f_4,f_5]$。g_0 是输出选择变量，用于选择一组输出。在本章中，“[ ]”表示由两个或多个输出组成的一组输出函数。

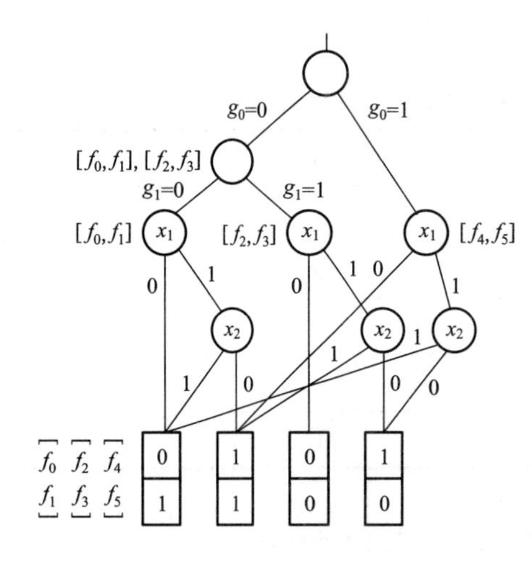

图 1.2 表 1.1 中函数的 SMTBDD(2)，分组为 $[f_0,f_1]$、$[f_2,f_3]$ 和 $[f_4,f_5]$

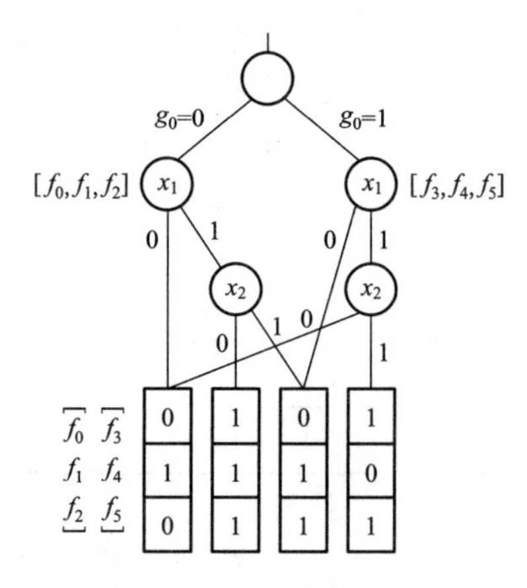

图 1.3 表 1.1 中函数的 SMTBDD(3)，分组为 $[f_0,f_1,f_2]$ 和 $[f_3,f_4,f_5]$

设 $[f_i,f_j]$ 为一对 2 输出函数，其中 $i \neq j$。使用以下两种技术来减少 SMTBDD(k) 中的节点数量：

① 一般而言，两个输出的 MTBDD 有四个终端节点 [0, 0]、[0, 1]、[1, 0] 和 [1, 1]。然而，如果 $f_i \cdot f_j=0$，则 [1, 1] 永远不会作为终端节点出现在 SMTBDD(2) 的 MTBDD 中。因此，由于终端节点的数量至多为三个，因此这种输出函数配对倾向于产生较小的 BDD。类似地，如果 $f'_i \cdot f'_j=0$，$f'_i \cdot f_j=0$，或 $f_i \cdot f'_j=0$，则 $[f_i,f_j]$ 也是一对候选。

② 如果 support(f_i)=support(f_j)=∅，则 $[f_i,f_j]$ 是一对候选；否则，它们应该由单独的 BDD 表示。

注意，这两种技术也适用于 $k \geqslant 3$ 的 SMTBDD(k)。

性质 1.2.6 设 SMTBDD(k) 由两个 MTBDD 组成：MTBDD 1 和 MTBDD 2。MTBDD 1 和 MTBDD 2 是不相交的，当且仅当它们在 SMTBDD(k) 中彼此不共享任何非终端节点。

例 1.5 在图 1.3 中，对于分组 $[f_0,f_1,f_2]$ 和 $[f_3,f_4,f_5]$，有两个不相交的 MTBDD。

性质 1.2.7 设 SMTBDD1 和 SMTBDD2 为 SMTBDD(k)。设 SMTBDD1 由 MTBDD1 和 MTBDD2 组成，SMTBDD 2 由 MTBDD3 和 MTBDD4 组成。如果所有 MTBDD 彼此不相交，并且 size(MTBDD1)=size(MTBDD3)，并且 size(MTBDD2)=size(MTBDD4)，则 size(MTBDD1)=size(MTBDD2)。

性质 1.2.8 SMTBDD(2) 和 SMTBDD(3) 中的终端节点数量相同，当且仅当不同输出向量的数量也相同。

证明 1.2　由于 SMTBDD(k) 中的终端节点的数量等于不同输出向量的数量，并且 SMTBDD(2) 和 SMTBDD(3) 具有相同的终端节点数量，当且仅当两个 SMTBDD 中的不同输出向量的数量也相同。

例 1.6　图 1.2 和图 1.3 分别显示了表 1.1 中函数的 SMTBDD(2) 和 SMTBDD(3)。两个 SMTBDD 中的终端节点的数量是相同的，因为不同的输出向量的数量也是相同的，即为 4。

性质 1.2.9　所有 $\{0, 1\}^n \rightarrow \{0, 1, \cdots, r-1\}$ 的函数可以由具有 r^{2^n} 个节点的 MTBDD 表示。

证明 1.3　需要不超过 r^{2^n} 个节点，否则，两个节点表示相同的函数，并且可以组合。因为函数有这么多，所以使用的节点不少于 r^{2^n} 。

性质 1.2.10　设 r 为 n 输入 m 输出函数的不同输出向量的个数。然后，MTBDD 的大小最大为 $\min_{k=1}^{n}\{2^{n-k}-1+r^{2^k}\}$ 。

证明 1.4　观察图 1.4 中的 MTBDD，上面的块是 $n-k$ 个变量的二元决策树，下面的块生成 k 个或更少变量的所有函数。$n-k$ 个变量的二元决策树有 $1+2+4+\cdots+2^{n-k-1}=2^{n-k}-1$ 个节点。根据性质 1.2.9，具有 r 个不同输出向量的 k 个变量的函数的 MTBDD 具有 r^{2^k} 个节点。因此，MTBDD 的大小最大是 $\min_{k=1}^{n}\{2^{n-k}-1+r^{2^k}\}$ 。注意，MTBDD 大小的上限将在算法 1.1 中使用。

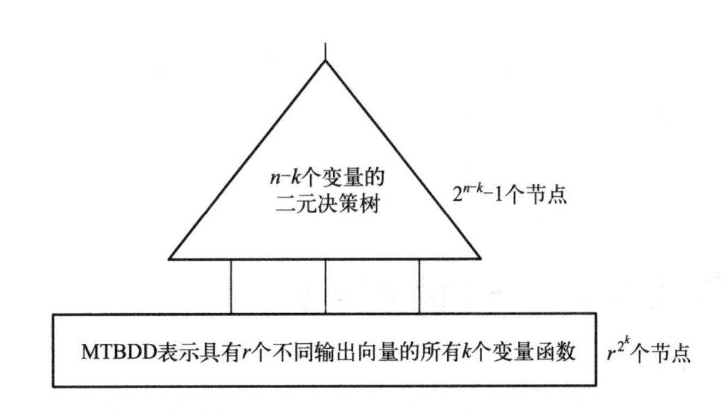

图 1.4　用 MTBDD 表示 n 输入 m 输出函数

性质 1.2.11　设 m_1 是 m 个不同输出函数的组（group）的总数，则 SMTBDD 中用于输出选择变量的节点数是 m_1-1。

例 1.7　观察图 1.3 中的 SMTBDD，其中组的总数为 2，即 $[f_0, f_1, f_2]$ 和 $[f_3, f_4, f_5]$。因此，SMTBDD 中的输出选择变量的节点数为 1。

性质 1.2.12　设 m_1 是 m 个不同输出函数的群的总数，f:$\{0, 1\}^n \rightarrow \{0, 1, \cdots, r-1\}^m$。然后，$f$ 可以用最多有 $\min_{k=1}^{n}\{m_1 \times 2^{n-k}-1+r^{2^k}\}$ 个节点的 SMTBDD 来表示。

证明 1.5　考虑映射 f:$\{0, 1\}^n \rightarrow \{0, 1, \cdots, r-1\}^m$，其中 r 是终端节点的数量。在图 1.5 中的 SMTBDD 中，上面的块为 m 个输出函数选择 m_1 个组，中间的块构成 $n-k$ 个变量的二元决策树，下面的块通过具有 r 个终端节点的 MTBDD生成所有 k 个变量的函数。根据性质 1.2.11，上面的块需要 m_1-1 个节点来选择 m_1 个组。根据性质 1.2.9，下面的块需要 r^{2^k} 个节点。现在，考虑中间的块。每一个 $n-k$ 个变量的二元决策树有 $1+2+4+\cdots+2^{n-k-1}=2^{n-k}-1$

个节点。由于二元决策树的数量为 m_1，因此 m_1 个二元决策树的节点总数为 $m_1(2^{n-k}-1)$。因此，对于 m 个输出函数，SMTBDD 中的节点数最多可以是 $\min_{k=1}^{n}\{(m_1-1)+m_1(2^{n-k}-1)+r^{2^k}\}=\min_{k=1}^{n}\{m_1\times2^{n-k}-1+r^{2^k}\}$。

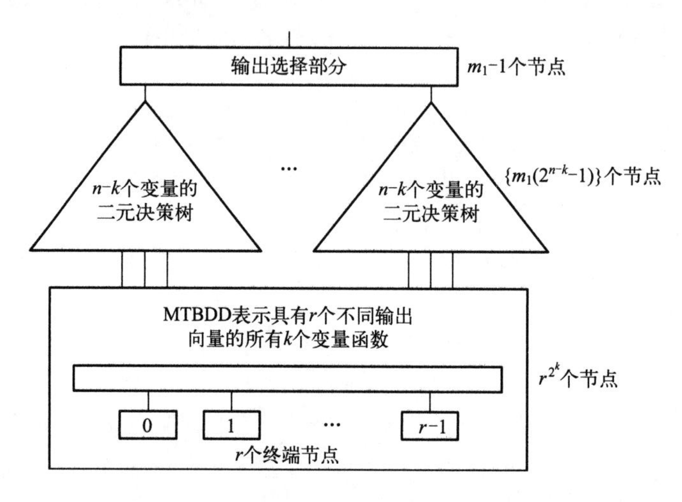

图 1.5　用 SMTBDD 表示 n 输入 m 输出函数

性质 1.2.13　设 SMTBDD(m) 表示包含 m 个函数 $f_i=X_i$（其中 $i=0, 1, \cdots, m-1$），且令 $[f_0,f_1,\cdots,f_{m-1}]$ 表示这 m 个输出函数的集合（或称为“组”）。那么，集合 $[f_0,f_1,\cdots,f_{m-1}]$ 对应的 SMTBDD 的大小（即节点数）是 $2^{m+1}-1$。

1.3　SMTBDD(k) 的一个优化算法

本节介绍用于使用团覆盖（clique cover）导出小的 SMTBDD(k) 的算法。注意，该算法可被用于 $k\geqslant3$ 的 SMTBDD(k)。团覆盖问题是图优化中的 NP 难问题之一。通常，针对此问题会考虑边加权图或顶点加权图。对于 SMTBDD(k) 的优化，使用团加权图，即每组顶点都有一个权重。

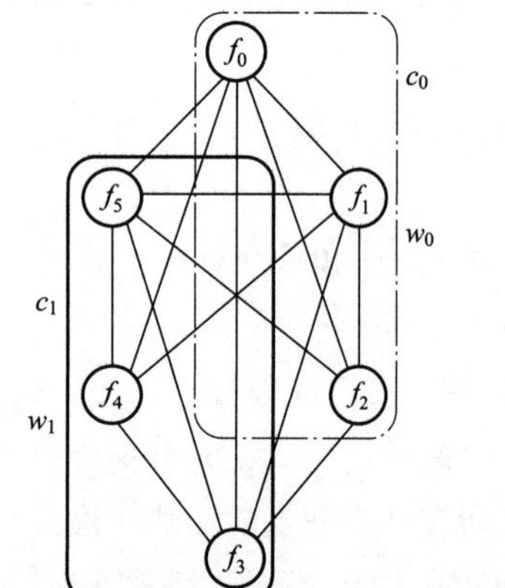

图 1.6　团加权图

性质 1.3.1　一个图的团是一组顶点，其中每对顶点都由一条边连接。

例 1.8　图 1.6 中的 c_0 和 c_1 都是团。

性质 1.3.2　设 $G=(V, E)$ 是一个图，其中 V 和 E 分别表示顶点集和边集。图 G 的一个团覆盖是对 V 的一个划分，使得划分中的每个集合都是一个团。

例 1.9　在图 1.6 中，团覆盖由团 c_0 和 c_1 组成。

性质 1.3.3　设 $G=(V, E)$ 是一个图。那么图 G 是一个团加权图，当且仅当 G 的每个顶点子集都有一个权重，并且 G 中的每对顶点都通过一条边相连。

性质 1.3.4　图 1.6 是团加权图的一个示例。为简单起见，只显示了两个团的权重。团 c_0 和 c_1 的权重分别为 w_0 和 w_1。

问题：给定一个团加权图 $G=(V, E)$，求一个团覆盖，使得该团覆盖中所有团的权重之和最小。

注意，权重对应于 MTBDD 大小的上限，最小加权团覆盖对应于具有小尺寸的输出分组，尽管有时它们不是最小的。

1.3.1　权重计算程序

性质 1.3.5　设 $F=f_0, f_1, \cdots, f_{m-1}$ 是个 m 输出函数的集合。设 F_i（其中 $i=1, 2, 3, \cdots, s$）是 F 的子集。如果 $\cup_{i=1}^{s} F_i=F_j$，并且 $F_i \cap F_j=\varnothing$，其中 $i\neq j$，并且对于每个 i，$F_i\neq\varnothing$，则 $F_1, F_2, \cdots, F_s$ 被称为 F 的划分。$F_1, F_2, \cdots, F_s$ 中的每一个都被称为输出函数的一个分组。注意，团加权图中的每个顶点表示一个输出函数，其中输出函数的每个分组和每个划分分别表示为一个团和一个团覆盖。

例 1.10　设 $F=f_0, f_1, f_2, f_3, f_4, f_5$ 是个 6 输出函数的集合。然后，F 的分组如下：$[f_0, f_1, f_2]$，$[f_3, f_4, f_5]$，$[f_0, f_1, f_3]$，$[f_2, f_4, f_5]$，$[f_0, f_1, f_4]$，$[f_2, f_3, f_5]$，$[f_0, f_1, f_5]$，$[f_2, f_3, f_4]$，$[f_0, f_2, f_3]$，$[f_1, f_4, f_5]$，$[f_0, f_2, f_4]$，$[f_1, f_3, f_5]$，$[f_0, f_2, f_5]$，$[f_1, f_3, f_4]$，$[f_0, f_3, f_4]$，$[f_1, f_2, f_5]$，$[f_0, f_3, f_5]$，$[f_1, f_2, f_4]$ 和 $[f_0, f_4, f_5]$，$[f_1, f_2, f_3]$。

性质 1.3.6　设 F 是一个 n 输入 m 输出函数。F 的依赖矩阵 $\boldsymbol{B}=(b_{ij})$ 是一个 $m\times n$ 的 0-1 矩阵。当且仅当 f_i 依赖于 x_j 时 $b_{ij}=1$，否则 $b_{ij}=0$，其中 $i=0, 1, \cdots, m-1$；$j=1, 2, \cdots, n$。

例 1.11　考虑一个 4 输入 6 输出函数：

$$f_0(x_1,x_2,x_3,x_4)=x_2x_3,\ f_1(x_1,x_2,x_3,x_4)=x_1x_4 \vee x_2,\ f_2(x_1,x_2,x_3,x_4)=x_1 \vee x_3$$
$$f_3(x_1,x_2,x_3,x_4)=x_3,\ f_4(x_1,x_2,x_3,x_4)=x_1 \vee x_3x_4,\ f_3(x_1,x_2,x_3,x_4)=x_4$$

依赖矩阵是

$$\boldsymbol{B}=\begin{array}{c} \\ f_0 \\ f_1 \\ f_2 \\ f_3 \\ f_4 \\ f_5 \end{array}\begin{array}{c} \begin{array}{cccc} x_1 & x_2 & x_3 & x_4 \end{array} \\ \begin{pmatrix} 0 & 1 & 1 & 0 \\ 1 & 1 & 0 & 1 \\ 1 & 0 & 1 & 0 \\ 0 & 0 & 1 & 0 \\ 1 & 0 & 1 & 1 \\ 0 & 0 & 0 & 1 \end{pmatrix} \end{array}$$

性质 1.3.7　设 F 是一个 n 输入 m 输出函数，$[f_i, f_j, f_k]$ 是一组输出函数。F 的分组依赖矩阵 $\boldsymbol{A}=(a_{ij})$ 是一个 0-1 矩阵，n 列 $\dfrac{m(m-1)(m-2)}{6}$ 行。当且仅当至少有一个输出依赖于 x_j 时 $a_{ij}=1$，否则 $a_{ij}=0$。

例 1.12　考虑例 1.11 中的 6 输出函数。群依赖矩阵 $\boldsymbol{A}$ 如下：

$$
\boldsymbol{A}=\begin{array}{c} \\ [f_0,f_1,f_2] \\ [f_0,f_1,f_3] \\ [f_0,f_1,f_4] \\ [f_0,f_1,f_5] \\ [f_0,f_2,f_3] \\ [f_0,f_2,f_4] \\ [f_0,f_2,f_5] \\ [f_0,f_3,f_4] \\ [f_0,f_3,f_5] \\ [f_0,f_4,f_5] \\ [f_1,f_2,f_3] \\ [f_1,f_2,f_4] \\ [f_1,f_2,f_5] \\ [f_1,f_3,f_4] \\ [f_1,f_3,f_5] \\ [f_1,f_4,f_5] \\ [f_2,f_3,f_4] \\ [f_2,f_3,f_5] \\ [f_2,f_4,f_5] \\ [f_3,f_4,f_5] \end{array}\begin{array}{c} \begin{array}{cccc} x_1 & x_2 & x_3 & x_4 \end{array} \\ \begin{pmatrix} 1&1&1&1\\ 1&1&1&1\\ 1&1&1&1\\ 1&1&1&1\\ 1&1&1&0\\ 1&1&1&1\\ 1&1&1&1\\ 1&1&1&1\\ 0&1&1&1\\ 1&1&1&1\\ 1&1&1&1\\ 1&1&1&1\\ 1&1&1&1\\ 1&1&1&1\\ 1&1&1&1\\ 1&1&1&1\\ 1&0&1&1\\ 1&0&1&1\\ 1&0&1&1\\ 1&0&1&1 \end{pmatrix} \end{array}
$$

注意，$\boldsymbol{A}$ 中的$[f_i,f_j,f_k]$的行等于依赖矩阵 $\boldsymbol{B}$ 中的f_i、f_j和f_k的行的逐位 OR（或）。

性质 1.3.8 设 $r[f_i,f_j,f_k]$ 为输出组 $[f_i,f_j,f_k]$ 的不同输出向量的数量。注意，$1\leqslant r[f_i,f_j,f_k]\leqslant 8$。$r[f_i,f_j,f_k]$ 等于 $f_if_jf_k$、$f_i'f_j'f_k$、$f_i'f_jf_k'$、$f_i'f_jf_k$、$f_if_j'f_k'$、$f_if_j'f_k$、$f_if_jf_k'$ 和 $f_i'f_j'f_k'$ 中的非零函数的数量。

例 1.13 考虑例 1.11 中的 6 输出函数，有 20 组输出函数。每个组$[f_i,f_j,f_k]$的不同输出向量的数量$r[f_i,f_j,f_k]$计算如下：

对于 $r[f_0,f_2,f_3]$: $f_0f_2f_3=x_1x_2x_3\vee x_2x_3, f_0f_2f_3'=0, f_0f_2'f_3=0, f_0f_2'f_3'=0, f_0'f_2f_3=x_1x_2'x_3\vee x_2'x_3, f_0'f_2f_3'=x_1x_2'x_3'\vee x_1x_3', f_0'f_2'f_3=0$, 且 $f_0'f_2'f_3'=x_1'x_2'x_3'\vee x_3'$

由于非零函数的数量为 4，因此$r[f_0,f_2,f_3]=4$。类似地，可以为其他输出函数组计算不同输出向量的数量。

性质 1.3.9 设 $S(i,j,k)$ 是一组输出函数$[f_i,f_j,f_k]$的支撑集的大小。$[f_i,f_j,f_k]$的权重 $w(i,j,k)$ 为 $\min_{t=0}^{n-1}2^{s(i,j,k)-t}-1+(r[f_i,f_j,f_k])^{2^t}$。这将是该团加权图中团的权重。

例 1.14 考虑例 1.11 中的 6 输出函数，$w(0, 2, 3)$ 计算如下：

从例 1.11 可知，$r[f_0,f_2,f_3]$=4，$s(0, 2, 3)$=3。当 t=0 时，$w(0, 2, 3)$ 取最小值。因此，$w(0, 2, 3)=2^3-1+4=11$。类似地，可以计算其他组的权重。由于 $w(i, j, k)$ 是 $[f_i,f_j,f_k]$ 的 MTBDD 的大小的上界，因此具有最小权重的 MTBDD 相对较小。

1.3.2　SMTBDD(3) 的优化

求最小权重的团覆盖是图优化中的一个 NP 难问题，可通过一个启发式算法来寻找具有小权重的团覆盖。

算法 1.1　SMTBDD(3) 的优化

输入：一个图$G=(V, E)$。

输出：G的一个团覆盖K，其团的权重和相对较小。

1：方法：首先，按照图1.7中所示的“Weightedclique”程序计算图G中所有团的权重；其次，使用图1.7中的“Min Weightclique cover”程序找到权重较小的团覆盖，其中“W”是C的排序权重列表，C是团的集合，$w(c)$是团c的权重。

2：由于算法1.1是一种贪心算法，所以它可能得不到最优解，但可以期望得到良好的解。

3：结束

```
procedure Weightedclique(V, E) {
C ← set of cliques in which each clique consists of a
triple of vertices;
for each  c ∈ C do {
/* c is  a  clique with  a triple of vertices  */
  w(c) ← min_{t=0}^{n-1} {2^{s(i,j,k)-t} - 1 + (r[f_i, f_j, f_k])^{2^t}};
/* "w(c)" denotes the upper bound on the size
    of an MTBDD */
    }
 }
procedure Min Weightclique cover(V, E) {
    Weightedclique(V, E);
 Make a list of weights, W sorted in ascending order;
 while  C ≠ φ  do  {
    Select  c ∈ C  with  the  smallest  weight  w(c)
     from  W;
    K ← K ∪ {c};
    Eliminate  the  cliques  that  contain  the
    vertices  in  c  from  C;
    Update  W  and  C;
     }
 return K;
 }
```

图 1.7　优化 SMTBDD(3) 的伪代码

1.4　小结

本章介绍了一种用共享多端二元决策图（SMTBDD）来表示多输出函数的方法。SMTBDD(k)不像 MTBDD（多端二元决策图）那么大，由于 k 个输出是同时评估的，所以评估速度比共享 BDD（SBDD）快 k 倍。还给出了一种对输出函数进行分组以减小 SMTBDD(k) 规模的算法，通过从 SMTBDD(2) 和 SMTBDD(3) 中选择一个 SMTBDD，还引入了 SMTBDD 的一个紧凑表示，表示节点较少的 SMTBDD(2) 或 SMTBDD(3)。因此，SMTBDD 紧凑地表示了许多的多输出函数，是多输出网络的时分复用 (TDM) 实现、查找表型 FPGA 设计和逻辑仿真的有力工具。

多输出函数也可以用特征函数（CF）的 BDD 表示。然而，在大多数情况下，CF 的 BDD 远大于相应的 SBDD。此外，如果所有的输出函数依赖于所有的输入变量，那么 CF 的 BDD 大于相应的 MTBDD。通过放弃上述排序限制，可以减小 BDD。此外，在大多数情况下，这样的 BDD 仍然大于对应的 SBDD。在许多情况下，SMTBDD 不像 CF 的 BDD 那样大。

参考文献

[1] S. B. Akers, “Binary decision diagrams”, IEEE Trans. Comput., vol. C-27, no. 6, pp. 509–516, 1978.

[2] P. Ashar and S. Malik, “Fast functional simulation using branching programs”, Proceedings of IEEE. International Conference on Computer-Aided Design, pp. 408–412, 1995.

[3] C. Scholl, R. Drechsler and B. Becker, “Functional simulation using binary decision diagrams”, Proceedings of IEEE. International Conference on Computer-Aided Design, pp. 8–12, 1997.

[4] R. E. Bryant, “Graph-based algorithms for Boolean function manipulation”, IEEE Trans. Comput., vol. C-35, no. 8, pp. 677–691, 1986.

[5] T. Sasao and J. T. Butler, “A method to represent multiple-output switching functions by using multi-valued decision diagrams”, Proceedings of 26th IEEE. International Symposium on Multiple-Valued Logic, pp. 248–254, 1996.

[6] T. Sasao and J. T. Butler, “A design method for look-up table type FPGA by pseudo-Kronecker expansion”, Proceedings of 26th IEEE International Symposium on Multiple-Valued Logic, pp. 97–106, 1994.

[7] H. M. H. Babu and T. Sasao, “A method to represent multiple-output switching functions by using binary decision diagrams”, The Sixth Workshop on Synthesis and System Integration of Mixed Technologies, pp. 212–217, 1996.

[8] H. M. H. Babu and T. Sasao, “Representations of multiple-output logic functions using shared multi-terminal binary decision diagrams”, The Seventh Workshop on Synthesis and System Integration of Mixed Technologies, pp. 25–32, 1997.

[9] H. M. H. Babu and T. Sasao, “Design of multiple-output networks using time domain multiplexing and shared multi-terminal multiple-valued decision diagrams”, IEEE International Symposium on Multiple Valued Logic, pp. 45–51, 1998.

[10] E. Balas and C. S. Yu, “Finding a maximum clique in an arbitrary graph”, SIAM J. Comput. vol. 15, pp. 1054–1068, 1986.

[11] R. Rudell, “Dynamic variable ordering for ordered binary decision diagrams”, Proceedings of IEEE. International Conference on Computer-Aided Design, pp. 42–47,

1993.
[12] T. Sasao, ed., "Logic Synthesis and Optimization", Kluwer Academic Publishers, Boston, 1993.
[13] A. Srinivasan, T. Kam, S. Malik and R. K. Brayton, "Algorithm for discrete functions manipulation", Proceedings of IEEE. International Conference on Computer-Aided Design, pp. 92–95, 1990.
[14] P. C. McGeer, K. L. McMillan, A. Saldanha, A. L. Sangiovanni-Vincentelli and P. Scaglia, "Fast discrete function evaluation using decision diagrams", International Workshop on Logic Synthesis, pp. 6.1–6.9, 1995.
[15] M. R. Garey and D. S. Johnson, "Computers and Intractability: A Guide to the Theory of NP-Completeness", Freeman, New York, 1979.
[16] Babu, Hafiz Md Hasan, and Tsutomu Sasao. "Shared multi-terminal binary decision diagrams for multiple-output functions." IEICE Transactions on Fundamentals of Electronics, Communications and Computer Sciences, vol. 81, no. 12 (1998): 2545–2553.

第2章

多输出函数

本章描述了一种较小的用于构造特征函数（CF）的二元决策图（简称 BDD for CF）的方法。BDD for CF 表示一个 n 输入 m 输出函数。本章还为 n 位加法器（adr$n$）的 CF 推导出 BDD 的节点数上限，结果表明：①BDD for CF 通常比 MTBDD（多端二元决策图）小得多；②对于 adr$n$ 和一些基准电路，BDD for CF 是三种 BDD 中最小的；③本章介绍的方法通常能够产生更小的 BDD for CF。

2.1 引言

二元决策图（BDD）是逻辑函数的紧凑表示，并且对于逻辑综合、时分复用（TDM）实现、测试、验证等都是有用的。共享二元决策图（SBDD）、多端二元决策图（MTBDD）和用于特征函数的二元决策图（BDD for CF）都用来表示多输出函数。SBDD 是紧凑的；MTBDD 可以同时评估所有输出，但对于大型基准电路，它们通常会在内存中剧增；BDD for CF 使用多输出函数的特征函数。特征函数（CF）是表示输入和输出的关系的开关函数。图 2.1 显示了 BDD for CF 的一般结构。

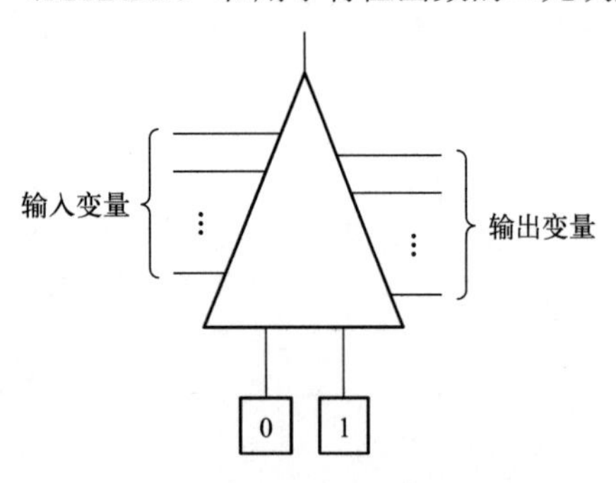

图 2.1　BDD for CF 的一般结构

BDD for CF 通常比 MTBDD 小得多。BDD for CF 的主要应用是数字电路的逻辑模拟和有限状态机的隐式状态枚举。本章介绍了一种构造紧凑型 BDD for CF 的方法；提出了一种算法，以找到输入和输出变量的良好排序；对于 n 位加法器（adr$n$）的 CF，还推导出了 BDD 的节点数上限。

基本定义

下面介绍一些重要的定义。

性质 2.1.1 support(f) 是函数 f 所依赖的输入变量的集合。支撑集的大小是 support(f) 中变量的数量。

例 2.1 设 $f(x_1, x_2, x_3)= x_1x_2x_3 \vee x_1x_2x_3'$。然后，support($f$)=$\{x_1, x_2\}$，因为 f 也表示为 $f=x_1x_2$。因此，支撑集的大小为 2。

性质 2.1.2 设 f_{i1} 和 f_{i2} 是两个输出函数。f_{i1} 和 f_{i2} 的支撑集的并集的大小是 f_{i1} 和 f_{i2} 的支撑变量的总数。

例 2.2 考虑 4 输入 2 输出函数：

$$f_0(x_1,x_2,x_3,x_4) = x_1'x_2 \vee x_1x_3' \vee x_2'x_3$$
$$f_1(x_1,x_2,x_3,x_4) = x_1x_3 \vee x_3'x_4$$

f_0 和 f_1 的并集的大小是 4，因为 x_1、x_2、x_3 和 x_4 是 f_0 和 f_1 的支撑变量。

性质 2.1.3 设 f:$\{0, 1\}^n \to \{0, 1\}^m$。对于这样一个多输出函数 f，其决策图的大小记作 size(DD, f)，是该最小决策图中终端节点和非终端节点的总数。

对于 SBDD 的情况，该大小还包括输出选择变量的节点数。

例 2.3 图 2.2 中 BDD for CF 的大小为 14。

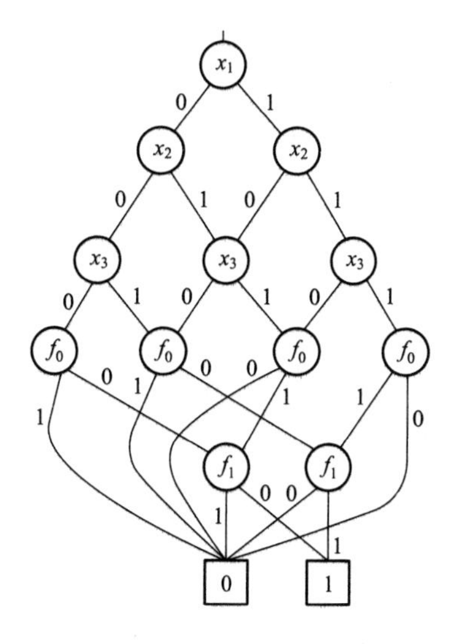

图 2.2 用于 3 输入 2 输出位计数函数（wgt3）的 BDD for CF

2.2 多输出函数的二元决策图

本节介绍共享二元决策图（SBDD）、多端二元决策图（MTBDD）和用于特征函数的二元决策图（BDD for CF）。

2.2.1 共享二元决策图和多端二元决策图

共享二元决策图（SBDD）和多端二元决策图（MTBDD）表示多输出函数。SBDD是一组由树组合的BDD，用于输出选择，而MTBDD是具有多终端节点的BDD。MTBDD同时评估所有输出，但其通常比SBDD大得多。

2.2.2 用于特征函数的二元决策图

在这一小节中，介绍用于特征函数的二元决策图（BDD for CF）。

性质 2.2.1 设 $B=\{0, 1\}$。设 $a\in B^n$，$f(a)=(f_0(a), f_1(a), \cdots, f_{m-1}(a))\in B^m$。设 $b\in B^m$。多输出函数 $f=(f_0, f_1, \cdots, f_{m-1})$ 是 $n+m$ 个变量的开关函数，使得

$$F(a,b)=\begin{cases}1, & 如果 b=f(a) \\ 0, & 其他\end{cases}$$

n 输入 m 输出函数的CF是具有 $n+m$ 个变量的开关函数。在CF中，除了输入变量之外，每个输出函数都使用一个二进制变量。

BDD for CF是表示特征函数的二元决策图。为了保证能够快速评估，只有在所有支撑集都出现之后，输出变量才能出现在BDD for CF的任何路径上。图2.2显示了一个3输入2输出的位计数函数（wgt3）的BDD for CF，其中 x_1、x_2 和 x_3 是输入变量，f_0 和 f_1 是输出变量。图2.2中的BDD for CF表明，从根到终端1的每条路径对应于一个输入 - 输出组合。BDD for CF的优点是：①可以表示大型多输出函数；②可以在时间 $O(n+m)$ 内评估所有输出。

性质 2.2.2 设 F 是 n 输入 m 输出函数的特征函数。如果组合中的输出向量是在应用组合的输入向量时产生的，则 F 的输入 - 输出组合是有效的。

性质 2.2.3 设 F 是 $f:\{0, 1\}^n \rightarrow \{0, 1\}^m$ 的特征函数。那么，F 的有效输入 - 输出组合的数量是 2^n。

例 2.4 考虑表2.1中的2输入2输出函数。有效的输入输出组合是(0, 0, 0, 0)、(0, 1, 0, 0)、(1, 0, 1, 0)和(1, 1, 1, 1)。

性质 2.2.4 如果输出变量只出现在所有支撑之后，则任意 n 输入 m 输出函数都可以在时间 $O(n+m)$ 内由BDD for CF求值。

表 2.1 2输入2输出函数

输入		输出	
x_1	x_2	f_0	f_1
0	0	0	0
0	1	0	0
1	0	1	0
1	1	1	1

注意，如果去掉上面对变量排序的限制，那么不能保证 $O(n+m)$ 的计算时间。

多输出函数 BDD for CF

下面介绍多输出函数 BDD for CF 的大小。由于多输出函数的 CF 是 $n+m$ 个变量开关函数的特殊情况，因此可以获得以下性质：

性质 2.2.5 设 f 是 n 输入 m 输出函数。则 $\text{size}(\text{BDD for CF}, f) \leqslant \min_{k=1}^{n+m}\left(2^{(n+m)-k}-1+2^{2^k}\right)$。

例 2.5 设 $f:\{0,1\}^7 \to \{0,1\}^{10}$。然后，通过性质 2.2.5，得到 $\text{size}(\text{BDD for CF}, f) \leqslant 16639$。另一方面，从表 2.2 中可以得到 $\text{size}(\text{SBDD}, f) \leqslant 335$。

性质 2.2.6 设 $f_s=(f_0, f_1, \cdots, f_{m-1})$ 表示 m 个函数，其中 $f_i=x_i(i=0, 1, \cdots, m-1)$。那么，$\text{size}(\text{BDD for CF}, f_s) \leqslant 3m+2$。

证明 2.1 对该性质的证明是通过数学归纳法完成的。

① 基础：对于 $m=1$，函数 $f_0=x_0$ 的 CF 由具有 5 个节点的 BDD for CF 实现，如图 2.3 所示。

② 归纳：假定对 $k=m-1$ 个函数的假设成立。也就是说，$m-1$ 个函数的 CF 由图 2.4 中 BDD for CF 实现，具有 $3m-1$ 个节点。在图 2.4 中，首先去掉常数 0 和常数 1。其次，附加变量 x_{m-1}、f_{m-1} 和相应的三个非终端节点，以及常数 0 和常数 1 的节点。随后，得到图 2.5。很明显，图 2.5 显示了具有 $3m+2$ 个节点的 m 个函数的 BDD for CF，它比图 2.4 多了 3 个非终端节点。

因此，由①和②，证明了性质 2.2.6。

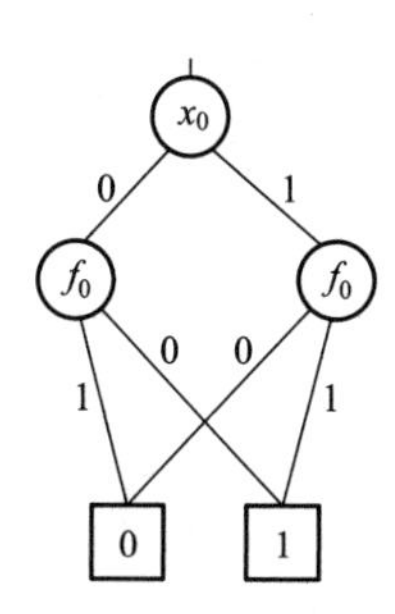

图 2.3 函数 $f_0=x_0$ 的 BDD for CF

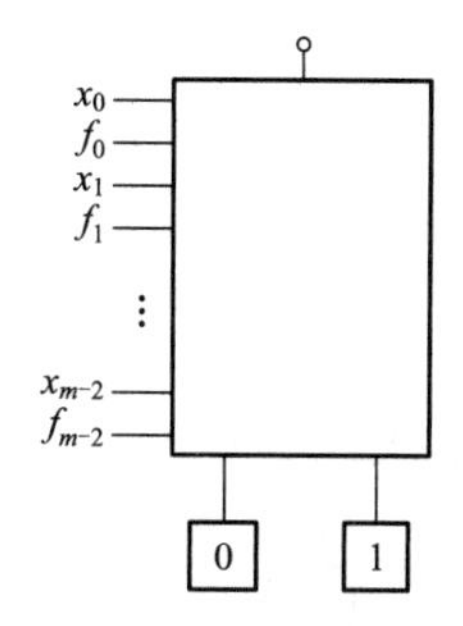

图 2.4 $m-1$ 个函数的 BDD for CF

注意，函数 f_s 的 MTBDD 的大小是指数的，而 BDD for CF 和 SBDD 的大小是线性的，如表 2.2 所示。

表 2.2 SBDD、MTBDD 和 BDD for CF 的比较

	SBDD	MTBDD	BDD for CF
大小上限	$\min_{k=1}^{n}\{m\times 2^{n-k}-1+2^{2^k}\}$	$\min_{k=1}^{n}\{2^{n-k}-1+r^{2^k}\}$	$\min_{k=1}^{n+m}\{2^{(n+m)-k}-1+2^{2^k}\}$

续表

	SBDD	MTBDD	BDD for CF
大小渐近界	$O\left(\frac{m2^n}{n}\right)$	$O\left(\frac{r^n}{n}\right)$	$O\left(\frac{2^{n+m}}{n+m}\right)$
f_s 的大小	$2m+1$	$2^{m+1}-1$	$3m+2$
求值时间	$O(mn)$	$O(n)$	$O(n+m)$

性质 2.2.7 设 adr$n$ 是一个 $2n$ 输入 $n+1$ 输出函数，它计算两个 n 位数的和。

性质 2.2.8 size(BDD for CF, adr$n$)$\leqslant 9n+1$（$n \geqslant 2$）。

证明 2.2 假设 adr$n$ 的变量赋值如下：

$$\begin{array}{rrrrr} & x_{n-1} & x_{n-2},\cdots,x_2 & x_1 & x_0 \\ +) & y_{n-1} & y_{n-2},\cdots,y_2 & y_1 & y_0 \\ \hline z_n & z_{n-1} & z_{n-2},\cdots,z_2 & z_1 & z_0 \end{array}$$

这里用数学归纳法来证明这个定理。

① 基础：如图 2.6 所示，adr2 用 17 个非终端节点和 2 个终端节点表示。在图 2.6 中，只显示了 1 路径，为了简单起见，省略了常数 0 和 0 路径。注意，x_0 和 y_0 靠近根节点，z_2（表示 adr2 的最高有效位的输出变量）最靠近常数 1 节点。

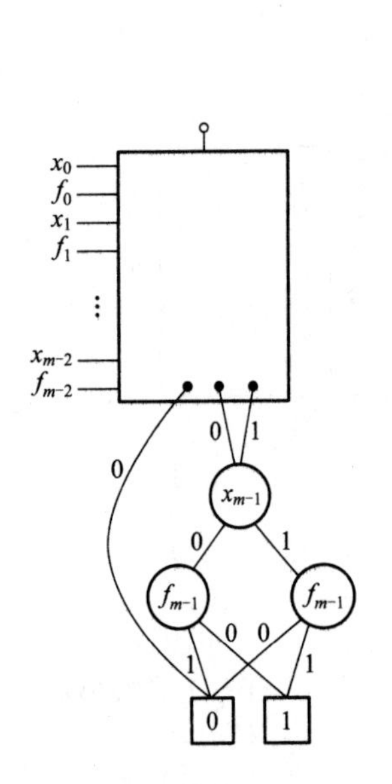

图 2.5 m 个函数的 BDD for CF

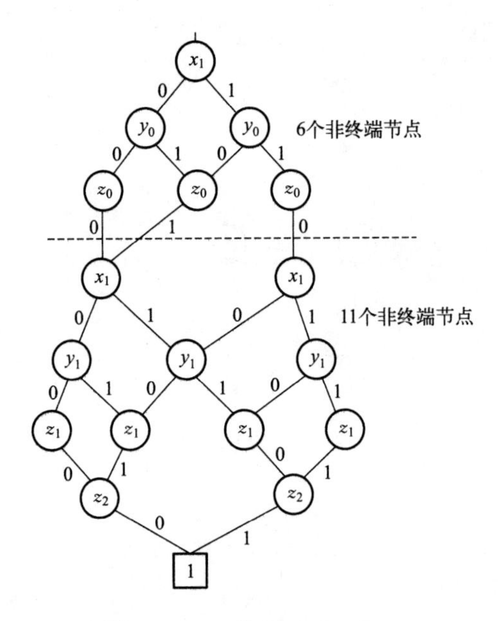

图 2.6 adr2 的 BDD for CF

② 归纳：假设 adr$n$ 用 $9n-1$ 个非终端节点和 2 个终端节点表示。此外，假设变量 z_n 最接近常数 1 节点。设 v_0 和 v_1 是 z_n 的节点，其中边 e_0 和 e_1 分别连接到常数 1。这种情况如图 2.7 所示。在图 2.7 中，首先去掉变量 z_n、e_0、e_1 和常数。其次，附加变量 x_n、y_n、z_n 和

z_{n+1}，以及相应的9个非终端节点，同样还有常数节点。然后，得到图2.8。

注意，图2.8比图2.7多了9个节点。很明显，图2.8表示adr(n+1)的特征函数，有$(9n-1)+9+2=9(n+1)+1$个节点。在这种情况下，变量的顺序是$(x_0, y_0, z_0, x_1, y_1, z_1, \cdots, x_n, y_n, z_n, z_{n+1})$。

因此，由①和②，证明了性质2.2.8。

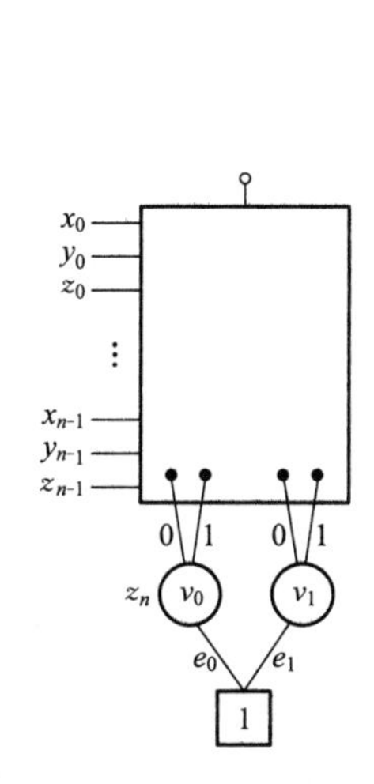

图2.7 adr$n$的BDD for CF

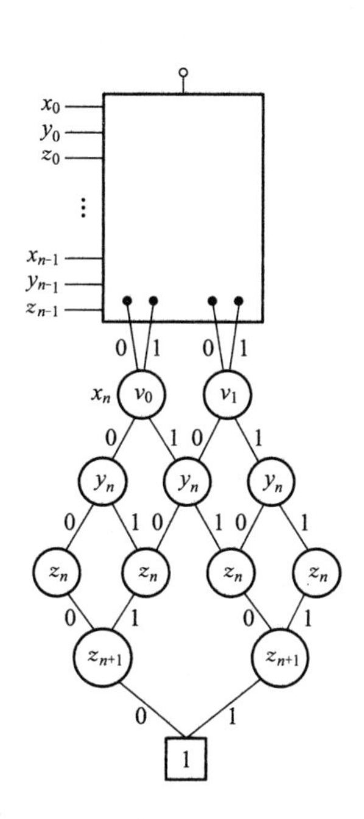

图2.8 adr$n$的BDD for CF（更新变量和常量后）

2.2.3 各种二元决策图的比较

BDD有各种应用。有时，不同的BDD有相同的应用。因此，了解BDD的性质是很有必要的。BDD的大小对于表示函数的复杂性很重要，而BDD的求值时间对于逻辑模拟很有用。表2.2比较了n输入m输出函数的SBDD、MTBDD和BDD for CF的大小和求值时间。在该表中，r表示输出的不同输出向量的数量，并且$f_s=(f_0, f_1, \cdots, f_{m-1})$，其中$f_i=x_i$（$i=0, 1, \cdots, m-1$）。

2.3 紧凑型BDD for CF的构造

构造紧凑型BDD for CF对于多输出函数的有效表示是有用的。本节提出了一种紧凑型BDD for CF的构造方法。

2.3.1 问题描述

性质 2.3.1 BDD for CF 是最小的，当且仅当它包含最小数目的节点。

问题：设 $u_1, u_2, \cdots, u_k$ 是变量。令 order[k]=($u_{e_1}, u_{e_2}, \cdots, u_{e_k}$) 是 k 个变量的置换。令 size(BDD for CF, f) 是在变量在确定顺序 k 下的 CF 中的 BDD 节点的总数。找到一个变量排序 order[k]=($u_{e_1}, u_{e_2}, \cdots, u_{e_k}$)，使得 size(BDD for CF, f) 最小。

一般来说，找到 BDD for CF 变量的最佳排序是非常耗时的。因此，通过使用修改过的筛选算法，从初始排序计算出一个良好的变量排序。为了生成一个好的初始排序，应用以下方法：

① 输出变量的排序；

② 基于交错采样方案的输入变量排序；

③ 输入变量和输出变量的交错方法。

2.3.2 输出变量的排序

输出函数是有序的，使得具有许多共同支撑变量的输出是相邻的。这里使用了以下策略：

策略 2.1 如果 support(f_i)∩ support(f_j)≠∅，则 f_i 和 f_j 是一对输出函数的候选。

策略 2.2 设 $s(f_{i1}, f_{i2})$ 为 f_{i1} 和 f_{i2} 的支撑集的并集的大小。然后，如果 (f_{i1},f_{i2}) 的 $s(f_{i1},f_{i2})$ 在所有 $s(f_{i1},f_{i2})$ 中最小，则 (f_{i1},f_{i2}) 是一对输出函数的候选。将同样的思想递归地应用于其余函数，以找到输出函数的良好划分。

例 2.6 考虑 4 输入 4 输出函数：

$$
\begin{aligned}
f_0(x_1,x_2,x_3,x_4) &= x_1'x_2 \vee x_1x_3' \vee x_2'x_3 \\
f_1(x_1,x_2,x_3,x_4) &= x_3x_4' \\
f_2(x_1,x_2,x_3,x_4) &= x_1x_3 \vee x_3'x_4 \\
f_3(x_1,x_2,x_3,x_4) &= x_4
\end{aligned}
$$

算法 2.1 输出函数的排序

1：使用策略2.1和策略2.2找到一个好的输出函数划分。

2：用划分好的输出对输出函数进行排序。

3：执行步骤2，直到检查完初始排序中的所有变量，并为CF选择最小的BDD。

有六对输出函数。这些输出函数的支撑集大小为：$s(f_0,f_1)$=$s(f_0,f_2)$=$s(f_0,f_3)$=4，$s(f_1,f_2)$=$s(f_2,f_3)$=3，$s(f_1,f_3)$=2。由于 $s(f_1,f_3)$=2 是所有 $s(f_i,f_j)$ 中最小的，所以 (f_1,f_3) 是一对输出函数的候选。剩余输出为 f_0 和 f_2，则 (f_0,f_2) 是另一对。因此，输出函数的划分如下：{(f_1,f_3) , (f_0,f_2)}。

例 2.7　考虑例 2.6 中的函数，由于 $\{(f_1,f_3),(f_0,f_2)\}$ 是输出函数的良好划分，因此输出的顺序是 (f_1,f_3,f_0,f_2)。

2.3.3　基于交错采样方案的输入变量排序

BDD 的大小对输入变量的顺序很敏感。动态重新排序方法对于对输入变量的排序很有用。然而，这种方法非常耗时，并且可能无法为许多函数构造 BDD。在现实生活中，许多实用的逻辑电路都是多输出的。因此，重要的是为不同的输出函数找到相同的良好变量排序，因为大多数基于 BDD 的 CAD 工具会同时处理多个输出函数。这里提出了一种对多输出函数的输入进行排序的方法。考虑了用于计算 SBDD 的变量排序的采样方法，其中一个样本对应于一组输出函数，并且每个 SBDD 代表一个样本。然后，使用交错方法，从紧凑型 SBDD 的变量排序中，找到输出函数的输入变量的良好排序。算法见图 2.12。对 BDD 的大小有很大影响的输入变量，被称为是有影响力的。有影响力的变量应该在良好的变量排序中占据较高位置。

性质 2.3.2　样本是一个多输出函数，其中具有公共支撑变量的输出通常相邻。这些函数是总函数的一部分。样本的大小是样本中输出的数量。

例 2.8　考虑例 2.6 中的函数。(f_0,f_2) 可以是样本，因为 support$(f_0)=\{x_1, x_2, x_3\}$ 并且 support$(f_2)=\{x_1, x_3, x_4\}$。(f_0,f_2) 的大小为 2。

性质 2.3.3　设 G 和 H 为两个样本，G 和 H 之间的支撑相关性是公共支撑变量的数量。

从输出函数生成样本

这里介绍一种由输出函数生成样本的技术。

算法 2.2　生成样本

1：使用算法2.1对输出进行排序，并使用排序的输出制作初始样本。
2：检查样本的大小，只有当样本的大小大于预期时，才使用步骤3进行样本生成过程，否则停止该样本的过程。
3：检查样本输出的支撑。如果所有的输出都依赖于所有的输入，则转到步骤4，否则转到步骤5。
4：随机将样本分成若干部分，以便构造每个样本的SBDD。
5：将样本分成两部分，使得具有共同支撑变量的输出在同一样本中，并且样本之间的支撑相关性很小。每个样本返回步骤2。

例 2.9　考虑例 2.6 中的函数。(f_1,f_3) 和 (f_0,f_2) 是两个样本，因为 support$(f_0)=\{x_1, x_2, x_3\}$，support$(f_1)=\{x_3, x_4\}$，support$(f_2)=\{x_1, x_3, x_4\}$，support$(f_3)=\{x_4\}$。

交错样本的变量顺序

前面已经介绍了一种由输出函数生成样本的方法。现在，从初始变量排序开始，利用筛选算法构造每个样本的紧凑型 SBDD，并从 SBDD 中获得样本的变量排序。然后，将样本的变量排序从最高到最低优先级交错排列，如图 2.12 所示。注意，如果样本的 SBDD 最大，则该样本具有最高优先级。

例 2.10 考虑例 2.6 中的函数。(x_4, x_3, x_1, x_2) 和 (x_3, x_4, x_2, x_1) 是图 2.9 和图 2.10 中样本 (f_1,f_3) 和 (f_0,f_2) 的变量顺序。样本 (f_0,f_2) 具有最高优先级，因为该样本的 SBDD 最大。图 2.11 表明 (x_3, x_4, x_2, x_1) 是 (f_0,f_1,f_2,f_3) 的一个良好变量排序，它是通过使用交错方法从样本 (f_1,f_3) 和 (f_0,f_2) 的变量排序计算出来的。

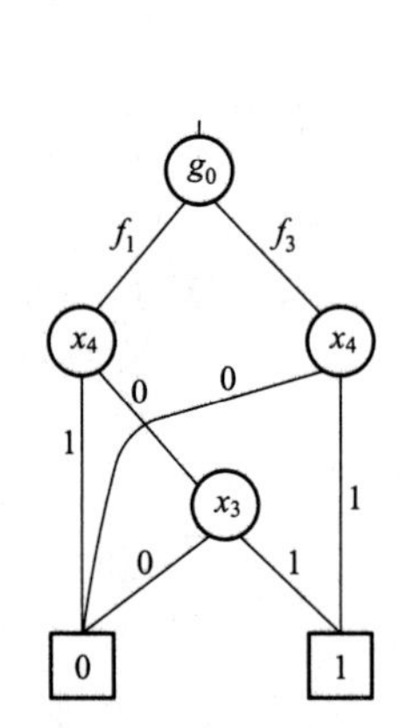

图 2.9 通过筛选算法获得样本 (f_1,f_3) 的变量排序的 SBDD

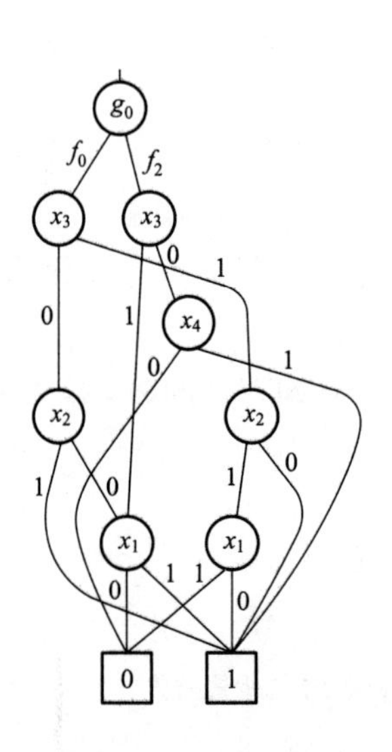

图 2.10 筛选算法得到的样本 (f_0,f_2) 变量排序的 SBDD

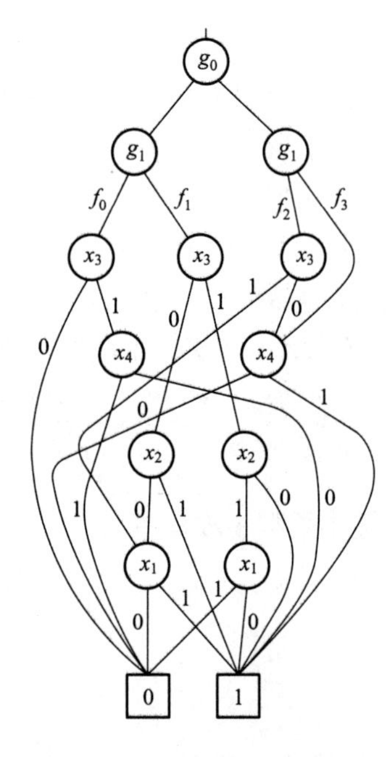

图 2.11 $f=(f_0,f_1,f_2,f_3)$ 的变量排序的 SBDD，通过使用交错方法从样本 (f_1,f_3) 和 (f_0,f_2) 的变量排序获得

2.3.4 输入变量和输出变量的交错

2.3.2 节、2.3.3 节给出了找到输入变量和输出变量的良好排序的方法。在例 2.7 和图 2.11 中，可以看出 (f_1,f_3,f_0,f_2) 是输出的良好排序，(x_3, x_4, x_2, x_1) 是输入的良好排序。本小节给出了一种方法来找到输入和输出的相对位置。为了找到变量的相对位置，使用以下策略：

策略 2.3 对于任何输出函数，在所有支撑变量出现后，立即为该输出放置变量。

例 2.11 考虑如下所示的两位加法器（adr2）：

$$\begin{array}{rrrr} & & x_1 & x_0 \\ +) & & y_1 & y_0 \\ \hline & z_2 & z_1 & z_0 \end{array}$$

z_0的支撑集是 $\{x_0, y_0\}$，z_1和z_2的支撑集是 $\{x_0, y_0, x_1, y_1\}$。此外，z_2、z_1和z_0关于 $\{x_0, y_0\}$ 和 $\{x_1, y_1\}$ 部分对称。因此，输入和输出变量的合理排序将是 $(x_0, y_0, z_0, x_1, y_1, z_1, z_2)$。

算法 2.3　BDD for CF 的优化

输入：$\boldsymbol{A}$=(A_3, A_2, A_1, A_0)和$\boldsymbol{B}$=(B_3, B_2, B_1, B_0)是两个输入向量，C_{in}是进位输入。

输出：一个能够执行“和=A+B”的BCD加法器。缓冲向量$\boldsymbol{S}$=$(C_{OUT}, S_3, S_2, S_1, S_0)$将存储结果。

1：使用算法2.3、图2.12中的程序和策略2.3对BDD for CF的变量进行初始排序。

2：从初始排序中选择一个变量，并使用筛选算法找到符合策略2.3的变量的位置，以最小化BDD for CF的大小。

3：执行步骤2，直到检查完初始排序中的所有变量，并为CF选择最小的BDD。

```
Procedure sift_m(f : {0,1}^n → {0,1}^m) {
   S ← Set of samples obtained by using Algorithm 2;
   Count ← 0; z ← φ;
for (each sample in S) do {
    Construct the compact SBDD by using the sifting
    algorithm starting with the initial variable ordering;
    Count ← Number of nodes in the SBDD;
    z ← Ordering of inputs in the SBDD;
  return Count;
  return z;
    }
  }
Procedure Interleave_sift_m(f : {0,1}^n → {0,1}^m) {
   Z ← φ; /* "Z" denotes a set of orderings for
               input variables of the ordered samples */
   I ← φ; /* "I" denotes the resulting order of inputs */
     sift_m(f);
Make an order of the samples in descending order of the
numbers of nodes in the "Count";
   Z ← Orderings of the input variables for the ordered
   samples;
while Z ≠ φ do {
    for (each variable order z from the beginning of
     Z) do {
        Choose the input variable x from the top of z;
        if (x is not in I) then {
          if (x is top in z) then
             Insert x into top of I;
                }
         else
          x is already in I, and let y be a variable just before
          x in z and (y is not in I);
          Insert y before x in I; /* y is inserted before x, since
               y is more influential than x in z */
        }
    }
  return I;
  }
```

图 2.12　用于输入变量排序的基于交错采样方案的伪代码

2.3.5 变量排序算法

在这一小节中，提出了一种方法，通过使用修改的筛选算法来优化 BDD for CF。

例 2.12 考虑例 2.6 中的 4 输入 4 输出函数。在这个例子中，(x_3, x_4, x_2, x_1) 是输入的良好排序，(f_1, f_3, f_0, f_2) 是输出的良好排序。因为 support(f_1)=$\{x_3, x_4\}$，所以 f_1 出现在 $\{x_3, x_4\}$ 之后。接下来，support(f_3)=$\{x_4\}$，f_3 出现在 f_1 之后。最后，support(f_0)=$\{x_1, x_2, x_3\}$、support(f_2)=$\{x_1, x_3, x_4\}$，f_0 和 f_2 出现在最后。因此，输入和输出变量的初始排序是 $(x_3, x_4, f_1, f_3, x_2, x_1, f_0, f_2)$。

2.4 小结

本章介绍了一种方法来构造表示多输出函数的更小的用于特征函数的二元决策图（BDD for CF）。比较了 SBDD、MTBDD 和 BDD for CF 的大小。SBDD 在时间 $O(mn)$ 内评估输出，而 MTBDD 和 BDD for CF 分别在时间 $O(n)$ 和 $O(n+m)$ 内评估输出。在大多数情况下，BDD for CF 远小于 MTBDD。然而，BDD for CF 通常大于相应的 SBDD。对于三种类型的电路：①n 位加法器（adr$n$），其中 BDD for CF 最小；②位计数电路（wgt$n$），其中 MTBDD 最小；③n 位乘法器（mlp$n$），其中 SBDD 最小。还推导了 adr$n$ 的 SBDD、MTBDD 和 BDD for CF 的大小的上限。

参考文献

[1] S. B. Akers, “Binary decision diagrams”, IEEE Trans. Comput., vol. C-27, no. 6, pp. 509–516, 1978.

[2] P. Ashar and S. Malik, “Fast functional simulation using branching programs”, Proceedings of IEEE International Conference on Computer-Aided Design, pp. 408–412, 1995.

[3] C. Scholl, R. Drechsler and B. Becker, “Functional simulation using binary decision diagrams”, Proceedings of IEEE International Conference on Computer-Aided Design, pp. 8–12, 1997.

[4] R. E. Bryant, “Graph-based algorithms for Boolean function manipulation”, IEEE Trans. Comput., vol. C-35, no. 8, pp. 677–691, 1986.

[5] T. Sasao and J. T. Butler, “A method to represent multiple-output switching functions by using multi-valued decision diagrams”, Proceedings of 26th IEEE International Symposium on Multiple-Valued Logic, pp. 248–254, 1996.

[6] H. Touati, H. Savoj, B. Lin, R. K. Brayton, and A. L. Sangiovanni-Vincentelli, “Implicit state enumeration of finite state machines using BDDs”, Proceedings of IEEE International Conference on Computer-Aided Design, pp. 130–133, 1990.

[7] H. M. H. Babu and T. Sasao, “Shared multi-terminal binary decision diagrams for

multiple-output functions", IEICE Trans. Fundamentals, vol. E81-A, no.12, pp. 2545–2553, 1998.

[8] H. M. H. Babu and T. Sasao, "Time-division multiplexing realizations of multiple-output functions based on shared multi-terminal multiple-valued decision diagrams", IEICE Trans. Inf. & Syst., vol. E82-D, no.5, pp. 925–932, 1999.

[9] H. M. H. Babu and T. Sasao, "Representations of multiple-output functions by binary decision diagrams for characteristic functions", Proceedings of the Eighth Workshop on Synthesis And System Integration of Mixed Technologies, pp. 101–108, 1998.

[10] H. Fujii, G. Ootomo, and C. Hori, "Interleaving based variable ordering methods for ordered binary decision diagrams", Proceedings of IEEE International Conference on Computer-Aided Design, pp. 38–41, 1993.

[11] R. Rudell, "Dynamic variable ordering for ordered binary decision diagrams", Proceedings of IEEE International Conference on Computer-Aided Design, pp. 42–47, 1993.

[12] T. Sasao, ed., "Logic Synthesis and Optimization", Kluwer Academic Publishers, Boston, 1993.

[13] J. Jain, W. Adams, and M. Fujita, "Sampling schemes for computing OBDD variable orderings", Proceedings of IEEE International Conference on Computer-Aided Design, pp. 631–638, 1998.

[14] P. C. McGeer, K. L. McMillan, A. Saldanha, A. L. Sangiovanni-Vincentelli and P. Scaglia, "Fast discrete function evaluation using decision diagrams", International Workshop on Logic Synthesis, pp. 6.1–6.9, 1995.

[15] A. Slobodov´a and C. Meinel, "Sample method for minimization of OBDDs", Proceedings of the International Workshop on Logic Synthesis, pp. 311–316, 1998.

[16] H. M. H. Babu and T. Sasao, "Shared multiple-valued decision diagrams for multiple-output functions", Proceedings of the IEEE International Symposium on Multiple-Valued Logic, pp. 166–172, 1999.

[17] Babu, Hafiz Md Hasan, and Tsutomu Sasao. "Representations of multiple-output functions using binary decision diagrams for characteristic functions." IEICE Transactions on Fundamentals of Electronics, Communications and Computer Sciences 82, no. 11 (1999): 2398–2406.

第3章

多输出函数的共享多值决策图

本章介绍了一种使用共享多值决策图（SMDD）表示多输出函数的方法；给出了二元决策图输入变量配对的一种算法；还介绍了配对筛选方法，通过移动四值输入变量的配对，加快了常规筛选，并产生紧凑型 SMDD。SMDD 的大小是不包括输出选择变量节点的非终端节点总数。对于一般函数和对称函数，分别推导了 SMDD 的大小。

3.1 引言

多值决策图（MDD）是二元决策图（BDD）的扩展，在逻辑综合、时分复用（TDM）实现、逻辑仿真、FPGA 设计等方面非常有用。MDD 通常比相应的 BDD 小，并且需要较少的存储器访问来求值。共享多值决策图（SMDD）是一组复杂的表示多输出函数的 MDD。SMDD 有许多应用，例如基于多路复用器的网络设计、传输晶体管逻辑网络设计等。如图 3.2 显示了与图 3.1 中的 SMDD 相对应的基于多路复用器（MUX）的网络。在这些应用中，重要的是减少 SMDD 中的节点数。

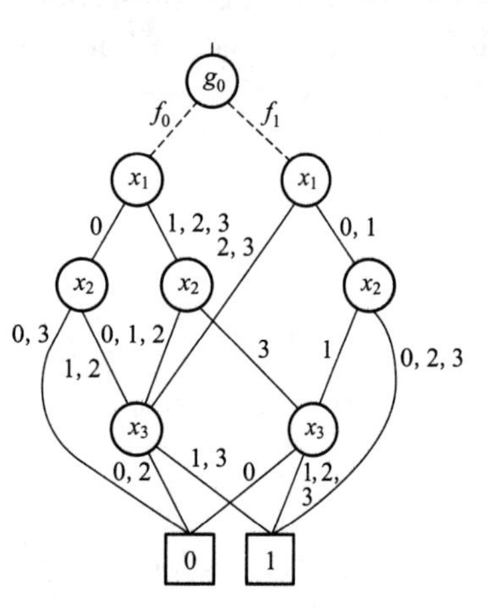

图 3.1　SMDD

本章考虑以下方法来构建紧凑型 SMDD：

① 将二进制输入变量配对，以生成多值变量。

② 对 SMDD 中的多值变量进行排序。

引入一个参数来寻找好的输入变量配对。输入变量的参数表示变量对 BDD 大小的影响。提出了一种扩展的筛选算法，移动四值输入变量的配对，以加快筛选，并产生紧凑型 SMDD。此外，通过公式推导出了位计数函数（wgt *n*）和递增函数（inc *n*）

的 SMDD 的大小。

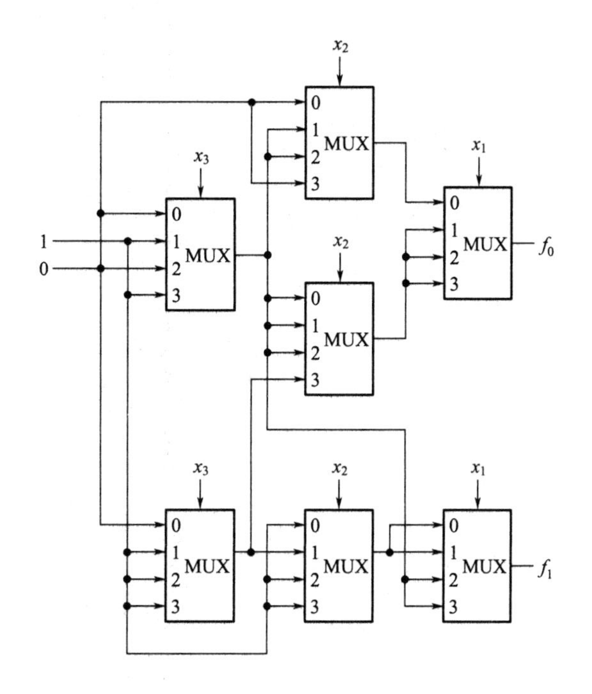

图 3.2　与图 3.1 中的 SMDD 对应的基于多路复用器的网络

3.2　决策图

在本节中，定义了各种决策图，并介绍了共享多值决策图（SMDD）的性质。

性质 3.2.1　设 $F=(f_0,f_1,\cdots,f_{m-1})$。函数 F 的决策图（DD）的大小用 size(DD, F) 表示，是不包括输出选择变量节点的非终端节点的总数。

例 3.1　图 3.1 中 SMDD 的大小为 7。注意，g_0 是 SMDD 中的输出选择变量。

3.2.1　二元决策图

二元决策图（BDD）是逻辑函数的有效表示。共享二元决策图（SBDD）是一组由树组合成的用于输出选择的 BDD，并且表示多输出函数。

3.2.2　多值决策图

令 $f:\{0,1,\cdots,r-1\}^N\rightarrow\{0,1\}$。一个 r 值 N 个输入变量函数 $f(X_1,X_2,\cdots,X_N)$ 的 MDD 是一个有向图，它有一个根节点，该根节点有 r 条分别标记为 $0,1,\cdots,r-1$ 的出边（outgoing edge），这些出边指向代表 $f(0, X_2, \cdots, X_N)$、$f(1, X_2, \cdots, X_N)$ 和 $f(r-1, X_2, \cdots, X_N)$ 的节点。对于上述每一个节点，都有 r 条出边，指向具有 r 条出边的节点。终端节点是没有出边的节点。它被标记为 0 或 1，对应于函数 f 的二进制值。一个精简有序 MDD（ROMDD）是使用以下简化规则从多值完全决策树中导出的：

- 如果两个节点表示相同的函数，则将它们合并为一个节点；
- 如果节点 v 的所有子节点都表示同一个函数，则删除 v。

ROMDD 在本章后续内容中简称为 MDD。

共享多值决策图

共享多值决策图（SMDD）表示多值多输出函数。SMDD 是由用于输出选择的树组合的一组 MDD。图 3.1 为 SMDD 的示例，其中 g_0 是函数 f_0 和 f_1 的输出选择变量。SMDD 具有以下特性：

① 它很容易检查两个函数的等价性。

② 共享 MDD 的同构子图，并紧凑地表示一个多输出函数。

③ 其逻辑电平小于 BDD。

性质 3.2.2 设 $R=\{0, 1, \cdots, r-1\}$ 且 $B=\{0, 1\}$。然后，对于 N 输入 m 输出函数 $R^N \to B^m$，SMDD 的大小最大为 $\min_{k=1}^{N}\left\{m \times \dfrac{r^{N-k}-1}{r-1} + 2^{r^k} - 2\right\}$。

性质 3.2.3 任意 N 输入 m 输出函数 $R^N \to B^m$ 可以用具有 $O\left(\dfrac{mr^N}{N}\right)$ 个节点的 SMDD 表示。

性质 3.2.4 设 $R=\{0, 1, \cdots, r-1\}$ 且 $B=\{0, 1\}$。然后，所有的非常数对称函数 $R^N \to B$ 都可以用具有 $\sum_{i=1}^{N}\left[2^{\binom{i+r-1}{i}} - 2\right]$ 个非终端节点的 MDD 来表示。

性质 3.2.5 设 $R=\{0, 1, \cdots, r-1\}$ 且 $B=\{0, 1\}$。然后，对于 N 输入 m 输出对称函数 $R^N \to B^m$，SMDD 的大小最大为

$$\min_{k=1}^{N}\left\{m \times \sum_{i=0}^{k}\binom{i+r-1}{i} + \sum_{i=1}^{N-k}\left[2^{\binom{i+r-1}{i}} - 2\right]\right\}$$

其中，假设 $r=4$。

性质 3.2.6 设 wgt n 是一个 n 输入 $\lfloor \log_2 n \rfloor + 1$ 输出函数，它计算输入中 1 的个数，并用一个二进制数表示，其中 n 是二进制输入变量的个数，$\lfloor a \rfloor$ 表示不大于 a 的最大整数。该函数为位计数函数。

性质 3.2.7 设 inc n 是计算 $x+l$ 的 n 输入 $n+l$ 输出函数，其中 n 是二进制输入变量的数量，它是一个递增函数。对于 wgt n 和 inc n，可以得到 SMDD 大小界限的以下猜想：

猜想 3.1：size(SMDD, wgt n)=$n\lfloor \log_2 n \rfloor + n - 2^{\lfloor \log_2 n \rfloor}$，其中 $n > 1$。

猜想 3.2：size(SMDD, inc n)=$2n-l$，其中 $n > 1$。

性质 3.2.8 设 SMDD 表示 m 个函数 $f_i=x_i (i=0, 1, \cdots, m-1)$，其中 x_i 是二进制输入变量。

那么，SMDD 的大小是 m。

例 3.2　图 3.3 和图 3.4 分别表示了函数 $(f_0,f_1)=(x_1, x_2)$ 和 $(f_0,f_1,f_2)=(x_1, x_2, x_3)$ 的 SMDD。它们的大小分别为 2 和 3。

注意，表示 m 个函数 $f_i=x_i(i=0, 1, \cdots, m-1)$ 的 SMDD 的大小也是 m。

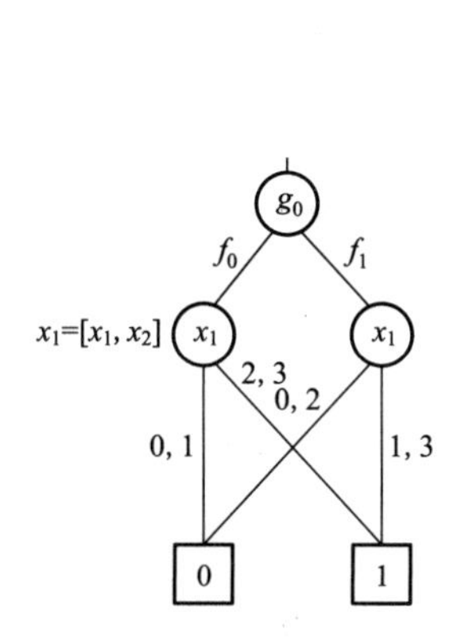

图 3.3　函数 $(f_0,f_1)=(x_1, x_2)$ 的 SMDD

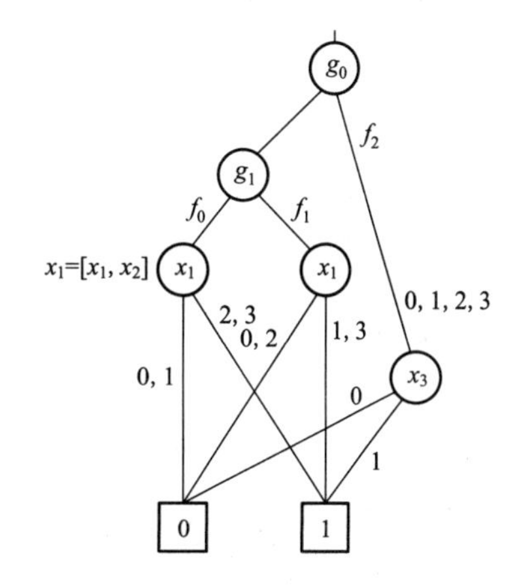

图 3.4　函数 $(f_0,f_1,f_2)=(x_1, x_2, x_3)$ 的 SMDD

3.3　紧凑型 SMDD 的构造

紧凑型 SMDD 对于有效地表示多输出函数非常重要。在本节中，将介绍用于优化 SMDD 的启发式算法。通过以下方法来减小 SMDD：

① 输入变量的配对；

② 通过筛选四值变量，对输入变量进行排序；

③ 通过筛选四值变量的配对，对输入变量进行排序。

3.3.1　二进制输入变量的配对

输入变量的配对对于减小 SMDD 的大小非常重要。对决策图大小有很大影响的输入变量被称为是有影响力的。使用启发式算法对多输出函数的 BDD 中有影响力的输入变量进行配对。

在本小节中，介绍一种启发式算法来找到输入变量的良好配对。

性质 3.3.1　设 $U=\{u_1, u_2, \cdots, u_k\}$ 是一个包含 k 个变量的集合。设 $U_1\subseteq U$ 且 $U_2\subseteq U$。$P=\{U_1, U_2\}$ 是 U 的一个划分，当且仅当 $U_1\cup U_2=U$，且 $U_1\cap U_2=\varnothing$。

性质 3.3.2　设 $U=\{u_1, u_2, u_3, u_4\}$ 是一个包含 4 个变量的集合。则 $\{[u_1, u_2], [u_3, u_4]\}$ 是 U 的一个划分。

性质 3.3.3 设一个 BDD 表示一个函数 f。para(x_i) 是变量排序的 BDD 中高度为 i 的输入变量 x_i 的参数，它表示 BDD 中 x_i 的层级。假设 para(x_i) 的值越小，变量 x_i 的影响越大。

例 3.3 图 3.5 和图 3.6 分别显示了函数 f_0 和 f_1 的 BDD。图中显示了两种 BDD 的 para(x_i) 值。例如，x_1 是图 3.5 中 BDD 中最有影响力的变量，因为 para(x_1) 是所有 para(x_i) 中最小的。

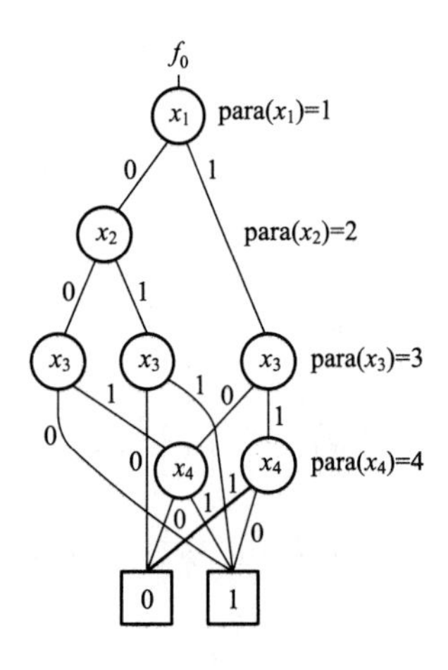

图 3.5 函数 f_0 的 BDD

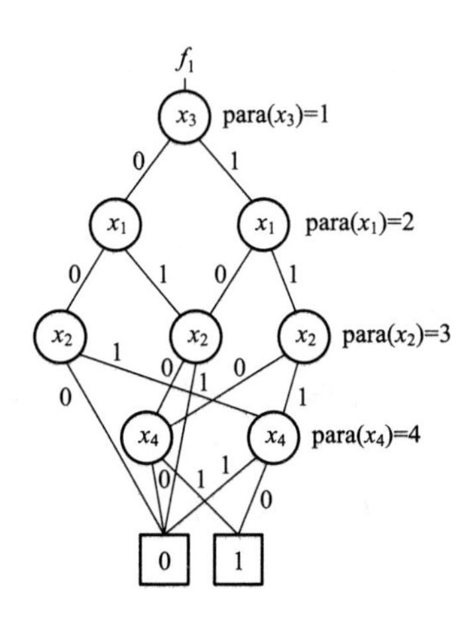

图 3.6 函数 f_1 的 BDD

性质 3.3.4 设 $F=(f_0, f_1, \cdots, f_{m-1})$ 是 n 输入 m 输出函数，para$_k(x_i)$ 是 f_k 的 BDD 中变量 x_i 的参数。那么，$\boldsymbol{T}=(T_1, T_2, \cdots, T_n)^t$ 是总参数向量，其中 T_i 计算如下：$T_i=\text{para}(x_i)=\prod_{k=0}^{m-1}\text{para}_k(x_i)$。

例 3.4 考虑例 3.3 中的函数。$F=(f_0, f_1)$ 的总参数向量为

$$\boldsymbol{T}=\begin{matrix}\text{para}\,(x_1)\\ \text{para}\,(x_2)\\ \text{para}\,(x_3)\\ \text{para}\,(x_4)\end{matrix}\begin{pmatrix}2\\ 6\\ 3\\ 16\end{pmatrix}$$

性质 3.3.5 一对输入变量 x_i 和 $x_j(i \neq j)$ 的权重 $w(i, j)$ 定义为 $w(i, j)=\text{para}(x_i) \cdot \text{para}(x_j)$。

性质 3.3.6 在例 3.3 的函数中，权重如下：$w(1, 2)=12$，$w(1, 3)=6$，$w(1, 4)=32$，$w(2, 3)=18$，$w(2, 4)=96$，以及 $w(3, 4)=48$。

算法 3.1 配对输入变量

设F：$\{0, 1\}^n \to \{0, l\}^m$，$Q$是$n$个输入变量对的集合，$q \in Q$，$W$是$Q$的配对的排序权重列表。

1：优化每个输出函数的BDD。

2：计算总参数向量$\boldsymbol{T}$。

3：计算每对输入变量的权重$w(i,j)$。

4：从W中选择权重$w(i,j)$最小的$q \in Q$，并从Q中剔除包含 q 中输入变量的配对。更新Q和W。

5：重复步骤4，直到Q为空，并用所选择的配对很好地划分输入变量。

例 3.5 考虑例 3.3 中的函数。有三种不同的方式配对四个输入：

① $\{[x_1, x_2], [x_3, x_4]\}$（图 3.7 中的 SMDD）；

② $\{[x_1, x_4], [x_2, x_3]\}$（图 3.8 中的 SMDD）；

③ $\{[x_1, x_3], [x_2, x_4]\}$（图 3.9 中的 SMDD）。

其中，③是根据算法 3.1 得到的输入变量的良好划分，因为 $w(1, 3)$ 是最小元素。

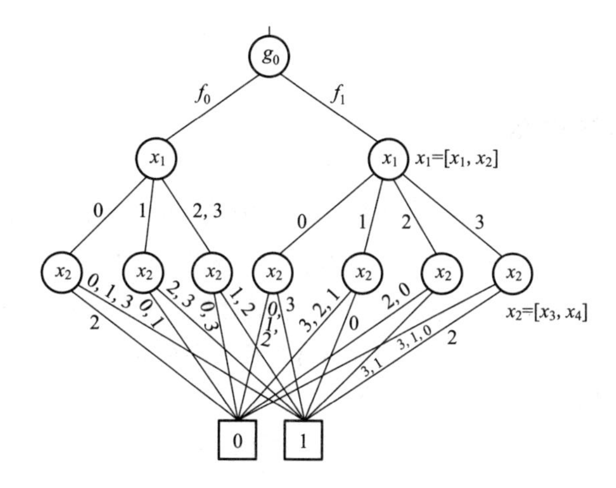

图 3.7 划分 $\{[x_1, x_2]$，$[x_3, x_4]\}$ 的 SMDD

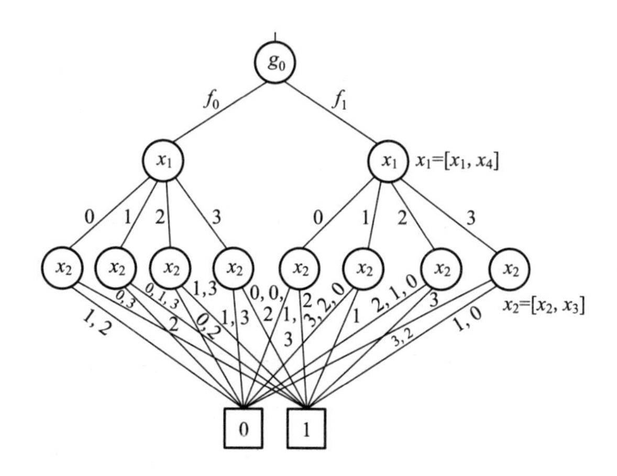

图 3.8 划分 $\{[x_1, x_4]$，$[x_2, x_3]\}$ 的 SMDD

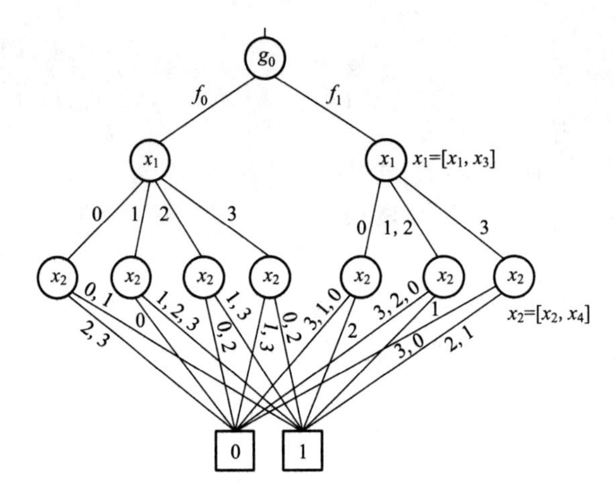

图 3.9　划分 $\{[x_1, x_3], [x_2, x_4]\}$ 的 SMDD

3.3.2　输入变量的排序

输入变量的排序对于减小 SMDD 的大小是非常重要的。筛选是一种有效的方法来找到输入变量的一个良好排序。常规筛选一次移动一个变量，而分组筛选一次移动多个变量。分组筛选比常规筛选更快地产生紧凑的决策图。配对筛选是一次移动一对对称变量的分组筛选。在本小节中，介绍了四值输入变量的常规筛选和配对筛选。在配对筛选的情况下，从 MDD 中找到好的四值输入变量配对。函数通常是多个输出，并且不容易为所有输出找到好的输入变量配对。这里使用算法 3.1 来找到好的输入变量配对。

算法 3.2　使用常规筛选算法构造 SMDD

1：通过算法3.1构造SMDD。
2：对四值输入变量使用筛选算法，使得SMDD的大小最小化。

这种优化的 SMDD 可称为常规筛选的 SMDD。

例 3.6　设 $\{[X_1, X_3], [X_2, X_4]\}$ 是由算法 3.1 得到的四值输入变量的良好划分。然后，对的初始变量排序是 (X_1, X_3, X_2, X_4)。

算法 3.3　使用四值变量的配对筛选构造 SMDD

设 $F:\{0, 1\}^n \rightarrow \{0, 1\}^m$。
1：通过算法3.1构造F的MDD。
2：使用与算法3.1类似的技术从MDD中找到好的四值变量配对，并使用这些配对进行初始变量排序。

3：从初始排序中选择一对四值变量，并使用筛选算法找到这对变量的位置，以使初始SMDD的大小最小化。

4：重复步骤3，直到检查完初始排序中的所有配对，并选择最小的SMDD。

这种优化的 SMDD 可称为配对筛选的 SMDD。

3.4 小结

本章介绍了一种使用共享多值决策图（SMDD）表示多输出函数的方法。给出了二元决策图（BDD）输入变量的配对算法，以及 SMDD 中多值变量的良好排序算法。对于一般函数和对称函数，分别推导了 SMDD 的大小。配对筛选的 SMDD 小于正常筛选的 SMDD。算法 3.1 和算法 3.3 可以扩展到 k 个输入变量的分组，其中 $k > 2$。SMD 在许多应用中是很有用的，例如基于多路复用器的网络设计和传输晶体管逻辑网络设计。

参考文献

[1] T. Sasao and J. T. Butler, “A design method for look-up table type FPGA by pseudo-Kronecker expansion”, Proceedings of 26th IEEE International Symposium on Multiple-Valued Logic, pp. 97–106, 1994.

[2] H. M. H. Babu and T. Sasao, “Design of multiple-output networks using time domain multiplexing and shared multi-terminal multiple-valued decision diagrams”, IEEE International Symposium on Multiple Valued Logic, pp. 45–51, 1998.

[3] S. Minato, N. Ishiura, and S. Yajima, “Shared binary decision diagram with attributed edges for efficient Boolean function manipulation”, Proceedings of 27th ACM/IEEE DAC, pp. 52–57, 1990.

[4] R. E. Bryant, “Graph-based algorithms for Boolean function manipulation”, IEEE Trans. Comput., vol. C-35, no. 8, pp. 677–691, 1986.

[5] T. Sasao and J. T. Butler, “A method to represent multiple-output switching functions by using multi-valued decision diagrams”, Proceedings of 26th IEEE International Symposium on Multiple-Valued Logic, pp. 248–254, 1996.

[6] D. M. Miller, “Multiple-valued logic design tools”, Proceedings of the IEEE International Symposium on Multiple-Valued Logic, pp. 2–11, 1993.

[7] H. M. H. Babu and T. Sasao, “Shared multi-terminal binary decision diagrams for multiple-output functions”, IEICE Trans. Fundamentals, vol. E81-A, no. 12, pp. 2545–2553, 1998.

[8] H. M. H. Babu and T. Sasao, “Time-division multiplexing realizations of multiple-output functions based on shared multi-terminal multiple-valued decision diagrams”, IEICE Trans. Inf. & Syst., vol. E82-D, no. 5, pp. 925–932, 1999.

[9] H. M. H. Babu and T. Sasao, "Representations of multiple-output functions by binary decision diagrams for characteristic functions", Proceedings of the Eighth Workshop on Synthesis And System Integration of Mixed Technologies, pp. 101–108, 1998.
[10] H. Fujii, G. Ootomo, and C. Hori, "Interleaving based variable ordering methods for ordered binary decision diagrams", Proceedings of IEEE International Conference on Computer-Aided Design, pp. 38–41, 1993.
[11] R. Rudell, "Dynamic variable ordering for ordered binary decision diagrams", Proceedings of IEEE International Conference on Computer-Aided Design, pp. 42–47, 1993.
[12] D. M. Miller and R. Drechsler, "Implementing a multiple-valued decision diagram package", Proceedings of the IEEE International Symposium on Multiple-Valued Logic, pp. 2–11, 1998.
[13] G. Epstein, "Multiple-Valued Logic Design: An Introduction, IOP Publishing Ltd., 1993.
[14] P. C. McGeer, K. L. McMillan, A. Saldanha, A. L. Sangiovanni-Vincentelli and P. Scaglia, "Fast discrete function evaluation using decision diagrams", International Workshop on Logic Synthesis, pp. 6.1–6.9, 1995.
[15] M. Kameyama and T. Higuchi, "Synthesis of multiple-valued logic networks based on tree-type universal logic module", IEEE Transactions on Computers, vol. C-26, no. 12, pp. 1297–1302, 1977.
[16] H. M. H. Babu and T. Sasao, "Shared multiple-valued decision diagrams for multiple-output functions", Proceedings of the IEEE International Symposium on Multiple-Valued Logic, pp. 166–172, 1999.
[17] A. Thayse, M. Davio, and J-P. Deschamps, "Optimization of multi-valued decision algorithms", Proceedings of the IEEE International Symposium on Multiple-Valued Logic, pp. 171–178, 1978.
[18] K. Yano, Y. Sasaki, K. Rikino, and K. Seki, "Top-down pass transistor logic design", IEEE Journal of Solid-State Circuits, vol. 31, no. 6, pp. 792–803, 1996.
[19] S. Panda and F. Somenzi, "Who are the variables in your neighborhood", Proceedings of IEEE International Conference on Computer-Aided Design, pp. 74–77, 1995.

第4章

多值决策图最小化的启发式算法

本章介绍了一种方法来最小化多输出函数的多值决策图（MDD），包括以下内容：①对二值输入进行编码的启发式算法；②基于采样对多值输入变量进行排序的启发式算法，其中每个样本是一组输出。首先，从给定的二值输入二值输出函数生成四值输入二值多输出函数。然后，为每个样本构建MDD，并找到一个好的变量排序。最后，从代表样本的MDD的排序中生成变量排序，并最小化整个MDD。该方法产生的MDD的节点比筛选方法少。特别地，当几个二值输入变量被分组，形成多值变量时，本章的方法能在很短的时间内产生更小的MDD。

4.1 引言

MDD是多值函数的数据结构。MDD是二元决策图（BDD）的扩展，表示同样的逻辑功能时，通常所需的节点比相应的BDD更少。MDD对于逻辑综合、FPGA设计、逻辑仿真等都很有用。例如，图4.2显示了与图4.1中MDD对应的基于多路复用器的网络。在本章中，考虑使用多根MDD来表示多输出函数。从二值输入二值输出函数出发，构造了表示四值输入二值输出函数的MDD。将共享二元决策图（SBDD）用于多输出函数，以找到二值输入变量的良好配对。由于决策图（DD）的大小可以根据输入变量的排序从线性变化到指数，因此找到输入变量的良好变量排序非常重要。动态变量排序是对输入进行排序的一种很好的启发式算法。但是，在多输出函数的情况下，必须同时处理一组输出函数。因此，生成一个能够紧凑表示所有输出函数的良好变量排序是至关重要的。基于采样的变量排序方法和基于交错的变量排序方法是快速找到多输出函数良好变量排序的有效方法。本章将这两种方法结合起来，以找到输入变量的良好排序。

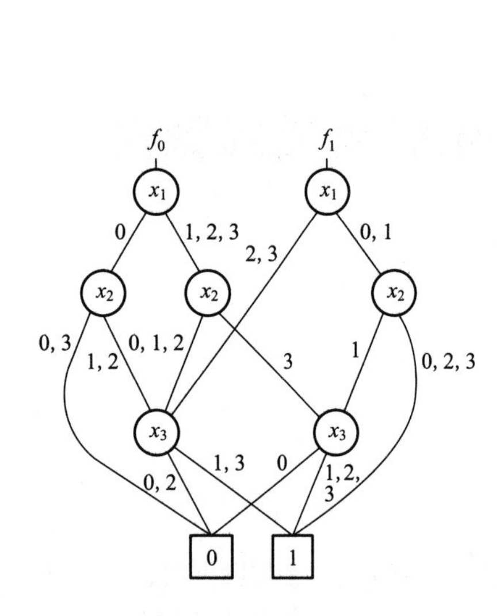

图 4.1　MDD 示例

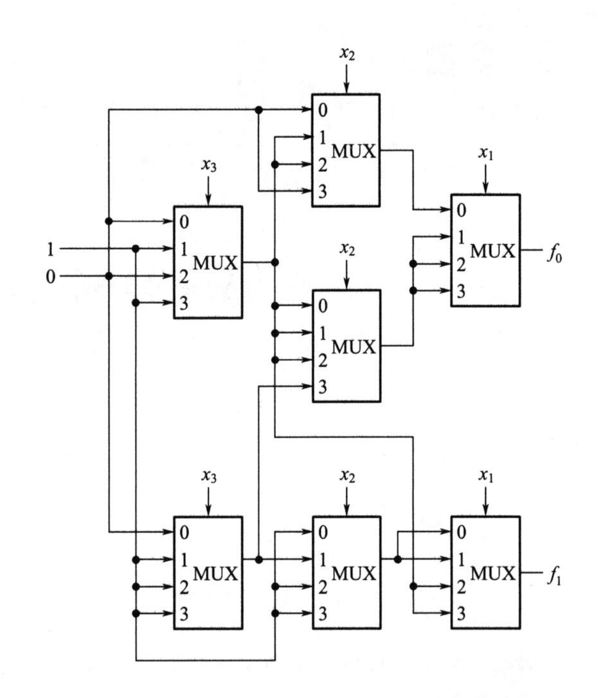

图 4.2　与图 4.1 中 MDD 对应的基于多路复用器的网络

4.2　基本性质

本节介绍符号和基本性质。

性质 4.2.1　设 $F_1=\{f_0,f_1,\cdots,f_{m-1}\}$，$R=\{0,1,\cdots,r-1\}$，且 $B=\{0,1\}$。一个 r 值输入二值输出函数 F_1 是一个映射，即 $F_1: R^N \to B^m$。

性质 4.2.2　设 $R=\{0,1,\cdots,r-1\}$ 和 $S\subseteq R$。X^S 是 X 的一个字面量（literal），其中 $X^S=\begin{cases}0, & X\notin S\\ 1, & X\in S\end{cases}$。

当 S 仅包含一个元素时，$X^{\{i\}}$ 由 X^i 表示。$X_1^{S_1}X_2^{S_2}\cdots X_N^{S_N}$ 是一个乘积项，它是这些字面量的逻辑与（AND）运算。$\vee_{(S_1,S_2,\cdots,S_N)}X_1^{S_1}X_2^{S_2}\cdots X_N^{S_N}$ 是一个乘积和（SOP）表达式，$\vee_{(S_1,S_2,\cdots,S_N)}$ 表示乘积项的包含或（inclusive-OR）。

性质 4.2.3　任意 r 值输入二值多输出函数可以表示为 $F_1(X_1,X_2,\cdots,X_N)=X_1^0F_1(0,X_2,\cdots,X_N)\vee X_1^1F_1(1,X_2,\cdots,X_N)\vee\cdots\vee X_1^{r-1}F_1(r-1,X_2,\cdots,X_N)$。这是关于 X_1 的香农展开的多值版本。

性质 4.2.4　设 $F_1=\{f_0,f_1,\cdots,f_{m-1}\}$，那么，$F$ 的决策图（DD）的大小用 size(DD, F) 表示，是非终端节点的总数。

例 4.1　图 4.1 中 MDD 的大小为 7。

4.3 多值决策图

设 F_1:$\{0, 1, \cdots, r-1\}^N \to \{0, 1\}^m$。$F_1(X_1, X_2, \cdots, X_N)$ 的 MDD 是一个多根有向图，它有 r 条分别标记为 0, 1, ⋯, r−1 的出边，这些出边分别指向代表 $F_1(0, X_2, \cdots, X_N)$、$F_1(1, X_2, \cdots, X_N)$ 和 $F_1(r-1, X_2, \cdots, X_N)$ 的节点。这些节点中的每一个都有 r 条出边，这些出边又指向具有 r 条出边的节点，等等。终端节点是没有出边的节点，它被标记为 0 或 1，对应于函数 F_1 的二进制值。一个精简有序 MDD（ROMDD）不包含所有 r 条出边都指向同一节点的节点，也没有等价的子图。从现在开始，ROMDD 简称为 MDD。图 4.1 是 MDD 的一个例子。

MDD 的大小

MDD 的大小是一个重要的特征。这里介绍多种函数的 MDD 大小的一些上限。

性质 4.3.1 设 $R=\{0, 1, \cdots, r-1\}$ 且 $B=\{0, 1\}$。然后，对于 N 输入 m 输出函数 $R^N \to B^m$，MDD 的大小最大为 $\min_{k=1}^{N}\left\{m\times\frac{r^{N-k}-1}{r-1}+2^{r^k}-2\right\}$。

在 r=2 的情况下，用 SBDD 来表示 n 输入 m 输出函数，并得到以下性质：

性质 4.3.2 对于 n 输入 m 输出函数 $B^n \to B^m$，SBDD 的大小最大为 $\min_{k=1}^{n}\{m\times2^{n-k}-1+2^{2^k}-2\}$。

性质 4.3.3 设 $R=\{0, 1, \cdots, r-1\}$ 且 $B=\{0, 1\}$。然后，所有的非常数对称函数 $R^N \to B$ 都可以用具有 $\sum_{i=1}^{N}\left[2^{\binom{i+r-1}{i}}-2\right]$ 个非终端节点的 MDD 来表示。

证明 4.1 非常数对称函数 f: $R^N \to B$ 的个数是 $2^{\binom{N+r-1}{N}}-2$，其中 $R=\{0, 1, \cdots, r-1\}$ 且 $B=\{0, 1\}$。

① 当 N=1 时，有 2^r-2 个对称函数，它们的实现如图 4.3 所示。

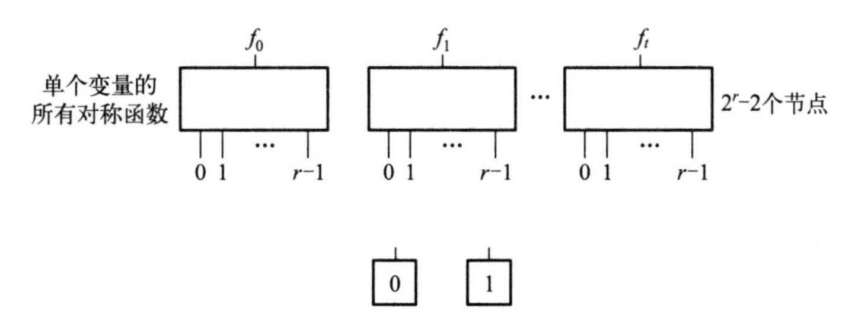

图 4.3 单个变量的所有对称函数的实现

② 假设所有 $N-1$ 个变量的非常数对称函数都可以用 $\sum_{i=1}^{N}\left[2^{\binom{i+r-1}{i}}-2\right]$ 来实现，任意 N 个变量的对称函数表示如下：

$f(X_1,X_2,\cdots,X_N)=X_N^0 f_0 \vee X_N^1 f_1 \vee \cdots \vee X_N^{r-1} f_{r-1}$，其中，$f_j=f(X_1, X_2, \cdots X_{N-1}; j)$ 是 N-1 个变量的对称函数，并且 j=0, 1, ⋯, r−1。这样，所有 N 个变量的非常数对称函数都可以实现，如图 4.4 所示。其中的非终端节点总数为：

$$\sum_{i=1}^{N-1}\left[2^{\binom{i+r-1}{i}}-2\right]+\left[2^{\binom{N+r-1}{N}}-2\right]=\sum_{i=1}^{N}\left[2^{\binom{i+r-1}{i}}-2\right]$$

因此，由①和②，证明了性质 4.3.3。

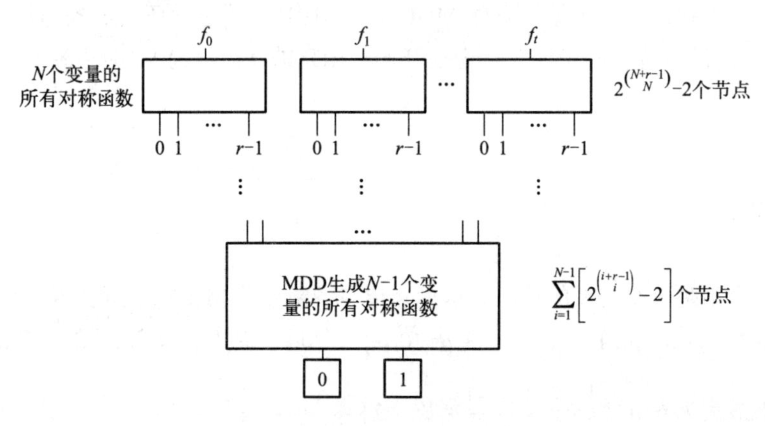

图 4.4 N 个变量的对称函数的实现

性质 4.3.4 设 R={0, 1, ⋯, r−1} 且 B={0, 1}。然后，对于 N 输入 m 输出对称函数 $R^N \to B^m$，MDD 的大小最大为

$$\min_{k=1}^{N}\left\{m\times\sum_{i=0}^{N-1}\binom{i+r-1}{i}+\sum_{i=1}^{N-k}\left[2^{\binom{i+r-1}{i}}-2\right]\right\}$$

证明：由于函数是完全对称的，由 r 值完全决策树生成的 k 变量函数的不同数量等于从 r 个不同对象中重复选择 k 个对象的方法的数量。从 r 个不同的对象中重复选择 k 个对象的方法的数量是 $\binom{k+r-1}{k}$。因此，m 个函数的 r 值决策树的非终节点总数为 $m\times\sum_{i=0}^{k}\binom{i+r-1}{i}$。根据性质 4.2，在 N−k 个变量中，有 $2^{\binom{N-k+r-1}{N-k}}-2$ 个非常数对称函数，并且它们需要 $\sum_{i=1}^{N-k}\left[2^{\binom{i+r-1}{i}}-2\right]$ 个非终端节点。因此，对于 r 值 N 输入二值 m 输出对称函数，MDD 的大小最大为

$$\min_{k=1}^{N}\left\{m\times\sum_{i=0}^{N-1}\binom{i+r-1}{i}+\sum_{i=1}^{N-k}\left[2^{\binom{i+r-1}{i}}-2\right]\right\}$$

对于 r=2 的情况，SBDD 用于表示 n 输入 m 输出对称函数，并得到以下内容：

性质 4.3.5 对于 n 输入 m 输出对称函数 $B^n \to B^m$，SBDD 的大小最大为

$$\min_{k=1}^{N}\left\{m\times\frac{(k+1)(k+2)}{2}+2^{n-k+2}-2(n-k)-4\right\}$$

从现在开始，假设 MDD 表示四值输入二值多输出函数，其中 r=4。

性质 4.3.6　设 inc n 是计算 K+1 的 n 输入 n+1 输出函数，其中 K 是由 n 位组成的二进制数。它代表一个递增电路。

性质 4.3.7　假设 inc n 的二值输入变量配对为 $X_1=[x_1, x_2], X_2=[x_3, x_4], \cdots, X_N=[x_{n-1}, x_n]$，其中 $n=2N$，并且四值输入的变量排序是 $(X_1, X_2, \cdots, X_N)$。则 size(MDD, inc n) $\leqslant 2n-1$（$n \geqslant 2$）。

证明 4.2　用数学归纳法证明二值输入变量的数量。

① 基础：对于 n=2，inc 2 的 MDD 由三个非终端节点实现，如图 4.5 所示。

② 归纳：假设对于 $k=n-1$ 个输入变量，该假设为真。也就是说，inc (n−1) 的 MDD 如图 4.6 所示，有 $2n-3$ 个非终端节点。在图 4.6 中，首先去掉常数 0 和常数 1。其次，插入输入变量 x_n 并添加两个非终端节点，以及常数 0 和常数 1 的节点。随后，得到图 4.7。注意，图 4.7 显示了具有 $2n-1$ 个非终端节点的 inc n 的 MDD，它比图 4.6 多了两个非终端节点。很明显，图 4.7 中的 MDD 有上半部分和下半部分：当 n 为偶数时，x_n 与 x_{n-1} 配对，在 MDD 上半部分的底部增加两个额外的非终端节点。当 n 是奇数时，x_n 在 MDD 的下半部分保持为二值变量，这需要两个非终端节点。注意，$x_1, x_2, \cdots, x_n$ 是二值输入在配对中的排序，并且 $(X_1, X_2, \cdots, X_N)$ 是 MDD 中四值输入的变量排序。

因此，由①和②，证明了**性质 4.3.7**。

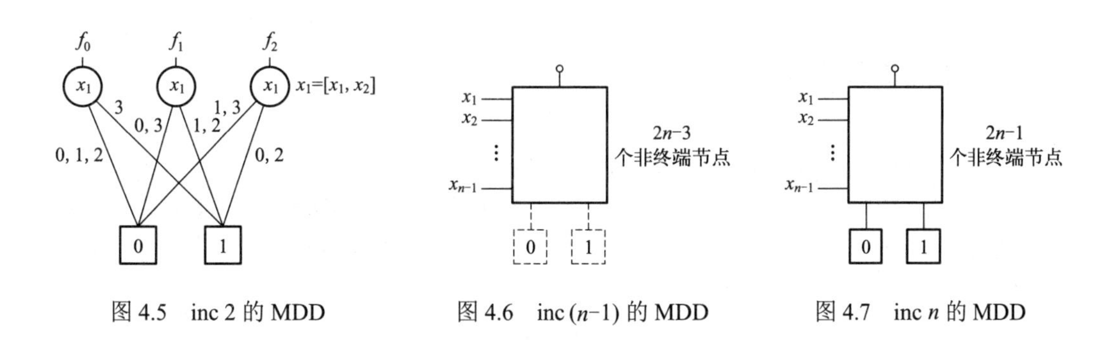

图 4.5　inc 2 的 MDD　　图 4.6　inc (n−1) 的 MDD　　图 4.7　inc n 的 MDD

例 4.2　图 4.8 和图 4.9 分别为 inc 3 和 inc 4 的 MDD。图 4.8 和图 4.9 中的 MDD 分别为 5 和 7。

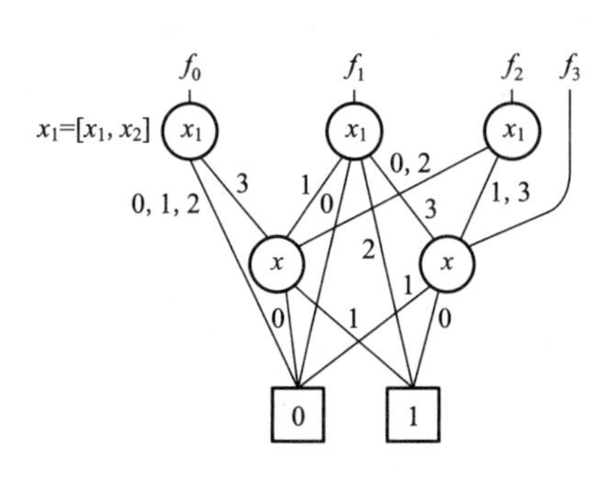

图 4.8　inc 3 的 MDD

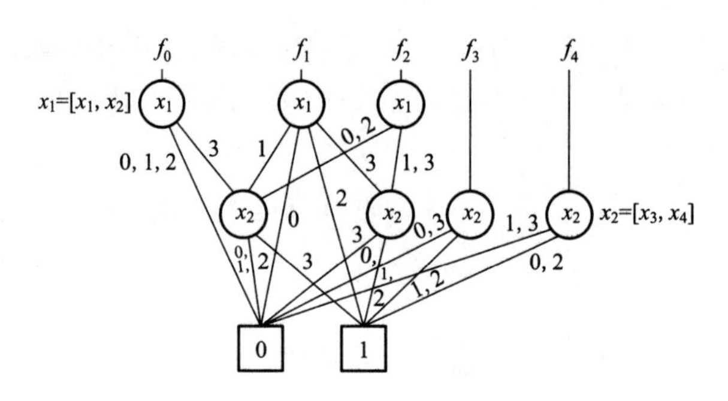

图 4.9 inc 4 的 MDD

在 r=2 的情况下，SBDD 用于表示 n 输入 n+1 输出的 inc n，并且具有如下性质：

性质 4.3.8 size(SBDD, inc n) $\leqslant 3n-2$。

4.4 多值决策图的最小化

二值输入变量的配对以及多值变量的排序对于减少 MDD 中的节点数量很重要。本节介绍最小化 MDD 的方法。

4.4.1 二值输入的配对

当一个函数只有一个输出时，找到好的二值输入配对相对容易。然而，对于多输出函数，找到好的二值输入配对并不那么容易。本小节介绍一种从 SBDD 中选择好的二值输入配对的启发式算法。

算法 4.1 配对输入变量

1：设F_2：$\{0, 1\}^n \rightarrow \{0, 1\}^m$。为$F_2$构造SBDD。

2：设$s(x_i, x_j)$为依赖于输入变量x_i和x_j中的一个或两个输出的数量。然后，如果$s(x_i, x_j)$是所有配对中最小的，则$[x_i, x_j]$是输入的候选配对。将相同的思想递归地应用于其余输入，以找到好的输入变量配对。如果出现平局，使用步骤3找到其中最好的一个。

3：$[x_i, x_j]$是F_2中的一对良好输入，如果在SBDD中，进入标记为x_j的节点的大部分入边（incoming edge）来自标记为x_i的节点。

例 4.3 考虑图4.10中的SBDD，其中$s(x_1, x_2)$=2, $s(x_1, x_3)$=$s(x_2, x_3)$=3, $s(x_1, x_4)$=$s(x_2, x_4)$=$s(x_3, x_4)$=4。$[x_1, x_2]$ 是一对很好的输入变量，因为 $s(x_1, x_2)$ 是所有 $s(x_i, x_j)$ 中最小的。其余的输入是 x_3 和 x_4。因此，$[x_3, x_4]$ 是另一对。因此，$[x_1, x_2]$ 和 $[x_3, x_4]$ 是二值输入的良好配对。

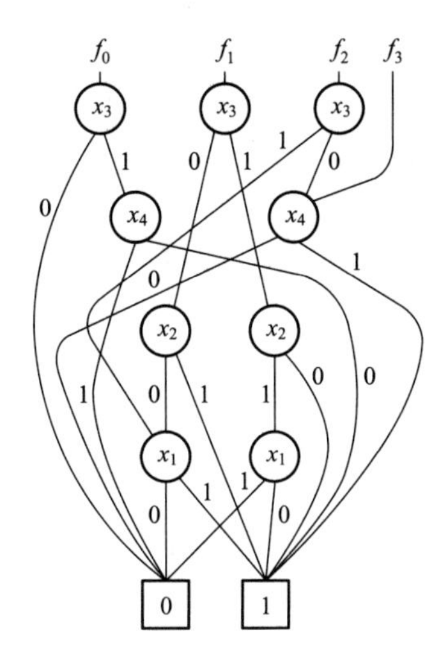

图 4.10　用于查找二值输入配对的 SBDD

4.4.2　多值变量的排序

MDD 的大小对输入变量的排序很敏感。有几种算法可以找到精确的变量排序。但是，此类算法仅适用于少量的输入，并且对于一般目的是无用的。寻找最优变量排序是一个 NP 完全问题。因此，采用数学方法来解决实际问题。在现实生活中，许多逻辑电路具有多个输出，并且大多数 CAD 工具同时处理多个输出函数。因此，为不同的输出函数找到相同的变量排序是很重要的。在这一小节中，给出了一种启发式算法来对多输出函数的输入进行排序。一种采样技术被用来计算 MDD 的变量排序：每个样本对应于一组输出函数，一个 MDD 代表一个样本。然后，结合交错技术，从 MDD 的变量排序产生用于整个 MDD 的良好变量排序，并且最小化整个 MDD。算法 4.2 和算法 4.3 中给出了具体技术。从现在起，MDD 对样本的变量排序称为样本变量排序，从样本变量排序获得的所有输出的变量排序称为最终变量排序。为了获得最终变量排序，样本的 MDD 的变量排序以较高的优先级合并为具有较低优先级的变量排序，同时尽可能地保持每个 MDD 的良好变量排序。多输出函数强烈依赖的输入变量是有影响的。有影响力的变量极大地影响 DD 的大小，并且这些变量在最终变量排序中应被放置在较高的位置。

性质 4.4.1　样本是一个多输出函数，由一组输出组成。这些输出构成总输出的一部分，样本中输出的数量就是样本的大小。MDD 大小越大的样本，优先级越高。

性质 4.4.2　support(f) 是函数 f 所依赖的输入变量的集合（支撑集）。支撑集的大小是 support(f) 中变量的数量。

性质 4.4.3　设 f_1 和 f_2 是两个输出函数。f_1 和 f_2 的支撑集的并集的大小是 $\{f_1,f_2\}$ 的支撑变量的数量。

例 4.4　考虑二值 4 输入 2 输出函数：

$$f_0(x_1,x_2,x_3,x_4)=x_1'x_2 \vee x_1x_3' \vee x_2'x_3$$

$$f_1(x_1,x_2,x_3,x_4)=x_1x_3 \vee x_3'x_4$$

f_0 和 f_1 的支撑集的并集的大小是 4，因为 x_1、x_2、x_3 和 x_4 是 $\{f_0,f_1\}$ 的支撑变量。

注意，如果样本变量排序的输入变量不在最终排序中，则将该变量插入最终排序中。

例 4.5 设 $F_3=\{f_0,f_1,f_2,f_3\}:\{0,1,2,3\}^7 \to \{0,1\}^4$。设 $\{f_0,f_2\}$ 和 $\{f_1,f_3\}$ 为函数 F_3 的两个样本。设 order[A]=(X_0, X_1, X_2, X_3) 和 order[B]=(Y_0, Y_1, Y_2, Y_3) 分别是从表示样本 $\{f_0,f_2\}$ 和 $\{f_1,f_3\}$ 的 MDD 获得的样本变量排序。设 5 和 13 分别是样本变量排序 order[A] 和 order[B] 下的 MDD 的大小。$\{f_1,f_3\}$ 具有最高优先级，因为该样本的 MDD 大小最大。因此，首先检查 order[B]，然后检查 order[A]，以生成最终变量排序（order[C]）。在该示例中，$G=\{(X_0, X_1, X_2, X_3), (Y_0, Y_1, Y_2, Y_3)\}$。为了计算最终变量排序，根据算法 4.3 的步骤（a）和（b），从 G 的 order[A] 和 order[B] 中选择有影响力的输入变量，如下所示：

$$\begin{array}{c} \text{order}[B]=(Y_0,Y_1,X_2,Y_3) \\ \underline{\text{order}[A]=(X_0,X_1,X_2,X_3)} \\ \text{order}[C]=(Y_0,Y_1,X_0,X_1,X_2,X_3,Y_3) \end{array}$$

算法 4.2 导出样本

设F_2:$\{0,1\}^n \to \{0,1\}^m$。

1：使用算法4.1从F_2生成F_3:$\{0,1,2,3\}^N \to \{0,1\}^m$，并构造$F_3$的MDD。如果该配对的支撑集的并集的大小是所有配对中最小的，则F_3中的两个输出函数是候选配对。将相同的思想递归地应用于其余输出，以找到好的输出配对。如果出现平局，转到步骤2以找到其中最好的一个，否则转到步骤3。

2：设w_i、w_j和w_{ij}分别是f_i、f_j和$\{f_i,f_j\}$的MDD中的节点数量。设$W_{ij}=w_i+w_j-w_{ij}$。然后，选择具有最大W_{ij}的输出配对。

3：使用步骤1和步骤2找到良好的输出配对，并对输出进行划分。

4：将输出函数按照它们出现在划分配对中的方式进行排序，并使用排序后的输出制作初始样本。

5：检查样本的大小，只有当样本的大小大于预期时，才使用步骤6进行样本生成过程，否则停止该过程。

6：检查样本输出的支撑集。如果所有输出都依赖于所有输入，则转到步骤7，否则转到步骤8。

7：随机将样本分成若干部分，使得每个样本的MDD的构造易于处理。

8：将样本分成两部分，使得具有公共支撑变量的输出在同一样本中，并且样本之间的公共支撑变量的数量较少。对于每个样本，返回步骤5。

算法 4.3　MDD 的最小化

设F_3：$\{0, 1, 2, 3\}^N \to \{0, 1\}^m$。

1：使用算法4.2为F_3生成样本，并为每个样本构造一个MDD。

2：从初始变量排序开始，通过筛选对每个MDD进行优化，得到MDD的大小和样本变量的排序。

3：将样本变量按MDD大小的降序排列。

4：使用以下方法由样本变量排序计算最终变量排序：

（a）设v_g为最终变量排序中的输入变量。设v_h是样本变量排序的输入变量，该样本变量排序不在最终排序中，并且比v_g更有影响力。然后，在最终变量排序中，将v_h插入比v_g更高的位置。

（b）设G是样本变量排序的集合。从G的样本变量排序的顶部选择一个输入变量，并通过保持样本以降序排列的优先级以及保持步骤（a）的性质，来形成最终排序。

4.5　小结

本章介绍了最小化多输出函数的多值决策图（MDD）的算法，以及各种函数的 MDD 的大小上限。MDD 通常比相应的 SBDD 所需节点更少，有时少于一半。本章引入的方法更快，并且能产生更小的 MDD。此外，对于几个二值输入变量被分组形成多值变量的情况，本章介绍的方法能在很短的时间内产生更小的 MDD。

参考文献

[1] T. Sasao and J. T. Butler, "A design method for look-up table type FPGA by pseudo-Kronecker expansion", Proceedings of 26th IEEE International Symposium on Multiple-Valued Logic, pp. 97–106, 1994.

[2] H. M. H. Babu and T. Sasao, "Minimization of multiple-valued decision diagrams using sampling method", Proceedings of the Ninth Workshop on Synthesis and System Integration of Mixed Technologies, pp. 291–298, 2000.

[3] S. Minato, N. Ishiura, and S. Yajima, "Shared binary decision diagram with attributed edges for efficient Boolean function manipulation", Proceedings of 27th ACM/IEEE DAC, pp. 52–57, 1990.

[4] R. E. Bryant, "Graph-based algorithms for Boolean function manipulation", IEEE Trans. Comput., vol. C-35, no. 8, pp. 677–691, 1986.

[5] S. Tani, K. Hamaguchi, and S. YaJima, "The complexity of the optimal variable ordering problems of a shared binary decision diagram", IEICE Trans. Inf. & Syst., vol. E79-D, no.4, pp. 271–281, 1996.

[6] N. Ishiura, H. Sawada, and S. YaJima, "Minimization of binary decision diagrams

based on exchanges of variables", Proceedings of IEEE International Conference on Computer-Aided Design, pp. 472–475, 1991.

[7] G. Epstein, Multiple-Valued Logic Design: An Introduction, IOP Publishing Ltd., London, 1993.

[8] J. Jain, W. Adams, and M. FuJita, "Sampling schemes for computing OBDD variable orderings", Proceedings of IEEE International Conference on Computer-Aided Design, pp. 631–638, 1998.

[9] F. Somenzi, "Colorado university decision diagram package (CUDD)", release 2.1.2, 1997.

[10] H. Fujii, G. Ootomo, and C. Hori, "Interleaving based variable ordering methods for ordered binary decision diagrams", Proceedings of IEEE International Conference on Computer-Aided Design, pp. 38–41, 1993.

[11] R. Rudell, "Dynamic variable ordering for ordered binary decision diagrams", Proceedings of IEEE International Conference on Computer-Aided Design, pp. 42–47, 1993.

[12] P. C. McGeer, K. L. McMillan, A. Saldanha, A. L. Sangiovanni-Vincentelli and P. Scaglia, "Fast discrete function evaluation using decision diagrams", International Workshop on Logic Synthesis, pp. 6.1–6.9, 1995.

[13] A. Thayse, M. Davio, and J-P. Deschamps, "Optimization of multi-valued decision algorithms", Proceedings of the IEEE International Symposium on Multiple-Valued Logic, pp. 171–178, 1978.

[14] Babu, Hafiz Md Hasan, and Tsutomu Sasao. "Heuristics to minimize multiple-valued decision diagrams." IEICE Transactions on Fundamentals of Electronics, Communications and Computer Sciences, vol. 83, no. 12 (2000): 2498–2504.

第5章

多输出函数的时分复用实现——基于共享多端多值决策图

本章介绍基于决策图（DD）设计多输出网络的方法。时分复用（TDM）系统在一条线路上传输多个信号，这类方法减少了：硬件成本；逻辑电平数量；引脚数量。在TDM实现中，考虑了三种DD：共享二元决策图（SBDD）、共享多值决策图（SMDD）、共享多端多值决策图（SMTMDD）。在网络中，决策图的每个非终端节点由多路复用器（MUX）实现。引入了启发式算法，用来从SBDD得到SMTMDD。

5.1 引言

在现代LSI中，最重要的问题之一是“引脚问题”。减少LSI中的引脚数量并不那么容易，尽管集成更多的门也是可行的。为了克服引脚问题，通常使用TDM系统。在TDM系统中，单个信号线代表多个信号。例如，虽然16位外围LSI在20世纪80年代早期并不流行，但Intel 8088微处理器使用8位总线来表示16位数据，可以快速地生产大量的微型计算机。在本章中，提出了一种基于SMTMDD的多输出网络设计方法。引入启发式算法来推导SBDD中的SMTMDD。在网络中，决策图的每个非终端节点由MUX实现。

5.2 多输出函数的决策图

本节介绍三个不同的决策图来表示多输出函数。

5.2.1 共享二元决策图

共享二元决策图（SBDD）是通过树组合成的二元决策图（BDD）的集合，用于输出选择。例如，图 5.1 显示了表 5.1 的 SBDD。

多端二元决策图（MTBDD）是具有多终端节点的扩展二元决策图，其中的终端是用于 m 输出函数的二进制位向量。共享多端二元决策图（SMTBDD）是通过树组合成的 MTBDD 的集合，用于输出选择。

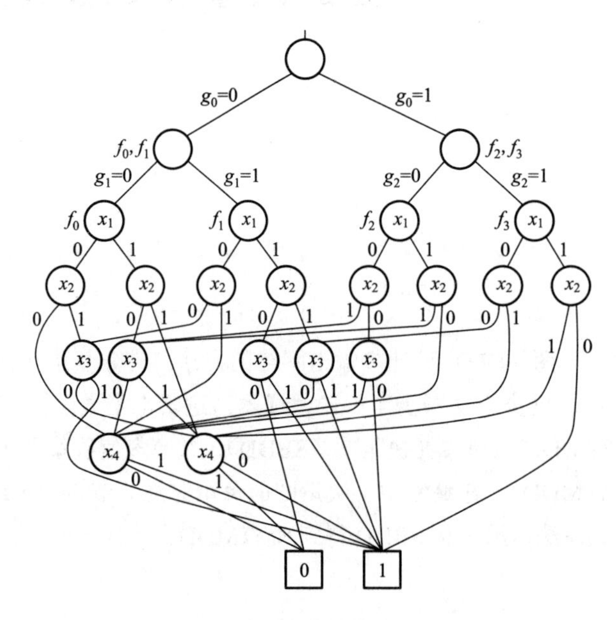

图 5.1 表 5.1 中函数的 SBDD

表 5.1 二值 4 输入和 4 输出函数

输入				输出			
x_1	x_2	x_3	x_4	f_0	f_1	f_2	f_3
0	0	0	0	0	1	1	0
0	0	0	1	1	0	1	1
0	0	1	0	0	1	0	1
0	0	1	1	1	1	1	1
0	1	0	0	1	0	0	1
0	1	0	1	0	1	1	0
0	1	1	0	1	0	1	1
0	1	1	1	1	1	0	0
1	0	0	0	0	0	0	1

续表

输入				输出			
x_1	x_2	x_3	x_4	f_0	f_1	f_2	f_3
1	0	0	1	1	0	1	1
1	0	1	0	1	1	0	1
1	0	1	1	0	1	1	1
1	1	0	0	1	0	0	1
1	1	0	1	0	1	1	0
1	1	1	0	1	1	1	1
1	1	1	1	0	1	0	0

5.2.2　共享多值决策图

共享多值决策图（SMDD）是通过树组合成的多值决策图（MDD）的集合，用于输出选择。图 5.2 显示了表 5.1 的 SMDD，其中 g_0、g_1 和 g_2 是输出选择变量，X_1 和 X_2 是二进制输入对。

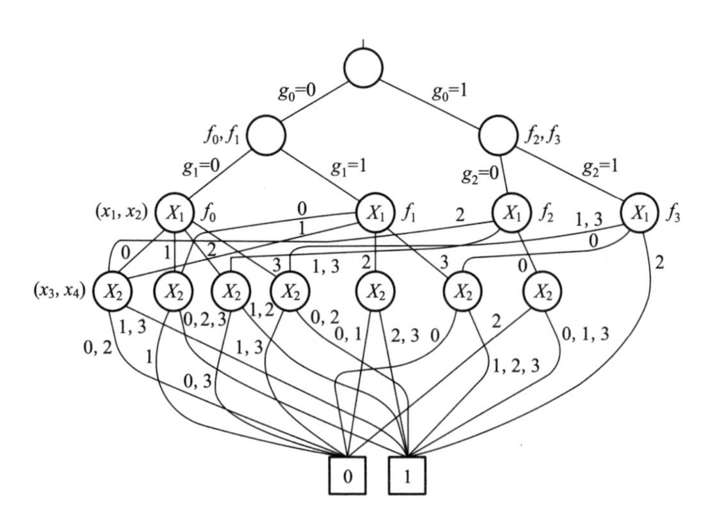

图 5.2　表 5.1 中函数的 SMDD

5.2.3　共享多端多值决策图

共享多端多值决策图（SMTMDD）是多值多输出逻辑函数的另一种表示。SMTMDD 是通过树组合成的、具有多个终端节点的多值决策图（MDD），用以进行输出选择。

SMTMDD 中 MDD 的数量等于输出函数组的数量。图 5.3 显示了表 5.2 的 SMTMDD，其中 Y_1 和 Y_2 是二进制输出对，X_1 和 X_2 是二进制输入对。SMTMDD 的优点是可以同时计算多个输出函数。此外，输出函数和输入变量的良好分组能产生紧凑的 SMTMDD。

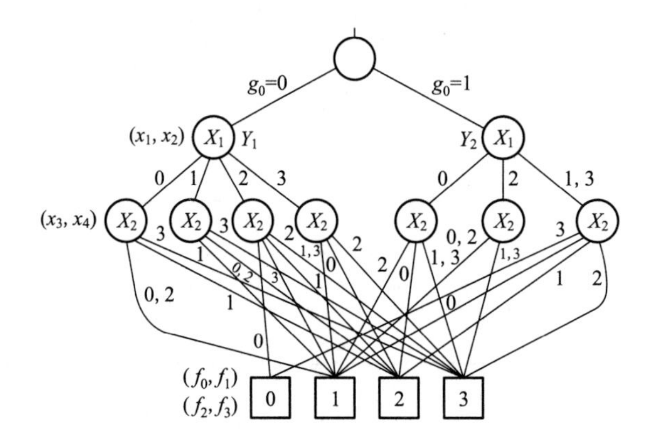

图 5.3　表 5.2 中函数的 SMTMDD

表 5.2　四值 2 输入 2 输出函数

输入		输出	
X_1	X_2	Y_1	Y_2
0	0	1	2
0	1	2	3
0	2	1	1
0	3	3	3
1	0	2	1
1	1	1	2
1	2	2	3
1	3	3	0
2	0	0	1
2	1	2	3
2	2	3	1
2	3	1	3
3	0	2	1
3	1	1	2
3	2	3	3
3	3	1	0

性质 5.2.1　由 $size_n$(DD) 表示的 DD 的 $size_n$ 是不包括用于输出选择变量的节点的非终端节点的总数。

例 5.1　图 5.1 ～图 5.3 中的 SBDD、SMDD 和 SMTMDD 的 $size_n$ 分别为 19、11 和 9。注意，g_0、g_1 和 g_2 是 SBDD 和 SMDD 中的输出选择变量，而 g_0 是 SMTMDD 中的输出选择变量。

5.3　时分复用实现

时分复用（TDM）实现采用时钟脉冲，减少了输入输出引脚数。非时分复用实现意味着不使用时钟脉冲的常规组合网络。在本节中，将基于 SBDD、SMDD 和 SMTMDD 介绍多输出函数的 TDM 实现。

5.3.1　基于 SBDD 的 TDM 实现

本小节介绍一种利用 TDM 实现多输出函数的方法。为了说明这一点，使用了一个 4 输入 4 输出函数的例子，如表 5.1 所示。图 5.4 为一个 TDM 实现的例子。在主 LSI 中，多对逻辑函数被时钟脉冲 η 多路复用。主 LSI 的输出信号表示如下函数：

$$G_0 = \eta' f_0 \vee \eta f_1$$
$$G_1 = \eta' f_2 \vee \eta f_3$$

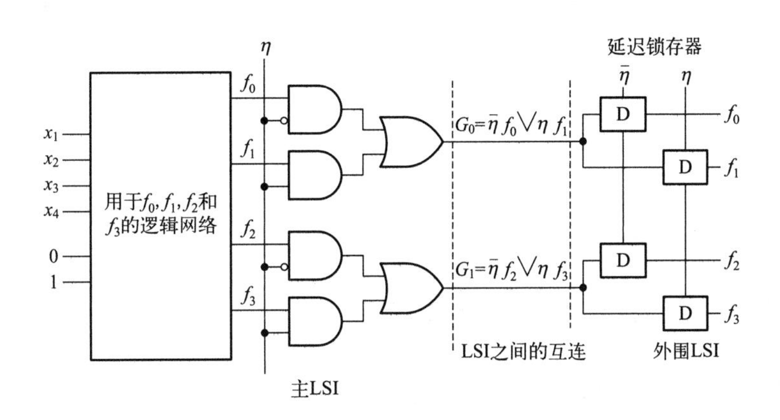

图 5.4　基于 SBDD 的 TDM 实现

这意味着当 η=0 时，G_0 和 G_1 分别表示 f_0 和 f_2。另一方面，当 η=1 时，G_0 和 G_1 分别表示 f_1 和 f_3。在该实现中，除了用于多路复用的硬件之外，还需要用于函数 f_0、f_1、f_2 和 f_3 的硬件。通过使用这种技术，输出引脚的数量减少一半。注意，在该例中，在主 LSI 和外围 LSI 之间仅需要两条线。在外围 LSI 中，需要延迟锁存器。当 n=0 时，f_0 和 f_2 的值分别被传送到第一和第三锁存器。当 η=1 时，f_1 和 f_3 的值分别被传送到第二和第四锁存器。为了实现多输出函数，采用 SBDD。通过用多路复用器代替 SBDD 的每个非终端节点，得到了多输出函数的网络。在这种情况下，网络的硬件数量很容易通过 SBDD 的大小来估计，并且网络的设计非常容易。

5.3.2 基于 SMDD 的 TDM 实现

在图 5.4 中，如果多输出函数由 SMDD 实现，则得到基于 SMDD 的 TDM 实现。SMDD 的每个非终端节点由图 5.5 中的 2-MUX 实现。图 5.6 展示了字面量生成器，它的输入是一对二值变量（细节将在 5.3.3 小节中展示）。在该方法中，将输入变量划分成对以形成四值变量，并考虑四值输入二值输出函数的实现：$Q^n \rightarrow B^m$，其中 Q={00, 01, 10, 11} 且 B={0, 1}。SMDD 中的节点数量可以减少如下：

① 通过找到输入变量的最佳配对来生成四值变量。

② 通过寻找四值变量的最佳排序。

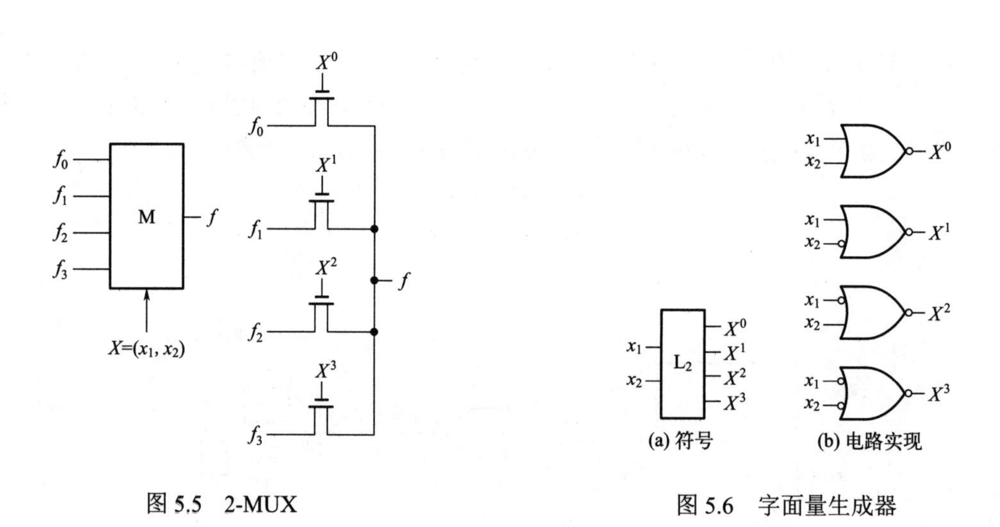

图 5.5 2-MUX

图 5.6 字面量生成器

5.3.3 基于 SMTMDD 的 TDM 实现

基于 SMTMDD 的 TDM 实现如图 5.7 所示。在这种方法中，使用四值逻辑代替二值逻辑。考虑一个二值多输出函数。首先，将输入变量划分成对。例如，表 5.1 中的输入变量 $\{x_1, x_2, x_3, x_4\}$ 被划分为 $X_1=(x_1, x_2)$ 和 $X_2=(x_3, x_4)$。其次，将输出函数划分成对。例如，表 5.1 中的输出函数 $\{f_0, f_1, f_2, f_3\}$ 被划分为 $G_0=(f_0, f_1)$ 和 $G_1=(f_2, f_3)$。然后，可以得到一个四值逻辑函数：$Q^2 \rightarrow Q$，其中 Q={0, 1, 2, 3}，如表 5.2 所示。表 5.2 中的输出函数 Y_1 和 Y_2 分别对应于 G_0 和 G_1。一般来说，四值 n 输入 m 输出函数 $Q^n \rightarrow Q^m$ 由 SMTMDD 表示。接下来，考虑 SMTMDD 的硬件实现。SMTMDD 的每个非终端节点由图 5.5 所示的 2-MUX 实现。它是一个 4 路复用器。图 5.6 所示的字面量发生器的输入是一对二值变量 (x_1, x_2)，输出是控制 2-MUX 的 X_0、X_1、X_2 和 X_3。注意

$$X^i = \begin{cases} 0, & X \neq i \\ 1, & X = i \end{cases}$$

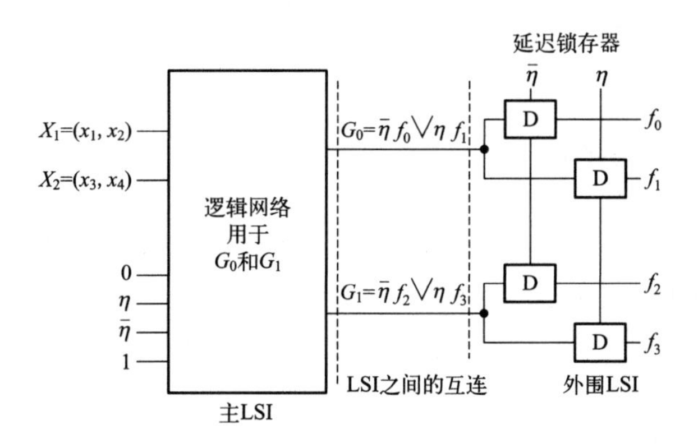

图 5.7 基于 SMTMDD 的 TDM 实现

终端节点中的信号由一对位 (c_0, c_1) 表示如下：

当 η=0 时，信号表示 c_0。

当 η=1 时，信号表示 c_1。

因此，(c_0, c_1)=(0, 0) 对应于常数 0。

(c_0, c_1)=(0, 1) 对应于常数 η。

(c_0, c_1)=(1, 0) 对应于常数 0。

(c_0, c_1)=(1, 1) 对应于常数 1。

图 5.8 展示了表 5.2 中函数的基于 SMTMDD 的 TDM 实现。在输入中，一对二值

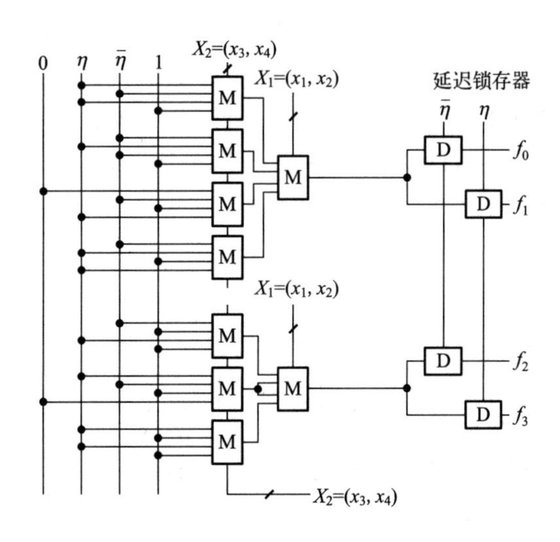

图 5.8 基于 SMTMDD 的 4 路输出功能的 TDM 实现

变量 $X=(x_1, x_2)$ 表示四值信号 {00, 01, 10, 11} 或 {0, 1, 2, 3}。0、n、n' 和 1 分别表示 (0, 0)、(0, 1)、(1, 0) 和 (1, 1)。注意 $\{0, \eta, \eta', 1\}$ 构成四元布尔代数。如果 $\{0, \eta, \eta', 1\}$ 替换为 {0, 1, 2, 3}，则四值函数可由表 5-2 得到。一个任意的四值函数可以用 SMTMDD 表示。网络的硬件数量由 SMTMDD 的大小 n 估计。SMTMDD 中的节点数量可以通过如下方法减少：

① 通过找到输入变量的最佳配对来生成四值变量。

② 通过寻找输出函数的最佳配对来生成四值函数。

5.3.4 TDM 实现的比较

本小节比较 n 输入 m 输出函数 F 的基于决策图的 TDM 实现。在硬件实现中，BDD 的每个非终端节点用两个 MOS 晶体管实现，而 MDD 的每个非终端节点用四个 MOS 晶体管实现。因此，如果忽略字面量生成器的成本，MDD 的非终端节点的成本是 BDD 的非终端节点的成本的两倍。

因此，当 $2\times \text{size}_n(\text{MDD}, F) < \text{size}_n(\text{BDD}, F)$ 时，基于 MDD 的实现比基于 BDD 的实现更经济。此外，在 n 变量函数的情况下，基于 BDD 的实现需要 n 层，而基于 MDD 的实现仅需要 $n/2$ 层。在 FPGA 中，模块之间的互连延迟通常大于逻辑模块的延迟。因此，逻辑电平的降低是重要的。因此，基于 MDD 的实现可以比基于 BDD 的实现更快，并且需要更少的硬件。

5.4 SMTMDD 的精简

精简 SMTMDD 对于设计紧凑的逻辑网络具有重要意义。本节介绍了以下几种精简方法：①输出函数的配对；②输入变量的配对；③输入变量组的排序。SMTBDD 通过配对输出函数由 SBDD 导出，SMTMDD 通过配对输入变量由 SMTBDD 导出。由于 SMTBDD 由 MTBDD 组成，并且每个 MTBDD 表示一对输出函数，因此使用以下算法来配对输出：配对输出函数，以便最小化 MTBDD 大小的上限。每对输入变量的 MDD 节点从 SMTBDD 中计数如图 5.9 所示，分别对应于一个、两个或三个 MDD 节点。

在图 5.9（a）中，三个 SMTBDD 节点被一个 MDD 节点取代。然而，在图 5.9（b）中，SMTBDD 节点对应于两个 MDD 节点。在图 5.9（c）中，SMTBDD 节点被三个 MDD 节点取代。最后，利用筛选算法对 SMTMDD 进行优化。

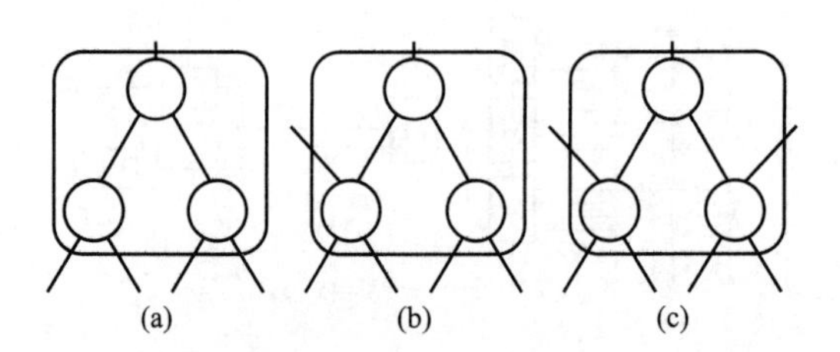

图 5.9 用 MDD 节点替换 SMTBDD 节点的方法

5.5　决策图大小的上限

在多输出网络的设计中，经常需要估计实现函数所需的 MUX 数目。本节给出了 SBDD 和 SMTMDD 表示 n 输入 m 输出函数的非终端节点数的上限。由于决策图的每个非终端节点对应于一个 MUX，因此决策图的大小估计了硬件的数量。

性质 5.5.1　考虑一个 n 输入 m 输出函数 F。则 $\text{size}_n(\text{SBDD}) \leqslant \min_{k=1}^{n}\{m \times (2^{n-k}-1)+2^{2^k}-2\}$。

性质 5.5.2　考虑函数 $F:\{0, 1, \cdots, p-1\}^N \to \{0, 1, \cdots, r-1\}^m$。设 m_1 是二值函数的分组的个数。则 $\text{size}_n(\text{SMTMDD}) \leqslant \min_{k=1}^{n}\left\{m_1 \times \dfrac{p^{N-k}-1}{(p-1)}+r^{p^k}-r\right\}$。

例 5.2　设 n=18，m=20，p=r=4。对于这样的函数，$\text{size}_n(\text{SBDD}) \leqslant 2621422$，并且 $\text{size}_n(\text{SMTMDD}) \leqslant 218702$。

5.6　小结

本章介绍了基于 SBDD、SMDD、SMTMDD 的多输出函数的 TDM 实现。在网络中，决策图的每个非终端节点由多路复用器（MUX）实现。对于一个 n 变量函数，基于 BDD 的实现需要 n 层，而基于 MDD 的实现需要 n/2 层。TDM 方法减少了模块之间的互连，如图 5.4 和图 5.7 所示。此外，基于 SMTMDD 的实现通过考虑输入变量的配对和输出函数的配对来减少门的数量。注意，基于 SBDD 的实现和基于 SMDD 的实现在输出端需要额外的门（未包括在本章表格中）。

TDM 方法需要时钟脉冲，这会在网络中造成延迟。然而，TDM 实现中的引脚数量是非 TDM 实现的一半。当该比例小于 0.5 时，基于 MDD 的实现比基于 SBDD 的实现更经济。然而，对于 n 位加法器，基于 SMD 的实现需要最少的硬件。它还表明，基于 SBDD 的实现是最经济的。对于算术函数，基于 MDD 的实现往往比基于 SBDD 的实现更经济。本章所提出的方法可以扩展到使用 p 相时钟脉冲对 p 输出函数进行分组的情况。

参考文献

[1] T. Sasao and J. T. Butler, “A design method for look-up table type FPGA by pseudo-Kronecker expansion”, Proceedings of 26th IEEE International Symposium on Multiple-Valued Logic, pp. 97–106, 1994.

[2] H. M. H. Babu and T. Sasao, “Design of multiple-output networks using time domain multiplexing and shared multi-terminal multiple-valued decision diagrams”, IEEE International Symposium on Multiple Valued Logic, pp. 45–51, 1998.

[3] S. Minato, N. Ishiura, and S. Yajima, "Shared binary decision diagram with attributed edges for efficient Boolean function manipulation”, Proceedings of 27th ACM/IEEE

DAC, pp. 52–57, 1990.
[4] R. E. Bryant, "Graph-based algorithms for Boolean function manipulation", IEEE Trans. Comput., vol. C-35, no. 8, pp. 677–691, 1986.
[5] D. M. Miller, "Multiple-valued logic design tools", Proceedings of the IEEE International Symposium on Multiple-Valued Logic, pp. 2–11, 1993.
[6] S. B. Akers, "Binary decision diagrams", IEEE Trans. Comput., vol. C-27, no. 6, pp. 509–516, 1978.
[7] G. Epstein, Multiple-Valued Logic Design: An Introduction, IOP Publishing Ltd., London, 1993.
[8] T. Sasao and J. T. Butler, "A method to represent multiple-output switching functions by using multi-valued decision diagrams", Proceedings of 26th IEEE International Symposium on Multiple-Valued Logic, pp. 248–254, 1996.
[9] H. M. H. Babu and T. Sasao, "Shared multi-terminal binary decision diagrams for multiple-output functions", IEICE Trans. Fundamentals, vol. E81-A, no.12, pp. 2545–2553, 1998.
[10] T. Sasao, ed., "Logic Synthesis and Optimization", Kluwer Academic Publishers, Boston, 1993. [11] R. Rudell, "Dynamic variable ordering for ordered binary decision diagrams", Proceedings of IEEE International Conference on Computer-Aided Design, pp. 42–47, 1993.
[11] P. C. McGeer, K. L. McMillan, A. Saldanha, A. L. Sangiovanni-Vincentelli and P. Scaglia, "Fast discrete function evaluation using decision diagrams", International Workshop on Logic Synthesis, pp. 6.1–6.9, 1995.
[12] R. K. Brayton, G. D. Hachtel, C. T. McMullen, and A. L. Sangiovanni-Vincentelli, "Logic Minimization Algorithms for VLSI Synthesis", Kluwer Academic Publishers, Boston, 1984.
[13] T. Sasao, "Switching Theory for Logic Synthesis", Kluwer Academic Publishers, Boston, 1999.
[14] L.S. Hurst, "Multiple-valued logic-Its status and its future", IEEE Trans. Comput., vol. C-33, no. 12, pp. 1160–1179, 1984.
[15] M. Kameyama and T. Higuchi, "Synthesis of multiple-valued logic networks based on tree-type universal logic module", IEEE Trans. Comput., vol. C-26, no. 12, pp. 1297–1302, 1977.
[16] D.M. Miller and N. Muranaka, "Multiple-valued decision diagrams with symmetric variable nodes", Proceedings of the IEEE International Symposium on Multiple-Valued Logic, pp. 242–247, 1996.
[17] Babu, Hafiz Md Hasan, and Tsutomu Sasao. "Time-division multiplexing realizations of multiple-output functions based on shared multi-terminal multiple-valued decision diagrams." IEICE Transactions on Information and Systems, vol. 82, no. 5 (1999): 925–932.

第6章

多输出开关函数——基于多值伪克罗内克决策图

本章介绍了一种方法来构造更小的多值伪克罗内克（Kronecker）决策图（MVPKDD）。该方法首先从给定的二值输入二值输出函数生成四值输入二值多输出函数；然后，构造一个四值决策图来表示生成的四值输入函数；最后，从27种不同的展开中选择一种良好的展开，得到一个四值伪克罗内克决策图（PKDD）。通过启发式算法产生了紧凑型四值PKDD。

6.1 引言

在VLSI设计中，一个主要的问题是开关函数的有效和紧凑的表示。二元决策图（BDD）可能是最成功的开关函数表示方法。多值决策图（MDD）是BDD的扩展，是多值函数的一种重要数据结构。MDD通常小于对应的BDD，并且用于逻辑综合、逻辑仿真、测试等。PKDD是BDD的推广，并且通常比对应的BDD需要更少的节点。二值PKDD表示二值输入二值多输出函数，而MVPKDD表示多值输入二值多输出函数。

在二值PKDD中，以下三种展开中的任何一种都可以用于每个非终端节点：①香农（S）展开；②正Davio（pD）展开；③负Davio（nD）展开。PKDD可用于多级逻辑综合和LUT（查找表）型FPGA设计。例如：图6.2显示了与图6.1中的二值PKDD相对应的多级网络，该网络可以通过使用局部变换来进一步最小化，已经证明，一个基于二值PKDD的网络平均需要的门和互连比基于BDD的网络少21%；图6.3显示了与图6.1中的PKDD相对应的基于LUT的网络，它适用于由3输入LUT和可编程互连组成的FPGA。四值PKDD对具有6输入LUT的FPGA有用。由于PKDD的每个非终端节点被LUT替换，因此减少PKDD中的节点数量是重要的。构造紧凑型MVPKDD的三种方法是：

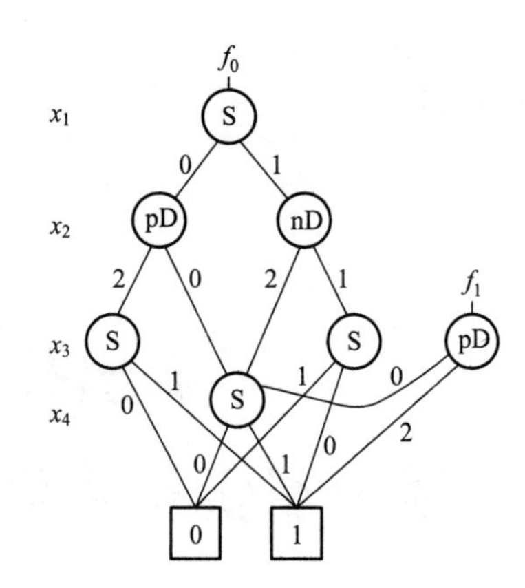

图 6.1 函数 (f_0, f_1) 的二值 PKDD，$(f_0, f_1) = (x_2'x_4 \oplus x_1'x_2x_3' \oplus x_1'x_2x_4 \oplus x_1x_3', x_3 \oplus x_4)$

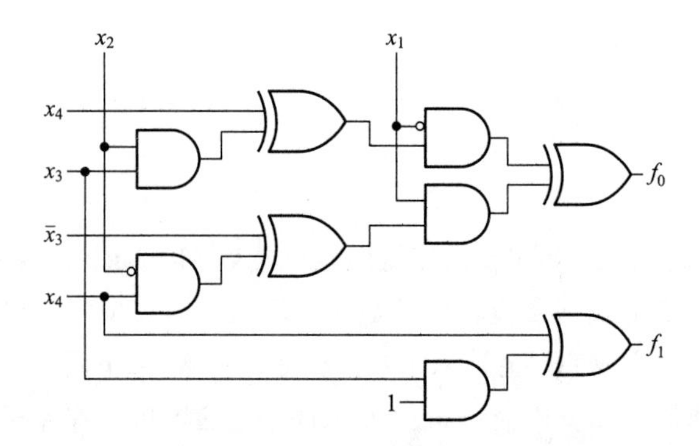

图 6.2 图 6.1 中 PKDD 的 EXOR 网络

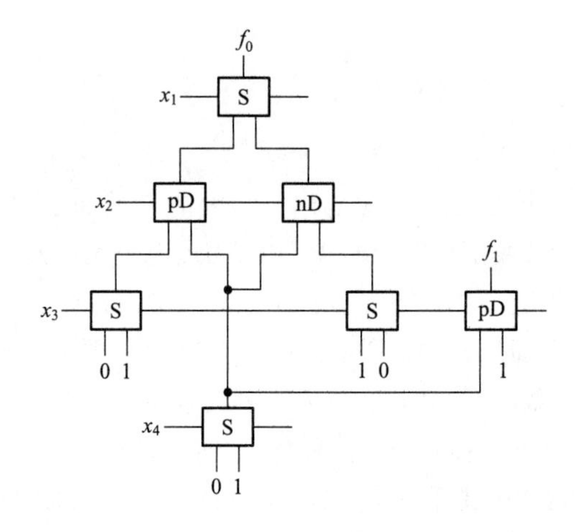

图 6.3 图 6.1 中 PKDD 的基于 LUT 的网络

① 将二值变量转换为多值变量；

② MVPKDD 中多值变量的排序；

③ 为 MVPKDD 的每个非终端节点生成良好的展开。

Sasao 和 Butler 使用四值 PKDD 设计 LUT 型 FPGA，他们考虑了以下方法来构建四值

PKDD：①可编程逻辑阵列（PLA）的位配对算法，用于二值输入配对；②模拟退火方法，用于输入变量排序；③成本估计方法，用于找到良好的展开。在本章中，由 BDD 构造了一个四值 PKDD。首先，使用共享二元决策图（SBDD）来配对多输出函数的二值输入。然后，由 MDD 为四值输入寻找一组好的变量排序，以产生更小的四值 PKDD。最后，根据相应的 BDD，生成一个四值 PKDD 的非终端节点的良好展开。

6.2　定义和基本性质

这一节给出二值函数和多值函数的定义和一些性质。

性质 6.2.1　设 $F=(f_0,f_1,\cdots,f_{m-1})$。一个多值 N 输入二值 m 输出函数 $F(X_1,X_2,\cdots,X_N)$：$X_{\mathrm{N}}^{i=1}R_i\rightarrow B^m$，其中 X_i 假定在 $R_i=(0,1,\cdots,r_i-1)$ 中取值，且 $B=\{0,1\}$。

性质 6.2.2　展开定理：任意开关函数 $f(x_1,x_2,\cdots,x_n)$ 可以表示为

$$f=x_1'f_0\oplus x_1f_1 \tag{6.1}$$

$$f=f_0\oplus x_1f_2 \tag{6.2}$$

$$f=x_1'f_2\oplus f_1 \tag{6.3}$$

式中，$f_0=f(0,x_2,x_3,\cdots,x_n)$，$f_1=f(1,x_2,x_3,\cdots,x_n)$，$f_2=f(f_0\oplus f_1)$。式（6.1）是香农 (S) 展开，式（6.2）是正 Davio（pD）展开，式（6.3）是负 Davio（nD）展开。

性质 6.2.3　设 $R=\{0,1,\cdots,r-1\}$ 和 $S\subseteq R$。X^S 是 X 的一个字面量，其中

$$X^S=\begin{cases}0, & X\notin S\\1, & X\in S\end{cases}$$

当 S 仅包含一个元素时，$X^{\{i\}}$ 由 X^i 表示。$X_1^{S_1}X_2^{S_2}\cdots X_N^{S_N}$ 是一个乘积项，它是这些字面量的逻辑与（AND）运算。表达式 $\vee_{(S_1,S_2,\cdots,S_N)}X_1^{S_1}X_2^{S_2}\cdots X_N^{S_N}$ 是一个乘积和（SOP）表达式，$\vee_{(S_1,S_2,\cdots,S_N)}$ 表示乘积项的包含或运算。

性质 6.2.4　任意 r 值 N 变量多输出函数 $F(X_1,X_2,\cdots,X_N)$ 可以唯一地表示为 $\sum_{j=0}^{r-1}X_1^jF(j,X_2,\cdots,X_N)$，这是香农展开的多值版本。

性质 6.2.5　设 $F=(f_0,f_1,\cdots,f_{m-1})$。然后，$F$ 的决策图（DD）的大小用 size(DD, F) 表示，是 F 的决策图中的非终端节点总数。

例 6.1　图 6.1 中 PKDD 的大小为 7。

6.3　伪克罗内克决策图

本节定义了两种伪克罗内克决策图（PKDD）来表示多输出开关函数。

6.3.1 二值伪克罗内克决策图

二值 PKDD 是 SBDD 的推广，其中 PKDD 的每个节点都可以表示三种展开之一：香农展开、正 Davio 展开和负 Davio 展开。图 6.1 给出了函数 $(f_0, f_1) = (x_2'x_4 \oplus x_1'x_2x_3' \oplus x_1'x_2x_4 \oplus x_1x_3', x_3 \oplus x_4)$ 的二值 PKDD 的一个例子。对于一个有 n 个变量的函数和给定的输入变量排序，最多存在 3^{2^n-1} 个不同的二值 PKDD。由于二值 PKDD 是 SBDD 的推广，因此可以得到：

性质 6.3.1 任意 n 输入 m 输出函数可以表示为二值 PKDD，具有 $O\left(\dfrac{m \times 2^n}{n}\right)$ 个节点。

性质 6.3.2 任意 n 输入 m 输出对称函数可以表示为具有 $O(mn^2)$ 个节点的二值 PKDD。

此外，还可得到以下性质：

性质 6.3.3 设 $F=(f_0, f_1, \cdots, f_{m-1})$。则 size(二值 PKDD, F) $\leqslant m+1$。

性质 6.3.4 设 inc n 是计算 $K+1$ 的 n 输入 $n+1$ 输出函数，其中 K 是由 n 位组成的二进制数。它代表一个递增电路。

性质 6.3.5 size(二值 PKDD, inc n) $\leqslant 2n$（$n \geqslant 2$）。

6.3.2 多值伪克罗内克决策图

多值伪克罗内克决策图（MVPKDD）是二值 PKDD 的扩展。MVPKDD 通常需要比相应的二值 PKDD 更少的节点。MVPKDD 对于 FPGA 设计和多级逻辑综合是有用的。在下一节中，将介绍精简四值 PKDD 的启发式算法。

6.4 四值伪克罗内克决策图的优化

构造紧凑型四值 PKDD 对于多值函数的有效表示是非常重要的。在一般情况下，找到输入变量的最佳排序和最佳展开的非终端节点的四值 PKDD 非常耗时。因此，使用以下策略来快速产生较小的四值 PKDD：①将二值输入变量配对以产生四值变量（算法 6.1）；②对四值变量进行排序（算法 6.2）；③为每个四值节点选择良好的展开（算法 6.3）。从现在开始，假设 MDD 表示四值输入二值输出函数。

6.4.1 二值输入变量的配对

当一个函数只有一个输出时，找到好的二值输入配对相对容易。然而，对于多输出函数，找到好的二值输入配对并不那么容易。在本小节中，提出了一种从 SBDD 中选择好的二值输入配对的启发式算法。

性质 6.4.1　设 T 是一个集合，且设 T_i（i=1, 2, 3, ⋯, s）是 T 的子集。如果 $\cup_{i=1}^{s} T_i = T_j$ 且 $T_i \cap T_j = \varnothing$（其中 $i \neq j$，且对于每个 i，$T_i \neq \varnothing$），则 $(T_1, T_2, T_3, \cdots, T_s)$ 是 T 的一个划分。

性质 6.4.2　设 $F:\{0, 1\}^n \to \{0, 1\}^m$。$F$ 的依赖矩阵 $\boldsymbol{D}=(d_{ij})$ 是具有 m 列和 n 行的 0-1 矩阵，其中

$$d_{ij} = \begin{cases} 1, & f_i\text{由}x_j\text{决定} \\ 0, & \text{其他} \end{cases}$$

式中，i=0, 1, ⋯, m−1；j=1, 2, ⋯, n。

例 6.2　考虑 4 输入 4 输出函数：

$$\begin{aligned}
f_0(x_1,x_2,x_3,x_4) &= x_1'x_2 \vee x_1x_3' \vee x_2'x_3 \\
f_1(x_1,x_2,x_3,x_4) &= x_3x_4' \\
f_2(x_1,x_2,x_3,x_4) &= x_1x_3 \vee x_3'x_4 \\
f_3(x_1,x_2,x_3,x_4) &= x_4
\end{aligned}$$

其依赖矩阵是

$$\boldsymbol{D} = \begin{matrix} & f_0 & f_1 & f_2 & f_3 \\ x_1 & 1 & 0 & 1 & 0 \\ x_2 & 1 & 0 & 0 & 0 \\ x_3 & 1 & 1 & 1 & 0 \\ x_4 & 0 & 1 & 1 & 1 \end{matrix}$$

性质 6.4.3　设 $F:\{0, 1\}^n \to \{0, 1\}^m$，且设 $[x_i, x_j]$ 为一对输入。F 的配对依赖矩阵 $\boldsymbol{P}=(p_{ij})$ 是一个 0-1 矩阵，有 m 列和 $\dfrac{n(n-1)}{2}$ 行。

例 6.3　考虑例 6.2 中的 4 输出函数。配对依赖矩阵 $\boldsymbol{P}$ 如下给出：

$$\boldsymbol{P} = \begin{matrix} & f_0 & f_1 & f_2 & f_3 & s(x_i \quad x_j) \\ [x_1,x_2] & 1 & 0 & 1 & 0 & 2 \\ [x_1,x_3] & 1 & 1 & 1 & 0 & 3 \\ [x_1,x_4] & 1 & 1 & 1 & 0 & 3 \\ [x_2,x_3] & 1 & 1 & 1 & 0 & 3 \\ [x_2,x_4] & 1 & 1 & 1 & 1 & 4 \\ [x_3,x_4] & 1 & 1 & 1 & 1 & 4 \end{matrix}$$

策略 6.1　设 $F:\{0, 1\}^n \to \{0, 1\}^m$，设 $s(x_i, x_j)$ 是至少依赖于 x_i 和 x_j 中之一的输出数量。如果 $s(x_i, x_j)$ 是所有配对中最小的，则 $[x_i, x_j]$ 是输入的候选配对。将相同的思想递归地应用于其余输入，以找到好的输入变量配对。

例 6.4　考虑例 6.2 中的 4 输入 4 输出函数。有六对输入变量。配对依赖值为：$s(x_1, x_2)$=2，$s(x_1, x_3)$=$s(x_1, x_4)$=$s(x_2, x_3)$=3，$s(x_2, x_4)$=$s(x_3, x_4)$=4。由于 $s(x_1, x_2)$=2 是所有配对中最小的，所以 $[x_1, x_2]$ 是候选配对。其余输入是 x_3 和 x_4，因此，$[x_3, x_4]$ 是另一个候选配对。

因此，输入变量配对是 $[x_1, x_2]$ 和 $[x_3, x_4]$。

注意，当 $s(x_i, x_j)$ 更小时，期望更小的 SBDD。

策略 6.2 设一个 SBDD 表示 $F:\{0, 1\}^n \to \{0, 1\}^m$。然后，如果在 SBDD 中，进入标记为 x_j 的节点的大多数入边来自标记为 x_i 的节点，则 $[x_i, x_j]$ 是 F 中的良好输入配对。

算法 6.1 配对输入变量

1：设 $F:\{0, 1\}^n \to \{0, 1\}^m$。构造 F 的SBDD。
2：导出依赖矩阵 $\boldsymbol{D}$。
3：导出配对依赖矩阵 $\boldsymbol{P}$。
4：计算 $s(x_i, x_j)$。
5：运用策略6.1找到好的配对。在平局的情况下，使用策略6.2找出其中最好的一个。

注意，当二值输入的数量为奇数时，一个输入变量保持 MDD 的二值形式。

6.4.2 四值变量的排序

MDD 的大小对输入变量的排序很敏感。由于四值 PKDD 是 MDD 的推广，因此可以从 MDD 中找到四值 PKDD 的良好变量排序。动态重新排序方法对于对输入变量进行排序很有用。然而，这样的方法非常耗时，并且可能无法为许多函数构造 MDD。在现实中，许多实际的逻辑电路具有多个输出，大多数 CAD 工具同时处理多个输出函数。因此，为不同的输出函数找到相同的变量排序很重要。在本小节中，提出了一种启发式算法来快速生成四值变量的良好排序。

性质 6.4.4 组是输出的子集，输出的划分由组构成。MDD 大小较大的组具有更高优先级。

例 6.5 考虑例 6.2 中的函数。设 $\{f_1, f_3\}$ 和 $\{f_0, f_2\}$ 是两个组，其中每个组形成一个 2 输出函数。

算法 6.2 四值变量的排序

设 $F:\{0, 1\}^n \to \{0, 1\}^m$。
1：通过算法6.1从 F 生成四值输入二值输出函数 $F_1:\{0, 1, 2, 3\}^N \to \{0, 1\}^m$。
2：划分 F_1 的输出，并形成组，使得组中的输出数量不是那么大。
3：为每个组构造MDD，通过交换相邻的输入变量使其最小化，并获得最小化的MDD大小和变量排序。
4：使用图6.4中的程序为多输出函数的四值输入变量生成良好的排序。

```
Procedure OrderingofInputs(F1 : {0,1,2,3}^N → {0,1}^m) {
  U ← φ; /* "U" denotes a set of variable orderings for
          the groups */
  W ← φ; /* "W" denotes the resulting order of inputs */
  U ← Orderings of the input variables for the groups
  in descending order of the numbers of nodes in the
  sizes of MDDs;
while U ≠ φ do {
   for (each variable order u from the top of U) do {
       Choose the input variable X from the top of u;
       if (X is not in W) then {
         if (X is top in u) then
           Select X as the top variable of W;
              }
       else
         X is already in W, and let Y be a variable just
         before X in u and (Y is not in W);
         Insert Y before X in W;
       }
    }
  return W;
  }
```

图 6.4 四值变量排序的伪代码

例 6.6 设 $F_1=\{f_0,f_1,f_2,f_3\}:\{0, 1, 2, 3\}^7 \to \{0, 1\}^4$。设 $\{f_0,f_2\}$ 和 $\{f_1,f_3\}$ 是函数 F_1 的两个组。令 order$[K_1]=(A_0, A_1, A_2, A_3)$ 和 order$[K_2]=(B_0, B_1, B_2, B_3)$ 分别是从表示组 $\{f_0,f_2\}$ 和 $\{f_1,f_3\}$ 的 MDD 获得的变量排序。设 7 和 19 分别为变量排序 order$[K_1]$ 和 order$[K_2]$ 下的 MDD 大小。$\{f_1,f_3\}$ 具有最高优先级，因为该组的 MDD 的大小最大。所以，我们先检查 order$[K_2]$，然后再检查 order$[K_1]$，以便生成一个好的变量排序（order$[K_3]$）。为了计算一个好的变量排序，输入变量根据图 6.4 中的程序从 order$[K_1]$ 和 order$[K_2]$ 中选择，如下所示：

$$\begin{array}{r} \text{order}\,[K_2] = (B_0, B_1, A_2, B_3) \\ \text{order}\,[K_1] = (A_0, A_1, A_2, A_3) \\ \hline \text{order}\,[K_3] = (B_0, B_1, A_0, A_1, A_2, A_3, B_3) \end{array}$$

6.4.3 展开的选择

本小节介绍了快速生成四值 PKDD 的技术。为了生成更小的 PKDD，有必要为每个非终端节点找到一个好的展开。在二值 PKDD 的情况下，每个节点存在三种不同的展开：香农展开、正 Davio 展开和负 Davio 展开。然而，在四值 PKDD 的情况下，对于每个四值节点存在 840 个本质上不同的展开。测试每个四值节点的所有 840 个展开非常耗时，并且只能用于小型问题。因此，使用以下策略：

当一个 MDD 产生，原始 BDD 的结构被保留。假设每个四值节点由 3 个香农节点组成，如图 6.5 所示。通过将每个香农节点与正 Davio 节点或负 Davio 节点一起改变，可以得到 27 种不同的展开，因为每个二值节点可以有三种不同的展开。这可以相当容易地完成，因为算法本质上与二值 PKDD 的算法相同。缺点是它只考虑了 840 种组合中的 27 种组合。然而，这是计算时间和求解决质量的良好折中。该策略是花费更多的时间来寻找输入变量的良好排序，而不是选择好的展开。

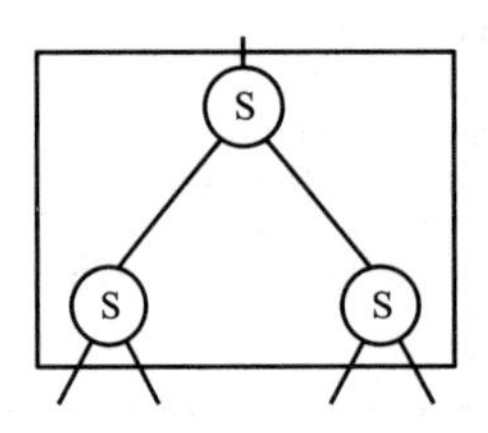

图 6.5　由 3 个香农节点组成的四值节点

算法 6.3　构造一个四值 PKDD

设F_1:$\{0, 1, 2, 3\}^N \to \{0, 1\}^m$。

1：使用算法6.2为MDD生成一组良好变量排序，用于F_1的输出的不同划分。

2：作为展开的初始条件，从生成的排序集合中构造F_1在变量排序下的三个MDD，其中：①所有节点表示香农展开；②所有节点表示正Davio展开；③所有节点表示负Davio展开。

3：对于三个MDD中的每一个，执行以下操作：从根节点到叶节点，通过6.4.2小节中的方法为每个四值节点选择一个好的展开，并计算PKDD中的节点数。选择具有最少节点的展开的四值PKDD。当所选择的PKDD的大小大于三个原始MDD中的任何一个时，从原始MDD中选择具有最少节点的MDD作为PKDD。

4：重复步骤2和3，直到检查完生成的排序集合中的所有变量排序，并选择最小的四值PKDD。

由于算法 6.3 是一个启发式算法，它可能不会得到最优解，但可以期望快速得到良好的解。

6.5　小结

本章提出了一种构造更小的四值伪克罗内克决策图（PKDD）的方法，比较了四值 PKDD 与多值决策图（MDD）、二值 PKDD 和共享二元决策图（SBDD）的非终端节点数，其中 MDD 表示四值输入二值输出函数。二值 PKDD 的大小远小于相应的 SBDD。因此，从 PKDD 中，预计网络的硬件数量比二元决策图（BDD）中的网络更少。PKDD 在 FPGA 设计和多电平逻辑综合中有着重要的应用。

参考文献

[1] T. Sasao and J. T. Butler, "A design method for look-up table type FPGA by pseudo-Kronecker expansion", Proceedings of 26th IEEE International Symposium on Multiple-Valued Logic, pp. 97–106, 1994.

[2] A. Srinivasan, T. Kam, S. Malik, and R. K. Brayton, "Algorithms for discrete function manipulation", Proceedings of IEEE International Conference on Computer-Aided Design, pp. 92–95, 1990.

[3] T. Sasao, H. Hamachi, S. Wada, and M. Matsuura, "Multi-level logic synthesis based on pseudo-Kronecker decision diagrams and local transformation", Proceedings of the IFIPWG 10.5 Workshop on Applications of the Reed-Muller Expansion in Circuit Design, pp. 152–160, 1995.

[4] R. E. Bryant, "Graph-based algorithms for Boolean function manipulation", IEEE Trans. Comput., vol. C-35, no. 8, pp. 677–691, 1986.

[5] D. M. Miller, "Multiple-valued logic design tools", Proceedings of the IEEE International Symposium on Multiple-Valued Logic, pp. 2–11, 1993.

[6] R. Rudell, "Dynamic variable ordering for ordered binary decision diagrams", Proceedings of IEEE International Conference on Computer-Aided Design, pp. 42–47, 1993.

[7] H. M. H. Babu and T. Sasao, "Time-division multiplexing realizations of multiple-output functions based on shared multi-terminal multiple-valued decision diagrams", IEICE Trans. Inf. & Syst., vol. E82-D, no. 5, pp. 925–932, 1999.

[8] S. Minato, N. Ishiura, and S. Yajima, "Shared binary decision diagram with attributed edges for efficient Boolean function manipulation", Proceedings of the 27th ACM/IEEE DAC, pp. 52–57, 1990.

[9] H. M. H. Babu and T. Sasao, "Minimization of multiple-valued decision diagrams using sampling method", Proceedings of the Ninth Workshop on Synthesis and System Integration of Mixed Technologies, pp. 291–298, 2000.

[10] Babu, HM Hasan, and Tsutomu Sasao. "Representations of multiple-output switching functions using multiple-valued pseudo-Kronecker decision diagrams." In Proceedings 30th IEEE International Symposium on Multiple-Valued Logic (ISMVL 2000), pp. 147–152. IEEE, 2000.

第2部分

多值电路设计架构

当今数字计算机领域广泛采用二值信号逻辑。然而在历史上，人们持续在研究大于2的基数的系统。显而易见，以10为基数的系统十分重要，尤其是在机械系统以及用户使用电子机械的视角下。巴贝奇在最初的设计中采用了十进制，后来的几代机械计算器也是如此。正如早期的计算机IBM 1620，现代电子计算器都以十进制将数据呈现给用户。除了极少数例外，这些机器在内部使用固有的二进制电子电路和逻辑，信息以二进制编码的十进制（BCD）格式编码，但通常以（编码后的）十进制算术进行计算。因此，基数的选择需要同时考虑到在逻辑概念以及实际实现上的优化，而最佳选择往往是能够使得两者都最优的一致选择。

在概念层面上关注的问题包括符号、操作描述和对称识别。在实际层面上关注的问题有很多，包括物理空间的使用、信号空间的噪声裕度和多值逻辑（MVL）的二进制转换，以及在占主导地位的二进制世界中的多种数据表示形式。首先，二进制数据很难出错或者以其他形式丢失。其次，除了明显的稳定性之外，2作为一个特殊值还有别的原因。以所有的二进制逻辑设计者都知道的逻辑门为例，尽管与非（NAND）门和或非（NOR）门不是特别灵活，但只要有两种逻辑扇入就可以很完美地使用。同时，虽然大扇出输出十分方便，但是两种逻辑的扇出也是必需的。从二进制的角度来看，以2为基数是足够的，但大于2可能会更好。

具有两个以上逻辑电平的电路称为多值电路，具有通过减少片上互连来优化面积的潜力。但设计一个处理多值信号的系统极为复杂，需要付出十分大的努力。多值电路可以在电压或电流模式下实现。一方面，由于电源的限制，采用电压模式结构设计高基数系统是不可行的。另一方面，电流模式下电路采用电流镜结构，具有缩放、复制和反相的能力。无法自动恢复和较高的静态功耗是多值电流模式电路的主要问题。能自动恢复的电流需要有稳定可检测的输出。

多值电路介于二进制电路（M=2）和模拟电路（M=∞）之间。在过去的几十年里，如广播、电视、摄影、电影等的模拟电路实现已经被二进制电路实现所取代。相比于模拟电路，多值电路更接近二进制电路，也可以从数字化实现中吸取经验。因此，只有当多值电路比二进制电路具有显著优势的时候，才会引起人们的兴趣。这意味着每一个新的多值电路都会与相应的二进制电路进行比较。多值电路还需要使用与最新设备标准兼容的技术。

本部分将从第 7 章传输管实现的多值触发器开始。该章介绍两种不同的设计技术，通过传输管来实现多值触发器。这种设计有极大可能代替静态 CMOS 深亚微米设计。

第 8 章介绍一种多值逻辑电路的设计方法。该章描述了一种实现一组二进制逻辑函数的系统方法，即多值逻辑函数，并提供了用于设计过程不同阶段的新型算法。这章描述的技术可以很容易地扩展到实现更高基数的电路。

第 9 章提出一种新的布尔变量分配算法和最小化技术，从而减少了总计算时间和乘积项的数量。该章介绍了增强赋值图，用于布尔变量的有效分组。为了选择合适的基本最小项，定义了一种寻找覆盖基本最小项的标准数据集的新方法。

第 10 章通过模糊集和逻辑运算的实现展示了多值 Fredkin 门（MVFG）的应用。模糊关系及其组成在以 if-then 模糊规则为集合的理论中十分重要，模糊的 GMP（广义肯定前件）和 GMT（广义否定后件）分别在数学上与其等价。在本章中，将集合元素离散化，并且使用三元变量和集合运算来描述了数字模糊集。

第 11 章介绍一种先进的多值多输出函数的最小化方法。该章讨论了一种使用 Kleenean 系数和 LUT 来最小化多值函数的新型方法，以降低复杂性。还通过一种启发式算法对函数进行配对，提取共享子函数。

第7章

多值触发器——基于传输管逻辑

本章将介绍使用传输管逻辑实现的多值触发器，会给出两种不同的传输管技术实现多值触发器的设计方法，这两种设计方法有望替代静态CMOS深亚微米设计。本章介绍了一种由多值传输管组成的新型电路，称为“逻辑求和电路”（logical sum circuit，LSC）。这种特殊电路在多值触发器的第二种设计方法中作为基本设计元件，它能使所介绍的多值触发器电路具有低功耗和低组件需求的优点。

7.1 引言

在数字系统中，存储器件和存储电路的使用是非常重要的，因为它们提供了临时或永久存储信息的手段。像锁存器和触发器这样的电子锁存电路，就是数字存储单元的例子。本章将讨论使用传输管逻辑（PTL）实现多值触发器（MVFF）。许多研究人员都致力于利用PTL实现不同类型的电路，这些电路非常适合实现多值逻辑。MVFF的实现也被不同的学者研究过。

在本章中，介绍了两种不同的方法来实现MVFF。在第一种方法中，多值输入被编码成二进制值用于存储。在第二种方法中，使用PTL来实现基本的多值逻辑块，利用这些逻辑块可以在没有任何二进制干预的情况下设计MVFF。

7.1.1 传输管逻辑实现多值触发器

设计多值触发器可以有许多不同的方法。触发器可以通过以下方式实现：根据 m 中取1码对 m 值信息进行译码，对二值组件进行二值处理，以及根据 m 值输出对二值组件进行编码。在另一种方法中，不需要任何二进制编译码就可以实现多值触发器。利用多值传输管逻辑可以设计一些基本元素，而且在实际使用二进制编译码过程中，这种所需的组件数目远远少于第一种方法。

7.1.2　传输管逻辑实现带二进制编译码的多值触发器

在本小节中，将讨论使用传输管实现电路。触发器的多值输入首先被编码成二进制码。触发器的触发和记忆都通过二进制传输管实现。输出则是由对应的编码器接口译码成多值信号。这里采用一种叫作 RSTU 锁存器的结构实现，其真值表如表 7.1 所示。RSTU 锁存器中使用的二值和四值与非门采用的二值传输管逻辑的电路设计如图 7.1 所示。在这种情况下，最简单的方案是把 RSTU 触发器与二进制编码相对应。

表 7.1　RSUT 锁存器的真值表

R	S	T	U	Q	Q_0	Q_1	Q_2	Q_3
1	0	0	0	0	0	1	1	1
0	1	0	0	1	1	0	1	1
0	0	1	0	2	1	1	0	1
0	0	0	1	3	1	1	1	0
1	1	1	1	Q	记忆功能			

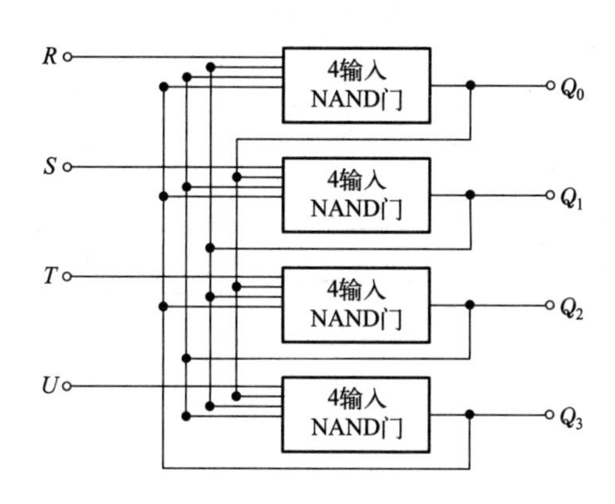

图 7.1　使用 4 输入与非门的 RSUT 锁存器

函数 $D_i(x)$、$G_i(x)$ 定义如下所示：

当 $x \leqslant i$ 时，$D_i(x)=1$；

当 $x > i$ 时，$D_i(x)=0$；

当 $x \geqslant i$ 时，$G_i(x)=1$；

当 $x < i$ 时，$G_i(x)=0$。

对于与非门的 RSUT 锁存器，可以用函数 $R=f_1(C,D)$，$S=f_2(C,D)$，$T=f_3(C,D)$，

$U = f_4(C,D)$ 来表示，对应于表 7.2。

表 7.2 RSUT 锁存器的函数

		D			
		0	1	2	3
Clk (C)	0	1	1	1	1
	1	1	0	0	0

R 输入

		D			
		0	1	2	3
Clk (C)	0	1	1	1	1
	1	0	1	0	0

S 输入

		D			
		0	1	2	3
Clk (C)	0	1	1	1	1
	1	0	0	1	0

T 输入

		D			
		0	1	2	3
Clk (C)	0	1	1	1	1
	1	0	0	0	1

U 输入

对应的 D 锁存器如图 7.2 所示。

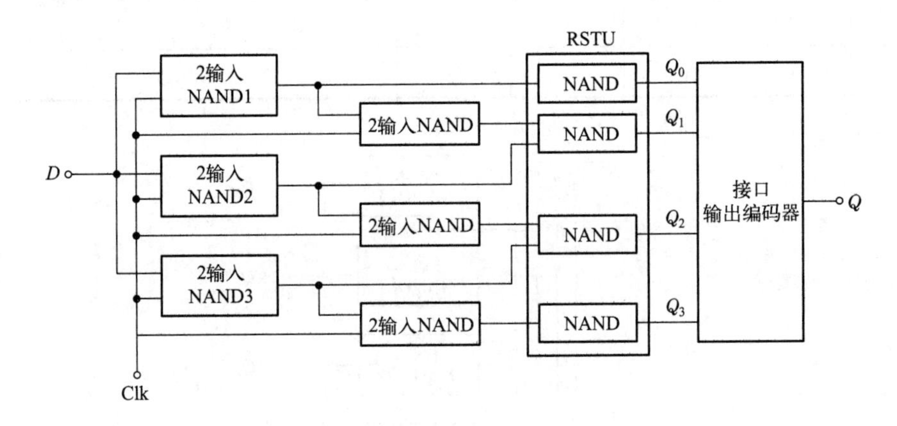

图 7.2 四值 D 锁存器

7.2 无二进制编译码的多值触发器

在本节中，将采用多值传输管逻辑实现多值触发器。传输管逻辑可以用于实现多值逻辑的理由如下所示：

① 电路的输出电平约等于它的输入电平。如果输入信号有一个多电平，输出跟随这个电平。

② 阈值门的输入以模拟值或多个电平的形式给出。它是门的一个阈值，可以任意设置。通过该门实现了多值逻辑功能。

7.2.1 传输管和阈值门的特性

具有阈值门的传输管如图 7.3 所示。其中用 t 标记的反相器作为一个阈值门。该反相器可以做到在任意阈值进行反相。为了实现不会自动反相的阈值门，可以把两个反相器串联起来。当第一个反相器的阈值为 t，第二个反相器阈值为 0.5 的时候，整个电路是一个二进制反相器。

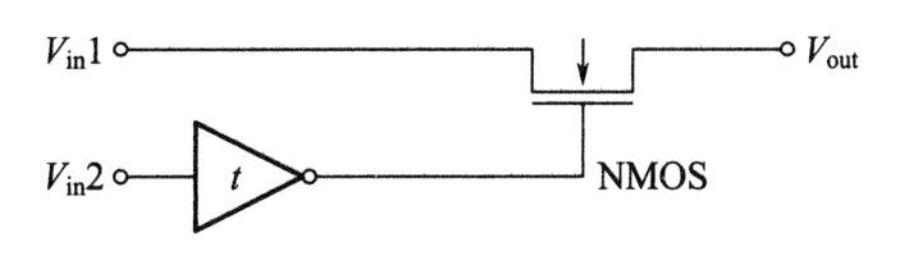

图 7.3 带有阈值门的传输管

如果图 7.4 中的传输晶体管导通，则输出等于输入，如果导通关断，则输出处于高阻抗状态。

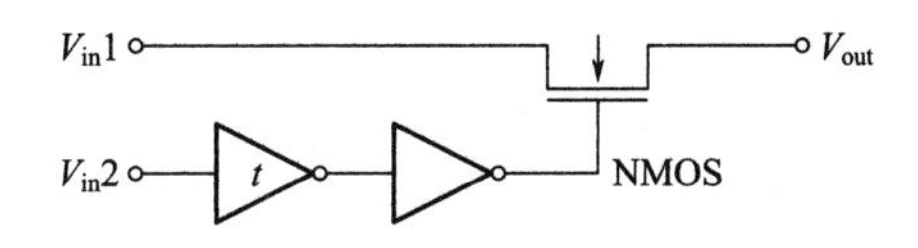

图 7.4 反转阈值门的实现

反相阈值门中 Y_2 与 X 的关系定义如下：

$$X = \begin{cases} 0, & Y_2 > t \\ 1, & Y_2 < t \end{cases} \tag{7.1}$$

利用内部参数 X，传输晶体管的输入 Y_1 与输出 Z 的关系定义为：

$$Z = Y_1\langle X\rangle = \begin{cases} Y_1, & X = 1 \\ \varPhi, & X = 0 \end{cases} \tag{7.2}$$

具有阈值门的传输晶体管可以串联或并联组合。式（7.2）可以看作是表示连接输入和输出的基础。串联连接可以描述为：

$$Z = Y\langle X_1 \quad X_2 \cdots X_n\rangle \tag{7.3}$$

串联连接如图 7.5 所示。公共输入的并联连接可以描述为：

$$Z = Y\langle X_1 \cup X_2 \cdots \cup X_n\rangle \tag{7.4}$$

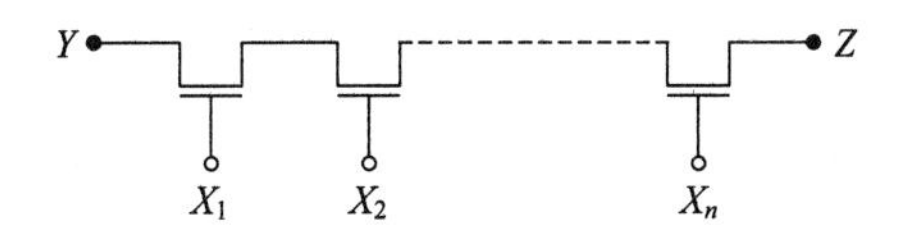

图 7.5 串联连接

不同输入的并联可以描述为：

$$Z = Y_1\langle X_1\rangle + Y_2\langle X_2\rangle + \cdots + Y_n\langle X_n\rangle \tag{7.5}$$

图 7.6 为这两种连接方式。

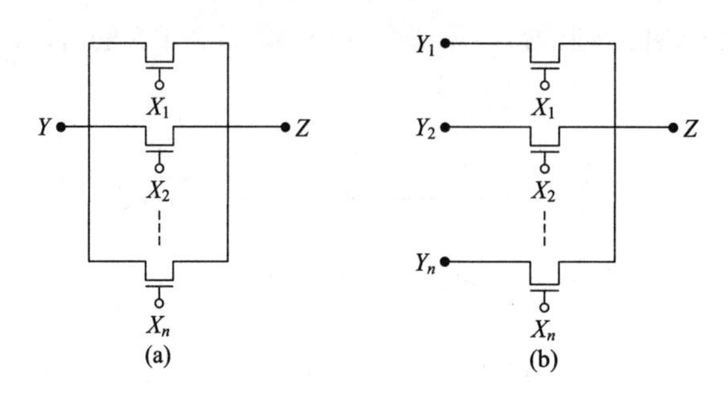

图 7.6 并联：（a）共同输入；（b）不同输入

对于图 7.7（a）中的共同输入，并联串联连接的组合可以表示为

$$\begin{aligned} Y_2 &= \langle X_1 \cup X_2\rangle \\ Z &= Y_2\langle X_3\rangle = (Y_1\langle X_1 \cup X_2\rangle)\langle X_3\rangle \\ &= Y_1\langle (X_1 \cup X_2)X_3\rangle \end{aligned} \tag{7.6}$$

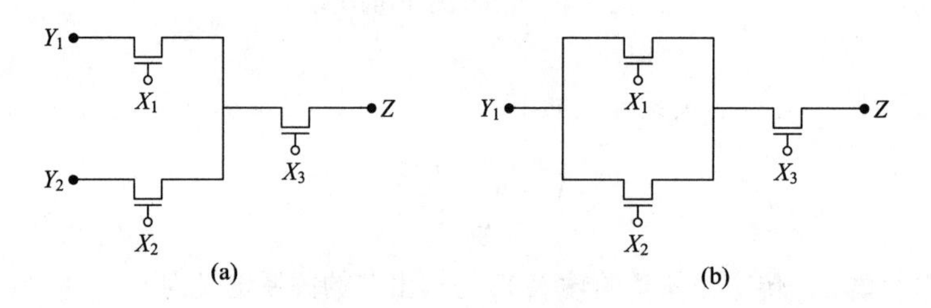

图 7.7 并联 - 串联连接：（a）共同输入；（b）不同输入

对于不同输入，如图 7.7（b）所示：

$$\begin{aligned} Y_3 &= Y_1\langle X_2\rangle + Y_2\langle X_2\rangle \\ Z &= Y_3\langle X_3\rangle = (Y_1\langle X_1\rangle + Y_2\langle X_2\rangle)\langle X_3\rangle \\ &= Y_1\langle X_1X_3\rangle + Y_2\langle X_2X_3\rangle \end{aligned} \tag{7.7}$$

7.2.2 用阈值门实现多值逆变器

本节介绍了一种采用多值传输管的逆变电路，如图 7.8 所示。这里根据表 7.3 所示的真值表考虑给定输入的反相输出，已经使用了三个阈值门来维持适当的反相输出值以响应输入值。

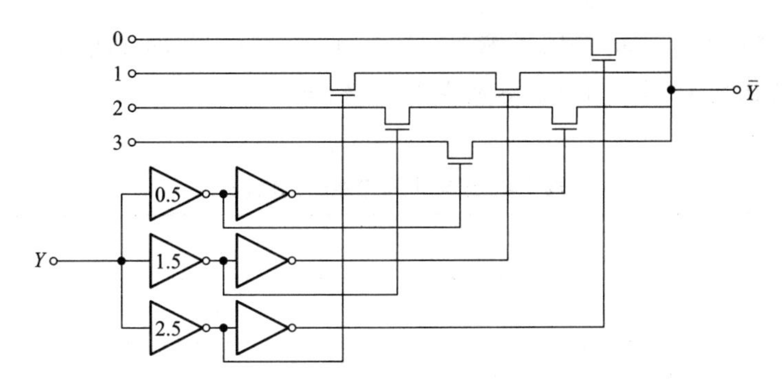

图 7.8　用阈值门实现多值逆变器

表 7.3　对应输入值的多值反相输出

输入	输出
0	3
1	2
2	1
3	0

如表 7.3 所示，3、2、1、0 分别被认为是输入 0、1、2、3 的反相输出。这种考虑的动机是基于二进制逻辑中的事实。如果以 00、01、10、11 的形式分别考虑 0、1、2、3（与二进制一样），则分别取反后的相反值应为 11、10、01、00，即多值形式的 3、2、1、0。

7.2.3　用多值传输管逻辑实现多值触发器

多值 RS 锁存器采用一种称为逻辑求和电路（LSC）的基本电路，该电路由多值传输管构成。选择这种新电路的动机是基于输入值的二进制表示。对于输入值 1、2 或 x、3（x 可以是任何值），电路的输出将是 3。这是因为 1（二进制等价于 01）和 2（二进制等价于 10）的逻辑或输出是 3（二进制等价于 11），而 2 和 3 的逻辑或输出是 3。使用 LSC 作为基本电路，在元件数量和速度方面具有更好的效果。

所引入的 MVFF 的构建块是遵循表 7.4 所示真值表的基本多值逻辑求和组件。这些构建块的电路设计如图 7.9 所示。表 7.4 中二变量四元逻辑函数 $F(Y_1, Y_2)$ 表示为：

$$F(Y_1,Y_2)=0\langle Y_1^0Y_2^0\rangle+1\langle Y_1^0Y_2^1\cup Y_1^1Y_2^0\cup Y_1^1Y_2^1\rangle+2\langle Y_1^0Y_2^2\cup Y_1^2y_2^0\cup Y_1^2Y_2^2\rangle+$$
$$3\langle Y_1^0Y_2^3\cup Y_1^1Y_2^3\cup Y_1^2Y_2^3\cup Y_1^3Y_2^3\cup Y_1^3Y_2^0\cup Y_1^3Y_2^1\cup Y_1^3Y_2^2\cup Y_1^1Y_2^2\cup Y_1^2Y_2^1\rangle$$

这种表达式可以通过带阈值门的传输管网络来实现。如表 7.4 所示，在所有情况下，输出值都是两个输入值之间的逻辑求和。因为 Y_1=1、Y_2=2 的逻辑求和是 3，对于两个输入，Y_1=1 和 Y_2=2 输出是 3，反之亦然。这是两者的逻辑求和。

表 7.4 逻辑求和电路的真值表

		Y_1			
		0	1	2	3
Y_2	0	0	1	2	3
	1	1	1	3	3
	2	2	3	2	3
	3	3	3	3	3

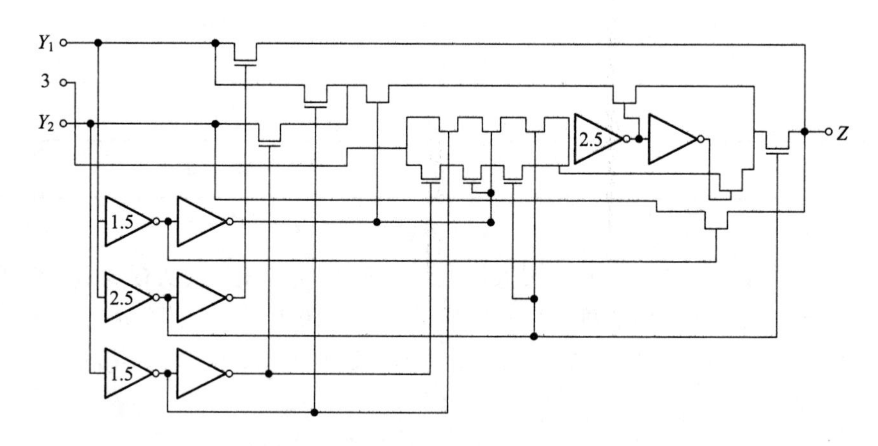

图 7.9 逻辑求和电路

表 7.5 本例 MVFF 的真值表

X	Y	Q	$\overline{Q}$
3	3	Q	$\overline{Q}$
3	0	3	0
2	1	2	1
1	2	1	2
0	3	0	3

如图 7.10 所示，命名为 $f_{\overline{LSC}}$ 的块中的组件给出输入值的逻辑求和值的反相输出。表 7.4 给出了相应输入值的反相输出。所介绍电路的真值表如表 7.5 所示。触发器的结构和多值输入输出如图 7.10 所示。

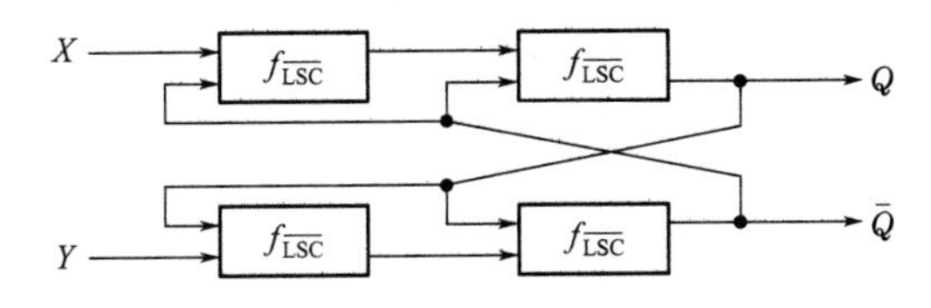

图 7.10　使用传输管逻辑的多值触发器

7.3　小结

与传统的静态 CMOS 电路相比，传输管逻辑电路在优化面积和延时方面都有显著的提升。本章中所描述的两种方法都有望成为替代传统 CMOS 或 TTL（晶体管 - 晶体管逻辑）实现多值触发器的门级设计方案。从元件数目的角度来看，多值触发器的高效性在于可以直接处理多值信号。从这点看来，第二种设计多值触发器的方案是高效且有效的。

参考文献

[1] O. Ishuzuka, "Synthesis of a Pass Transistor Network Applied to Multi-Valued Logic", IEEE Trans., 1986.

[2] D. Etiemble, and M. Israel, M., "On the realization of multiple-valued flip-flops", IEEE Trans., 1980.

[3] T. Sasao, "Multiple-valued logic and optimization of programmable logic arrays", IEEE Trans., 1998.

[4] K. Yano, T. Yamanaka, T. Nishida, M. Saito, K. Shimohigashi and A. Shimizu, "A 3.8-ns CMOS 16x16-b multiplier using complementary pass-transistor logic", IEEE JSSC, vol. 25, no. 2, 1990.

[5] A. P. Chandrakasan, S. Sheng and R. W. Brodersen, "Low Power CMOS Digital Design", IEEE JSSC, vol. SC-20, 1985.

[6] N. Zhuang and H. Wu, "Novel ternary JKL flip-flop", Electronics Letters, vol. 26, no. 15, pp. 1145–1146, 1990.

[7] J. I. Accha and J. L. Huertas, "General Excitation table for a JK multi-stable", Electronics Letter, vol. 11, pp. 624, 1975.

[8] Babu, Hafiz Md Hasan, Moinul Islam Zaber, Md Mazder Rahman, and Md Rafiqul Islam. "Implementation of multiple-valued flip-flips using pass transistor logic [flip-flips read flip-flops]." In Euromicro Symposium on Digital System Design, 2004. DSD 2004., pp. 603–606. IEEE, 2004.

第8章

多值多输出逻辑电路——基于电压模式传输管

本章介绍一种设计多值逻辑电路的方法，还描述了一种实现一组二进制逻辑函数的系统方法，即多值逻辑函数，并提供了用于设计过程不同阶段的启发式算法。所介绍的电路本质上是具有多值输出的电压模式电路，在实现多输出二进制逻辑函数的情况下，这种方法产生输出引脚数量减少的电路。这里描述的电路也适合在VLSI技术中实现，因为它们由简单的增强/耗尽型MOS晶体管和传输管组成。

8.1 引言

近年来，有关多值逻辑（MVL）的设计和利用多值逻辑实现二进制逻辑都受到了广泛关注。有两种实现多值逻辑的不同技术。第一种是电流模式电路，如发射极耦合逻辑（ECL）和集成注入逻辑（I2L），它们的节点电流总函数和特别适用于实现多值逻辑。第二种是利用阈值电压电平来实现电压模式电路。

本章描述了后一种电路模块的设计方法。这种电路设计采用了传输管网络和阈值门实现多值逻辑。还介绍了一种有用的方法来表示带有MOS晶体管的多值逻辑电路。但值得注意的是，这里实现的是二进制逻辑函数，而不是一般的逻辑函数。在本章中，除了介绍多值（四元）逻辑函数的电路技术，还描述了二进制逻辑函数在这种电路中的实现。由于多值逻辑函数的简化十分难以实现，这在整个电路设计中也是十分关键的因素。本章还为所介绍的电路提供了一种简化算法。

8.2　基本定义和术语

本章所描述的电路模块实现了多值输入多值输出功能。可以定义如下：

性质 8.2.1　多值输入多值输出逻辑函数：一个映射 $F: P_1P_2\cdots P_n \rightarrow M$，其中 $P_i=\{0,1,2,\cdots,p_{i-1}\}$，$M=\{0,1,2,\cdots,m_{i-1}\}$，则该映射为多值输入多值输出逻辑函数。

这样的函数以乘积和 (SOP) 的形式表示。为了定义乘积项以及乘积和的格式，首先给出字面量定义。

性质 8.2.2　设 X 是集合 P 的一个多值变量，$P=\{0,1,2,\cdots,p_{i-1}\}$。设集合 $S\subseteq P$，则 X^S 是 X 的一个字面量，其中 $X\in S$ 时 $X^S=1$，$X\notin S$ 时 $X^S=0$。

性质 8.2.3　设函数 $f=(X_1,X_2,\cdots,X_n)$ 为一个 n 输入多值逻辑函数，则多值逻辑函数的乘积项可以表示为：

$$X_1^{S_1}X_2^{S_2}\cdots X_n^{S_n},\text{其中} S_i\subseteq P_i$$

$$\bigvee_{(S_1,S_2,\cdots,S_n)} X_1^{S_1}X_2^{S_2}\cdots X_n^{S_n}$$

例 8.1　函数 $f(Y_1,Y_2)=Y_1^{0,3}Y_2^0+Y_1^1Y_2^3$ 是一个二输入变量的多值函数。假设两个变量都是四值的。根据上面给出的定义，在这个乘积和中有四个字面量（如 $Y_1^{0,3}$ 等）和两个乘积（即 $Y_1^{0,3}Y_2^0$ 和 $Y_1^1\ Y_2^3$）。则从定义看来，这是一个四值输入二值输出函数。

在本章中，将一组二进制函数转换为一组四值输入二值输出函数，即根据多值逻辑函数的定义来获得多值逻辑函数。其中 P_i' 的定义域是有限的，M 对应集合 $\{0,1,2,3\}$。两个这样的函数在电路中的实现是配对的，因此在这一阶段后可以获得一个四值输入四值输出多值逻辑函数。

8.3　方法

本节将讨论电路的设计细节。为了实现多输出二进制函数，本节描述的设计技术可以分为以下三个阶段：

① 把二进制逻辑函数转换为四值输入二值输出函数。

② 对第一阶段的函数进行配对。

③ 输出阶段：把第二阶段配对的函数在同一个电路中实现。这些电路可以由传输管逻辑网络组成。

下面各小节给出这些阶段的详细描述。

8.3.1　二进制逻辑函数到多值逻辑函数的转换

根据多值逻辑函数的定义，二进制逻辑函数也叫作二值输入二值输出函数。现在这些函数也可以通过配对输入变量转换成四值输入四值输出逻辑函数。

假设 x_i 代表一个二值变量，Y_i 代表一个四值变量。那么函数 $f(x_1,x_2,\cdots,x_{2r})$ 可以表示为函数 $f(Y_1,Y_2,\cdots,Y_r)$，其中 $Y_i=0,1,2,3$ 的情况分别与 $(x_{2i-1},x_{2i})=(0,0),(0,1),(1,0),(1,1)$ 对应。则可以建立 Y_i 与 (x_{2i-1},x_{2i}) 之间的函数关系。

例 8.2 表 8.1（a）中定义的二进制逻辑函数可以转换为表 8.1（b）中所表示的四值输入二值输出函数。其中表 8.1（b）的 $Y_1=(x_1,x_2),Y_2=(x_3,x_4)$。

函数 f 以一个乘积和的形式给出，$f(Y_1,Y_2)=Y_1^{0,3}Y_2^0+Y_1^{2,3}Y_2^1+Y_1^1Y_2^3$。

表 8.1 （a）二进制逻辑函数真值表；（b）四值输入函数真值表

(X_3,X_4) \ (X_1,X_2)	00	01	10	11
00	1	0	0	1
01	0	0	1	1
10	0	0	0	0
11	0	1	0	0

(a)

Y_2 \ Y_1	0	1	2	3
0	1	0	0	1
1	0	0	1	1
2	0	0	0	0
3	0	1	0	0

(b)

算法 8.1 是一个启发式算法，可以对输入变量进行最佳配对。从这个算法中，可以得到一个变量的划分，划分中的每个集合包含一对独特的变量。该算法引入了残量的概念，定义如下：

性质 8.3.1 假设 S 是一个变量集合，f 是一个二进制逻辑函数的乘积和。删除集合 S 中的变量后，剩下的独特项个数，称作函数 f 对集合 S 的残量，记作 R_S。

在算法中 $R\{i,j\}$ 是对所有函数上的每一对变量 (i,j) 进行计算所得。

例 8.3 设有函数 $f(x_1,x_2,x_3,x_4)=x_1x_2x_4+x_1x_3+x_2x_3$。

如果取 $S=\{x_1,x_2\}$，则 $R_S=2$。

现在定义二进制输入变量配对的算法 8.1。

算法 8.1 输入变量配对

输入：一组函数。

输出：变量的划分，即把$2r$个变量分成r个变量对的形式。

1：按照之前定义构建一组 $R(i,j)$。

2：选择变量划分，使得对于划分中所有配对 (i,j) 的 $R(i,j)$ 之和最小。平局时，按以下规则打破：选择配对贡献最小的划分。

例 8.4 对于函数 $f_1=x_1x_3'x_4'+x_1'x_2'x_3$，$f_2=x_2x_4$，根据算法，可能的划分以及它们的和如下：

$\{(x_1,x_2),(x_3,x_4)\}$，和为 3+3=6；

$\{(x_1,x_3),(x_2,x_4)\}$，和为 3+2=5；

$\{(x_1,x_4),(x_2,x_3)\}$，和为 3+3=6。

因此根据算法得到的配对为$(x_1,x_3),(x_2,x_4)$。

8.3.2 函数的配对

假设一组函数为$F=\{f_1,f_2,\cdots,f_{2r}\}$。现在把这些函数转换成四值二输出函数。为了配对函数，使用了函数的支撑集进行计算，定义如下：

性质 8.3.2 函数的支撑集：设 f 为一函数，该函数所依赖的变量集称为 f 的支撑集，记为 support(f)。

例 8.5 设 $f(x_1,x_2,x_3,x_4)=x_1x_2+x_3x_4+x_3x_4'$。因为 f 也可以表示为 $f=x_1x_2+x_3$。则 $\text{support}(f)=\{x_1,x_2,x_3\}$。

二进制输出配对的算法如算法 8.2 所示。

算法 8.2 对函数进行配对

输入：一组$2r$个二进制逻辑函数和上一阶段得到的变量对。

输出：r对给定函数。

1：根据support(f)中包含的配对数量，按升序对函数进行排序。如果 i 和 j 都是support(f)的元素，则可以说配对(i,j)在support(f)中。

2：按照排序对函数进行配对，使第 i 对包含第 $2i-1$ 个和第 $2i$ 个函数。

例 8.6 对于函数 $f_1=x_3'x_4+x_1'x_3x_4+x_2x_4+x_2x_3$, $f_2=x_1'x_3x_4+x_1x_2'x_3'x_4$, $f_3=x_3'x_4+x_2x_3+x_1x_2x_3x_4$, $f_4=x_1'x_2x_4'+x_1x_2x_3x_4$，具有变量配对$(x_1,x_2),(x_3,x_4)$，算法得到的函数配对为$(f_4,f_4),(f_2,f_1)$。

8.3.3 输出阶段

本小节描述用于实现多值逻辑电路的结构与对应的真值表。构造了二进制逻辑函数的真值表，只要进行正确的变量配对，就可以获得最小化的电路。

8.3.3.1 基本电路结构与工作原理

实现最基本函数的电路结构如图 8.1 所示。由之前算法选择出的每个函数对都有着对应的模块。其中 A、B、C 模块都是传输管网络。

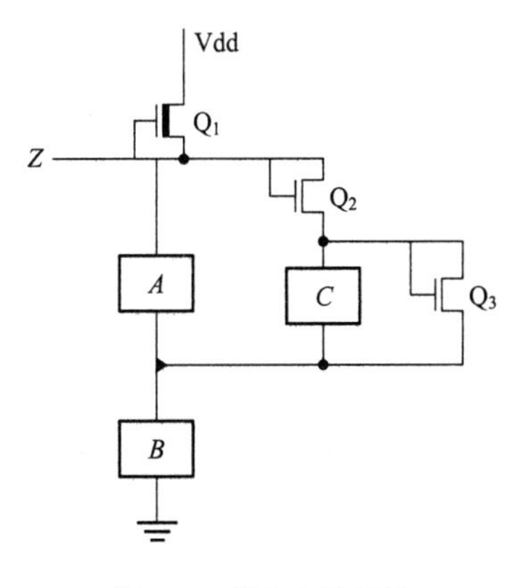

图 8.1 基本电路结构

表 8.2 为图 8.1 中传输管网络在不同情况下电路输

出的真值表。

表中，状态 1 和 0 分别表示网络两端之间存在通路和没有通路。如果是 d 状态，则表示电路的输出不依赖这个网络的状态。因此，对于输出 Z，可以有着四种不同的逻辑电平。

表 8.2 图 8.1 电路的工作原理

A	B	C	Z
1	1	d	0
0	1	0	1
0	1	1	2
d	1	d	3

基本电路工作原理：当 A=1，B=1 时，从输出到地之间存在一条通路，则输出电压为 0 也就是 Z=0。在这种情况下无论 C 是什么状态都对电路没有影响，所以 C 写作 d 状态。当 B=1，A=C=0 时，电源可以通过晶体管 Q_1、Q_2、Q_3 到地。则输出将是晶体管的分压电阻的分压输出。相似的，当 A=0，B=C=1 时，晶体管 Q_1 和 Q_2 形成分压器。把这种情况和前一种情况进行合理的设计，可以使输出分别为逻辑值为 1 和 2 的电压。最后，当 B=0 时，不管其他传输管网络状态是什么，电源都和输出端直接相连，可以获得逻辑电平为 Z=3 的电压电平。同样，还可以像图 8.2 一样，额外添加另一个传输管网络到电路中，这样修改后的网络真值表如表 8.3 所示。

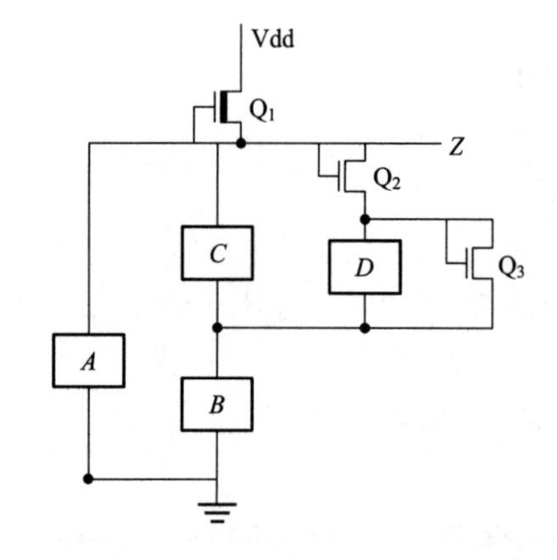

图 8.2 带有 4 个逻辑网络的基本电路结构

表 8.3 图 8.2 电路的工作原理

A	B	C	D	Z
1	d	d	d	0
d	1	1	d	0
0	1	0	0	1
0	1	0	1	2
0	0	d	d	3

这个电路的工作原理可以用同样的方法来解释。

构造真值表：对于要实现的两个函数，需要构造真值表。这里假设函数有四个变量，因此构造一个二维表。

构造真值表的两个步骤如下：

① 对于对应函数 f_2 的真值 1 的表项，输入值 1。对于其他项，输入 0。

② 对于函数 f_1 的乘积项，在表中对应的 0 或 1 项加上 2。

类似地，如果设计的是 n 个变量的函数，那么表格将是 $n/2$ 维的。在接下来的例子中，将逐步获得两个二进制逻辑功能的电路。

例 8.7　假设 $f_1 = x_1'x_3'x_4 + x_1'x_2'x_3$ 和 $f_2 = x_2'x_4$ 配对，Z 满足如下定义

$$Z = 0 \Rightarrow f_1 = 0, f_2 = 0；$$

$$Z = 1 \Rightarrow f_1 = 0, f_2 = 1；$$

$$Z = 2 \Rightarrow f_1 = 1, f_2 = 0；$$

$$Z = 3 \Rightarrow f_1 = 1, f_2 = 1。$$

由例 8.3 可以知道变量配对的结果是 $Y_1 = (x_1, x_3)$，$Y_2 = (x_2, x_4)$。则可以把函数写成 $f_1 = Y_1^0 Y_2^{1,3} + Y_1^2 Y_2^{0,1}$，$f_2 = Y_2^1$。

为例 8.7 中构造的函数真值表如表 8.4（a）所示。为了更好地理解，构造表 8.4（b）～（e）及网络的逻辑表达式。同样，也可以生成其他表对应的表达式。例 8.7 的电路实现如图 8.3 所示。

表 8.4　（a）例 8.7 的真值表；（b）A=0；（c）$B=Y_2^{0,2,3}+Y_1^{1,3}Y_2^1$；（d）$C=Y_2^2+Y_2^3Y_1^{1,2,3}+Y_1^{0,1,3}Y_2^0$；（e）$D=Y_1^2+Y_2^0+Y_1^0Y_2^3$

（a）

Y_2 \ Y_1	0	1	2	3
0	0	0	2	0
1	3	1	3	1
2	0	0	0	0
3	2	0	0	0

（b）

Y_2 \ Y_1	0	1	2	3
0	d	d	0	d
1	0	0	0	0
2	d	d	d	d
3	0	d	d	d

（c）

Y_2 \ Y_1	0	1	2	3
0	1	1	1	1
1	0	1	0	1
2	1	1	1	1
3	1	1	1	1

（d）

Y_2 \ Y_1	0	1	2	3
0	1	1	0	1
1	d	0	d	0
2	1	1	1	1
3	0	1	1	1

（e）

Y_2 \ Y_1	0	1	2	3
0	d	d	1	d
1	d	0	d	0
2	d	d	d	d
3	1	d	d	d

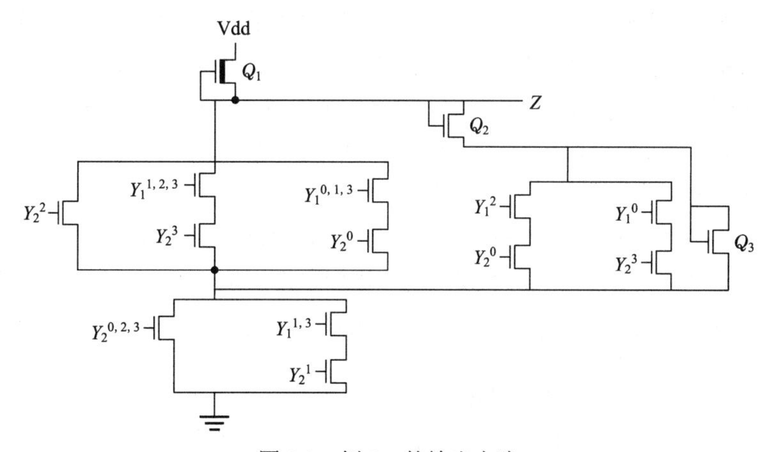

图 8.3　例 8.7 的输出电路

这里给出从表 8.4生成具有最小乘积数量的表达式的算法 8.3。

算法 8.3　生成最小表达式

输入：与传输管网络相对应的二维真值表。

输出：与真值表对应的最小乘积表达式。

1：逐行扫描表，生成行所代表的乘积。合并具有相同字面量的乘积作为总乘积的一部分。不考虑被认为是0的项，除非它们可以用来合并乘积。

2：与步骤1一样，按列扫描表，生成乘积并合并它们(如果可能的话)。对于不需要考虑的项，与步骤1所采取的策略相同。

3：从得到的两个乘积集中选择较小的乘积集，输出乘积和的表达式。

可以注意到，例 8.7 中网络的表达式是使用该算法得到的。

在本例中，给出的用于生成网络表达式的方法只考虑四个二值输入变量的函数。虽然真值表是用来描述函数的，但没有表也可以很容易地做到这一点。该方法也可推广到具有较多变量数的函数。

8.3.3.2　字面量生成

在为网络生成表达式后，后续的电路描述如何生成所需的字面量 Y^S，其中 $Y=(x_1,x_2)$，$S\subseteq\{0,1,2,3\}$。

也可以使用 2-4译码器，其中输入是两个变量 x_1 和 x_2，输出是 $Y^{\{0\}},Y^{\{1\}},Y^{\{2\}},Y^{\{3\}}$。可以使用它们来生成其他字面量。

8.4　小结

本章描述了多值逻辑函数的设计方法，并举例说明了如何使用它实现多输出二进制逻辑函数。本章介绍的技术可以很容易地扩展到更高基数的电路。在所设计的电路中，输出被编码来描述两种不同逻辑函数的输出。因此，在使用这个信号的时候，需要进行译码。但是这种情况实际会减少输出引脚数以及可以同时获得的函数输出。

虽然本章的主要目的是给出多值逻辑函数的设计方法。但在二进制逻辑函数的实现中可以发现，尽管这种方法在某些情况下需要更多的晶体管，但就晶体管数量而言，这种方法对某些函数来说是相当有效的，主要问题可以确定为表达式的简化问题。随着变量数量的增加，用于最小化表达式的方法会变得非常耗时。因此，可以在合适的时间内找到最小表达式。

参考文献

[1] E. J. McCluskey, "Logic design of multivalued IIL logic circuits", IEEE Transactions on Computing, vol. 28, pp. 546–559, 1979.
[2] E. J. McCluskey, "Logic design of MOS ternary logic", Proceedings of IEEE ISMVL, pp. 1–5, 1980.
[3] S. P. Onneweer and H. G. Kerkhoff, "Current-mode CMOS high-radix circuits", Proceedings of IEEE ISMVL, pp. 60–68, 1986.
[4] L. K. Russell, "Multilevel NMOS Circuits", 1980.
[5] O. Ishizuka, "Synthesis of a pass transistor network applied to multi-valued logic", 1986.
[6] E. J. McCluskey, "Logic Design Principles", Prentice-Hall, Englewood Cliffs, NJ, 1986.
[7] Babu, Hafiz Md Hasan, Md Rafiqul Islam, Amin Ahsan Ali, Mohammad Musa Salehin Akon, Mohammad Ashiqur Rahaman, and Mohammad Fakhrul Islam. "A technique for logic design of voltage-mode pass transistor based multi-valued multiple-output logic circuits." In 33rd International Symposium on Multiple-Valued Logic, 2003. Proceedings., pp. 111–116. IEEE, 2003.

第9章

多值输入二值输出函数

多值输入二值输出函数的最小化中，局部覆盖方法的成功在很大程度上取决于从一些新技术的 ON 集合中选择适当的基本最小项，以改善该方法的性能。为了对布尔变量进行高效分组，引入了一种增强分配图（enhanced assignment graph，EAG）。为了选择最佳的基本最小项，定义了一种新技术来找到潜在正则立方体（potential canonical cube，PCC）覆盖它。这个过程成功地找出了基本质项（prime），改善了总计算时间并产生了更好的乘积和（SOP）。

9.1 引言

在逻辑综合中，SOP 表达式的简化非常重要。在逻辑综合的总计算时间中，用于 SOP 简化的时间比例，与可编程逻辑阵列（PLA）的简化直接相关。在这个背景下，多值逻辑（MVL）的使用日益重要。通过熟练使用多值逻辑，可有效降低芯片内部和芯片之间的二值函数的互连复杂性。这些函数在最小化译码的 PLA 以及在时序电路和网络中非常有用。 在查找多值输入二值输出（MVITVO）函数的最小覆盖的启发式算法中，MINI 和 ESPRESSO-IIC 两个算法非常著名。在这些方法中，要最小化的函数 F 的近似最优覆盖是通过迭代改进来重新塑造和减少初始覆盖。与这些算法稍微不同的一个方法是局部覆盖方法，整个过程从一个适当选择的基本最小项开始。这种技术的改进版本如下：首先建立一个要最小化的函数的子函数集（展开过程）；然后从每个子函数的最小项中选择一个或多个质项（选择过程）；最后，对所有选择的质项进行并集操作，形成函数 F 的覆盖。

在本章中，通过寻找“最佳最小项”（相邻最小项数量最少的最小项）来降低计算速度，同时提高了在展开过程中发现和选择基本质项的概率。该算法保留了之前算法的概念，并且能够知道给定函数的最小覆盖范围内质项的下界。这里分为两个阶段：首先是找到布尔变量的有效分组，其次是快速找到具有合适最小项的可行立方体。简而言之，该算法计算速度快，并尽可能地保持函数最小。

9.2 基本定义

多值输入二值输出函数是一个映射 $F(X_1,X_2,X_3,\cdots,X_n):P_1P_2P_3\cdots P_n\to B$，其中 X_i 是多值变量，$B=\{0,1,*\}$，$P_i=\{0,1,\cdots,p_{i-1}\}$。符号 * 表示其值可能是 0 或者 1 的任意一个。n 个常数的乘积 $a_1a_2a_3\cdots a_n$ 是一个最小项，其中 $a_i\in P_i$。

F 的 ON 集合由函数取值为 1 的所有最小项组成。类似地，OFF 集合由函数取值为 0 的所有最小项组成。“不在意”集合是指最小项的集合函数可以无所谓地取 1 或 0。设 X 为一个变量，它可以取 $P_i=\{0,1,\cdots,p_{i-1}\}$ 中的任意一个值。对任意的子集 $S\subseteq P$，X^S 是一个字面量，$X^S=\begin{cases}1, & X\in S\\0, & X\notin S\end{cases}$。

一个多值输入二值输出函数的示例可以表示为：

$$F(X_1,X_1,X_1)=X_1^{\{0\}}X_2^{\{0\}}X_3^{\{0\}}\vee X_1^{\{1\}}X_2^{\{0,2\}}X_3^{\{1\}}\vee X_1^{\{2\}}X_2^{\{0,3\}}X_3^{\{3,0\}}\vee X_1^{\{3\}}X_2^{\{2\}}X_3^{\{1\}}$$

其中，字面量的乘积被称为立方体。如果一个多值输入二值输出函数具有最少的立方体，则称其为最小函数。

假设有两个乘积

$$c_1=X_1^{T_1}X_2^{T_2}\cdots X_n^{T_n}$$

$$c_2=X_1^{S_1}X_2^{S_2}\cdots X_n^{S_n}$$

则定义 c_1 和 c_2 之间的距离如下：

$$d(c_1,c_2)=(\text{满足}S_i\neq T_i\text{的}i\text{的数量})$$

如果 F 的两个最小项只有一个变量的值不同，则称其为相邻，例如 $c_1=X_1^{\{0\}}X_2^{\{1\}}X_3^{\{1\}}$ 和 $c_2=X_1^{\{0\}}X_2^{\{1\}}X_3^{\{2\}}$ 是两个相邻最小项。如果 $|S_n|$ 的最大值覆盖了 F 中相邻且最后一个变量的值不同的所有最小项，则把立方体 $X_1^{S_1}X_2^{S_2}\cdots X_n^{S_n}$ 称为正则的。立方体 $c_3=X_1^{\{0\}}X_2^{\{1\}}X_3^{\{0,1,2\}}$ 是一个满足上述条件的例子。由这样的立方体组成的表达式是唯一的。如果质蕴含项（prime implicant）P 是一个不蕴含其他函数立方体的乘积项，若 C_1 和 C_2 是两个立方体，则 C_1 被认为蕴含 C_2。基本质蕴含项指的是覆盖了至少一个标准乘积项（不是“不在意”项）的质蕴含项，而这个标准乘积项不能被任何其他质蕴含项覆盖。因此基本质蕴含项必须被包含在内，以获得函数的最小覆盖。特殊最小项是只被质蕴含项覆盖的最小项，基本质蕴含项覆盖一个或多个特殊最小项。

$F:P_1\times P_2\times P_3\times\cdots P_n\to B$，其中 $P_1,P_2,\cdots P_n=\{0,1,2,3\}$。设 α 为 F 的一个最小项，$\alpha=X_1^{\{0\}}X_2^{\{1\}}X_3^{\{2\}}$。进行循环位移操作 $p_k\xrightarrow{i,j}D$，这意味着用 P_i 中第 i 个变量后面的第 j 个值，替换 α 中的第 i 个变量。P_i 的第一个值由其最后一位决定。假设 $i=2,j=1$，对 α 进行

运算，可以得到$\eta = X_1^{\{0\}} X_2^{\{1\}} X_3^{\{2\}}$。如果对正则立方体进行循环移位，将产生一组与之相邻的最小项。

多值输入二值输出函数的最小化过程包括以下步骤：

① 确定函数的所有质蕴含项。

② 找出必要的质蕴含项。

③ 从剩余的质蕴含项中选择一个最小集合，使其与基本质蕴含项一起覆盖函数。

设 S 为输入变量的子集，这里考虑 $|S|=2$ 的情况。然后从给定函数 F 的每个项中删除 S 中的变量的所有字面量，保留该项中的其他字面量，结果析取范式中不同项的数量用 R_S 表示。

例 9.1 $f(x_1,x_2,x_3,x_4,x_5) = x_1x_2'x_3x_4 + x_1x_3'x_4x_5 + x_2'x_3'x_4x_5' + x_1x_2x_3' + x_2x_3' + x_1x_2'x_4x_5'$，令 $S=(x_1,x_3)$，则 $R_{(x_1,x_3)}=4$，即删除 S 中的字面量后还有 4 个不同项。

在变量分组算法中，将 S 中的开关变量赋给多值输入二值输出函数的一个变量，R_S 用于估计乘积数量。变量函数 $f(x_1,x_2,x_3,\cdots,x_n)$ 的分配图 G(图 9.1)，满足以下条件：

① G 有 n 个节点，每个输入变量对应一个节点。

② 节点 i 和 j 之间的边 (i,j) 的权重为 $R_{(x_i,x_j)}$。

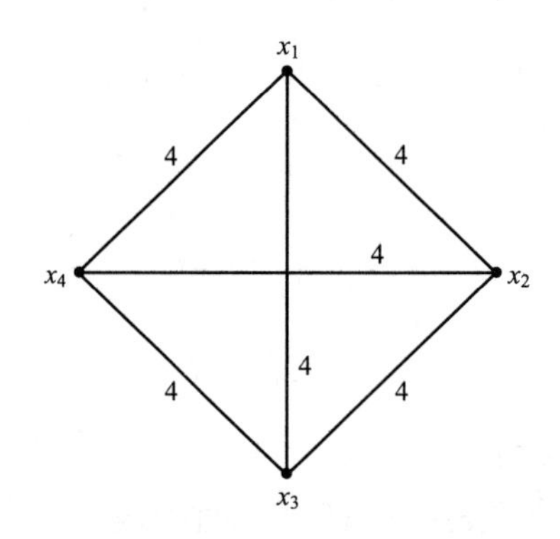

图 9.1 例 9.1 函数的分配图

设 $G=(V,E)$ 是一个有 n 个顶点的连通图。哈密顿路径是一条只经过每个顶点一次的路径。最小成本的哈密顿路径是通过最小权重的边来创建的路径，因此，这些边的权重之和最小。如果 f 是给定的开关函数，则定义 f 的变量 x_i 的未补权重为 x_i 在 f 的 ON 集合的不同乘积中以未补形式出现的次数。同样，f 的一个变量 x_i 的互补权重是 x_i 在 f 的 ON 集合的不同乘积中以互补形式出现的次数。

9.3 二值变量转换为多值变量

将二值变量有效地分组为多值变量，可以有效地减少给定函数的乘积项数量。

例 9.2 考虑函数 $f(x_1, x_2, x_3, x_4, x_5)=x_1'x_2'x_3'x_4'+x_1'x_2'x_3'x_4+x_1'x_2'x_3x_4'+x_1'x_2x_3'x_4'+x_1'x_2x_3'x_4+x_1'x_2x_3x_4+$

$x_1x_2'x_3'x_4'+x_1x_2'x_3x_4'+x_1x_2x_3'x_4+x_1x_2x_3x_4'$。

① 当输入变量分配为 $X_1=(x_1,x_2)$、$X_2=(x_3,x_4)$ 时，最小乘积表达式为 $F(X_1,X_2)=X_1^{\{0,1\}}X_2^{\{0,1\}}\vee X_1^{\{0,3\}}X_2^{\{1,2\}}\vee X_1^{\{1,2\}}X_2^{\{0,3\}}(\langle 1\rangle)$。在这个假设中，需要三个乘积项。

② 当输入变量分配为 $X_1=(x_1,x_3)$、$X_2=(x_2,x_4)$ 时，最小乘积表达式为 $F(X_1,X_2)=X_1^{\{0,1,2\}}X_2^{\{0,3\}}\vee X_1^{\{0,3\}}X_2^{\{1,2\}}(\langle 2\rangle)$。在这个假设中，需要两个乘积项。

③ 当输入变量分配为 $X_1=(x_1,x_4)$、$X_2=(x_2,x_3)$ 时，最小乘积表达式为 $F(X_1,X_2)=X_1^{\{0,3\}}X_2^{\{1,2\}}\vee X_1^{\{1,2\}}X_2^{\{0,3\}}\vee X_1^{\{0,1\}}X_2^{\{0,2\}}(\langle 3\rangle)$。在这个假设中，需要三个乘积项。

因此，当按 $\langle 2\rangle$ 分配输入变量时，乘积项的个数被最小化。

为了找到一个有效的分组，首先构建分配图 G，从 x_1 对应的节点开始，找到最小权重的哈密顿路径。根据顶点出现的顺序对变量进行排序，并将变量对分配给多值变量。按照上面的概念，可以得到例 9.2 中函数的不同排序，如下所示：

① x_1,x_2,x_3,x_4

　x_1,x_2,x_4,x_3

② x_1,x_3,x_2,x_4

　x_1,x_3,x_4,x_2

③ x_1,x_4,x_2,x_3

　x_1,x_4,x_3,x_2

因此，得到了与例 9.2 所示排序相对应的三种不同排序，这仍然不能找到示例中的最优排序 $\langle 2\rangle$。为了解决这一问题，这里引入增强分配图（EAG）（图 9.2），其定义如下。

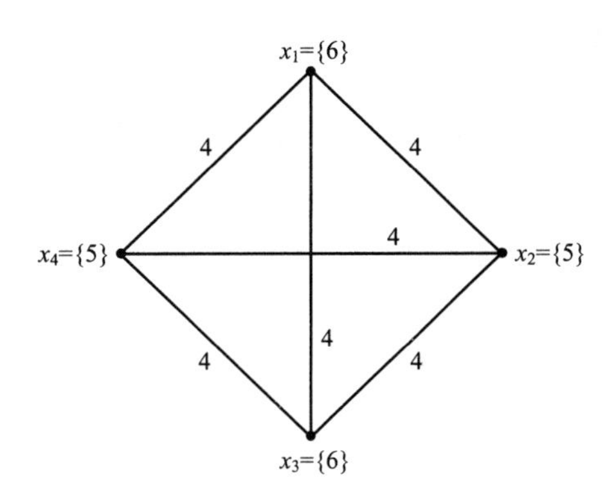

图 9.2　例 9.2 函数的 EAG

性质 9.3.1　n 变量函数 $f(x_1,x_2,x_3,\cdots,x_n)$ 的 EAG 有如下特性：

① EAG 有 n 个节点，每个节点对应一个输入变量。

② 每个节点都有相应的未补权重。

③ 节点 i 和 j 之间的边 (i,j) 的权重为 $R_{(x_i,x_j)}$。

例 9.3　考虑图 9.2 的 EAG，使用算法 9.1 可以得到如下排序：

$$x_1, x_3, x_2, x_4$$

$$x_1, x_3, x_4, x_2$$

其中，$X_1 = (x_1, x_3)$，$X_2 = (x_2, x_4)$，根据⟨2⟩给出了乘积项的最小个数。

算法 9.1 变量分组

group_variables()

{

对开关函数中的每个变量：

计算未补权重

计算 $R_{(x_i, x_j)}$

构建EAG

从变量 x_1 的节点开始

1：do{

2：a)要添加的下一个 (i, j) 中的 i 是一个已经被选中的节点，并且 (i, j) 的权重是所有边 (k, l) 中最小的，其中 k 已经被选中，l 还没有被选中。

b) 如果包含 (i, j) 的特定节点的所有边的权重相同，则其中 j 具有最接近 i 的未补权重。

3：将布尔变量分配为多值变量的配对。}

多值函数的最小化算法

在局部覆盖方法中，最小化过程分为展开和选择两个步骤。展开过程创建了需最小化的函数 F 的子函数集合。每个子函数由 F 的最小项组成，这些最小项被正确选择的质项所覆盖。实际上，这一步的目标是展开基本最小项，来得到不能再展开的 SOP。用这种方式获得的立方体表示一个质蕴含项。在第二步，即选择步骤中，从每个子函数中选择质蕴含项，使所选择的质蕴含项的并集形成 F 的不可约覆盖。

该方法的成功在很大程度上取决于子函数的数量。子函数集合越大，找到的覆盖就越接近最小值。此外，尽早发现必要的质项在减少计算时间方面起着至关重要的作用。通过从具有最小数量相邻最小项的最小项中选择基本最小项，可以实现这两个基本条件。在这个过程中，因为每个必要的质项都是唯一的，并且具有最小数量相邻的基本最小项是可区分的最小项，所以可以轻松地从只包含一个质项的子函数中检测到必要的质项。

在本节中，除了局部覆盖技术的改进之外，还介绍了另一个称为“立方体重排”的过程。该过程有助于从潜在正则立方体（PCC）中找到下一个最佳最小项作为基本最小项。在计算的最早阶段，子函数集合将增加，并检测到基本质项。为了实现这个过程，给定的表达式最好是正则形式。该算法中的展开过程是通过循环移位立方体来实现的。对于正则立方体，它生成与原始立方体相邻的一组最小项。新程序的动机基于这样一个事实：具有最少相邻项的最小项，将位于具有最少相邻项的正则立方体中。因此，如果按照它们的相邻性排列给定的正则立方体，那么在搜索具有最少相邻项的最小项时将节省时间。该算法使用一个包含所有正则立方体的索引表，并根据它们的相邻数重排（图 9.3）。

该过程首先检查 X_1^i（$1 < i < m$，m 为不同多值的数量），统计所有正则立方体对于每个 X_1^i（$i \in [0, n-1]$，n 是字面量的数量）的不同值（即 0、1、2、3）的数量。然后根据不同值的权重（权重是该值出现的次数）更新正则立方体的索引表。对于每个 X_1^i 执行相同的过程，$1 < j < n-1$，n 是字面量的数量。这样，当无法再更新表时，通过适当重排立方体，就可以通过顺序地查询这个表来获得具有最小相邻的最小项。该技术在算法 9.1 中给出。

例 9.4　设 $F(X_1, X_2, X_3, \cdots X_n): A_1 A_3 A_2 \cdots A_n \to B$ 的五个正则立方体为：

$$A_1 = X_1^{\{1\}} X_2^{\{0\}} X_3^{\{1\}} X_4^{\{1,2\}}$$

$$A_2 = X_1^{\{0\}} X_2^{\{1\}} X_3^{\{0\}} X_4^{\{1,2\}}$$

$$A_3 = X_1^{\{0\}} X_2^{\{0\}} X_3^{\{3\}} X_4^{\{1,3\}}$$

$$A_4 = X_1^{\{2\}} X_2^{\{2\}} X_3^{\{1\}} X_4^{\{1\}}$$

$$A_5 = X_1^{\{1\}} X_2^{\{0\}} X_3^{\{0\}} X_4^{\{1,2\}}$$

如果从正则立方体 A_1 选择基本最小项为 $a = X_1^{\{1\}} X_2^{\{0\}} X_3^{\{1\}} X_4^{\{1\}}$，得到相邻立方体 A_5。但如果选择 A_4 和 $a = X_1^{\{2\}} X_2^{\{2\}} X_3^{\{1\}} X_4^{\{1\}}$，则没有相邻立方体。为了找到具有最小相邻的最小项，必须重排正则立方体。

算法 9.2 不同遍数的正则立方体的重排过程如图 9.4 所示。

$$F=\{A^1, A^2, A^3, A^4, A^5, A^6, A^7\}$$
$$U=\{0,1,2,3\}\times\{0,1,2,3\}\times\{0,1,2,3\}\times\{0,1,2\}$$
$$A^1=\{0\}\times\{0\}\times\{1\}\times\{0,1,2\}$$
$$A^2=\{0\}\times\{0\}\times\{3\}\times\{0,1,2\}$$
$$A^3=\{0\}\times\{3\}\times\{1\}\times\{0\}$$
$$A^4=\{0\}\times\{3\}\times\{3\}\times\{0,1,2\}$$
$$A^5=\{1\}\times\{0\}\times\{1\}\times\{0,1,2\}$$
$$A^6=\{1\}\times\{0\}\times\{3\}\times\{0,1\}$$
$$A^7=\{1\}\times\{3\}\times\{1\}\times\{0,1,2\}$$

图 9.3　多值函数示例：所有立方体都是正则立方体形式

遍数 1	遍数 2	遍数 3	遍数 4
A_4	A_4	A_4	A_4
A_1	A_1	A_5	A_5
A_5	A_5	A_1	A_1
A_2	A_2	A_3	A_3
A_3	A_3	A_2	A_2
A_6	A_6	A_6	A_6

图 9.4　不同遍数的索引表的不同排列方式

算法 9.2　重排正则立方体

```
1：Rearrange_canonical_cubes ()
2：table={具有初始排列的正则立方体}
3：pass=1, start=1, end=|table|
```

```
4：重排(pass, start, end)
   {
5：a[ ]是个数组, 每遍时都初始化为零
6：for start=1 to end=1 do
7：   计算不同值X^i_pass的数量, 并将它们放在a[ ]中的相应位置
8：   if 对于a[ ]中所有元素k, a[k]不为0  then
9：      根据a[ ]出现次数最少的值, 重排表中相应的索引
10：      end=start+k
11：      重排(pass+1, start, end)
12：      start=end
13：   end if
14：end for
15：}
```

每个子函数由与函数 F 中选择的基本最小项相邻的正则立方体组成。

设$F=\{A_1,A_2,A_3\}$,其中$A_1=X_1^{\{1\}}X_2^{\{0\}}X_3^{\{1\}}X_4^{\{1,2\}}$, $A_2=X_1^{\{3\}}X_2^{\{1\}}X_3^{\{1\}}X_4^{\{2\}}$, $A_3=X_1^{\{0\}}X_2^{\{3\}}X_3^{\{3\}}X_4^{\{0,1,2\}}$, 基本最小项 $a=X_1^{\{0\}}X_2^{\{0\}}X_3^{\{1\}}X_4^{\{0\}}$，然后进行展开过程后，得到 F 的两个子函数 P 和 Q，其中 P 包含 $\{A_1,A_3\}$，Q 包含 A_2。

在这种技术中，首先通过使用循环移位操作，从基本最小项 a 和与 a 相邻的 F 开始计算，生成一个超立方体 S。现在使用基本最小项 a 和超立方体 S，生成正则立方体用于构建的子函数。选择过程逐个处理不可约集的子函数。

局部覆盖技术的算法见算法 9.3。

算法 9.3　局部覆盖

```
1：Local cover()
2：{
3：F是要最小化的多值函数
4：Rearrange_canonical_cubes() /*重排F在索引表中的正则立方体的索引（见图9.4）*/
5：Expansion() /*使用覆盖基准最小项创建子函数(算法9.4)*/
6：Selection() /*从每个子函数中选择质项, 并形成F的不可约覆盖(算法9.8)*/
7：/*执行从每个子函数中选择的所有质项的并集, 以找到不可约质项集*/
8：}
```

算法 9.4　展开

```
1：  Expansion()
2：  {
3：  a是基本最小项
4：  repeat
5：    if（还有多个未包含在子函数中的基本项） then
6：      查找索引表，以获取相邻最小项数量最少的基本最小项 a 对应的立方体
7：      generate_subfunction (a, F)  /*创建与选择的基本最小项关联的子函数(算法9.5)*/
8：    end if
9：  until False
10：}
```

算法 9.5　生成子函数

```
1：generate_subfunction (a, F)
2：{
3：/*P={P1, P1, …, Pn}是F的子函数, Pi(0<i<n)是P的正则立方体, S是P的超立方体*/
4：P=A  /*A是覆盖F的正则立方体*/
5：K=1；  R=θ, I{0}；
6：S=generate_supercube (a, F)  /* (算法9.6) */
7：while k<=P̄ do
8：  for i=ik+1 to n−1 do
9：    for j=1 to S̄i−1 do
10：      Pk(k, j)→B  /*通过循环移位Pk生成B */
11：      (B′, B″)=Check_B(B, a, R, F)
12：      if B′≠θ then
13：        P=P+{B′},
14：        I={i}；
15：        if B″≠θ then
16：          P=P+{B″}；
17：        end if
18：      end if
19：      k=k+1
20：    end for
21：  end for
22：end while
23：return 返回(P, R)；
24：}
```

算法 9.6 生成超立方体

```
1：generate_supercube(a, F)
2：{
3：for i=1 to n−1 do
4：   S_i={a_i}
5：   for j=1 to |U_i|−1 { do
6：      /* ∪_i=∪_{k=1}^{n} A_i^k */
7：      a(i, j)→b/* 通过循环移位产生 b */
8：      if b∈F then
9：         S_i=S_i+{b_i}
10：     end if
11：   end for
12：end for
13：S_n=A_n /* 其中 A 是覆盖 a 的正则立方体 */
14：}
```

例 9.5 超立方体的构造：如果从立方体 $A_1=\{0\}\times\{0\}\times\{1\}\times\{0,1,2\}$ 选择基本最小项为 $a=\{0\}\times\{0\}\times\{1\}\times\{0\}$，则通过算法 9.6 获得超立方体，迭代过程如图 9.5 所示。

例 9.6 生成子函数：算法 generate_subfunction() 建立了与基本最小项 $a=\{0\}\times\{0\}\times\{1\}\times\{0\}$ 相关联的子函数，因此可以得到多值 ON 集合立方体 P 和 OFF 集合立方体 R。运行该算法之后，得到 P 和 R 如图 9.6 所示。

i的迭代次数	S_i
1	{0, 1}
2	{0, 2, 3}
3	{1, 3}
这里$S_4=A_4$={0, 1, 2}，因此超立方体是S={0, 1}×{0, 2, 3}×{1, 3}×{0, 1, 2}	

图 9.5 构造超立方体

$P^1=A^1=\{0\}\times\{0\}\times\{1\}\times\{0,1,2\}$
$P^2=\{1\}\times\{0\}\times\{1\}\times\{0,1,2\}$
$P^3=\{0\}\times\{2\}\times\{1\}\times\{0,1,2\}$
$P^4=\{0\}\times\{3\}\times\{1\}\times\{0\}$
$P^5=\{0\}\times\{0\}\times\{3\}\times\{0,1,2\}$
$P^6=\{1\}\times\{3\}\times\{1\}\times\{0\}$
$P^7=\{1\}\times\{0\}\times\{3\}\times\{0,1\}$
$P^8=\{0\}\times\{2\}\times\{3\}\times\{0,1,2\}$
$P^9=\{0\}\times\{3\}\times\{3\}\times\{0\}$
$P^{10}=\{1\}\times\{3\}\times\{3\}\times\{0\}$

$R^1=\{0\}\times\{3\}\times\{1\}\times\{1,2\}$
$R^2=\{1\}\times\{2\}\times\{1\}\times\{0,1,2\}$
$R^3=\{1\}\times\{0\}\times\{3\}\times\{2\}$

图 9.6 generate_subfunction() 生成的 P 和 R

算法 9.7 检查 B

```
1：Check_B(B, a, R, F)
2：{ /* B是F的一个正则立方体 */
3：D=SuperCube(a, B)
```

```
4：for 每个满足r∩D≠θ的r∈R do
5：   D=D#n r
6：end for
7：Bn=Dn B′=θ B″=B
8：if an∈Bn then
9：   if 存在C∩B≠θ且an∈Cn的C∈F then
10：       B′=C∩B：B″#n B
11：    end if
12：end if
13：return B′, B″;
14：}
```

程序 Check_B 将 D_n 减少，使得 $D \cap P_{out} = \varnothing$。这里 D=SuperCube(a,B) = P，而 P_{OFF} 是 P_4 的偏移量。由于 P_{OFF} 不可用，它使用在 P生成期间构建的它的子集 R。

算法 9.8 选择

```
1：Selection(S, a, R)
2：{/*从每个子函数中选择质项*/
3：C={S};
4：for h=1 to R̄ do
5：   C′=C″=θ;
6：   for k=1 to C̄ do
7：       if C^k∩r^h==Θ then
8：          C″=C″+{C_k};
9：       else
10：          for i=1 to n do
11：             if (a_i∉r_i^h) then
12：                C″=C′+{c^k#_i r^h}
13：             end if
14：          end for
15：       end if
16：   end for
17：删除每个立方体的C′蕴含一个立方体的C″;
18：   C=C′+C″;
19：end for;
20：return C;
21：  }
```

例 9.7 推导子函数的质项：一些算法通过计算集合 $S\#R$ 并删除每个蕴含其他生成的立方体或不覆盖基本最小项的立方体，来生成立方体 C 的集合。最初 C 只包含 S 。内部循环每次逐个处理 C 的一个立方体。设 C^k 是正在处理的立方体。如果 C^k 不与 R^h 相交，则将其插入 C'' ，否则，每个覆盖基本最小项的立方体 $C^k \#_i R^h$ 将被插入 C' 。然后，删除 C' 中蕴含着 C'' 中立方体的每个立方体，由剩余的 C' 和 C'' 形成一个新的 C 。在外部循环的下一次迭代中，对这样的 C 重复此过程。运行此算法后，得到的质项如下：

$$C^1 = \{0\} \times \{0,2\} \times \{1,3\} \times \{0,1,2\}$$

$$C^2 = \{0,1\} \times \{0\} \times \{1\} \times \{0,1,2\}$$

$$C^3 = \{0,1\} \times \{0\} \times \{1,3\} \times \{0,1\}$$

$$C^4 = \{0\} \times \{0,2,3\} \times \{1,3\} \times \{0\}$$

$$C^5 = \{0,1\} \times \{0,3\} \times \{1,3\} \times \{0\}$$

ESPRESSO 和 MINI 算法需要给定函数的 OFF 集合的初始生成。不幸的是，对于某些函数，这样的集合非常庞大。在某些情况下，可以通过使用减少的 OFF 集合来克服这个缺点。相关工作主要研究单输出二值函数的最小化问题。局部覆盖算法使用子函数 OFF 集合的子集来构建子函数本身，并从中提取质项。然而，这样的子集并不与简化后的 OFF 集合一致。可以参考如下例子。

$$F_{\mathrm{ON}} = a'b'cd + a'b'c'd'$$

$$F_{\mathrm{OFF}} = ab' + a'b + ac' + cd'$$

$$F_{\mathrm{DC}} = a'b'c'd + abcd$$

与 $a'b'c'd'$ 相关的简化 OFF 集合是 $a+b+c$ 。而由 generate_subfunction() 展开 $a'b'c'd$ 生成的集合为空。事实上，生成的子函数只包含一个 F 的基本质项，即 $a'b'c' \times a'b'c'd'$ 。这样的质项是一个特殊最小项。

9.4 小结

本章介绍了一种新的布尔变量分配法和最小化技术。因此，总计算时间和乘积项的数量都减少了。在计算的第一阶段过程中，证明了算法扩展在检测和选择必要的质蕴含项以及提供质蕴含项数目的下界方面是有效的。“增强分配图”“哈密顿路径”“立方体重排”等新概念在逐步最小化过程中是有效的。这些启发式算法在展开和选择的不同阶段的使用，提高了整个技术的质量。

参考文献

[1] H. M. H. Babu, M. Zaber, R. Islam and M. Rahman, "On the minimization of Multiple Valued Input Binary Valued Output Functions", International Symposium on Multiple Valued Logic (ISMVL 2004), 2004.

[2] G. Caruso, "A local Cover Technique for Minimization of Multiple-Valued Input Binary-Valued Output Functions", IEICE Trans., Fundamentals, vol. E79 A, 1996.

[3] T. Sasao, "Input variable assignment and output phase optimization of PLA's", IEEE Trans., Comput., vol. C-33, pp. 879–894, 1984.

[4] R. K. Brayton, G. D. Hatchel, C. T. McMullen and A. Sangiovanni-Vincentelli, "Logic Minimization Algorithms for VLSI Synthesis", 1984.

[5] G. Caruso, "A local selection algorithm for switching minimization", IEEE Trans., Comput., vol. c-33, pp. 91–97, 1984.

[6] T. Sasao, "Multiple-Valued Logic and Optimization of Programmable Logic Arrays", IEEE Trans., 1998.

[7] R. K. Brayton and Y. Watanbe, "Heuristic minimization of multiple-valued relations", Computer-Aided Design of Integrated Circuits and Systems, IEEE Trans. on, vol. 12, no. 10, 1993.

[8] A. A. Malik, R. K. Brayton, A. R. Netwon and A. Sangiovanni-Vincentelli, "Reduced offset for minimization of binary-valued functions", IEEE Trans. Computer Aided Design, vol. 10, pp. 413–426, 1991.

[9] Zaber, Moinul Islam, and Hafiz Md Hasan Babu. "An enhanced local covering approach for minimization of multiple-valued input binary-valued output functions." In Proceedings of the 10th WSEAS international conference on Computers, pp. 63–68. 2006.

第10章

数字模糊运算——基于多值 Fredkin 门

多值 Fredkin 门（MVFG）是一种可逆门，由著名的可逆 Fredkin 门修改而来。可逆逻辑门有着相同数量的输入和输出，并且输入和输出之间有着一一映射形成的电路。因此，输入向量可以由输出向量重建。当电路由可逆门构成的时候，电路的功率不会被浪费。此外，多值 Fredkin 门还被证明是实现二进制和其余备选逻辑（例如多值逻辑和阈值逻辑）的基本构建块的合适选择。

在本章中展示了多值 Fredkin 门用于模糊集和逻辑运算的实现。模糊关系及其组合在该理论中十分重要，作为 if-then 模糊规则的集合，模糊 GMP（广义肯定前件）和 GMT（广义否定后件）在数学意义与其等价。本章对数字化模糊集进行了定义，其中的元素被离散化并使用三元变量表示，还描述了模糊关系的组合和脉动阵列结构（systolic array architecture）。可逆门的设计和脉动阵列的高度并行结构，使电路非常容易地实现。

10.1 引言

模糊集合论及其逻辑是对传统集合论和不确定性概念的一种过渡。当 A 是模糊集，x 是相关对象时，命题“x 是 A 中的一员”不一定是真或假，它可能只是在一定程度上为真。最常用的是用封闭区间 [0, 1] 内的数字来表示隶属度。在这一章中，考虑了离散化隶属度空间的数字模糊集。基于这些数字模糊集及其实现，定义了标准集运算和模糊关系的概念。在本章中，还描述了模糊关系的组合，并通过脉动阵列结构来进行计算。模糊 if-then 规则的集合或模糊算法，在数学上等价于模糊关系，而使用特定值评估它们的推理问题在数学上等价于组合问题。

本章介绍的电路由可逆多值 Fredkin 门组成。常用逻辑门和可逆逻辑门被广泛认为与光学计算和量子计算等新型计算范式兼容。可逆逻辑门是有着相同数目的输出和输入电路，输入和输出之间有着一一映射的关系。因此输入状态的向量总是可以由输出状态的向量进行重建。不可逆函数 (经典二进制逻辑门中，除了非门都是不可逆的) 可以很容易地转换为可逆函数。如果相同输出向量最大数量是 p，必须添加 $\lg p$ 的非必要输出（以及必要时的一些输入），来使输入 - 输出向量映射唯一。可逆逻辑适用于量子计算、纳米技术和低功耗设计。为了在任意电路中不浪费功率，电路必须由可逆门构成。然而，多值可逆门直到最近才引起人们的重视。本章主要讨论多值 Fredkin 门。

10.2　可逆逻辑

本章所示的电路由可逆门组成。在下面的小节中，将介绍一些广泛使用的可逆门和多值 Fredkin 门。传统不可逆门无论如何实现，都会导致电路的功率浪费。这个定理实际上指出，为了跟上摩尔定律，未来的技术必须基于可逆逻辑。只有当门的输入和输出之间存在一对一和成对的关系时，门才是可逆的，这意味着这些门必须具有相同数量的输入和输出。只有这样，可逆门的输入才能从输出中唯一地确定。因此，可逆门必须要有 n 个输入和 n 个输出，可以记为 (n, n) 或者 $n\times n$ 逻辑门。所有的经典门，如与、或、异或都是不可逆的。然而非门可以被认为是 (1, 1) 可逆门。不可逆函数可以很容易地转化为可逆函数。如果考虑异或操作，很容易看出该操作是不可逆的操作。在 Feynman 门中，对于 x 和 y 两个输入，存在 $x' = x$ 和 $y' = x \oplus y$ 两个输出。表 10.1 给出的真值表表明存在所需的唯一输入 - 输出向量映射。

表 10.1　Feynman 门

X	Y	x'	y'
0	0	0	0
0	1	0	1
1	0	1	1
1	1	1	0

传统的逻辑设计方法与可逆函数的综合有很大的不同。利用可逆门进行加法器的高效设计也受到了人们广泛的关注。

10.2.1　可逆门和经典数字逻辑

在许多门中，Fredkin 门、Toffoli 门和 Feynman 门是可逆和量子结构中最常讨论的门，未来的实现工作将主要集中在这些门及其衍生上。这些可逆门以及一个新型门如图 10.1 所示。

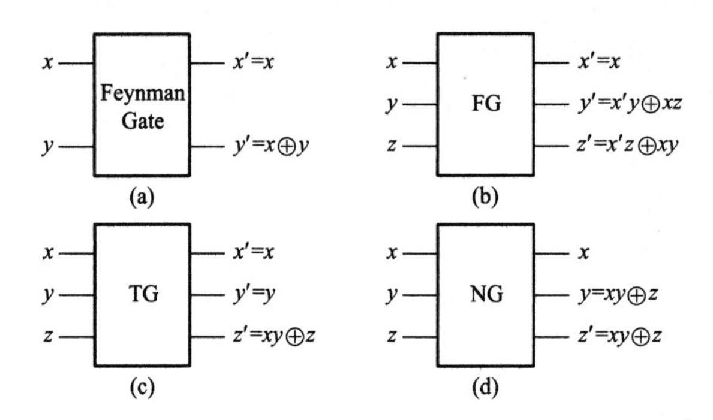

图 10.1　（a）Feynman 门；（b）Fredkin 门；（c）Toffoli 门；（d）新型门

在严格可逆逻辑范式中，信号扇出是被禁止的。然而，大多数门在输出端提供一个输入端不变。使用恒定输入，它还可以产生扇出和其他不同的功能。图 10.2 展示了一些这样的结构。

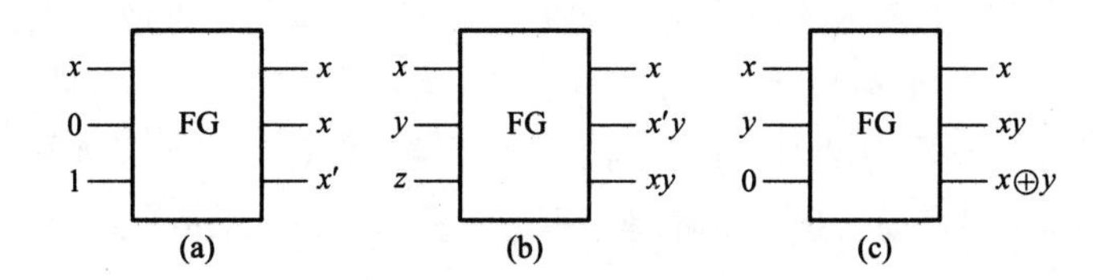

图 10.2　使用可逆门的基本逻辑运算

在图 10.2（a）和（b）中，Fredkin 门用于实现扇出及与运算。在图 10.2（c）中，对两个输入执行与运算及异或运算；对于这个门，输出 z 应为 $x' \oplus y'$，等价于 $x \oplus y$。

10.2.2 多值 Fredkin 门

可以用 Fredkin 门实现任意布尔逻辑函数，同样也可以使用修改后的多值 Fredkin 门。如图 10.3 所示。

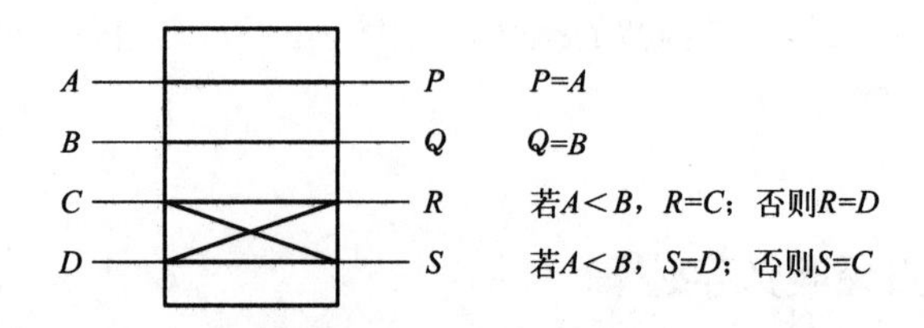

图 10.3　多值 Fredkin 门

值得注意的是，门的定义并没有指定信号的类型。因此，它们可以是二进制的、多值的，等等。唯一的要求是可以在它们上面定义关系 (<)。这些门可用于实现备选逻辑，如阈值逻辑、阵列逻辑等，并且可以用于光学器件，例如构建电信领域中正在研究的光子开关。

10.3　模糊集与模糊关系

本节描述了模糊集运算、模糊关系及其组合。

模糊集：Zadeh 通过为模糊集定义特征函数来引入了模糊集的概念，这些函数也可以称为隶属函数，记作 $\mu_A(x): X \rightarrow [0,1]$。因此，在模糊集中，可以讨论一个元素 x 的隶属度，该隶属度由 $\mu_A(x)$ 表示，它是一个介于 0 和 1 之间的值。隶属函数因此可以表示个体对某个模糊类别的（主观）理解，例如“高个子的人”“小的改进”“大的好处”等。

如果 X 是一个论域，x 是 X 中的一个特定元素，那么定义在 X 上的模糊集 A 可以表示为一组有序对 $A=\{(x,\ \mu_A(x))\}$（其中 $x \in X$）的集合。或者，模糊集也可以写作

$$A = \sum_{x_i \in X} \mu_A(x_i) / x_i$$

如果论域是离散的，在这种情况下 $\mu_A(x)$ 可以称为离散隶属函数。当它有着一个连续论域的时候，可以写成

$$A = \int_X \mu_A(x) / x$$

上述定义的隶属函数可称为连续泛空间隶属函数，具有此类隶属函数的模糊集可称为模拟模糊集。使用数字元件的数字处理需要有限精度的有限数据。因此，下面定义数字模糊集。

数字模糊集：如果一个离散泛隶属函数只能取有限个 $n \geqslant 2$ 个不同值，则称该模糊集为数字模糊集。

因此，对于数字实现，模拟模糊集隶属函数与泛空间和隶属值维度一起被离散化。假设将整个空间被量化为 16 个离散值，并且隶属度值可以取 n=8 个不同值，则需要 16×3=48 位来表示该集合。在本章中，不同的值被认为是由两个三元变量表示的。

例 10.1　假设表示中年人概念的模糊集的隶属函数为

$$M(x)\begin{cases} 0, & x \leqslant 20 \text{或} x \geqslant 60 \\ (x-20)/15, & 20 < x < 35 \\ (60-x)/15, & 45 < x < 60 \\ 1, & 35 \leqslant x \leqslant 45 \end{cases}$$

现在一个可能的离散近似 $A(x):\{0,5,10,15,\cdots,80\} \rightarrow [0,1]$ 的隶属函数定义如表 10.2 所示。

现在假设只使用表 10.3 所示的 2 个三元变量定义 9 个不同级别的隶属度值，则可以将数字模糊集表示为 $D=\frac{0.3}{25}+\frac{0.7}{30}+\frac{1}{35}+\frac{1}{40}+\frac{1}{45}+\frac{0.7}{50}+\frac{0.3}{55}$。

表 10.2 离散近似

X	$A(x)$
$x \in \{25, 30, \cdots, 55\}$	0.0
$x \in \{25, 55\}$	0.33
$x \in \{30, 50\}$	0.67
$x \in \{35, 40, 45\}$	1.00

表 10.3 数字化的隶属度值

编码		值
A_2	A_1	
0	0	0.0
0	1	0.15
0	2	0.3
1	0	0.4
1	1	0.5
1	2	0.6
2	0	0.7
2	1	0.85
2	2	1.0

从这个例子可以看出，考虑更多的元素和具有更大数量的隶属值，可以更精确地表示模糊集。

模糊运算：存在 3 种标准的模糊集运算，即补运算、交运算和并运算。后面讨论模糊关系的概念和组成运算。

补运算：设 A 是 x 上的模糊集，则由 A 的补运算有隶属函数 $A(x)=1-A(x)$。其值既可以解释为 x 属于 A 的补集的程度，也可以解释为 x 不属于 A 的程度。

交运算 /t- 范数与并运算 /t- 余范数：两个模糊集 A 与 B 的交运算或并运算一般用单位区间上的二元运算来表示，即形式为 $f:[0,1]\times[0,1]\rightarrow[0,1]$ 的函数。对于集合中的每个元素 x，这个函数产生的交运算为 $(A\cap B)(x)=i[A(x),B(x)]=A(x)\wedge B(x)$，并运算表示为 $(A\cup B)(x)=u[A(x),B(x)]=A(x)\vee B(x)$。

存在不同的 t- 范数和 t- 余范数。然而，交运算和并运算的标准运算如下：标准交运算：$i(a,b)=\min(a,b)$，标准并运算：$u(a,b)=\max(a,b)$，其中 $a,b\in[0,1]$。

标准运算将贯穿本章。对于数字模糊集，补运算很容易计算，它只需要补位。10.4 节给出了补或反、最小和最大运算的电路构造。

模糊关系：模糊关系是定义在笛卡儿积上的模糊集。定义在离散笛卡儿积 $X \times Y$ 上的二元模糊关系 R，可以写成 $R = \Sigma\mu_R(x_i, y_i)/(x_i, y_i)$，其中每一对 $(x_i, y_i) \in X \times Y$。

将使用的数字模糊关系，即 $\mu_R(x_i, y_i)'$，只能取固定数量的值。它可以很容易地将模糊关系表示为矩阵形式。两个集合 $X = \{x_1, x_2, x_3, x_4\}$ 和 $Y = \{x_1, x_2, x_3, x_4\}$ 上的模糊关系可以用 4×4 矩阵 $\boldsymbol{R}$ 表示，其中 $R_{i,j} = \mu_R(x_i, y_i)$。

模糊关系的组合：给定两个模糊关系——R_1 在 $X \times Y$ 上、R_2 在 $Y \times Z$ 上，可以定义一个新的关系，记作 $R_1 \circ R_2$ 在 $X \times Z$ 上。组合有几种类型，即最大-最小，最大-乘积，最大-平均。最大-最小组合的公式如下：

$$R_1 \circ R_2 = \sum_{X \times Z} \vee [\mu_{R1}(x, y) \wedge \mu_{R2}(x, y)] / (x, z)$$

可以看出，隶属度等级的计算非常类似于矩阵乘法。最大 (∨) 类似于求和，最小 (∧) 类似于乘法。

例 10.2 模糊关系的最大-最小组合。

设 R_1：

	z_1	z_2	z_3	z_4
y_1	0.9	0.0	0.3	0.4
y_2	0.2	1.0	0.8	0.0
y_3	0.8	0.0	0.7	1.0
y_4	0.4	0.2	0.3	0.0
y_5	0.0	1.0	0.0	0.8

R_2：

	y_1	y_2	y_3	y_4	y_5
x_1	0.1	0.2	0.0	1.0	0.7
x_2	0.3	0.5	0.0	0.2	1.0
x_3	0.8	0.0	1.0	0.4	0.3

然后按照最大-最小组合：

$R_1 \circ R_2$：

	z_1	z_2	z_3	z_4
x_1	0.4	0.7	0.3	0.7
x_2	0.3	1.0	0.5	0.8
x_3	0.8	0.3	0.7	1.0

这就是所使用的最大-最小组合。因为到目前为止，它是在实际应用中最常见的类型。

组合对于用于系统语言描述的推理过程非常重要，尤其是在模糊控制器和专家系统中。模糊 if-then 规则或模糊算法的集合在数学上等价于模糊关系，推理问题(在一定评估体系下)在数学上等价于组合问题。

在 10.4 节中，将给出一个可用于计算模糊关系组合的脉动阵列结构。由可逆逻辑门组成的单元实际上负责最大 - 最小操作。

10.4 电路

这里所介绍的电路是基于上述的多值 Fredkin 门。在 10.4.1 小节中，描述了对数字化模糊隶属度值计算最小和最小运算的电路。错误的操作方法也有介绍。在后续小节中，描述了基于基本最小 - 最大单元构建的脉动阵列结构，用来计算模糊关系组合。

10.4.1 多值 Fredkin 门模糊运算

在模糊集合论和模糊逻辑中，最小和最大运算是最重要和最常用的运算。在本章中，考虑将隶属度数字化并由 2 个三元变量表示，因此有 9 个不同的隶属级别。使用带基数的多值变量是可能的，但它们会导致电路使用更多的元件。

假设需要计算 min(A, B) 或 max(A, B)，其中 $A = A_1A_2$，$B = B_1B_2$，其中 A 和 B 由 2 个三元变量表示。下标为 2 的变量是最高有效位。在图 10.4 中，首先找到 min(A_2, B_2) 和 max(A_2, B_2)，然后用它们生成 m_1m_2=min(A, B) 和 m_1m_2=max(A, B)。

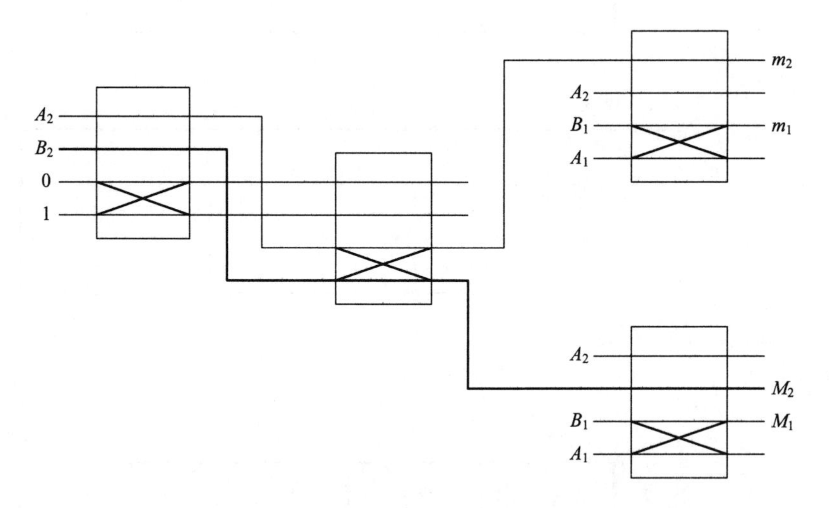

图 10.4 使用多值 Fredkin 门实现最小和最大运算

图 10.5 展示了补码运算的实现。它能以数字方式实现。

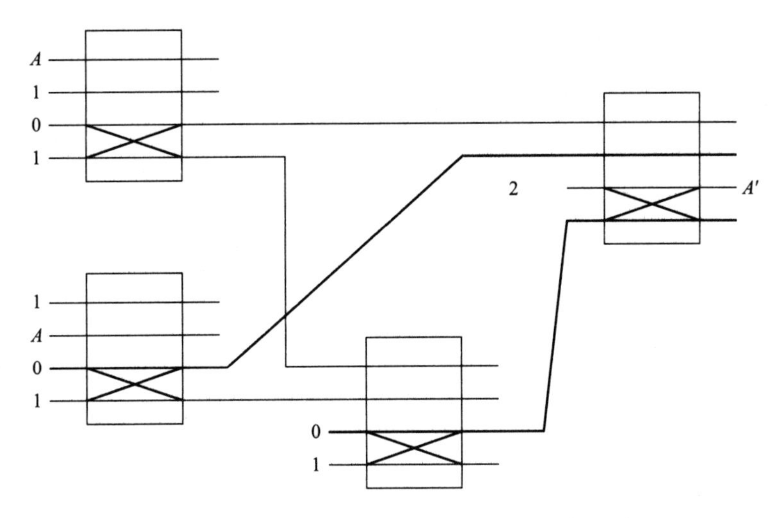

图 10.5 使用多值 Fredkin 门对一个三元变量的补码

例如，如果一个隶属度值由 A_2A_1 表示，其中 $A_2=2, A_1=1$（对应 0.75，见例 10.1），则补模糊集中的隶属度应为 $A_2'A_1'$，其中 $A_2'=2, A_1'=1$（对应 0.25）。图 10.5 展示了使用多值 Fredkin 门的单个三元变量的补码。

10.4.2 用于组合模糊关系的脉动阵列结构

脉动阵列是由一组相同的数据处理单元均匀互连而成的数据处理电路。数据字同步地从一个单元流到另一个单元，执行整个函数的一个小步骤，直到结果从边界单元中出现。它提供了高度的并行性，并使用相同的单元和统一的互连，是用于实现的理想选择。图 10.6 显示了其基本单元结构及其输入和输出。

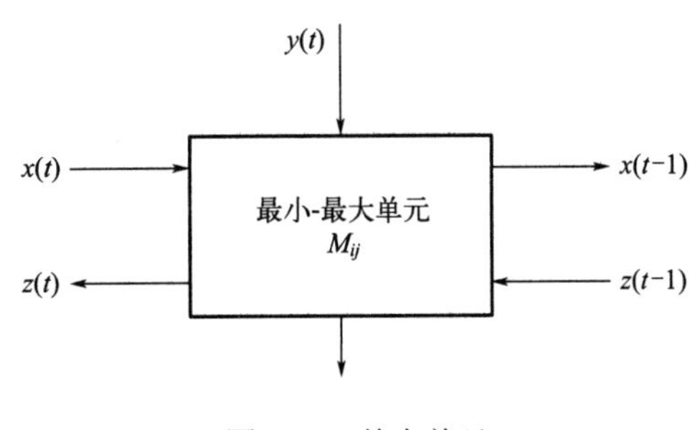

图 10.6 基本单元

将这些单元格统一连接，计算模糊关系运算。单元简单地计算 $z=z'\vee(x\wedge y)$，其中 z' 是从相邻单元计算出来的值，x 和 y 是输入的隶属度值。该单元还将输入和计算值传播到相邻单元，如图 10.7 所示，显示了可用于计算由 $n\times n$ 矩阵表示的两个关系的组合的阵列。重要的是要以这种方式实现它，以便按正确的顺序输入数据。

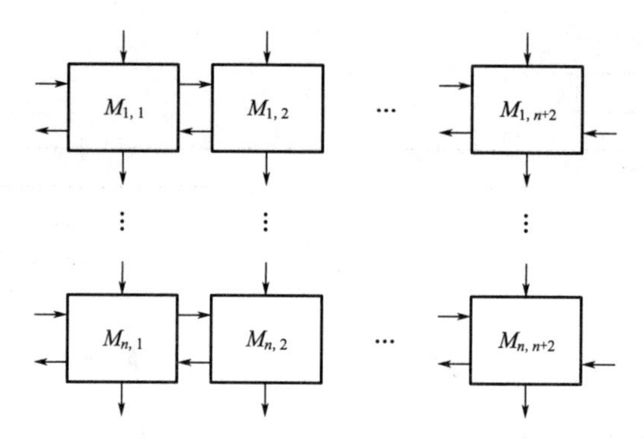

图 10.7 用于模糊关系组合的脉动阵列

10.5 小结

本章介绍了数字化模糊集，并讨论了不同的运算方法。还描述了模糊关系的组合，组合对于用于系统语言描述的推理过程非常重要，在模糊控制器和专家系统中特别有用。模糊 if-then 规则或模糊算法的集合在数学上等价于模糊关系，在某种评价体系下模糊 GMP 和模糊 GMT 在数学意义上相同。给出了一种用于模糊关系组合计算的脉动阵列结构，它提供了高度的并行性，并使用相同的单元和统一的互连，使其成为实现的理想选择。

本章还介绍了新型逻辑设计范式——可逆逻辑。可逆逻辑在量子和光计算、低功耗设计、纳米技术等领域都有广泛的应用。所介绍的设计利用了多值可逆逻辑门，即多值 Fredkin 门。文献中关于多值可逆门或模糊运算实现的电路设计技术并不多见。未来的研究有必要比较不同的多值可逆逻辑门，作为基本的构建模块。Fredkin 门、Toffoli 门和 Feynman 门是可逆结构和量子结构中最常讨论的门，未来的实现工作将主要集中在这些门及其衍生上。由于可以使用 Fredkin 门实现任何布尔逻辑函数，也可以使用多值 Fredkin 门，因为它们是修改的 Fredkin 门。这与多值 Fredkin 门可用于实现替代逻辑（如阈值逻辑）的事实，让使用多值 Fredkin 门成为一个相当有吸引力的选择。

参考文献

[1] L. A. Zadeh, "Fuzzy Sets", Information and Control, vol. 8, pp. 338–353, 1965.
[2] G. J. Klir and B. Yuan, "Fuzzy Sets and Fuzzy Logic", Prentice Hall, 1995.
[3] G. J. Klir and T. A. Folger, "Fuzzy sets, Uncertainty, and Information", Prentice Hall, Englewood Cliffs, NJ, 1988.
[4] L. H. Tsoukalas and R. E. Uhrig, "Fuzzy and Neural Approaches in Engineering", Jhon Wiley & Sons Inc, 1997.
[5] M. Nielson and I. Chuang, "Quantum Computation and Quantum Information", Cambridge Press, 2000.

[6] R. C. Merkle, “Two types of mechanical reversible logic”, Nanotechnology, vol. 4, pp. 114–131, 1993.
[7] C. Bennett, “Logical reversibility of computation”, IBM Journal of Research and Development, vol. 17, pp. 525–532, 1973.
[8] M. H. A. Khan, M. A. Perkowski and P. Kerntopf, “A Multi-Output Galois Field Sum of Products Synthesis with New Quantum Cascades”, Proceedings of 33rd ISMVL, pp. 146–153, 2003.
[9] A. De Vos., B. Raa and L. Storme, “Generating the group of reversible logic gates”, Journal of Physics A: Mathematical and General, vol. 35, pp. 7063–7078, 2002.
[10] P. Kerntopf, “Maximally efficient binary and multi-valued reversible gates”, Booklet of 10th Intl. Workshop on Post Binary and Ultra-Large-Scale Integration Systems (ULSI), pp. 55–58, 2001.
[11] P. Picton, “Frenkin Gates as a Basis for Comparison of Different Logic Design Solutions”, IEE, 1994.
[12] P. Picton, “A Universal Architecture for Multiple-Valued Reversible Logic”, Multiple-Valued Logic-An International Journal, vol. 5, pp. 27–37, 2000.
[13] R. Landauer, “Irreversibility and heat Generation in the Computational Process”, IBM Journal of Research and Development, vol. 5, pp. 183–191, 1961.
[14] A. Agrawal and N. K. Jha, “Synthesis of Reversible Logic”, Proceedings of the Design, Automation and Test in Europe Conference and Exhibition, IEEE, 2004.
[15] A. Khlopotine, M. Perkowaski and P. Kerntopf, “Reversible Synthesis by Iterative Compositions”, Proceedings of IWLS, pp. 261–266, 2002.
[16] D. M. Miller, D. Maslov and G. W. Dueck, “A Transformation based Algorithm for Reversible Logic Synthesis”, Proceedings of Design Automation Conference, pp. 318–323, 2003.
[17] J. W. Bruce, M. A. Thornton, “Efficient Adder Circuits based on a Conservative Reversible Logic Gate”, IEEE Computer Society Annual Symposium on VLSI, 2002.
[18] H. M. H. Babu, M. R. Islam, “Synthesis of Full-adder Circuit using Reversible Logic”, Proceedings of VLSID, 2004.
[19] M. H. A. Khan, “Design of Full-adder with Reversible Gates”, International Conference on Computers and Information Technology, Dhaka, pp. 512–519, 2002.
[20] E. Fredkin and T. Toffoli, “Conservative Logic”, International Journal of Theoretical Physics, pp. 219–253, 1982.
[21] R. Feynman, “Quantum Mechanical Computers”, Optics News, vol. 11, pp.11–20, 1985.
[22] M. Perkowski, M., “Regular Realization of Symmetric Functions using Reversible Logic”.
[23] Babu, Hafiz Md Hasan, Amin Ahsan Ali, and Ahsan Raja Chowdhury. “Realization of Digital Fuzzy Operations Using Multi-Valued Fredkin Gates.” In CDES 2006, pp. 101–106. 2006.

第11章

基于查找表的多值多输出逻辑表达式

本章介绍了多值多输出函数（MVMOF）的一种先进最小化方法。采用启发式算法对函数进行配对，用于提取共享子函数。本章还讨论了一种多值函数的新型最小化方法，使用 Kleenean 系数和查找表（LUT）技术来降低复杂性。该最小化方法显著减小了蕴含项，其电路实现也使用了电流模式 CMOS。

11.1 引言

多值逻辑设计在多值可编程逻辑阵列（MV-PLA）门电路和 FPGA 的实现方面有着很多应用。尤其是乘积和（SOP）表达式的最小化，在过去 20 多年里受到了相当大的关注。当 PLA 用于实现一个函数的时候，最小乘积和的表达式中蕴含项的最大数量十分重要，成本将与蕴含项的数量直接相关。在多值多输出函数的 PLA 实现中，每个乘积项由一系列半导体器件即晶体管表示，因此也希望尽可能减少可编程逻辑阵列中器件的总数。最少数量的乘积项以及让这些乘积项中出现的变量个数较少，都是好的实现方法。在较少数量的乘积项减少 PLA 的面积的同时，减少后的器件数量也使整体运行速度得到提升。这些技术的引入可以使乘积项数量减少，且达到最小空间需求。最初的最小化工作是基于 Qunie-McCluskey 算法。该算法给出了精确解，但其空间复杂度随着输入变量的增加而迅速增加，会导致空间违例增加。

11.2 基本定义和性质

现给出如下一些基本定义。

设 $V=\{0, 1, \cdots, p-1\}$ 为 p 值逻辑的集合（其中 $p \geqslant 2$），$X=\{x_1, x_2, \cdots, x_n\}$ 是 n 个变量的集合，其中 x_i 取集合 V 中的值。函数 $f(X)$ 是一个 n 变量 p 值函数，为从 V_n 到 V_1 的映射。在本章中讨论下列多值逻辑表达式。

任意 n 变量 p 值逻辑函数 $f(X)$ 可以用下列 4 个函数表示。

① MIN（最小）：$f(x_1,x_2,\cdots,x_n)=x_1x_2\cdots x_n(=\mathrm{MIN}(x_1,x_2,\cdots,x_n))$。

② MAX（最大）：$f(x_1,x_2,\cdots,x_n)=x_1x_2\cdots x_n(=\mathrm{MAX}(x_1,x_2,\cdots,x_n))$。

③ NOT（非）：$f(x_1)=x_1'(=p-1-x_1)$。

④ 字面量：$f(x_1)=x_1^S$（当 $x_1 \in S$ 为 $p-1$，反之为 0，其中 $S \subset V$）。

其中，集合 S 至少有一个元素，如果 $S=V$，则字面量可以省略。为了简便，$x_i^{\{a,b,\cdots\}}$ 记作 $x_i^{a,b,\cdots}$。最小项为 $kx_1^{a1}x_2^{a2}\cdots x_n^{an}$ 形式的乘积项，其中 k 为非零常数，$x_1^{a1}x_2^{a2}\cdots x_n^{an}$ 为最小项的位置。

11.2.1　乘积项

函数 $f(X)$ 的蕴含项为一个乘积项 $I(X)$，对于 X 的所有赋值 x，使 $f(X) \geqslant I(X)$ 恒成立。

质蕴含项

$f(X)$ 的质蕴含项满足：其中不存在 $f(X)$ 的其他蕴含项使得 $I(X) \geqslant I(X)$。“乘积和”一词用来描述以一组乘积项之和来表达的函数，其中“和”指的是 MAX 函数，“乘积项”指的是 MIN 函数。任意多值逻辑函数 $f(X)$ 可表示为乘积和表达式（记为 SOP）：

$$f(x)=\vee_{(s_1,s_2,\ldots,s_n)} f(S_1,S_2,\cdots,S_n)x_1^{s_1}x_2^{s_2}\cdots x_n^{s_n}$$

11.2.2　最小乘积和

如果 $f(X)$ 没有其他蕴含项更少的表达式，则 $f(X)$ 的乘积和表达式是最小的。

11.2.3　使用 Kleenean 系数的多值逻辑乘积和表达式

n 变量 p 值 Kleenean 系数（KC）定义如下：

① 常数 $1, 2, \cdots, p-1$ 以及变量 x_i 和 $x_i'(i=1, 2, \cdots, p-1)$ 为 KC。

② 如果 G 和 H 是 KC，那么 GH 也是 KC。

③ 唯一的 KC 由规则①和②给出。

例 11.1　四值 Kleenean 函数（KF）$1x_1x_1'x_3$ 是一个四值 KC，但是 KF $1x_1 \vee x_3$ 和 $3(x_1\ \ x_3)'$ 不是 KC。

11.3 方法

这种启发式算法适用于多值多输出函数。它将首先提取共享子函数(蕴含项)，然后最小化剩余的蕴含项。为了得到共享子函数，需要找出具有最大数量的共享蕴含项的最佳函数配对。算法 11.1 给出了提取共享子函数的过程。算法的第一阶段是生成支撑集矩阵，第二阶段生成配对支撑集矩阵。

11.3.1 支撑集矩阵

支撑集矩阵 S 是一个 $m \times n$ 矩阵，当函数 f_i 依赖于变量 x_j 时，$S[i,j]=1$，否则 $S[i,j]=0$。其中 m 为函数的行数，n 为变量的列数。

算法 11.1 生成支撑集

```
1: j按顺序表示变量;
2: i按顺序表示变量;
3: 初始化S[]:=0;
4: for j=0 to 全体变量 do
5:   for i:=0 to全体函数的蕴含项do
6:    if第j个变量出现与任意第i个函数的蕴含项中then
7:     S[i, j]:=1;
8:    end if
9:   i++;
10:  end for
11:  j++;
12: end for
```

这些函数的支撑集矩阵如下：

	x_0	x_1	x_3
f_0	1	1	0
f_1	0	1	1
f_2	1	1	0
f_3	1	1	1

例 11.2 三变量三值四输出函数如下所示：

$$f_0 = 1(x_0^1x_1^0 \vee x_0^1x_1^2 \vee x_0^2x_1^2) \vee x_0^0x_1^0 \vee x_0^0x_1^1 \vee x_0^0x_1^2 \vee x_0^2x_1^1 \vee x_0^2x_1^0$$
$$f_1 = 1(x_1^1x_2^1 \vee x_1^1x_2^2 \vee x_1^2x_2^2) \vee x_1^0x_2^2 \vee x_1^2x_2^1$$
$$f_2 = 1(x_0^0x_1^1 \vee x_0^1x_1^2) \vee x_0^2x_1^1$$
$$f_3 = 1(x_0^0x_1^1 \vee x_1^0x_2^0) \vee x_1^0x_2^2$$

11.3.2　配对支撑集矩阵

配对支撑集矩阵 P 是一个 $(m(m-1)/2)\times n$ 矩阵，当函数对 p_i 依赖于变量 x_j 的时候，$P[i,j]=1$，否则 $P[i,j]=0$，其中 $(m(m-1)/2)$ 是行数，n 是列数，p_i 是形式为 $[f_i,f_j]$ 的函数对，$i=1,2,3\cdots,m$。S 表示配对函数所依赖的变量数。

例 11.3　例 11.2 的函数的配对支撑集矩阵如下所示：

	x_0	x_1	x_3	$S[f_i,f_j]$
f_0f_1	1	1	1	3
f_0f_2	1	1	0	2
f_0f_3	1	1	1	3
f_1f_2	1	1	1	3
f_1f_3	1	1	1	3
f_2f_3	1	1	1	3

算法 11.2　生成配对支撑集矩阵

```
1: for i: =0 to i<函数总数do
2:   if 第i个函数没有出现在任一个配对中 then
3:     for j=0 to j<函数总数do
4:       选择依赖变量数量最多的一对(i, j)
5:       if x[k]存在于任意函数中（k为变量） then
6:         对应单元: =1;
7:         S[i]: =因变量总数;
8:       end if
9:     j++;
10:    end for
11:   i++;
12:  end if
13: end for
```

为了找出共享子函数，需要按 S 的值降序搜索每个配对。下面是例 11.2 函数中的共享子函数：

$$(f_1, f_3) = x_1^0 x_2^2$$
$$(f_2, f_3) = 1x_0^0 x_1^1$$
$$(f_0, f_2) = 1x_0^1 x_1^2$$

11.4 基于 Kleenean 系数的多值多输出函数最小化算法

在本节中，提出了一种使用 Kleenean 系数（KC）最小化多值多输出函数（MVMOF）的算法。

算法 11.3 利用 KC 最小化 MVMOF

```
1：Selection()
2：从每个子函数中选择质项；
3：按照乘积项进行分组；
4：minterm()
5：while 对每个乘积项的每组do
6：  把乘积项和所有其他乘积项进行比较；
7：  if 两个乘积项在有一个变量不同 then
8：    形成一个新的乘积项；
9：    附加minterm_list，并将它们分组；
10：    if （有任何改变）then
11：      minterm()
12：    end if
13：    提取具有相应输出的最小项；
14：  end if
15：end while
16：while 每个初始组 do
17：    /*其中n为变量的数目，p为变量的值*/
18：   for k=1 to k<=n do
19：      insert_LUT_using_B_tree(n, p);
20：      /*选择代表函数的最小KC集合*/
21：      Select_KC_from_LUT_using_binary_search( );
22：       附加质蕴含项表；
23：      Extract_minimized_Expr_from_impl_table( );
```

```
24:      k++
25:    end for
26: end while
27: /*递归的插入*/
28: insert_LUT_using_B_tree(t, n, p)
29: if 树为空 then
30:   t→root=newnode;
31:   root → left=root → right=NULL;
32: else if (LessThan(newnode → value, root → value)) then
33:   root → left=insert_LUT_using_B_tree(root → left, n, p)
34: else if GreaterThan(newnode→value, root→value) then
35:   root→right=insert_LUT_using_B_tree(root→right, n, p)
36: end if
```

生成 KC 的复杂度

设 n 为 B+ 树算法的个数，复杂度为 $O(n\log n)$。同样，由于 LUT 是按照顺序排列的，因此可以使用函数 Select_KC_from_LUT_using_binary_search()，这是一种二分搜索算法。它需要复杂度为 $O(\log n)$，则总复杂度变成

$$\begin{aligned} f(n) &= O(n\log n) + O(\log n) \\ &= O(n\log n) \end{aligned}$$

例 11.4　例 11.3 中的四值输出函数用于实现算法，以处理提取共享子函数后的剩余蕴含项。最小剩余函数表示为 $\{f_0', f_1', f_2', f_3'\}$，对应于 $\{f_0, f_1, f_2, f_3\}$。

共享子函数：

$$\begin{aligned} (f_1, f_3) &= x_1^0 x_2^2 \\ (f_2, f_3) &= 1x_0^0 x_1^1 \\ (f_0, f_2) &= 1x_0^1 x_1^2 \end{aligned}$$

最小化剩余函数：

$$\begin{aligned} f_0' &= 1x_0^{01} x_1^0 \vee 1x_0^{02} x_1 \vee x_0^0 x_1 \vee x_0^{02} x_1^{01} \\ f_1' &= 1x_1^{12} x_2^{12} \vee x_1^2 x_2^1 \\ f_2' &= x_0^2 x_1^1 \\ f_3' &= 1x_1^0 x_2^0 \end{aligned}$$

该方法中蕴含项的总数 = 共享子函数的蕴含项数量 + 最小化剩余函数的蕴含项数量 =3+8=11。

11.5 基于电流模式 CMOS 实现多值多输出函数

本节展示了使用电流模式 CMOS 逻辑实现最小化电路。多值查找表技术可以使用电流模式实现，相比二进制实现方法，可以使晶体管数量减少一半。多值查找表技术主要用于多值 FPGA 和智能存储器中。在本节中，使用电流模式 CMOS 逻辑实现最小化函数，由于多值查找表技术是二进制查找表技术的扩展，所以与二进制查找表技术类似，真值表的行与查找表的行之间存在一对一的对应关系。

二输入 r 值查找表框图如图 11.1 所示。

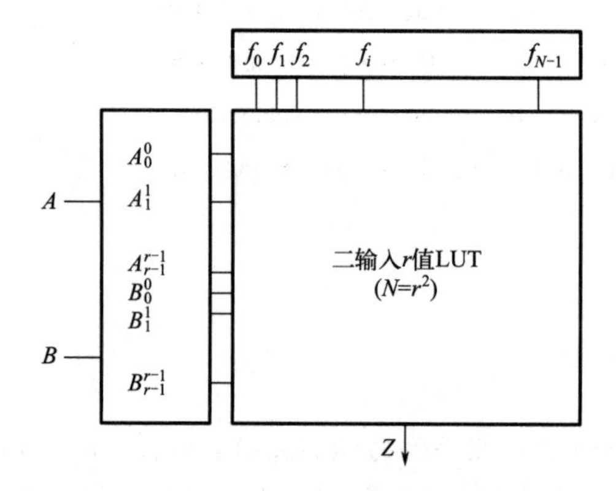

图 11.1 通用二输入 r 值 LUT 逻辑函数框图

例 11.5 设有一个三值二变量真值表，该真值表以及实现如图 11.2（a）所示。利用 Kleenean 系数最小化函数的实现如图 11.2（b）所示。在图中，为了简单起见，只考虑了一个变量。

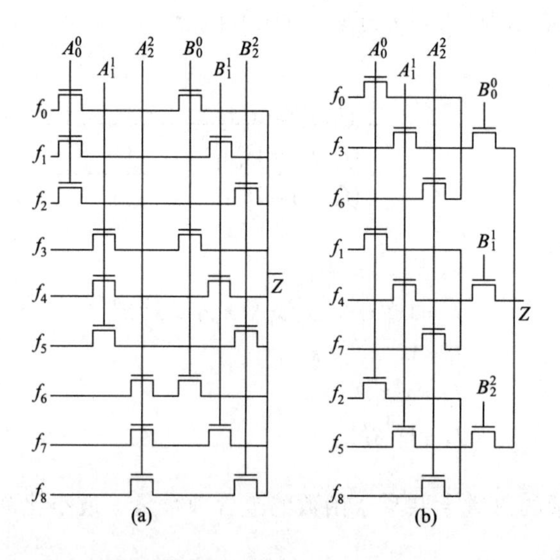

图 11.2 （a）三值二变量多值逻辑真值表及其 LUT 实现；（b）考虑 KC 的情况

表 11.1 展示了三值逻辑系统的分配电流值。最大电流（3μA）分配给逻辑值 2。

表 11.1　赋予三值逻辑的电流值

逻辑值	0	1	2
电流值	0.0μA	1.5μA	3.0μA

使用这种电路，3μA 电流在每个晶体管的漏极源端产生 100mV 量级的电压降。这不会影响电路的性能，除非串联的晶体管数量超过 10 个。

字面量（A_1^1）的实现方法如图 11.3 所示。图中的输入电流来源于电路，并与两个源电流（0μA 和 3μA）进行比较。如果输入电流位于这两个界限值之间，则输出节点被拉到 V_{dd}。否则它就会拉到 0 电压。

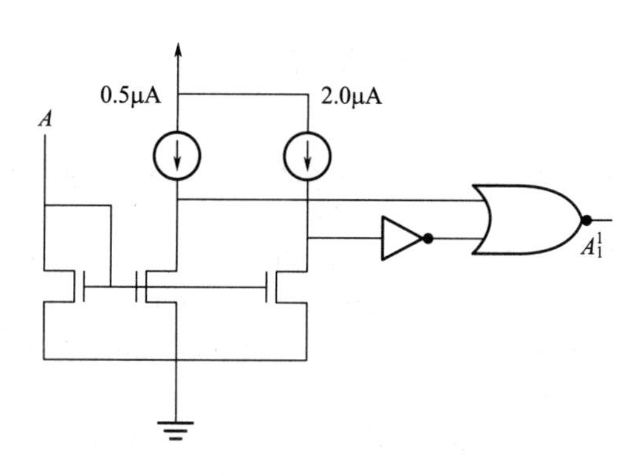

图 11.3　电流模式字面量（A_1^1）的电路图

字面量生成器的概念图如图 11.4 所示。字面量生成器电路如图 11.5 所示。

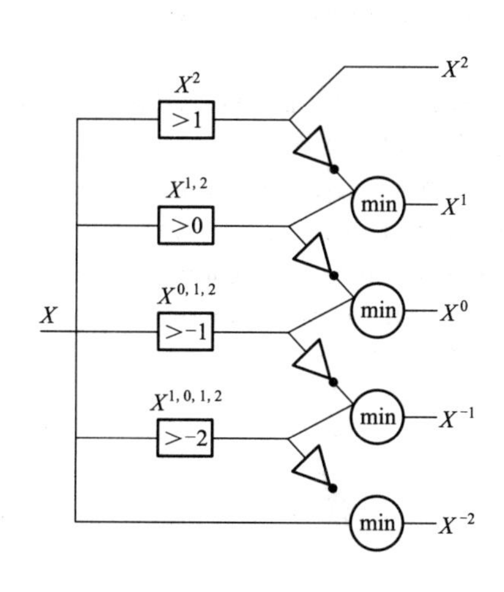

图 11.4　字面量生成器的概念图

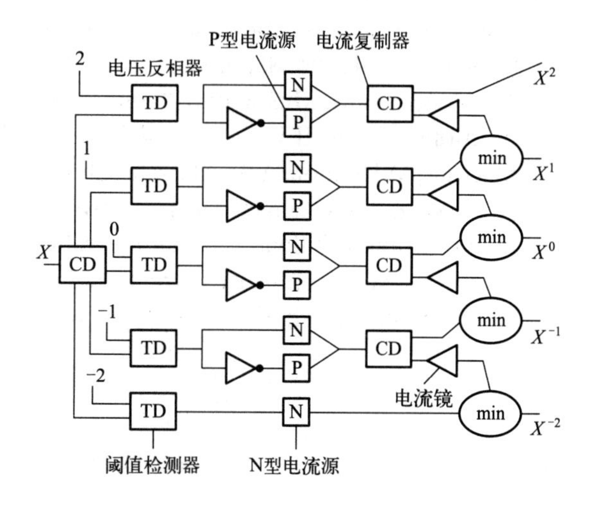

图 11.5　字面量生成器电路

电流模式查找表通常比电压模式查找表快。在这两种情况下，根据逻辑值，只有一条路径打开。然而，在电流模式设计中，逻辑值的变化需要较少的电荷移动，因为所有内部节点都具有相对较低的电压（不需要充电和放电）。

11.6 小结

本章展示了一种改进的多值多输出逻辑表达式的最小化方法，使用 Quine-McCluskey 算法结合 Kleenean 系数（KC）进行最小化，并使用电流模式 CMOS 实现。还提出了一种求解多值多输出函数的有效方法，采用该方法可以显著减少蕴含项，既减少了传播时间，也使电路的尺寸最小化。

参考文献

[1] E. A. Bender and J. T. Butler, "On the size of PLA's required to realize binary and multiple-valued logic", IEEE Trans., Comput., vol. C-38, no. 1, pp. 82–98, 1989.

[2] G. W. Dueck and G. H. J. Van Rees, "On the maximum number of implicants needed to cover a multiple-valued logic functions using window literals", IEEE Proceedings of the 20th International Symposium on Multiple-Valued Logic, pp. 144–152, 1990.

[3] Y. Hata, T. Hozumi and K. Yamato, "Minimization of multiple valued logic expressions with Kleenean coefficients", IEICE Trans. Inf. & Syst., vol. E79-D, no. 3, 1996.

[4] Y. Hata, T. Sato, K. Nakashima and K. Yamato, "A necessary and sufficient condition for multiple-valued logic functions representable by AND, OR, NOT constants, variables and determination of their logical formulae", IEEE Proceedings of the 19th International Symposium on Multiple-Valued Logic, pp. 448–455, 1989.

[5] Y. Hata, K. Nakashima and K. Yamato, "Some fundamental properties of multiple-valued Kleeneen functions and determination of their logic formulas", IEEE Trans. Comput. vol. 42, no. 8, pp. 950–961, 1993.

[6] N. Takagi and M. Mukaidono, "Fundamental properties of multiple-valued Kleenean functions", Trans. IEICE, vol. J74-D-1, no. 12, pp. 797–804, 1991.

[7] Shahriar, Md Sumon, A. R. Mustafa, Chowdhury Farhan Ahmed, Abu Ahmed Ferdaus, A. N. M. Zaheduzzaman, Shahed Anwar, and Hafiz MD Hasan Babu. "An advanced minimization technique for multiple valued multiple output logic expressions using LUT and realization using current mode CMOS." In 8th Euromicro Conference on Digital System Design (DSD'05), pp. 122–126. IEEE, 2005.

第3部分

可编程逻辑器件

可编程逻辑器件（PLD）是一种逻辑元件，不限于某一特定功能。它可以在生命周期的不同阶段进行编程。最早，它是由半导体供应商（标准单元、门阵列）编程，由设计者在组装前编程，或由用户在电路中编程。可编程逻辑器件是具有大量门和触发器的集成电路（IC），可通过基本软件配置来执行特定逻辑功能或执行复杂电路中的逻辑。与具有固定功能的逻辑门不同，PLD 在制造时的功能是未定义的。在可编程逻辑器件可用于电路之前，必须对其进行编程，即重新配置。

可编程逻辑器件本质上是具有特定体系结构的预制芯片，可以根据需要使用。任何逻辑都可以用 HDL（硬件描述语言）编写代码来构建。它是集成电路设计的基础。它用于更大芯片的原型设计、测试、调试等。使用 HDL 语言和空白芯片（可编程逻辑器件），人们可以形象地说“映射”任何逻辑，并根据需要对其进行测试、修复和重新编程。与 ASIC（专用集成电路）相比，这是非常方便的，因为逻辑可以改变，在 ASIC（专用集成电路）中，芯片只能完成其设计的功能。计算机上的处理器就是 ASIC 的一个例子。

标准 PLD 有三种基本类型：PROM（可编程只读存储器）、PAL（可编程阵列逻辑）和 PLA（可编程逻辑阵列）。第四种类型的 PLD 是复杂可编程逻辑器件（CPLD），例如现场可编程门阵列（FPGA）。典型的 PLD 可以具有数百到数百万个门。可编程逻辑器件彻底改变了数字电路的构建方式。FPGA 和 CPLD 已经成为实现数字系统的标准。与传统的数字设计相比，FPGA 和 CPLD 提供了更高的电路密度、更高的可靠性和更少的系统组件，使用离散的小规模或中等规模集成电路，所有这些都使得 PLD 对数字设计师非常有吸引力。然而，这些器件隐藏了理解数字基础知识所涉及的重要细节，由此产生的硬件实际上更像是一个计算机生成的黑盒，而不是一个精心制作、微调的设计。当使用 FPGA 或 CPLD 时，设计中的创造性就不那么明显了，设计人员也不会因为“优雅”地解决了设计问题而获得满意的回报。FPGA 和 CPLD 可快速、经济地实现数字设计问题的解决方案，这两点在工业环境中都很重要。

目前，FPGA 中的最大门数约为 2000 万个，每 18 个月翻一番。与此同时，这些芯片的价格却在不断下降。这意味着 NAND 门或 NOR 门的价格正在迅速接近零！嵌入式系统的设计者们也注意到了这一点。一些系统设计师购买处理器核心，并将其整合到片上系统设计中；另一些设计人员则完全取消处理器和软件，选择替代的纯硬件设计。随着这种趋势的继续，将硬件与软件分开变得更加困难。毕竟，硬件和软件设计师现在都在用高级语言（尽管语言不同）描述逻辑，并将编译结果下载到硅片上。

有多种类型的可编程逻辑可用。目前的产品范围包括从只能实现少数几个逻辑方程的小型器件，到可以容纳整个处理器核心（加上外设）的大型 FPGA。除了尺寸上的惊人差异外，架构上也有很多不同。使用 PLD 的优势是电路板空间更小、速度更快、功率要求更低（即电源更小）、组装工艺成本更低、可靠性更高（更少的 IC 和电路连接意味着更容易排除故障），以及设计软件的可用性更好。

本部分从第 12 章中介绍的使用神经网络（NN）的基于查找表（LUT）的矩阵乘法开始。在该章中，引入了基于人工神经网络（ANN）的矩阵乘法技术，由于神经网络具有非线性、非参数的特性，将为矩阵乘法技术开创一个全新的局面。矩阵乘法技术通过监督神经网络来实现，其中最少硬币找零问题使用二叉搜索树作为数据结构来解决，以简化复杂的矩阵乘法过程。

第 13 章介绍了基于输入译码器增强（使用传输管逻辑）的易测试可编程逻辑阵列（PLA）的改进设计，以及乘积线分组的改进条件。在该设计中，通过使用传输管逻辑增强输入译码器，故障覆盖率大幅提高。

第 14 章介绍了用于译码 PLA 输入分配的遗传算法（GA）。众所周知，为译码器分配变量的算法能产生良好的结果，但译码器的输入变量数量仅限于两个，而且没有考虑译码器的面积开销，这实际上是相当大的。此外，还开发了一种启发式算法，用于为译码器分配输入变量。

第 15 章介绍了基于 LUT 合并定理的 FPGA 乘法器。该章引入了 LUT 合并定理，它将实现一组函数所需的 LUT 数量减少了一半。通过 LUT 合并定理对 LUT 进行选择、分割和合并，以减少面积。

第 16 章介绍了一种时间复杂度降低的树状结构并行 BCD 加法算法。最小尺寸和最小深度的基于 LUT 的 BCD 加法器的电路构造是该章的重点。

第 17 章重点介绍了一种高效算法，能最大限度地减少电路中因布局布线而引入的延迟。该章还介绍了一种用于数字电路的新方法，这种方法可以减少电路类型算法的面积并提高其性能，从而解决硬件 / 软件分区问题。

第 18 章介绍了一种 $N \times M$ 位 BCD 乘法算法，该算法减少了传统乘法过程的复杂步骤。该章还介绍了一种具有新的选择、读取和写入操作的紧凑型 LUT 电路结构。

第 19 章介绍了一种 LUT 合并定理，它将实现一组函数所需的 LUT 数量减少了一半；介绍了一种 1×1 位乘法算法，它不需要任何部分积生成、部分积还原和加法步骤；介绍了一种 $m \times n$ 位乘法算法，该算法执行数位并行处理，可显著减少进位传播延迟；该章还介绍了一种二进制到 BCD 的转换算法，用于十进制乘法，以提高乘法效率；然后介绍了一种矩阵乘法算法，该算法可重新利用重复值的中间乘积来减少有效面积；最后还介绍了一种基于 LUT 的高性价比的矩阵乘法器电路，它使用了该章中的紧凑型快速乘法器电路。

第 20 章介绍了一种基于 LUT 的低功耗、高效面积 BCD 加法器，其基本构造分为三个步骤：首先，介绍一种 BCD 加法技术，以获得正确的 BCD 位数；然后，介绍一种新的 LUT 控制器电路，该电路用于选择并向存储单元发送读写电压，以执行读取或写入操作；最后，利用所述 LUT 设计了一个紧凑型 BCD 加法器。

第 21 章介绍了通用 CPLD 电路板的设计和开发。所设计的电路板具有通用性，可作为可重新配置的硬件用于各种系统设计中。

第 22 章介绍了基于 FPGA 的 Micro-PLC（微型可编程逻辑控制器）的实现，该控制器可通过合适的接口嵌入到设备、机器和系统中。该章所描述的想法适合小型应用，在这些应用中，需要以合理的成本提供有限数量的指令，同时还能提供高性能、高速度和紧凑的设计方法。

第12章

基于查找表的神经网络矩阵乘法

矩阵乘法是线性代数和科学计算中的一种主要运算。本章将介绍基于人工神经网络（ANN）的矩阵乘法，由于神经网络具有非线性、非参数特性，它为矩阵乘法技术开创了一个全新的领域。人工神经网络是强大的数据驱动、自适应的工具，它可提供高精度的矩阵乘法结果。通过监督学习，神经网络在解预测阶段用加法运算代替并完成乘法运算，这显然减少了所需查找表的数量。

12.1 引言

矩阵乘法在许多应用中有着重要的应用，如图论、数字信号处理、图像处理、密码学、统计物理等等。神经网络具有大规模并行性、分布式表示以及计算和学习能力，是当今最理想的实现方式。本章将人工神经网络应用于矩阵乘法，可显著降低算法的时间复杂性，由于使用了具有学习能力的神经网络，大规模矩阵乘法不再困难。本章的主要重点如下：

① 介绍一种新的矩阵乘法算法，该算法使用了高效的人工神经网络，具有较低的时间复杂度。

② 使用最少硬币找零问题，通过监督学习方法，确保了结果矩阵的高精确度。

12.2 基本定义

神经网络由许多人工神经元组成。人工神经网络是一种计算系统，由许多简单、高度互连的处理元件组成，这些元件通过对外界输入的动态状态响应来处理信息。在神经网络的各种学习过程中，本章采用的是“监督学习”。

通过输出的前向激活流和权重调整的后向误差传播，每个周期或“时期”（即每次网络出现新的输入模式时）都会发生监督学习过程。当神经网络最初遇到一个模式时，它会随机“猜测”该模式可能是什么。然后，它会查看自己的答案与实际答案相差多远，并对连接权重进行适当调整。感知器采用“前馈”模式，即输入被送入神经元，经过处理后产生输出。激活函数用于将神经元的激活水平转化为输出信号。

12.3　方法

图 12.1 展示了神经网络监督学习系统的流程图。

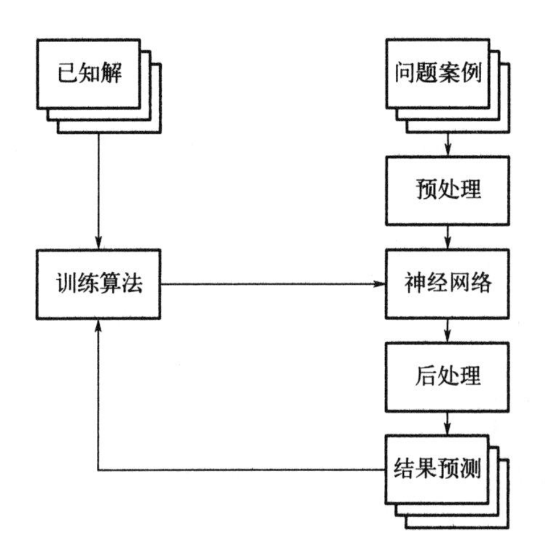

图 12.1　神经网络监督学习系统流程图

设 ℕ 是自然数集。n 维向量空间由 n 个自然矩阵表示，记为 $\mathbb{N}^{n\times n}$。$\boldsymbol{A}$ 和 $\boldsymbol{B}$ 是两个 $n\times n$ 矩阵，用于乘法。

假设 $\boldsymbol{A}$ 是乘数矩阵，$\boldsymbol{B}$ 是产生输出矩阵 $\boldsymbol{C}$ 的被乘数矩阵。每个矩阵的表示方法如下：

$$\boldsymbol{A}\in\mathbb{N}^{n\times n}\Leftrightarrow\boldsymbol{A}=(a_{ij})=\begin{bmatrix}a_{11} & \cdots & a_{1n}\\ \vdots & & \vdots\\ a_{n1} & \cdots & a_{nn}\end{bmatrix}a_{ij}\in\mathbb{N}$$

因此，在相乘之后，矩阵 $\boldsymbol{C}$ 将如下所示：

$$\boldsymbol{C}=\boldsymbol{A}\times\boldsymbol{B}，\text{其中 } c_{ij}=\sum_{k=1}^{n}a_{ik}b_{kj} \tag{12.1}$$

由于采用的是监督学习，因此根据图 12.1，神经网络模块的每个步骤如下：

① 问题案例：为了实现高速并行处理，乘法过程需要 n 个神经网络。每个神经网络都由乘数 $\boldsymbol{A}$ 的列和被乘数 $\boldsymbol{B}$ 的单个元素作为输入。由于每个矩阵都是列向量的集合，因此可以对乘数矩阵 $\boldsymbol{A}$ 进行列划分。

$$\boldsymbol{A} \in \mathbb{N}^{n \times n} \Leftrightarrow \boldsymbol{A} = [\boldsymbol{A}_1 \quad \boldsymbol{A}_2 \quad \cdots \quad \boldsymbol{A}_k \quad \cdots \quad \boldsymbol{A}_n], \boldsymbol{A}_k \in \mathbb{N};$$

$$\boldsymbol{A}_k = \begin{bmatrix} a_1 \\ a_2 \\ \vdots \\ a_n \end{bmatrix}$$

因此，对于被乘数矩阵 $\boldsymbol{B}$ 的每个第 i 行，该行的每个第 j 个值将是具有乘数列向量 $\boldsymbol{A}_k$ 的神经元的输入，其中 $k=i$。为了简单起见，可以对被乘数矩阵 $\boldsymbol{B}$ 进行行划分如下：

$$\boldsymbol{B} \in \mathbb{N}^{n \times n} \Leftrightarrow \boldsymbol{B} = \begin{bmatrix} \boldsymbol{B}_1 \\ \boldsymbol{B}_2 \\ \vdots \\ \boldsymbol{B}_n \end{bmatrix}, \boldsymbol{B}_k \in \mathbb{N};$$

$$\boldsymbol{B}_k = [b_1 \quad b_2 \quad \cdots \quad b_n]$$

因此，每个列向量 $\boldsymbol{A}_k$ 都将成为 n 个神经网络的输入，在 $k=i$ 的情况下，行向量 $\boldsymbol{B}_i$ 的每个第 j 个值都是 n 个神经网络的输入，如图 12.2 所示。每个列向量都将被流水线化地输送到神经元，以加快执行速度。

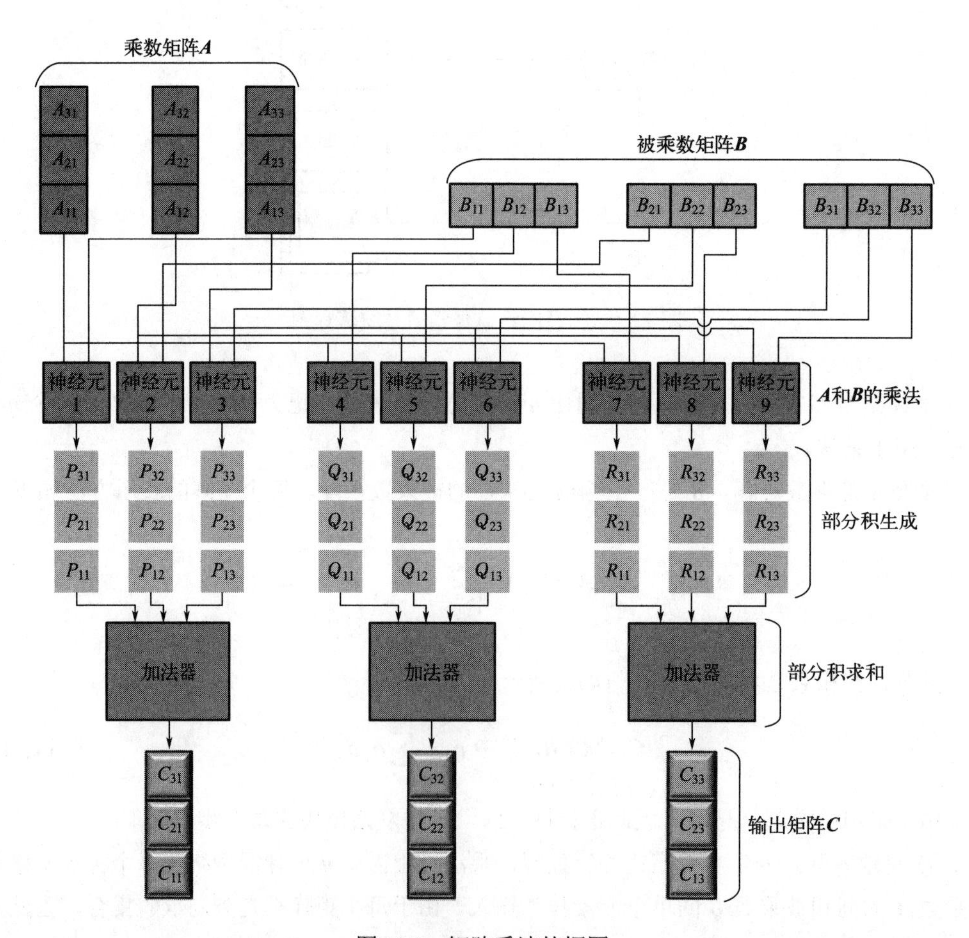

图 12.2 矩阵乘法的框图

② 已知解：对于监督学习，需要向神经网络提供带有相应输出的输入作为训练数据。为了提供 $n \times n$ 矩阵的训练数据，需要考虑一个阈值，达到该阈值后，将通过乘法器提供样本输入输出组合。假设阈值（θ）如下：

$$\theta = f(n) = \frac{nx}{100} \tag{12.2}$$

变量 x 取决于用户，即哪一列数值的百分比（x）将作为样本发送。样本通过直接乘法产生，直到列中值的数量等于阈值（θ）。假设两个 20×20 矩阵的 x 定义为 40%，则根据式（12.2），阈值变为 8。因此，乘数矩阵每列的前 8 个值将作为输入输出组合样本提供。然后，其他值将通过神经网络进行处理。样本生成技术的输入（$\boldsymbol{A}_i$ 列向量的单个值）和输出组合存储在两个数组中，即输入（in）和输出（out）。

③ 训练算法：当数组中出现新输入值时，将计算出与之前所有值的绝对差值，并将其插入二叉搜索树中，复杂度为 $O(\log n)$。也就是说，如果输入（in）数组中有 p 个值，而新值到达 in_{p+1} 位置，那么将存储从 in_0 到 in_p 与 in_{p+1} 之间的每个绝对差值。同时，从输出（out）数组开始的差值也会被并行计算，作为权重插入到具有相应输入值的二叉搜索树中。二叉搜索树被视为递减输入集的存储结构，也就是稍后利用的“最少硬币找零问题”的搜索空间。

例 12.1 考虑一个值为 20、10、30、3、11、25 和 35 的二叉搜索树。如果 13 是要找到的子集的和，那么首先根节点（20）大于和，树的右分支可以省略。遍历二叉搜索树左分支中小于总和（13）的节点，“最少硬币找零问题”的输入空间最小。因此，二叉搜索树可以用作训练数据的存储结构

④ 神经网络：当输入值 $\boldsymbol{A}_k$（列向量值）的数量大于预定义的阈值时，就需要根据先验知识计算该值，因此新输入值（in_p）会在二叉搜索树中搜索，复杂度为 $O(\log n)$。由于每次都会存储新输入值与之前输入值的差值，因此可以提供最大量的先验知识。如果在树中找到新值，则相应节点的权重将作为最终输出。解决 “最少硬币找零问题”的目的是获得与输入值（in_p）相加的子集，无论是否有重复值。对于每个神经网络来说，如果二叉搜索树中有 m 个值可以与新输入值（in_p）相加（无论是否重复），那么 x_j^1 就是所有输入值，其中 $j=1, 2, \cdots, m$，神经元 n_1 会收到参数 w_j^1 加权后的信号。在这种特定情况下 w_j^1 被认为是相应输入 x_j^1 成 in_p 所需的重复次数。因此，w_j^1 和 x_j^1 的乘积有助于生成 in_p。m 是汇聚到神经元 1 的输入线的数量。计算出的乘积和 $s_1 = \sum_{j=1}^{m} w_j^1 x_j^1$，提供了 in_p。因此，第一个单一感知器 n_1 的输出 n_{out}^1 是输入总和的非线性变换，其定义如下：

$$n_{\text{out}}^1 = g(s_1 - v_i) \tag{12.3}$$

式中，v 是正式阈值参数。v 的值被认为是目标总和值 n_{out}^1。让我们将总输入定义为 $h = \sum_{j=1}^{m} w_j^1 x_j^1 - v_i$。因此，如果 h=0，激活函数为 1，否则为 0。

假设第一个感知器的输入为 x_j^1，其中 j=1, 2, ⋯, m，第一个感知器的输出为 n_{out}^1。当激

活函数为 1 时，表示神经元正在发射，激活值影响第二个单一感知器的输入，因为输入为 x_k^2，权重 w_{2k}^2 作为突触效能，是二叉搜索树中相应节点的权重（解决了“最少硬币找零问题”）。权重 w_{2k}^2 是二叉搜索树中第一个感知器（x_j^1）的输入值的相应权重，即从输出存储区计算出的输出或输出差值。因此，函数为

$$n_{\text{out}}^2 = g\left(\sum_{k=1}^{m} w_{2k}^2 x_k^2\right) \tag{12.4}$$

因此，网络的最终输出是：

$$\begin{aligned} n_{\text{out}}^2 &= g^2\left[h_{2k}^2\right] \\ &= g^2\left[\sum_{k=1}^{m} w_{2k}^2 x_k^2\right] \\ &= g^2\left[\sum_{k=1}^{m} w_{2k}^2 g^1\left(h_{1j}^1\right)\right] \\ &= g^2\left[\sum_{k=1}^{m} w_{2k}^2 g^1\left(\sum_{j=1}^{m} w_{1j}^1 x_j^1\right)\right] \end{aligned}$$

因此，n_{out}^2 就是最终结果。不过也有可能出现这样的情况，即当前的训练数据集无法解决“最少硬币找零问题”。因此，神经元将反向传播。由于在矩阵乘法中，人们期望得到准确的结果，因此传统神经网络的反向传播方法无法通过解预测来跟踪。取而代之的是，输入将被反向传播到样本生成器，通过样本生成器产生正确的输出。3×3 矩阵乘法框图如图 12.2 所示。乘数矩阵 $\boldsymbol{A}$ 第一列的值 A_{11}、A_{21} 和 A_{31} 通过流水线同时输入 1、4 和 7 号神经元。神经元 1、4 和 7 的其他输入分别为 B_{11}、B_{12} 和 B_{13}。同样，乘法器的第二列和第三列分别作为神经元（2, 5, 8）和（3, 6, 9）的输入。

在每个层级上，针对 m=1, 2, 3 的不同值，同时生成独立的部分积 X_{m1}、X_{m2} 和 X_{m3}，其中 X=P, Q, R，然后，将 X_{m1}、X_{m2} 和 X_{m3} 相加。加法运算也是并行的。最后，结果从加法器流水线输出。图 12.3 展示了该方法中使用的神经网络框图。输入缓冲器中将存储两个矩阵 $\boldsymbol{A}$ 和 $\boldsymbol{B}$。乘法器负责生成样本，而输出缓冲器则保存样本生成器的乘积。两个减法器分别用于计算现在输入和输出与之前输入和输出的差值。当乘数列的数值超过规定的阈值时，它就会被发送到神经网络模块。神经网络模块由加法器、控制器和输出缓冲器组成。“最少硬币找零问题”问题在该模块中得到解决。如果内存中已经存储了新的输入值，则会直接提供相应的输出作为最终乘积。如果内存中没有存储新的输入值，那么在解决“最少硬币找零问题”问题时，就会计算出新输入值所对应的现有输入值的最小数量。随后，将现有输入值的相应输出值发送给加法器。最后，加法器通过将所提供的输出值相加得出最终结果。性质 12.3.1 说明了矩阵乘法的时间复杂度。

性质 12.3.1 使用神经网络对两个 n×n 矩阵进行矩阵乘法的时间复杂度为 $O\left(\log_n\left(n+n^2+\left(\frac{n}{2}\right)^2+\log_2 n\right)\right)$，其中 n 是矩阵的维数。

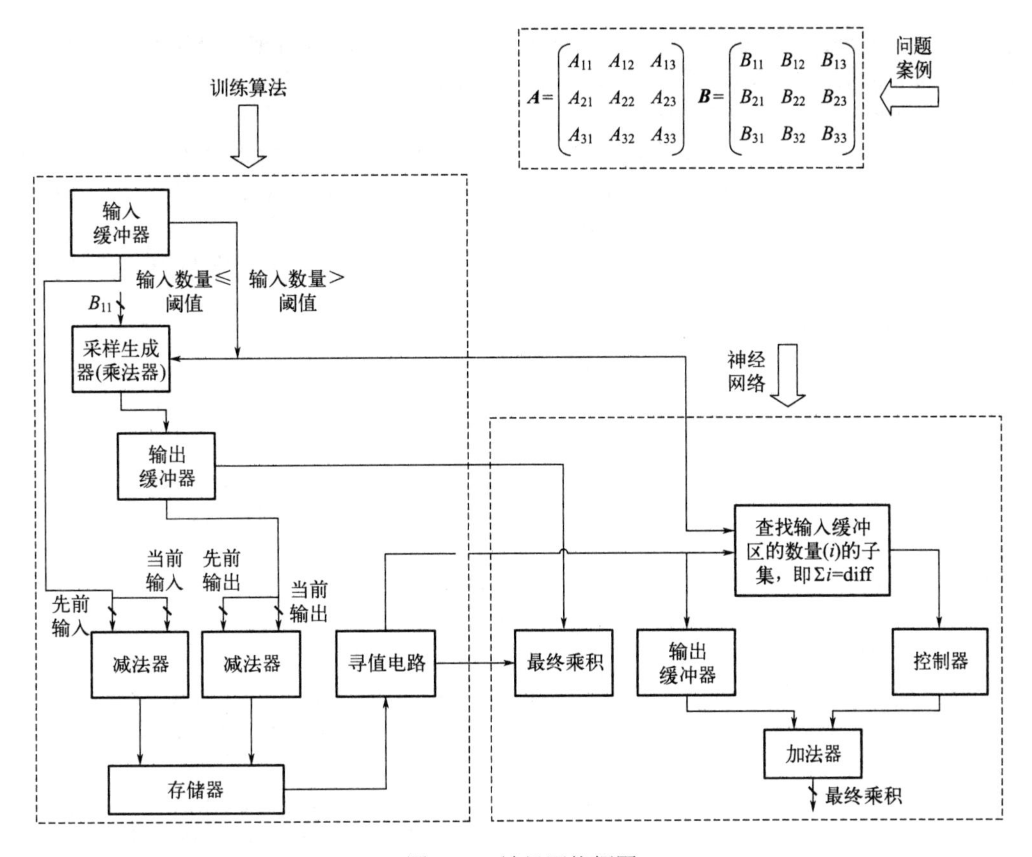

图 12.3 神经网络框图

12.4 小结

人工智能是一套推动未来世界关键发展的工具。矩阵乘法技术通过监督神经网络的实现来完成，其中使用二叉搜索树作为数据结构来解决“最少硬币找零问题”，以简化复杂的矩阵乘法过程。与多项式解法相比，该设计实现了对数解法。该设计在所需的 LUT（查找表）和 Slice（切片）数量方面得到了改进。基于 LUT 的矩阵乘法的这些巨大改进将最终影响数学金融、图像处理、机器学习等领域的进步。

参考文献

[1] C. Maureen, “Neural networks primer, part I”, AI expert vol. 2, no. 12, pp. 46–52, 1987.

[2] P. Saha, A. Banerjee, P. Bhattacharyya and A. Dandapat, “Improved matrix multiplier design for high-speed digital signal processing applications”, Circuits, Devices and Systems, IET, vol. 8, no. 1, pp. 27–37, 2014.

[3] W. Yongwen, J. Gao, B. Sui, C. Zhang and W. Xu, "An Analytical Model for Matrix Multiplication on Many Threaded Vector Processors", In Computer Engineering and Technology, pp. 12–19, 2015.

[4] R. Soydan and S. Kasap, "Novel Reconfigurable Hardware Architecture for Polynomial Matrix Multiplications", Very Large Scale Integration (VLSI) Systems, IEEE Trans., vol. 23, no. 3, pp. 454–465, 2015.

[5] V. V. Williams, "Multiplying matrices faster than Coppersmith-Winograd", In Proceedings of the Forty-Fourth Annual ACM Symposium on Theory of Computing, pp. 887–898, 2012.

[6] J. Xiaoxiao and J. Tao, "Implementation of effective matrix multiplication on FPGA", In Broadband Network and Multimedia Technology, 4th IEEE International Conference on, pp. 656–658, 2011.

[7] C. Don and S. Winograd, "Matrix multiplication via arithmetic progressions", In Proceedings of the Nineteenth Annual ACM Symposium on Theory of Computing, pp. 1–6, 1987.

[8] W. Guiming, Y. Dou and M. Wang, "High performance and memory efficient implementation of matrix multiplication on FPGAs", In Field-Programmable Technology (FPT), International Conference on, pp. 134–137, 2010.

[9] J. Ju-Wook, S. B. Choi and V. K. Prasanna, "Energy-and time-efficient matrix multiplication on FPGAs", Very Large Scale Integration (VLSI) Systems, IEEE Trans. on, vol. 13, no. 11, pp. 1305–1319, 2005.

[10] S. Hong, K. S. Park and J. H. Mun, "Design and implementation of a high-speed matrix multiplier based on word-width decomposition", Very Large Scale Integration (VLSI) Systems, IEEE Trans. on, vol. 14, no. 4, pp. 380–392, 2006.

[11] M. U. Haque, Z. T. Sworna and H. M. H. Babu, "An Improved Design of a Reversible Fault Tolerant LUT-Based FPGA", 29th International Conference on VLSI Design, pp. 445–450, 2016.

[12] M. Shamsujjoha, H. M. H. Babu and L. Jamal, "Design of a compact reversible fault tolerant field programmable gate array: A novel approach in reversible logic synthesis", Microelectronics Journal, vol. 44, no. 6, pp. 519–537, 2013.

[13] Sworna, Zarrin Tasnim, Mubin Ul Haque, and Hafiz Md Hasan Babu. "A LUT-based matrix multiplication using neural networks." In 2016 IEEE International Symposium on Circuits and Systems (ISCAS), pp. 1982–1985. IEEE, 2016.

第13章

基于传输管逻辑的易测试可编程逻辑阵列

本章介绍了一种易测试可编程逻辑阵列（PLA）的改进设计，该设计是基于传输管逻辑的输入译码器增强技术以及改进的乘积线分组条件。该技术主要通过增强乘积项（PT）来增加易测试 PLA 的故障覆盖范围，并通过乘积线分组来减少测试时间。组内同时测试技术的应用缩短了测试时间。这种方法可确保检测到某些桥接故障。本章还介绍了一种改进的测试技术。结果表明，新的分组技术在各方面都有所提高。

13.1 引言

可编程逻辑阵列（PLA）是超大规模集成电路中的一个重要组成部分。PLA 的主要优点是整齐的结构。在过去的 20 ～ 25 年里，人们在设计和测试 PLA 引入了各种高效技术。这些技术的主要目标是减少额外的硬件，提高故障覆盖率，缩短测试时间。如果 PLA 根据一定标准进行分组，并且在组内重新排列乘积线，则可实现上述目标。

通过增加一些额外的传输管，对乘积线选择器和输入译码器电路进行了扩充，以便在单个测试向量中，将某些信号值应用于与输入相对应的真值线和补码位线，这将有助于大规模提高故障覆盖率。下一节介绍乘积线分组的新条件，可进一步减少分组数量，从而减少测试向量的数量。

13.2 乘积线分组

在对乘积线进行分组时，首先要进行关键分析，以找出组内各乘积线应满足的标准。

为测试 PLA 的基本标准，生成了两组测试向量 $\boldsymbol{T}_1$ 和 $\boldsymbol{T}_2$。对于测试集 $\boldsymbol{T}_1$，乘积线分组的标准如下：

标准 1：两条乘积线的分组方式应该是，当一条乘积线被激活（逻辑 1）时，所有其他乘积线必须停用（逻辑 0）。

对于测试集 $\boldsymbol{T}_2$，乘积线分组的标准如下：

标准 2：两条乘积线的分组方式应该是，当与阵列的乘积线上的单个已用字面量通过应用任何一个测试向量而发生变化时，该组中一个乘积线的 PLA 输出不应与该组中其他乘积线的输出相矛盾。

如果两个或两个以上的乘积项只相差一个字面量，并且这两个条件中有一个不满足，那么由于与阵列中的屏蔽效应，它们就不能同时进行测试。这就增加了测试这些乘积项的测试向量数量。然而，有研究表明，如果满足以下两个条件，那么无论在或阵列中的 CP（复杂可编程）器件配置如何，都可以将两个或更多只相差一个字面量的乘积项归入同一组。这两个条件是：

① 必须使用额外的传输管来增强 PLA；

② 如果位线之间的桥接故障与相差一个字面量有关，则可由其他乘积线（可能在其他组中）进行测试。

测试生成技术主要针对测试集 $\boldsymbol{T}_2$ 进行修改，以设计基于上述技术的 PLA。分析增加额外乘积线对测试真值位线和补码线之间桥接故障的影响，发现增加额外乘积线后，故障覆盖率更高。

13.3　设计

虽然不同桥接故障的检出概率很高，但仍会有一些故障未被检测到，例如位线之间、输入线之间以及最后一条输入线和第一条输出线之间的桥接故障，就无法确保被检测到。

这里介绍一种易测试的 PLA，它具有一个乘积线选择器和一个改进的输入译码器，并带有一些传输管逻辑。在这种技术中，任何信号值都可以通过相同向量的两步中，任意放置在真值位线或补码位线上。在这一过程中，可以测试位线之间、最后一条输入线和第一条输出线之间以及乘积线和位线之间的所有桥接故障。

图 13.1 为一个有 4 条输入线和 8 条乘积线的 PLA。输入 X_j 被译码为分别对应于补位线和真位线的两个位线 X_{j1} 和 X_{j0}。通过增加一些额外的传输管，这种 PLA 很容易测试。

图 13.1 中，在 PLA 输入译码器电路中，每个 X_{j1} 位线（即对应于 X_j 的补码位线）上都连接了一个额外的传输管。

传输管的器件电容使得能够暂时存储 X_{j1} 的值 1 或 0，也就是说，传输管作为动态存储元件，这是 NMOS 技术中的常见用法。如图 13.2 所示一个单模控制输入端 C 可控制这些晶体管的栅极输入。C 在正常操作模式下设置为 1，在测试模式下取 0 和 1。在这个额外电路的帮助下，任何任意的测试模式都可以应用于位线。

例如，位线 X_{j1} 和 X_{j0} 都可以被分配为 00 或 11，在不增加输入译码器电路的情况下，在普通 PLA 中是不可能实现的。

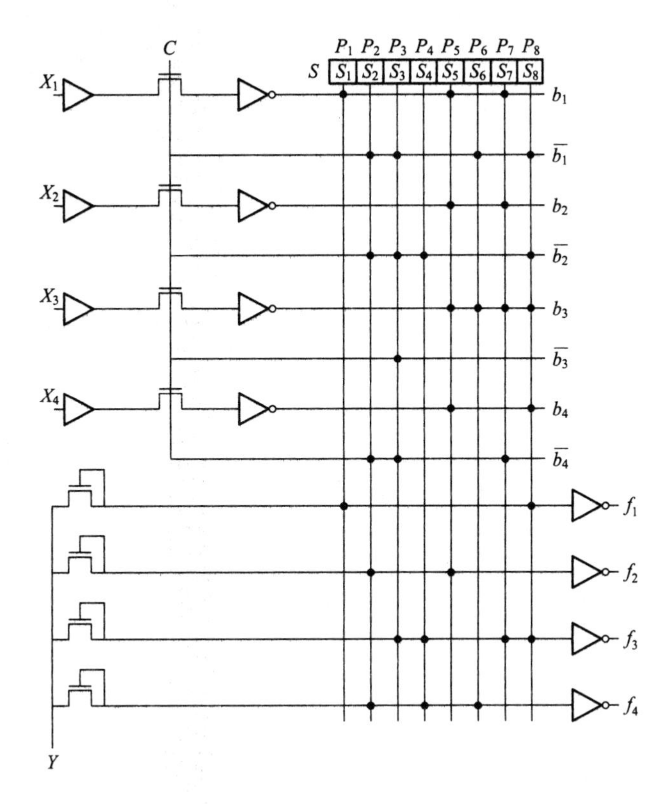

图 13.1　示例 PLA，其输入译码器使用额外的传输管进行增强

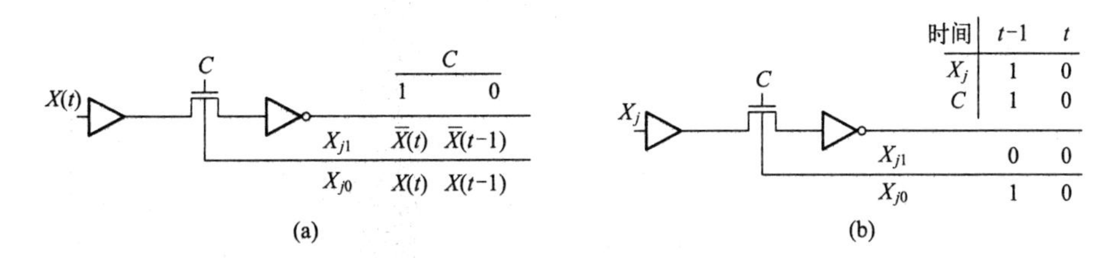

图 13.2 （a）位译码器的响应；（b）将 0c 置于两条比特线上的译码器输入

例 13.1　假设需要在 X_{j1} 上放置任意值“a”，在 X_{j0} 上放置任意值“b”。为此，将 a' 加到 X_j 上，将 1 加到 C，然后将 b 加到 X_j 上，将 0 加到 C 上。当 C=0 时，传输管截止。因此，由于反相器的输入电容，先前的值（即 a'）将保持在 X_{j1} 的反相器输入端。因此，当“b”出现在 X_{j0} 上时，值“a”仍保留在 X_{j1} 位线上。让我们考虑将 0 放在 X_{j1} 和 X_{j0} 两条位线上。如图 13.2 所示。第一步，当 C=1 时，在 X_j 上放置 1，此时 X_{j1} 变为 0，X_{j0} 变为 1。然后在第二步中，在 X_j 上放置 0，C 为 0。当 C=0 时，相应的传输晶体管截止，X_{j1} 上的 0 值保持不变，X_{j0} 也变为 0，因为在第二步中 X_j 为 0。因此，两个位线上都是 0。类似地，任意值都可以放在任何一条位线上。

13.4 乘积线分组技术

当 PLA 的输入译码器使用传输管逻辑进行增强时，乘积线分组的条件就得到了改善。

条件：无论 OR 阵列的 CP 器件配置如何，如果乘积项在一个字面量位置上不同，且与相差一个字面量的位线之间的桥接故障可由其他乘积线（可能在其他分组中）检测，则实现乘积项的乘积线属于一个分组。

例 13.2 如图 13.3，可以看到，P_3 和 P_4 由于一个字面量位置 X_1 线的差异而成为一个分组的成员。

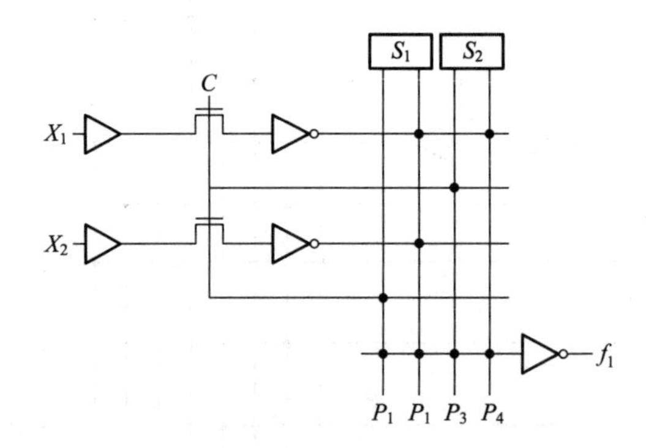

图 13.3 满足所介绍条件的乘积线的 PLA 实例

同样，位线 X_1 和 X_1' 之间的桥接故障由组 S_1 通过输入线 X_1 检测到。因此，这两条乘积线满足条件。

如果两个或两个以上的乘积线满足基本准则和条件，那么这些乘积线是一个组的成员。

为生成测试集 $\boldsymbol{T}_1$ 和 $\boldsymbol{T}_2$ 的测试向量，采用了两种不同的算法。

在所述的设计中，不是一次只考虑一条乘积线，而是考虑一组分割的乘积线。在生成测试向量时，要满足位线与乘积线之间以及最后一条输入线与第一条输出线之间桥接故障的检测条件。不难看出，如果与乘积线 P_i 相对应的 $\boldsymbol{T}_1$ 集合中的测试向量的应用方式是，每条与 P_i 没有任何 CP 器件的位线至少有一次变为 1，那么 P_i 上所有额外的 CP 器件的存在都会被检测到。然而，在将乘积线划分为若干组并使用额外的传输管增强输入译码器后，组的数量减少了，这反过来又减少了测试向量的数量。

算法 13.1 乘积线分组算法

```
1: int GroupNum:=1
2: int TotalGroup:=1
3: Grouping()
4: {
```

```
5：最初所有乘积线都不是成员；
6：while 从一个PLA的PM开始，其中所有乘积项都不是任何分组的成员时 do
7：  loop
8：      通过从左到右扫描，从PM获取一条乘积线P；
9：      if 选定的乘积线P尚未根据基本条件和引入条件分组 then
10：          Pi[Group]：=GroupNum；
11：          选择乘积线Pj，使得(i <j <=m) 且m是最右边的乘积线；
12：          if 乘积线Pj尚未分组 then
13：            if Pj满足与P1的任一基本条件和引入条件 then
14：              从Pj回溯到乘积线 PI+1；
15：          end if
16：          if  Pj满足与Pi同一组的所有乘积线Pk的任一条件 then
17：            Pj[Group]：=GroupNum"；
18：          end if
19：        else
20：          跳过Pj进行后续扫描；
21：        end if
22：        end if
23：        对所有P重复，
24：        GroupNum++；
25：    end loop
26：    重复直到所有乘积线都已处理；
27：TotalGroup=GroupNum+1；
28：end while
29：}
```

13.5 小结

本章介绍了一种设计易测试 PLA 的改进技术。在该技术中，通过使用传输管逻辑增强输入译码器，可大幅提高故障覆盖率。除了所介绍的乘积线分组条件外，本章还介绍了一种额外的条件，可进一步减少额外的硬件和测试时间。本章介绍的条件允许将一个字面量不同的两个或多个乘积线放在同一分组中，而不考虑 OR 阵列中的 CP（复杂可编程）器件配置。不过，必须确保其他一些乘积线能检测到造成一个差异的位线之间的桥接。这种设计减少了分组数量，从而减少了额外的硬件开销和测试时间。

参考文献

[1] T. Sasao, "Easily testable realizations for generalized Reed-Muller Expressions", IEEE Trans. Comput., vol. 46, no. 6, pp. 709–716, 1997.

[2] M. A. Mottalib and A. M. Jabir, "A Simultaneously testable PLA with high fault coverage and reduced test set", The Journal of IETE, vol. 43, no. 1, 1997.

[3] H. Fujiwara, "A design of programmable logic arrays with random pattern testability", IEEE Trans. CAD, vol. 7, pp. 5–10, 1988.

[4] M. A. Mottalib and P. Dasgupta, "Design and testing of easily testable PLA", IEEE Proc., pp. 357–360, 1991.

[5] M. A. Mottalib and P. Dasgupta, "A function dependent concurrent testing technique for PLAs", IETE, vol. 36, no. 3 & 4, pp. 299–304, 1990.

[6] S. M. Reddy and D. S. Ha, "A new approach to the design for testable PLAs", IEEE Trans., vol. C-36, pp. 201–211, 1987.

[7] S. Bozorgui-Nesbat and E. J. McCluskey, "Lower overhead design for testability of programmable logic array", IEEE Trans., vol. C-35, pp. 379–384, 1986.

[8] Islam, Md Rafiqul, Hafiz Md Hasan Babu, Mohammad Abdur Rahim Mustafa, and Md Sumon Shahriar. "A heuristic approach for design of easily testable PLAs using pass transistor logic." In 2003 Test Symposium, pp. 90–90. IEEE Computer Society, 2003.

第14章

译码 PLA 输入分配的遗传算法

一般来说，译码 PLA（即在与阵列前面有译码器的 PLA）实现某个函数所需的面积比标准 PLA 小。然而，通常很难将输入变量分配给译码器，从而使译码 PLA 的面积最小。据了解，有一种为译码器分配变量的算法能产生良好的效果，但译码器的输入变量数量仅限于两个，而且没有考虑译码器的面积开销，而这一开销实际上是相当大的。另外还有一种启发式算法，用于为译码器分配输入变量。在该算法中，每个译码器的输入数量不限于两个，成本函数中也考虑了使用多输入译码器产生的面积开销。该算法表明，在许多情况下，使用多输入译码 PLA 的 PLA 面积小于使用双输入译码 PLA 或标准 PLA 的面积。

译码 PLA，即带有输入译码器的 PLA，通常可以在比标准 PLA 更小的面积上实现某个函数。将输入变量分配给译码器的方式（其通常可以具有任何数量的输入）对译码 PLA 的大小影响很大。还应该注意的是，对于有些函数，无论变量如何分配，都不能从使用多输入译码器中受益。在本章中，讨论了一种基于哈密顿路径和动态规划的多输入译码 PLA 变量分配算法。

14.1 译码器简介

译码器是一种组合电路，它将二进制信息从 n 个编码输入转换为最多 2^n 个唯一输出。如果 n 位编码信息具有未使用的位组合，则译码器的输出可以少于 2^n 个。

本节介绍的译码器称为 n-m 译码器，其中 $m \leqslant 2^n$，其目的是生成 n 个输入变量的 2^n 个（或更少）二进制组合。译码器有 n 个输入和 2^n 个输出，也称为 n-2^n 译码器。

例 14.1 图 14.1 为一个 2-4 译码器。这里的两位输入称为 S_1、S_0，四个输出为 Q_0 ～ Q_3。该电路将二进制数“译码”为“四选一”。如果输入相当于十进制数 i，则仅输出 Q_i 为真。输出 Q_0 ～ Q_3 的表达式如下。

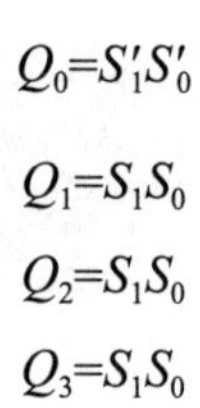

$$Q_0=S_1'S_0'$$

$$Q_1=S_1S_0$$

$$Q_2=S_1S_0$$

$$Q_3=S_1S_0$$

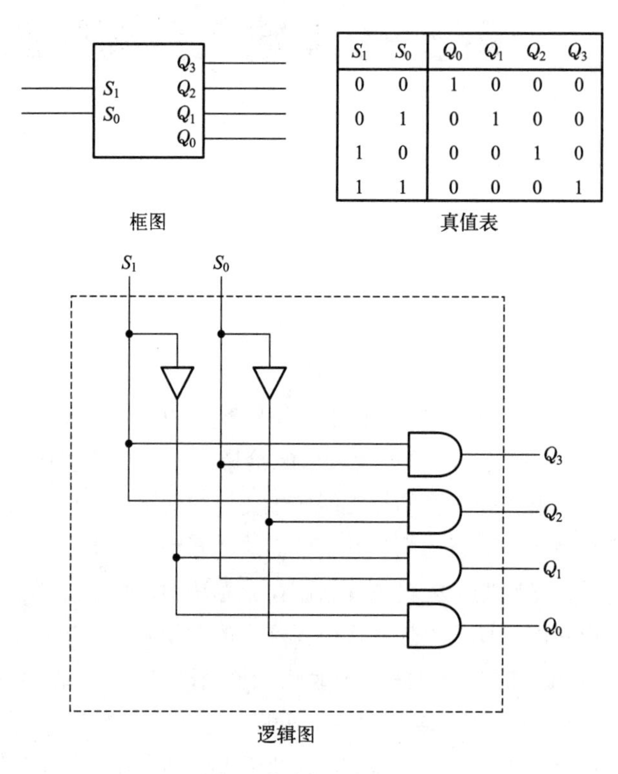

S_1	S_0	Q_0	Q_1	Q_2	Q_3
0	0	1	0	0	0
0	1	0	1	0	0
1	0	0	0	1	0
1	1	0	0	0	1

图 14.1 2-4 译码器

作为乘积生成器的译码器

译码器有以下两个特点：

① 对于每个输入组合，正好有一个输出为真。

② 每个输出方程都包含所有输入变量。可以轻松地将译码器用作乘积生成器，以实现任何乘积和表达式。

例 14.2 表 14.1 给出了一个表示 3 输入 2 输出函数的真值表。

表 14.1 3 输入 2 输出函数的真值表

x_0	x_1	x_2	f_0	f_1
0	0	0	0	0

续表

x_0	x_1	x_2	f_0	f_1
0	0	1	0	1
0	1	0	0	1
0	1	1	1	0
1	0	0	0	1
1	0	1	1	0
1	1	0	1	0
1	1	1	1	1

这些函数的乘积和（SOP）表达式为：

$$f_0(x_0,x_1,x_2)=x_0'x_1x_2+x_0x_1'x_2+x_0x_1x_2'+x_0x_1x_2=\Sigma_+(3,5,6,7)$$
$$f_0(x_0,x_1,x_2)=x_0'x_1'x_2+x_0'x_1x_2'+x_0x_1'x_2'+x_0x_1x_2=\Sigma_+(1,2,4,7)$$

如图 14.2 所示，通过一个 3-8 译码器实现了乘积和 f_0。

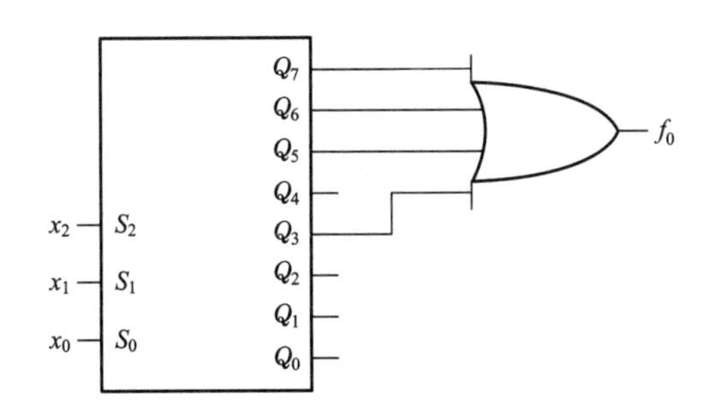

图 14.2　一个实现 f_0 的 3-8 译码器

图 14.3 显示了 3-8 译码器如何实现乘积和 f_1。

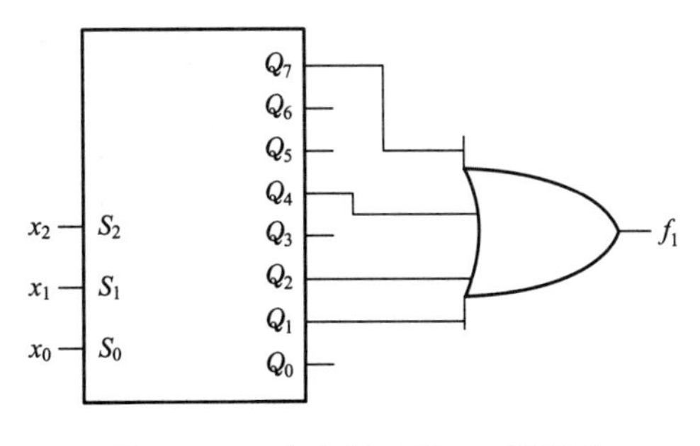

图 14.3　一个实现 f_1 的 3-8 译码器

由于两个函数 f_0 和 f_1 的输入相同，因此只需使用一个译码器，而不是两个，如图 14.4 所示。

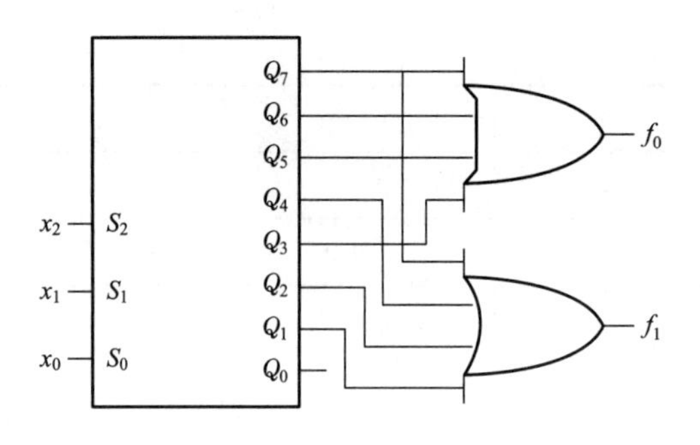

图 14.4　一个实现 f_0 和 f_1 的 3-8 译码器

译码器输出 Q_0 未使用，而 Q_7 则多次使用。一般来说，电路输出可根据需要，多次或少次使用。

14.2　译码 PLA

虽然 PLA 结构规则性使设计变得简单，但与随机逻辑实现相比，PLA 通常需要很大的芯片面积。为了克服这一缺点，引入了一些可有效实现布尔函数的 PLA 变体结构，如带有输入译码器的 PLA。

图 14.5 所示的带输入译码器的 PLA 是为了有效地实现布尔函数而引入的。通过使用译码器，可以减少乘积项的数量，从而使电路面积更小。

下面通过一个例子来了解这种简化是如何进行的。

例 14.3　考虑表 14.2 的 4 输入 3 输出函数的真值表。图 14.6 给出了该函数的标准 PLA 表示。

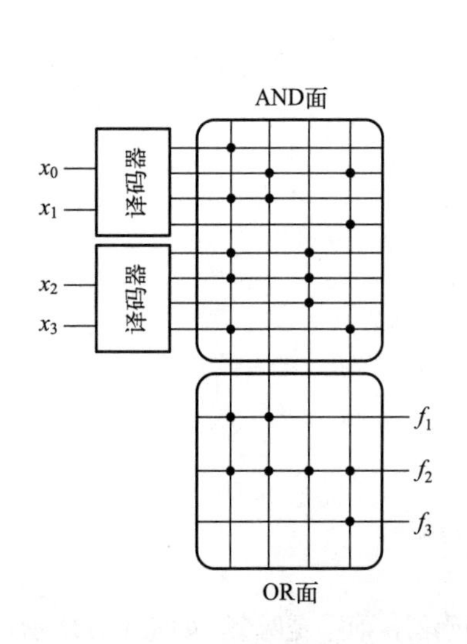

图 14.5　译码 PLA 的结构

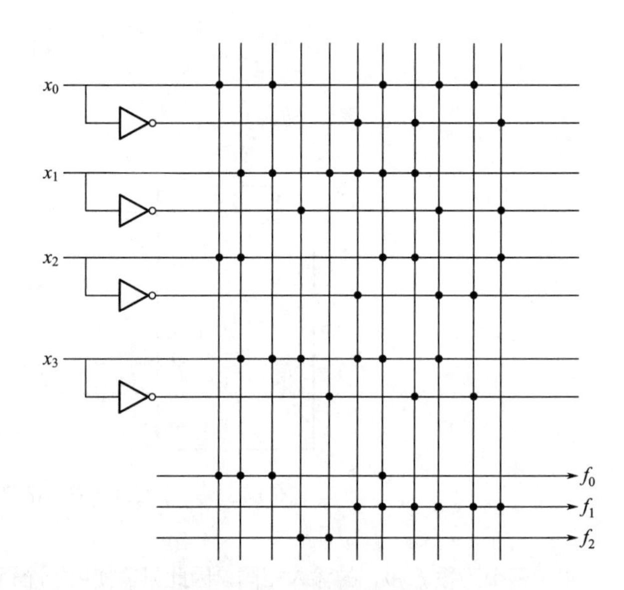

图 14.6　表 14.2 中函数的标准 PLA 表示

表 14.2　4 输入 3 输出函数的真值表

x_0	x_1	x_2	x_3	f_0	f_1	f_2
0	0	0	0	0	0	0
0	0	0	1	0	0	1
0	0	1	0	0	1	0
0	0	1	1	0	1	1
0	1	0	0	0	0	1
0	1	0	1	0	1	0
0	1	1	0	0	1	1
0	1	1	1	1	0	0
1	0	0	0	0	1	0
1	0	0	1	0	1	1
1	0	1	0	1	0	0
1	0	1	1	1	0	1
1	1	0	0	0	1	1
1	1	0	1	1	0	0
1	1	1	0	1	0	1
1	1	1	1	1	1	0

图 14.6 的实现方式有 11 条垂直线。图 14.7 显示了译码 PLA 的表示法，图中只有 9 条垂直线。

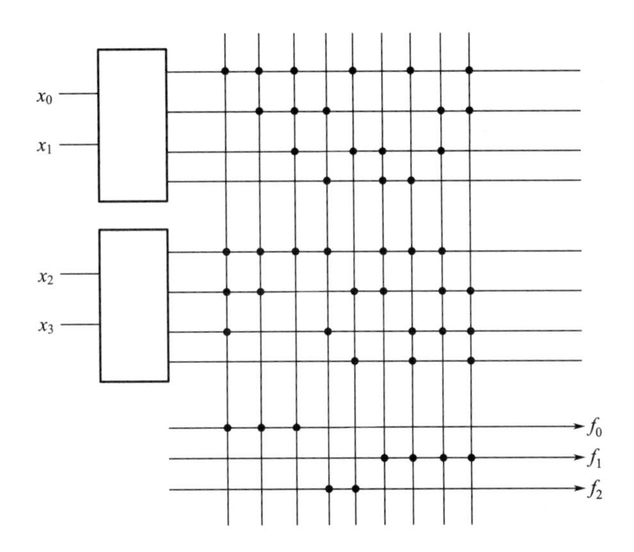

图 14.7　表 14.2 中函数的译码 PLA 表示

优势： PLA 展示了一种简化的逻辑电路设计。此外，PLA 的译码部分也是可编程的。不同于生成所有可能的乘积项，而是可以选择生成哪些乘积项。这可以显著减少门的扇入（输入数量）以及门的总数。

14.3 基本定义

在本节中，给出一些定义，并通过适当的示例进行描述。

性质 14.3.1 假设 $G=(V,E)$ 是一个有 n 个顶点的连通图。哈密顿路径是一条刚好经过每个顶点一次的路径。权重最小的哈密顿路径是指遍历权重最小的边所形成的路径，因此该路径中各边的权重之和最小。

性质 14.3.2 设 $X=\{x_1, x_2, \cdots, x_n\}$ 是 PLA 的给定输入变量集。$\{x_1, x_2, \cdots, x_r\}$ 称为 X 的一个划分，其中 $\cup_i^r=0$ $X_i=X$，如果 $i\neq j$，则 $X_i\cap X_j=\varnothing$，并且对于每个 i，$X_i\neq\varnothing$。

因此，每个有 k 个输入的 X_i 译码器都有 2^k 条信号线输出，每条信号线代表 2^k 个最大项中的一个。

性质 14.3.3 令 S 为输入变量的子集。然后从给定函数 f 的析取形式的每个项中删除 S 中变量的所有字面量，但保留该项中的其他字面量。所得析取形式中不同项的数量用 R_S 表示。

性质 14.3.4 n 变量函数 $f\{x_1, x_2, \cdots, x_n\}$ 的分配图 G（图 14.8）是一个完全图，使得：

① G 有 n 个节点，每个输入变量一个节点；

② 节点 i 和 j 之间的边 (i, j) 的权重为 $R\{x_i, x_j\}$。

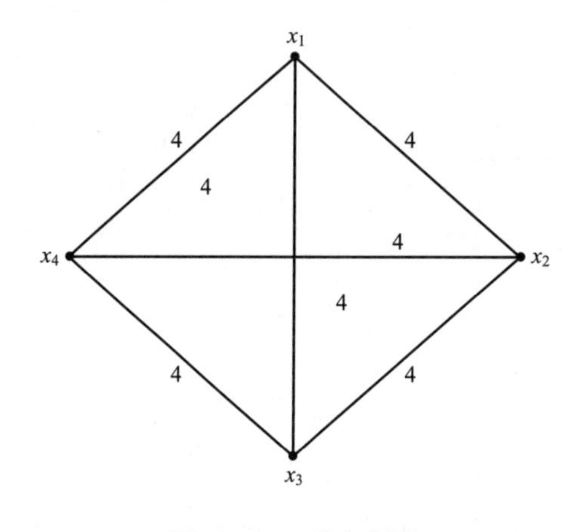

图 14.8 一个完全图

14.4 遗传算法

遗传算法（GA）由美国密西根大学的 John Holland 教授于 1975 年发明，随后由伊利诺伊大学的 David Goldberg 教授推广。最初的遗传算法及其许多变体（统称为遗传算法），是模仿自然进化过程的计算程序。进化论和自然选择理论最早由达尔文提出，用以解释他对自然界动植物的观察。达尔文观察到，随着种群中每一代新成员的出现，不太适合的个体往往会在争夺食物的竞争中死亡，这种适者生存的原则导致了物种的改良。自然选择的概念被用来解释物种如何适应不断变化的环境，以及适应能力非常相似的物种是如何进化的。

自达尔文时代以来，人们已经对遗传学有了很多了解。生物体外观和行为特征的形成所需的所有信息都包含在染色体中。繁殖通常涉及两个亲本，子代的染色体由亲本的部分染色体产生。这样，子代就继承了亲本的特征组合。遗传算法试图使用类似的继承方法来解决各种问题，例如涉及自适应系统的问题。因此，遗传算法的目标就是找到问题的最优解。当然，由于遗传算法是启发式算法，并不能保证找到最优解，但经验表明，能够为各种问题找到非常好的解。

遗传算法的原理是通过若干代的个体进化来实现种群进化。适应度值被分配给种群中的每个个体，其中适应度的计算取决于应用。在每一代中，从种群中选择个体进行繁殖，将个体交叉以产生新个体，并以一定的低突变概率对新个体进行突变。新的个体可能会完全取代种群中的旧个体，并进化出不同的世代。或者，新个体可以与种群中的旧个体组合。在这种情况下，可能希望减少种群大小以保持恒定的规模，例如，通过从种群中选择最好的个体。使用哪种选择可能取决于应用的具体情况。由于选择偏向于更适合的个体，因此种群的平均适应度往往会一代比一代高。最佳个体的适应度也有望随着时间的推移而提高，并且最佳个体可能会在几代之后被选为解。

遗传算法使用两个基本过程：进化遗传（即特征从一代传递到下一代）和竞争（即适者生存），从而淘汰种群中个体的不良特征。

遗传算法的主要优点是：

① 具有适应性，并从经验中学习；

② 具有内在的并行性；

③ 能够有效地解决复杂的问题；

④ 很容易并行化，即使是在松散耦合的工作站网络（俗称 NOW）上，而且没有太多通信开销。

迄今为止发现的两种基本遗传算法方法是简单遗传算法（也称为全替换算法）和稳态算法，后者特点是种群重叠。

14.4.1　遗传算法术语

所有的遗传算法都是在一个种群或给定问题的多个候选解的集合上运行的。种群中的每个个体被称为一个字符串或染色体，类似于自然系统中的染色体。这些个体通常被编码为二进制字符串，字符串中的单个字符或符号被称为基因。在遗传算法的每次迭代中，都会从现有的种群中进化出新一代，试图获得更好的解。

种群大小：决定了遗传算法存储的信息量。遗传算法的种群会经过几代进化。

评估函数（或适应度函数）：用于确定每个候选解的适应度。适应度与优化问题中通常所说的成本正好相反。人们习惯用适应度而不是成本来描述遗传算法。评估函数通常由用户定义，并针对具体问题。

选择：个体从种群中被选择用于繁殖，选择偏向于适应度更高的个体。选择是遗传算法的关键算子之一，确保适者生存。选出的成对个体称为亲本。

交叉：用于繁殖的主要算子。交叉将两个亲本部分结合起来，产生两个新个体，称为子代，子代继承了亲本的特征组合。对于每对亲本，在高的交叉概率（即 P_C）下进行交叉；概率为 $1-P_C$ 时，不进行交叉，子代与亲本相同。

突变：以极小的概率对种群中的每个成员进行的渐进式改变。突变可以在种群中引入新的特征。突变以一定概率进行，因此每个基因发生变化的概率被定义为突变概率 P_M。

14.4.2 简单遗传算法

简单遗传算法（图 14.9）也称为全替换算法，由字符串或染色体组成的种群以及三个进化算子（选择、交叉和突变）组成。染色体可以是二进制编码的，也可以包含更大字母表中的字符。每条染色体都是当前问题的解的编码，并且每个个体都有相关的适应度，而适应度则取决于应用。

初始种群通常是随机生成的，但也可以由用户提供。通过选择两个个体，将两个个体交叉产生两个新个体，并以给定的突变概率对新个体中的特征进行突变，经过数代进化出一个高适应度的种群。选择是以概率方式进行的，但偏向于更高适应度的个体，种群基本上保持为无序集合。不同的世代不断进化，不断重复选择、交叉和突变的过程，直到新世代的所有条目都被填满。然后，旧世代可能会被丢弃。新世代不断进化，直到满足某个停止条件。遗传算法可以限制在一个固定的世代数，也可以在种群中的所有个体都收敛于同一字符串，或在一定世代数后没有发现适应度的提高时终止。由于选择偏向于更高适应度的个体，因此整体种群的适应度有望在连续几代中不断提高。然而，最佳个体可能出现在任何世代中。

14.4.3 稳态遗传算法

在有重叠世代的遗传算法中，每一代只替换一部分个体。稳态遗传算法如图 14.10 所示。在每一代中，根据个体的适应度选择两个不同的个体作为亲本。以高概率 P_C 进行交叉，形成子代。子代以低概率 P_M 发生突变。

随后可能会进行重复检查，如果子代与种群中的某些染色体重复，则不进行任何评估就会被剔除。在重复检查中存活下来的子代将被评估，只有当它们比当前种群中最差的成员更好时，才会被引入种群，在这种情况下，子代将取代最差的成员。这样就完成了一代的产生。在稳态遗传算法中，由于每一代只产生两个子代，因此代沟最小。

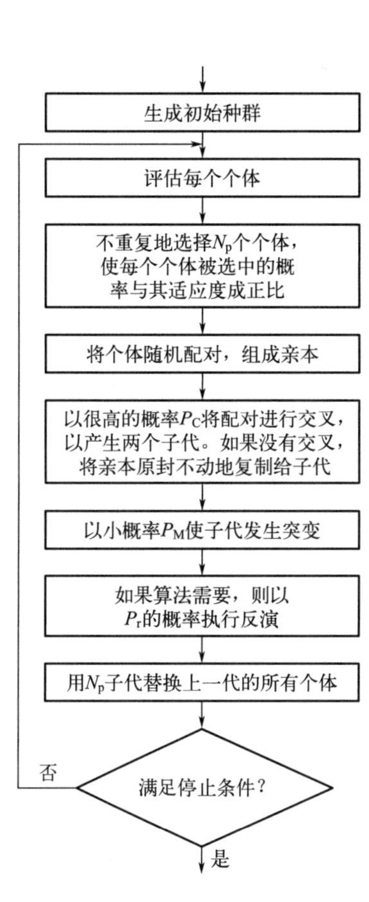

图 14.9　简单遗传算法的流程图

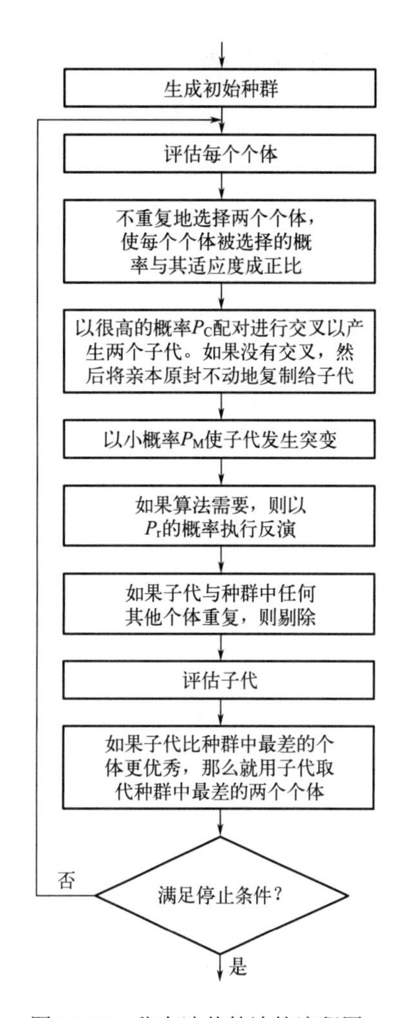

图 14.10　稳态遗传算法的流程图

重复检查可能是有益的，因为如果种群成员不重复，有限的种群可以容纳更多的模式。由于两个相同亲本的子代与亲本相同，一旦重复个体进入种群，往往会产生更多的重复个体和仅有轻微突变的个体。这可能会导致过早收敛。在以下条件下，重复检查是有利的：

① 种群规模较小；

② 染色体短；

③ 评估时间长。

与评估时间相比，上述每个条件都能减少重复检查时间。如果重复检查时间与评估时间相比可以忽略不计，那么重复检查就会提高遗传算法的效率。

稳态遗传算法容易出现停滞。由于绝大多数子代都是劣种，稳态遗传算法会将其剔除，并且它会在很长一段时间内对现有种群进行更多尝试，却没有任何收益。由于与搜索空间相比，种群规模较小，这相当于长时间的局部搜索。

14.5 遗传算子

现在可以解释遗传算子及其重要性。下面将用传统的遗传算法进行说明，而不会针对具体问题做任何修改。将讨论的算子包括选择、交叉、突变和反演。

14.5.1 选择

选择方案有很多种，但是这里将重点介绍轮盘赌选择、随机选择和二进制锦标赛选择(包括有替换和无替换的情况)。如图 14.11（a）所示，轮盘赌选择是一种比例选择方案，其中轮盘赌轮的槽位大小根据种群中每个个体的适应度来确定，通过旋转轮盘赌选择一个个体，因此，选择个体的概率与其适应度成正比。如图 14.11（b）所示，随机选择是轮盘赌选择的噪声较小的版本，其中 N 个等距标记放置在轮盘周围，其中 N 是种群中个体的数量；轮盘转动一圈，N 个个体被选中，每个个体被选中的数量等于相应槽内标记的数量。

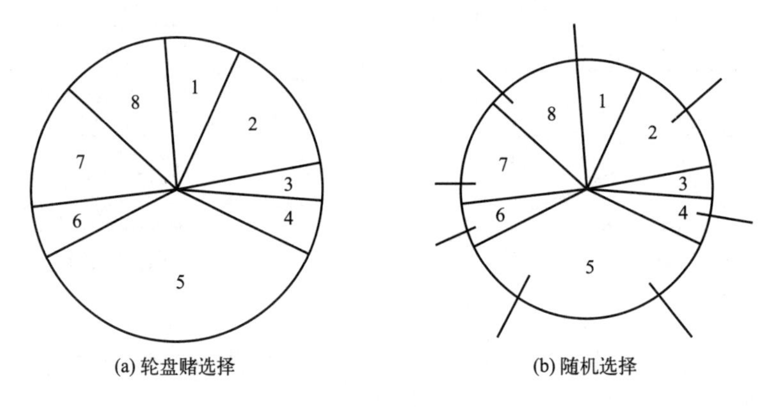

(a) 轮盘赌选择　(b) 随机选择

图 14.11　比例选择方案

在二进制锦标赛选择中，随机抽取两个个体，从中选出较好的个体。如果二进制锦标赛选择是在不替换的情况下进行的，那么这两个个体就会被预留，等待下一次选择操作，而不会被替换到种群中。由于每一次选择，就会从种群中删除两个个体，而种群数量从一代到下一代保持不变，因此在新种群数量达到一半后，原始种群就会恢复。因此，最好的个体会被选中两次，而最差的个体则根本不会被选中。其他个体被选中的次数无法预测，只能知道是 0、1 或 2。在带替换的二进制锦标赛选择中，这两个个体会被立即替换到种群中，以进行下一次选择操作。

遗传算法的目标是收敛到最佳个体，而选择压力是决定收敛速度的驱动力。选择压力越大，种群的收敛速度就越快，但可能以次优结果为代价。轮盘赌选择通常在最初几代提供最大的选择压力，尤其是当少数个体的适应度明显高于其他个体时。当个体的适应度相差不大时，锦标赛选择会在后几代提供更大的压力。因此，如果个体的适应度差异较大，轮盘赌选择更有可能趋近于次优结果。

14.5.2 交叉

选中两条染色体后，交叉算子将用于产生两个子代。在单点交叉和两点交叉中，随机选择 1 和 L-1 之间的一个或两个染色体位置，其中 L 是染色体长度，两个亲本在这些点上交叉。例如，在单点交叉中，第一个子代在交叉点之前与第一个亲本相同，在交叉点之后与第二个亲本相同。单点交叉的例子如图 14.12 所示。

亲本1：101101101　　111001100
亲本2：001101100　　100101000
子代1：101101101　　100101000
子代2：001101100　　111001100

图 14.12　单点交叉

交叉将两个不同解的构建块以不同的组合方式结合在一起。随着时间的推移，较小的良好构建块逐渐转化为较大的良好构建块，直到形成一个完整的好的解。交叉是一个随机过程，同样的过程也会导致不良构建块的组合，从而产生不良子代，但这些不良子代会在下一代中被选择算子淘汰。

遗传算法的性能在很大程度上取决于所使用的交叉算子的性能。交叉数量由交叉概率控制，交叉概率定义为每代产生的子代数量与种群数量之比。较高的交叉概率允许探索更多的解空间，并减少设置为假最优的机会。较低的交叉概率使得能够利用种群中具有相对较高适应度的现有个体。

14.5.3 突变

随着新个体的产生，每个字符都会以一定的概率发生突变。在二进制编码遗传算法中，突变可以通过翻转一个比特位来实现；而在非二进制编码遗传算法中，突变则是在指定位置随机生成一个新字符。如图 14.13 所示，突变会在通过交叉产生的子代中产生增量的随机变化。如果突变本身不使用任何交叉，那么它就等同于随机搜索，包括对现有解的增量随机修改，如果有改进则接受。然而，当在遗传算法中使用时，其行为就发生了根本性的变化。在遗传算法中，突变的关键作用是替换在选择过程中从种群中丢失的基因值，以便在新的环境中进行尝试，或者提供初始种群中存在的基因值。

突变前：110100010011
突变后：110000010011

图 14.13　突变算子

例如，对于种群中的所有个体，让某特定位的位置（第 10 位）具有相同的值（设为 0）。在这种情况下，仅交叉是无济于事的，因为它只是对现有基因值的一种继承机制。也就是说，交叉不能创建第 10 位值为 1 的个体，因为它在所有亲本中都是 0。如果第 10 位的值 0 被证明是次优的，那么，如果没有突变算子，算法将没有机会找到最佳解。突变算子通过产生随机变化，提供了在某个染色体的第 10 位重新引入 1 的小概率。如果这能提高适应度，那么选择算法就会对该染色体进行倍增，而交叉算子则会将 1 分配给其他子代。因此，尽管种群数量有限，突变仍能使整个搜索空间变得可行。虽然交叉算子是最有效的搜索机制，但它本身并不能保证在种群数量有限的情况下，整个搜索空间都是可到达的。突变正好弥补了这一缺陷。

突变概率 P_M 被定义为每个基因的突变概率。它控制着新基因值引入种群的速度。如果该概率过低，许多有用的基因值将永远不会被尝试。如果过高，就会出现过多的随机扰动，子代就会失去与亲本的相似性。算法从搜索历史中学习的能力也会因此丧失。

14.5.4　反演

反演算子在字符串中随机抽取一段，并将其首尾反转（图 14.14）。该操作的执行方式不会修改字符串所代表的解。相反，它只会修改解的表示。因此，组成字符串的符号必须具有与其位置无关的解释。这可以通过将标识号与字符串中的每个符号相关联，并根据这些标识号而不是数组索引来解释字符串来实现。当一个符号在数组中移动时，其标识号也随之移动，因此符号的解释保持不变。

反演前	B_9	B_8	B_7	B_6	B_5	B_4	B_3	B_2	B_1	B_0
	1	1	0	0	0	0	1	1	0	0
反演后	B_9	B_8	B_7	B_6	B_5	B_4	B_3	B_2	B_1	B_0
	1	1	0	1	1	0	0	0	0	0

图 14.14　反演算子

例如，表 14.2 显示了一条染色体。让我们假设一个非常简单的评估函数，使得适应度是由染色体所有位组成的二进制数。其中第 0 位最不重要，第 9 位最重要。由于在反演操作过程中，位标识号与位的值一起移动，因此，尽管第 0 位、第 1 位等在染色体中的序列不同，但它们的值仍然相同。因此，适应度保持不变。反演概率是每一代中对每个个体进行反演的概率。它控制着种群形成的数量。

反演随机改变基因序列，希望发现彼此靠近的连锁基因序列。

表 14.2　示例染色体

索引	0	1	2	3	4	5	6
基因	2	2	1	0	1	2	0

14.6　译码 PLA 的遗传算法

一般来说，译码 PLA（即在与阵列前面有译码器的 PLA）所需的面积比标准 PLA 或实现一个函数所需的面积要小。研究表明，在许多情况下，使用多输入译码 PLA 比使用双输入译码 PLA 或标准 PLA 所需的面积要小。

通常很难将输入变量分配给译码器，而使译码 PLA 面积最小。有一些很好的启发式算法可以找到变量排序。但在很多情况下，它们只能找到一些次优解。这是因为它们只能遍历庞大问题空间的一部分。在这方面，遗传算法可以提供有效的帮助。

14.6.1　问题编码

为了进一步减少 PLA 的面积，可以使用各自具有两个以上输入的译码器（多输入译码器）。这样做存在以下问题。

① 将变量分配给译码器变得更加复杂：即不仅要确定哪些变量应连接到每个译码器，还要确定每个译码器的输入数量。

② 必须考虑多输入译码器所占的面积，这比双输入译码器要大。

尽管存在这些问题，这里还是开发了一种输入分配算法，以便通过使用多输入译码器来减少译码 PLA 的总面积（“总面积”指 PLA 的与阵列和或阵列面积之和，以及译码器或反相器的面积开销）。这里使用遗传算法的原因是：

① 可以搜索很大的问题空间；

② 可以通过参数调节该搜索空间的大小；

③ 可以产生多个解；

④ 可以获得接近最优的解。

在这里，向量被用作染色体。向量的元素代表输入变量。向量的每一个值，即染色体的每一个基因，都代表一个译码器，相应的变量应分配给该译码器。和一般的遗传算法一样，每个向量都会提供一个解。

14.6.2　适应度函数

从 14.4 节可以看出，适应度函数是针对具体问题的。在本例中，适应度函数将代表染色体建议的译码 PLA 设计面积。因此，较高的适应度值实际上表示个体的适应度较低。

算法 14.1 给出了寻找单个染色体适应度的算法。

算法 14.1 适应度（向量染色体）

1：fit_val=0

2：如果从染色体中不能形成具有相同值的新集合，则转到第5步

3：$P_S=(2^{|s|}+m)R_S+D_{|s|}$

4：将P_S添加到fit_val

5：返回fit_val

在第 3 步中，第一项估算阵列的面积，第二项估算译码器的面积开销，其中 m 表示 PLA 中输出函数的总数，R_S 的定义见 14.3 节。如果将 S 中的变量分配给译码器，而不在 S 中的变量按照标准 PLA 的方式处理，则可以证明 R_S 是最小乘积线数量的上限。在算法中，当 S 中的变量被分配给译码器时，R_S 用于估算乘积线行数。

译码器的面积开销 $D_{|s|}$ 是一个非常重要的因素。为了估计其实际值，译码器电路设计及其布局的许多复杂方面必须考虑如下：

① 译码器的电路设计：译码器通常由树型译码器、NAND 电路、传输管电路和其他电路混合设计而成，以便在速度和版图面积之间进行适当权衡。因此，译码器电路种类繁多。此外，为了获得足够的驱动能力，输出信号或译码器通常需要占用较大面积的缓冲器(就标准 PLA 而言，需要较大的反相器)。

② 译码器输入线的布线：输入线穿过译码器。这些线所占据的面积很大程度上依赖于这些线靠近译码器的位置、方向和组数，而且根据实现译码器的电路的技术，版图和线间距也可能不同。如果需要排列这些线，则可能需要额外的接触窗口区域。

由于这些取决于具体情况的非常复杂的因素，因此在检查了一些实际设计样本的版图后，我们使用了一个简化但合理的译码器面积估计值 $D_{|s|}=2A|s|2^{|s|}$，其中 $2^{|s|}$ 是 $|s|$ 输入译码器信号线的数量，$2^{|s|}$ 也是通过译码器的输入线的数目，A 是根据线间距、晶体管尺寸等调整的系数。这里，在实现中，A=1，用于虚拟估计。

14.6.3 改进的遗传算法

当存在特定问题的信息时，考虑采用遗传算法的混合方法可能会更有优势。遗传算法可以与各种针对具体问题的搜索技术交叉使用，形成一种混合算法，既能利用遗传算法的全局视角，又能利用针对具体问题的技术的收敛性。在这种方法中，遗传算法的选择程序采用了一种改进的贪婪算法。此外，还对传统的遗传算法进行了改进，即最差的染色体不会被新的子代取代，而是从亲本和子代中选择最好的。这是因为即使是最差的染色体也能利用其好的特征。利用这种技术，亲本和所有其他染色体的优良特性都将通过幸存者留在种群中。

所采用的遗传算法见算法 14.2。

算法 14.2　输入变量分配

1：生成初始种群
2：评估每个个体
3：从种群中无重复地选择两个个体，然后在它们中再无重复地选择两个最佳个体
4：以高概率P_C对这些成对个体进行交叉，生成两个子代。如果未执行交叉，则亲本被原样复制到子代
5：以小概率P_M对子代进行突变
6：如果子代与种群中已有的任何个体重复，则剔除
7：评估子代
8：从子代和亲本中选择两个染色体，并用它们替换亲本
9：使用反演过程
10：如果没有新种群出现的次数达到一定量，则返回最佳染色体，否则返回第3步

14.6.4　译码与 - 异或 PLA 实现

与 - 异或（AND-EXOR）PLA 由一组异或乘积和表达式（ESOP）表示，而不是标准与 - 或（AND-OR）PLA 中使用的或乘积和（SOP）表达式。图 14.15 展示了标准与 - 或 PLA 和与 - 异或 PLA 之间的区别。

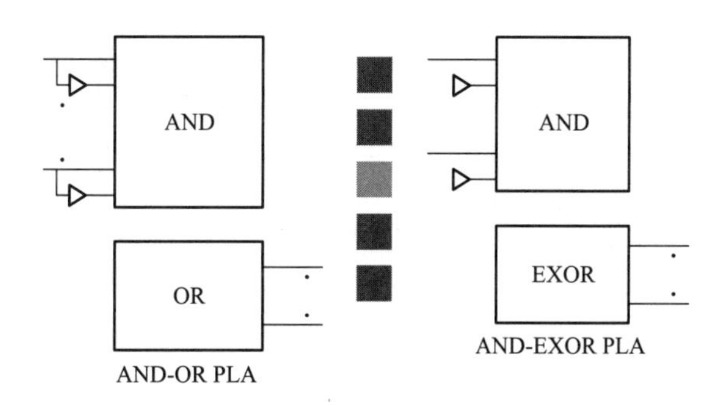

图 14.15　标准与 - 或 PLA 和与 - 异或 PLA

考虑函数 $f(w,x,y,z)=\Sigma(5,7,11,13)$。最小化 SOP 形式为：$f=xy'z+w'xz+wx'yz$。但这里的最小 ESOP 形式是：$f=xz\oplus wyz$。

14.7　小结

可编程逻辑阵列（PLA）中的乘积数量等于表达式中不同乘积的数量。因此，为了尽

量减小 PLA 的大小，就必须尽量减少表达式中不同乘积的数量。与不带译码器的 AND-OR PLA 相比，带译码器的 AND-EXOR PLA 所需的乘积更少。将 PLA 中的 OR 数组替换为 EXOR 数组，就可以得到带译码器的 AND-EXOR PLA。此外，本章还介绍了一种基于哈密顿路径和动态规划的多输入译码 PLA 的变量分配算法。

参考文献

[1] T. Sasao, "Input variable assignment and output phase optimization of PLS's", IEEE Trans. Computer, vol. C-28, no. 9, pp. 879–894, 1984.
[2] C. Kuang-Chien and S. Muroga, "Input assignment algorithm for decoded-PLAs with multi-input decoders", in IEEE International Conference on Computer-Aided Design (ICCAD-88), pp. 474–477, 1988.
[3] P. Mazumder and E. M. Rudnick, "Genetic Algorithms for VLSI Design, Layout and Test Automation", Pearson Education, Asia, 1999.
[4] J. H. Holland, "Adaptation in Natural and Artificial Systems", Ann Arbor, MI: University of Michigan Press, 1975.
[5] D. E. Goldberg, "Genetic Algorithms in Search, Optimization, and Machine Learning, Reading, MA", Addison-Wesley, 1989.
[6] K. C. Clien and S. Muroga, "Input Variable Assignment for Decoded-PLA's and Output Phase Optimization Algorithms", to appear as a department report, Department of Computer Science, University of Illinois at Urbana-Champaign.
[7] L. A. Glasser and D. W. Dobberpuhl, "The Design and Analysis of VLSI Circuits", Addison Wesley, 1985.
[8] C. R. Darwin, "On the Origin of Species by Means of Natural Selection", London: John Murray, 1859.
[9] Chen, Kuang-Chien, and Saburo Muroga. "Input assignment algorithm for decoded-PLAs with multi-input decoders." In 1988 IEEE International Conference on Computer-Aided Design, pp. 474–475. IEEE Computer Society, 1988.

第 15 章

基于 FPGA 的乘法器——采用 LUT 合并定理

FPGA（现场可编程门阵列）技术已成为当今现代嵌入式系统不可或缺的一部分。所有主流商用 FPGA 器件都基于 LUT（查找表）结构。由于任何 m 输入布尔函数都可以使用 m 输入 LUT 来实现，因此在实现基于 FPGA 的给定函数电路时，如何减少 LUT 的数量是一个首要问题。本章将介绍一种 LUT 合并定理，它能将实现一组函数所需的 LUT 数量减少一半。LUT 合并定理对 LUT 进行选择、划分和合并，以减少面积。利用 LUT 合并定理，描述了一种 1×1 位的乘法算法，它不需要任何部分积生成、部分积压缩和求和步骤。还介绍了一种 $m \times n$ 位的乘法算法，该算法执行逐位并行处理，并显著减少了进位传播延迟。

15.1 引言

目前，FPGA 在信号处理、密码学、网络、算法和科学计算等应用中非常普遍。LUT 是 FPGA 的关键单元。本章所介绍的 LUT 合并定理被应用于乘法器，以证明其性能效率。

本章的三大组成如下：

① LUT 合并定理，是指通过对 LUT 进行选择、分割和合并，从而将实现一组函数所需的 LUT 数量减少一半。

② 利用 LUT 合并定理，介绍了一种单数字乘法算法，该算法避免了传统缓慢的部分积生成、部分积压缩和求和阶段。提出了高效的 $m \times n$ 位乘法算法，该算法采用了逐位并行处理，大大降低了乘法器的进位传输延迟。

③ 通过使用基于 LUT 的单位乘法器电路，描述了一种基于 LUT 的紧凑而快速的 $m \times n$ 位数乘法器电路。

15.2 LUT 合并定理

LUT 是 FPGA 设计的重要组成部分。具有 m 个输入端的 LUT 相当于一个 $2^m \times 1$ 位存储器，通过将逻辑函数的真值表直接编程到存储器中，可以实现具有 m 个输入端的任何逻辑函数。在实现任何给定的布尔函数时，如何通过最小化 LUT 的数量来构建紧凑的电路是一项复杂的任务。本节将介绍 LUT 合并定理（性质 15.2.1），以减少 FPGA 设计中用于给定函数的 LUT 数量。

性质 15.2.1 （LUT 合并）：设 n 是电路中实现 n 个函数 $f_i(a_1, a_2, \cdots, a_m)$ 所需的 m 个输入 LUT 的总数。如果给定的函数 f_i 被最小化为 $g_i(a_1, a_2, \cdots, a'_m)$，那么 n 个 LUT 可以合并为 $\lceil n\backslash 2 \rceil$ 来实现 n 个函数，其中 $1 \leqslant m' < m, m \geqslant 3, m'$ 是最小化函数 g 的输入变量个数，i=1, 2, $\cdots$, n。

性质 15.2.2 为了对 n 个 m 输入 LUT 进行合并，需要满足如下两个条件：

如果布尔函数 $f(a_1, a_2, \cdots, a_m)$ 需要 m 个变量，那么 m 必须简化为 m'，其中 $f(m) \equiv g(m')$ 并且 $m > m'$。

如果 i 个不同函数的输入集 I_i 相同，例如 $I_1 = I_2 = I_3 = \cdots = I_n$ 且相应的输出组合 O_i 也相同，即 $O_1 = O_2 = O_3 = \cdots = O_n$，则 I_1，I_2，$\cdots$，$I_n \rightarrow O_1$。

在满足上述条件后，考虑以下三个步骤：

① LUT 选择：根据输入位进行位分类，以便选择 LUT。在对输入域进行分类之后，基于函数的输入位和输出位的数量来确定目标函数和 LUT 的输入位的目标数量。

② LUT 划分：对 LUT 进行划分是为了找出输入和输出组合的相似性。首先，通过重新排列输入位的位置，或在输入位上实现较小的函数，来减少输入位的数量并检查函数之间的相似性。如果在减少输入位数后存在相同的输入位组合，并且多次出现的函数的相应输出也相同，那么就用这些函数创建一个划分。

③ LUT 合并：最后一步是处理合并每个分区的 LUT。由于 m 输入 LUT 是一个双输出电路，因此 n 个 LUT 将减少到 $\lceil n\backslash 2 \rceil$，其中 $m \geqslant 3$。

15.3 采用 LUT 合并定理的乘法器电路

本章介绍了一种有效的 $m \times n$ 位乘法器。这里以 1×1 位乘法为例说明 LUT 合并定理。在 1×1 位乘法中，最大十进制输入位数 $(d_{\max})=(a_3, a_2, a_1, a_0)$ 或 (b_3, b_2, b_1, b_0) 为 9，两个 $d_{\max}$ 的乘积最多产生 7 位，即 $(P_6, P_5, P_4, P_3, P_2, P_1, P_0)$。

首先，通过位分类技术选择 LUT，如表 15.1 所示，其中乘数和被乘数位被分为 1 输入、2 输入（Catg 3)、3 输入（Catg 4）和 4 输入（Catg 5）的变量组。例如，一组 3 输入变量包含最多 3 位的操作数。在 Catg 0 中，被乘数或乘数将为 0_{DEC}，相应的输出为 0。在 Catg 1 中，被乘数 b 为 1_{DEC}，输出为 a。在 Catg 2 中，乘数 a 为 1_{DEC}，输出为 b。重要的是要注意，只考虑四类输入变量，因为 1×1 位乘法被用作构造 $m \times n$ 位乘法器的基本单元。1×1 位乘法将最大十进制值 9 的四个二进制位视为输入。当 $a\times b=b\times a$ 时，考虑 $a\times b$ 或 $b\times a$，以避免相同的输入组合。所以，乘法过程的第一步是找到合适的类别。输入将使确切类别的类别选择值（cat）为 1，使其他值为 0，这将激活该特定类别以提供输出。类别通过使用以下公式来确定，其中加号（+）表示或运算，点（•）表示与运算，（′）表示补码。相应类别的方程如下：

$$T_1=(a_3+a_2+a_1);T_2=(b_3+b_2+b_1) \tag{15.1}$$

$$T_3=(a_2+b_2);T_4=(a_3+b_3) \tag{15.2}$$

$$T_5=(T_2'\bullet b_0);T_6=(T_1'\bullet a_0) \tag{15.3}$$

$$T_7=(\text{Catg}\,0+T_5+T_6)' \tag{15.4}$$

$$\text{Catg}\,0=(T_1+a_0)+(T_2+b_0)' \tag{15.5}$$

$$\text{Catg}\,1=\text{Catg}\,0'\bullet T_5;\text{Catg}\,2=\text{Catg}\,0'\times T_6 \tag{15.6}$$

$$\text{Catg}\,3=(a_1\bullet b_1)\bullet(T_3+T_4)';\text{Catg}\,4=T_3\bullet T_4'\bullet T_7 \tag{15.7}$$

$$\text{Catg}\,5=T_4\bullet T_7 \tag{15.8}$$

在 2 位分类中，最终输出将通过以下公式获得，其中（•）表示与运算，⊕表示异或运算：

$$P_0^2=a_0\bullet b_0;\quad P_1^2=a_0\bullet b_0\bullet a_1 \tag{15.9}$$

$$P_2^2=b_0\oplus b_1;\quad P_3^2=a_0\bullet b_0 \tag{15.10}$$

$$P_0^4=a_0\bullet b_0;\quad P_1^4=b_0\bullet a_2 \tag{15.11}$$

$$P_3^4=\begin{cases}a_1, & a_3\bullet b_0=0\\ \overline{a}_0, & \text{其他}\end{cases} \tag{15.12}$$

$$P_4^4=\begin{cases}a_1, & a_3\bullet a_0=0\\ 1, & \text{其他}\end{cases} \tag{15.13}$$

$$P_5^4=a_2;P_4^6=a_3 \tag{15.14}$$

在 4 位分类中，将使用下述方法获得最终输出。

选择 3 位分类来实现 LUT 合并，乘积位 P_0 和 P_5 将使用以下等式生成：

$$P_0^3=a_0;\ P_3^5=(b_1\bullet b_2)\bullet(b_0\bullet a_0\bullet a_2+a_1\bullet a_2) \tag{15.15}$$

因此，从 P_1 到 P_4 还剩下 4 位。一个 4 ～ 6 输入的 LUT 具有最佳的面积和延迟性能。传统的 4 输入 LUT 结构具有较低的逻辑密度和配置灵活性，当配置为相对复杂的逻辑函数时，会降低互连资源的利用率。因此，考虑采用 6 输入 LUT 来实现该函数。

然后，通过观察乘积位 $P_{1,4}$ 和 $P_{2,3}$ 的输入和输出组合之间的相似性，对 LUT 进行划分。最后，通过实现 6 输入 LUT 的函数来合并 LUT，同时将其最小化如下：

$$P_{1,4}=g(a_0,a_1,b_0,b_1,b_2) \tag{15.16}$$

$$P_{2,3} = g(b_1 \oplus b_2), b_0, a_2, a_1, a_0 \tag{15.17}$$

表 15.1 为实现乘法技术中的 LUT 合并定理而对输入进行位分类

2 位分类		3 位分类		4 位分类	
a_1a_0	b_1b_0	$a_2a_1a_0$	$b_2b_1b_0$	$a_3a_2a_1a_0$	$b_3b_2b_1b_0$
10	10	10	100	10	1000
10	11	10	101	11	1000
11	11	10	110	100	1000
		10	111	101	1000
		11	100	110	1000
		11	101	111	1000
		11	110	1000	1000
		11	111	10	1001
		100	100	11	1001
		100	101	100	1001
		100	110	101	1001
		100	111	110	1001
		101	101	111	1001
		101	110	1000	1001
		101	111	1001	1001
		110	110		
		110	111		
		111	111		

图 15.1 显示了 LUT 的合并，表 15.2 展示了 LUT 合并定理的验证。在 LUT 合并之前，对应的 6 位输入变量的输出如表 15.2 所示。现在，以这样的方式将 6 位输入组合转换成 5 位输入组合，使得 6 位和 5 位输入的输入组合的总数相同，并且对于 6 位输入变量和 5 位输入变量的所有组合的对应输出也保持相同。表 15.2 的“LUT 合并后”列显示了 5 位输入组合和相应的输出。在图 15.1 中，乘法运算的 LUT 的合并分三个步骤完成。首先是 LUT 选择，其中基于最终积 P_1、P_2、P_3 和 P_4 的计算来进行选择。然后，对 LUT 进行划分，其中使用两种不同的颜色来区分不同的划分集合。最后，将划分后的 LUT 合并为一个。

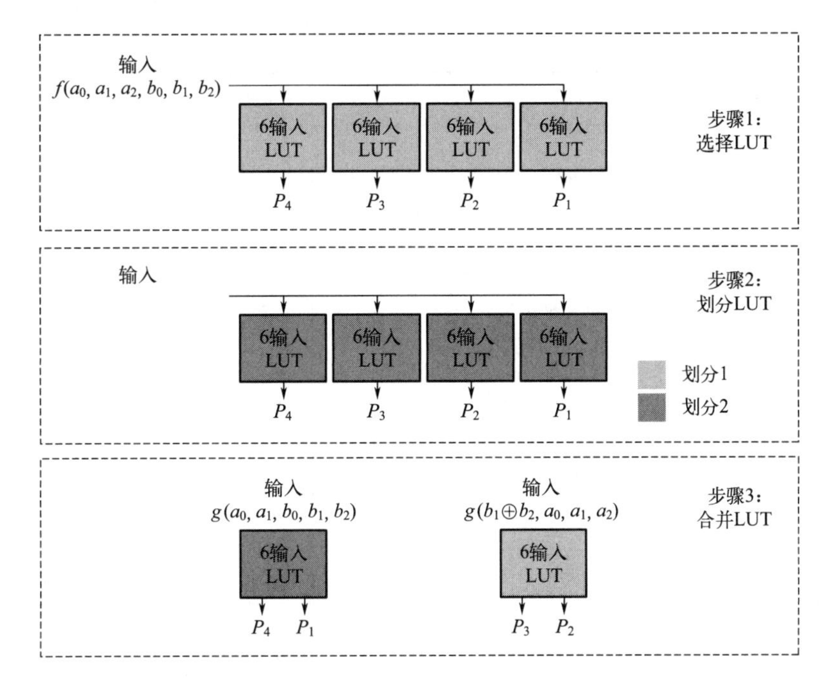

图15.1　使用6输入LUT实现LUT合并定理

表15.2　基于FPGA的1×1位乘法器电路6位输入组合的LUT合并定理仿真

LUT合并前		LUT合并后					
用于LUT 1、LUT 2、LUT 3、LUT 4的输入	用于LUT 1、LUT 2、LUT 3、LUT 4的输出	LUT 1的输入	LUT 1的输出		LUT 2的输入	LUT 2的输出	
$a_2a_1a_0b_2b_1b_0$	$(P_4\text{-}P_1)$	$a_1a_0b_2b_1b_0$	P_1	P_4	$(b_1\oplus b_2)b_0a_2a_1a_0$	P_2	P_3
010100	0100	10100	0	0	10010	0	1
010101	0101	10101	1	0	11010	0	1
010110	0110	10110	0	0	00010	1	1
0101111	0111	10111	1	0	01010	1	1
011100	0110	11100	0	0	10011	1	1
011101	0111	11101	1	0	11011	1	1
011110	1001	11110	1	1	00011	0	0
011111	1010	11111	0	1	01011	1	0
100100	1000	00100	0	1	10100	0	0
100101	1010	00101	0	1	11100	1	0
100110	1100	00110	0	1	00100	0	1

续表

LUT 合并前		LUT 合并后					
用于 LUT 1、LUT 2、LUT 3、LUT 4 的输入	用于 LUT 1、LUT 2、LUT 3、LUT 4 的输出	LUT 1 的输入	LUT 1 的输出		LUT 2 的输入	LUT 2 的输出	
$a_2a_1a_0b_2b_1b_0$	$(P_4\text{-}P_1)$	$a_1a_0b_2b_1b_0$	P_1	P_4	$(b_1\oplus b_2)b_0a_2a_1a_0$	P_2	P_3
100111	1110	00111	0	1	01100	1	1
101101	1100	01101	0	1	11101	0	1
101110	1111	01110	1	1	00101	1	1
101111	0001	01111	1	0	01101	0	0
110110	0010	10110	0	0	00110	1	0
110111	0101	10111	1	0	01110	0	1
111111	1000	11111	0	1	01111	0	0

1×1 位乘法器电路框图如图 15.2 所示。如图 15.3 所示，使用式（15.1）～式（15.8）构建了位分类电路。该电路被划分为多个类别，其中每个类别使用 LUT 有效地执行式（15.9）～式（15.17）中的输出函数。当位分类通过提供该变量的值为 1 来选择相应的类别时，该值激活该特定类别。因此，其他类别保持停用状态，并且一次仅选择一个类别。如图 15.4 所示，当对应输入组合的位分类电路的输出 Catg 3 位为 0 时，整个 3 位分类电路被停用，并且没有输入通过该分类电路。虚线表示关断状态，而直线表示接通状态。当输入组合是 A=0011 和 B=0011（其表示类别 3）时，位分类将 Catg 3 提供为 1。因此，3 位分类被激活，相应的所需输入通过晶体管和 LUT。最后，从该类别中获得输入组合 P=1001 的相应输出。如图 15.5 所示的每个类别的内部电路是式（15.9）～式（15.17）的 LUT 实现。类似地，对于所有其他输入组合，选择并激活对应的类别。最后，被激活类别的输出被视为最终输出。这里所介绍的 m×n 位乘法器电路采用 1×1 位乘法器电路。对于 m×n 位乘法

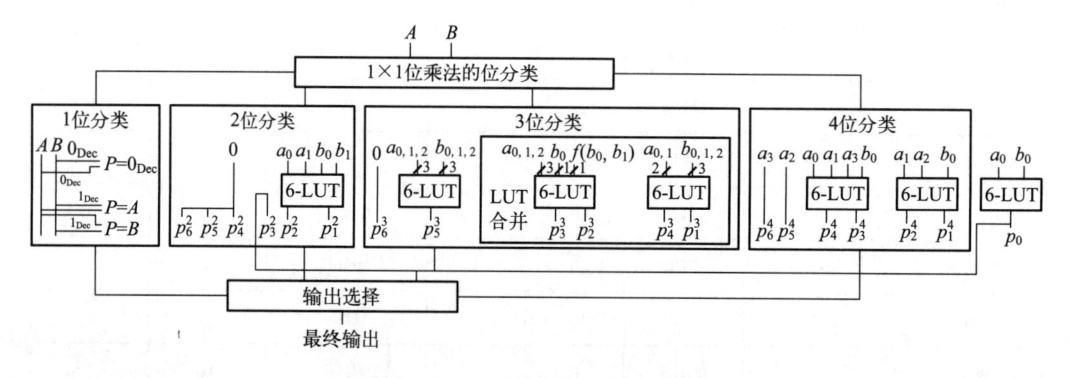

图 15.2 1×1 位乘法器电路框图

器，需要 n 个处理元件。每个处理单元 PE_i 都有一位被乘数 B_i，乘法器通过流水线连接到它，乘法器的输出被传递到二进制到十进制转换器。乘法器在每个处理元件中则需要 8 位二进制到 BCD 转换器，而与乘法器和被乘数大小无关。转换器的输出是 8 位 BCD 加法器的输入。BCD 加法器的最低有效四位被存储为输出，其余位在下一次迭代中与加法器的输出相加。在 m 次迭代之后，使用移位寄存器将处理元件（P_i）的每个输出移位 i 位。最后，使用 m+1 位 BCD 加法器将处理元件的输出相加。电路的数据路径如图 15.6 所示。

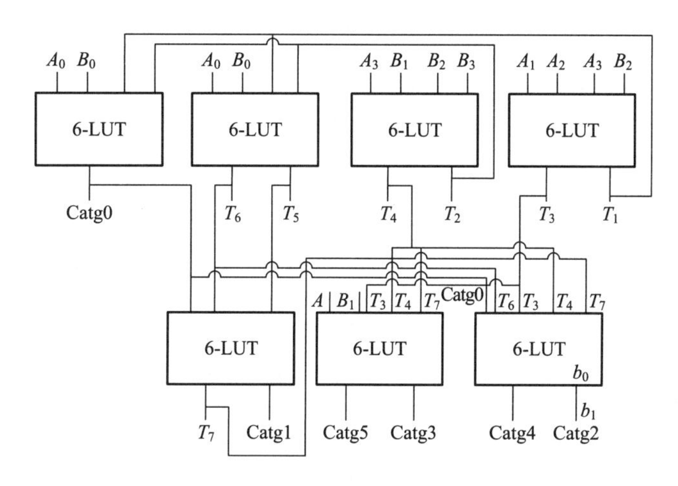

图 15.3 使用 6 输入 LUT 的位分类电路

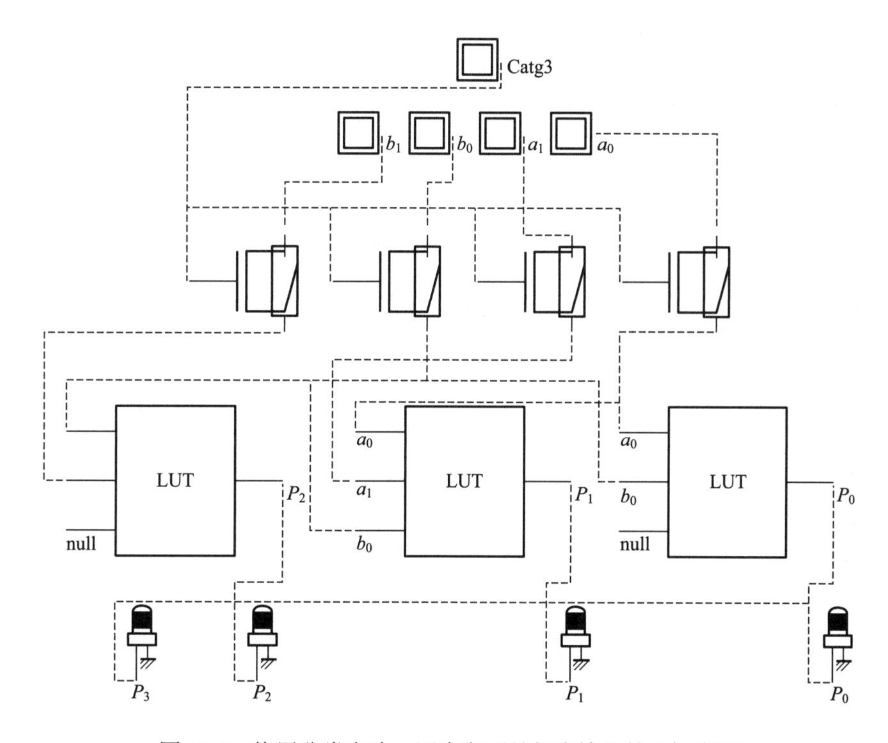

图 15.4 停用分类电路，因为它不是相应输入的目标类别

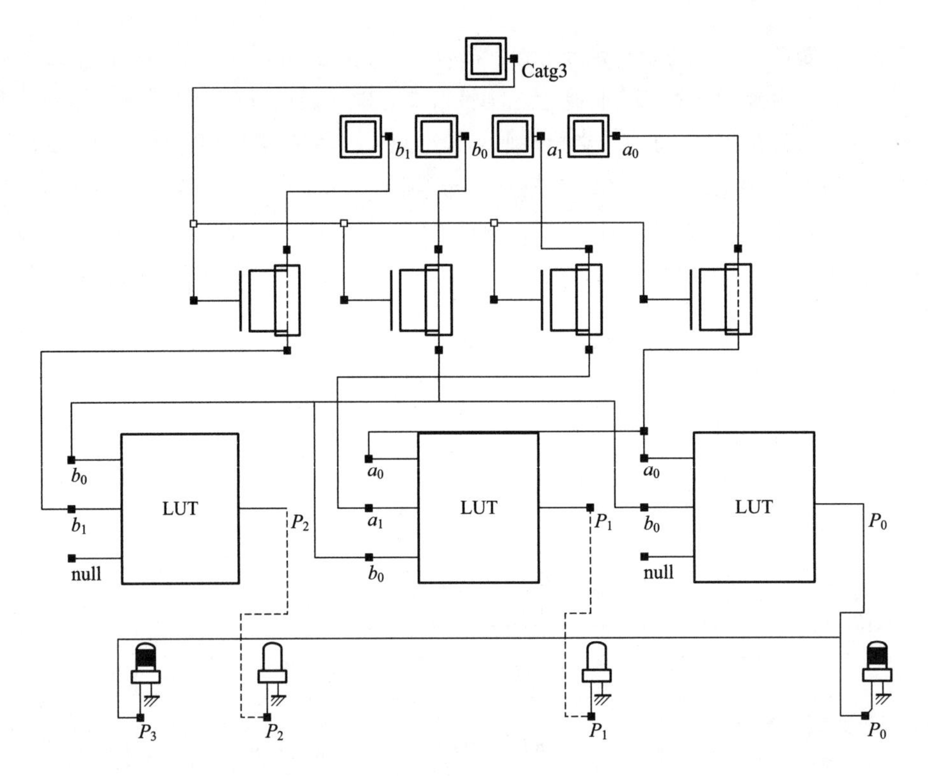

图 15.5 激活类别电路，因为它是相应输入的目标类别

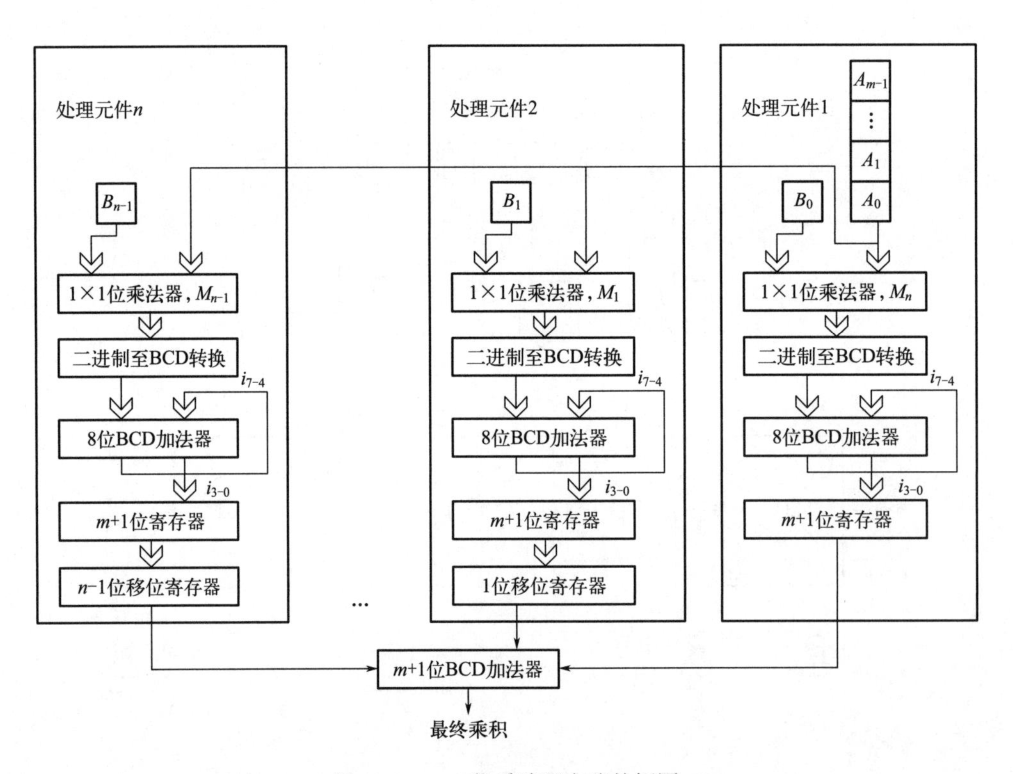

图 15.6 $m \times n$ 位乘法器电路的框图

15.4　小结

$m \times n$ 位乘法器采用分治法执行逐位并行处理，其中使用了 1×1 位乘法器。1×1 位乘法器避免了传统的部分积生成、压缩和求和步骤。乘法器使用查找表（LUT）合并定理将所需的 LUT 数量减少一半。 LUT 合并定理可用于任何函数集，以减少所需的 LUT 数量。本章所描述的定理将在很大程度上提高基于 FPGA 的电路中 LUT 的使用效率，将推动 FPGA 的发展和应用。

参考文献

[1] Z. T. Sworna, M. U. Haque and H. M. H. Babu, "A LUT-based matrix multiplication using neural networks", IEEE International Symposium on Circuits and Systems (ISCAS), Montreal, QC, pp. 1982–1985, 2016.

[2] E. Ahmed and J. Rose, "The effect of LUT and cluster size on deep submicron FPGA performance and density", IEEE Trans. Very Large Scale Integration Syst., vol. 12, no. 3, p. 288, 2004.

[3] M. Zhidong, C. Liguang, W. Yuan and L. Jinmei, "A new FPGA with 4/5-input LUT and optimized carry chain", Journal of Semiconductors, vol. 33, no. 7, 2012.

[4] Z. T. Sworna, M. U. Haque, N. Tara, H. M. H. Babu and A. K. Biswas, "Low-power and area efficient binary coded decimal adder design using a look up table-based field programmable gate array", IET (The Institution of Engineering and Technology) Circuits, Devices and Systems, pp. 1–10, 2015.

[5] A. Vazquez, E. Antelo and P. Montuschi, "A new family of high performance parallel decimal multipliers", In 18th IEEE Symposium on Computer Arithmetic, pp. 195–204, 2007.

[6] V. P. Mrio and H. C. Neto, "Parallel decimal multipliers using binary multipliers", In Programmable Logic Conference, Southern, pp. 73–78, 2010.

[7] H. T. Richard and R. F. Woods, "Highly efficient, limited range multipliers for LUT-based FPGA architectures", IEEE Trans. on Very Large Scale Integration (VLSI) Systems, vol. 12, no. 10, pp. 1113–1118, 2004.

[8] Sworna, Zarrin Tasnim, Mubin Ul Haque, Hafiz Md Hasan Babu, Lafifa Jamal, and Ashis Kumer Biswas. "An Efficient Design of an FPGA-Based Multiplier Using LUT Merging Theorem." In 2017 IEEE Computer Society Annual Symposium on VLSI (ISVLSI), pp. 116–121. IEEE, 2017.

第16章

基于LUT的BCD加法器

二进制编码的十进制（BCD）是一种更精确、更易于人类阅读和转换的表示法，在计算机和电子通信领域非常普遍。本章将介绍一种时间复杂度更低的树状结构并行BCD加法算法。由于FPGA（现场可编程门阵列）技术的众多优点和应用，基于LUT（查找表）的BCD加法器设计更为有效。基于LUT的BCD加法器电路结构是本章的重点。

16.1 引言

BCD表示法的优势在于其有限位值表示、四舍五入、易于按10倍缩放、简单对齐和转换为字符形式。它在嵌入式应用、数字通信和金融计算中应用广泛。因此，需要更快、更高效的BCD加法运算方法。本章将介绍一种N位加法方法，它省略了复杂的操作步骤，减少了电路的面积和延迟。FPGA在密码学、NP（非多项式）硬优化问题、模式匹配、生物信息学、浮点运算和分子动力学中的应用正急剧增加。由于具有可重新配置的功能，FPGA实现BCD加法备受关注。LUT是FPGA的主要组件之一，本章介绍了一种基于LUT的加法器电路。

本章主要讨论两个重点。首先，介绍一种新型基于树的并行BCD加法算法。然后，介绍一种紧凑型高速BCD加法器电路，其时间复杂度提高到$O(N(\log_2 b)+(N-1))$，其中N代表位数，b代表一位数字中的比特位数。

16.2 基于LUT的BCD加法器的设计

本节首先介绍一种并行BCD加法算法。然后，构建一个基于LUT的新型BCD加法器电路。本节还介绍了一些重要的算法和性质，以阐明所引入的思想。

16.2.1 并行BCD加法

进位传递是BCD加法器电路延迟的主要原因，这使得BCD加法器采用串行结构。

减少延迟是影响电路效率的最重要因素之一，因此需要消除进位传递机制，以加快BCD加法速度。本小节将介绍一种高度并行的BCD加法，该方法采用树形结构表示，可显著减少延迟。BCD加法主要有以下两个步骤：

① 对BCD加数进行逐位相加，并行产生相应的和与进位。对于第一位的加法，还会加上前一位数的进位，产生的和将直接作为输出的第一位。

② 如果最高有效进位位为0，则除第一个和位与最后一个进位位外，其他和位与进位位并行相加；如果和位大于或等于5，则在结果上加3，以获得正确的BCD输出。

③ 如果最高有效进位位为1，则根据式（16.1）和式（16.2）更新最终输出值。

假设A和B是一位数BCD加法器的两个加数，其中A和B的BCD表示分别为$A_4A_3A_2A_1$和$B_4B_3B_2B_1$。加法器的输出将是一个5位二进制数$\{C_{out}\ \ S_3\ \ S_2\ \ S_1\ \ S_0\}$，其中$C_{out}$表示十位数的位置，$\{S_3\ \ S_2\ \ S_1\ \ S_0\}$表示BCD和的单位位数。$A_0$和$B_0$与$C_{in}$相加，$C_{in}$是前一位数加法的进位。如果是第一位数相加，进位将被视为0。产生的和位将直接作为输出的第一位。其他成对位(B_1, A_1)、(B_2, A_2)、(B_3, A_3)将同时相加。由此产生的和位与进位位$(S_3^\alpha, C_2, S_2^\alpha, C_1, S_1^\alpha, C_0)$成对相加，提供输出$\{C_{out}^\gamma\ \ S_3^\gamma\ \ S_2^\gamma\ \ S_2^\gamma\}$，并根据式（16.1）和式（16.2）进行加3校正：

$$C_{out}^\gamma S_3^\gamma S_2^\gamma S_1^\gamma=\begin{cases}(C_{out}^\gamma S_3^\gamma S_2^\gamma S_1^\gamma), & C_3=0\text{且}(C_{out}^\gamma S_3^\gamma S_2^\gamma S_1^\gamma)<5\\(C_{out}^\gamma S_3^\gamma S_2^\gamma S_1^\gamma)+3, & C_3=0\text{且}(C_{out}^\gamma S_3^\gamma S_2^\gamma S_1^\gamma)\geqslant 5\\1C_0S_2^3S_1^3, & \text{其他}\end{cases}\tag{16.1}$$

$$\text{其中}S_1^3=S_2^3=\begin{cases}0, & C_0=1\\1, & \text{其他}\end{cases}\tag{16.2}$$

在表16.1中，真值表的输入为(A_3,A_2,A_1)和(B_3,B_2,B_1)，通过所需的校正，最终BCD输出为$(C_{out}\ \ S_3\ \ S_2\ \ S_1)$。$(S_3^\alpha, C_2, S_2^\alpha, C_1, S_1^\alpha, C_0)$作为中间步骤成对相加，产生$(F_4,F_3,F_2,F_1)$，并考虑进位$C_0$始终为1。如果$F$大于或等于5，中间输出$F$将加上数字$3[(011)_2]$。表16.2列出了一个类似的真值表，将$C_0$设为0。真值表验证了BCD加法器的LUT各输出端的功能。算法16.1给出了N位BCD加法的算法。

表16.1 C_0=1的一位BCD加法真值表

$B(3:1)$	$A(3:1)$	$S^\alpha(3:1)$	$C(3:1)$	C_0	$F(4:1)$	+3	C_{out}	S_3	S_2	S_1
000	001	001	000	1	0010	—	0	0	1	0
000	010	010	000	1	0011	—	0	0	0	0

续表

$B(3:1)$	$A(3:1)$	$S^{\alpha}(3:1)$	$C(3:1)$	C_0	$F(4:1)$	+3	C_{out}	S_3	S_2	S_1
000	011	011	000	1	0100	—	0	0	0	0
000	100	100	000	1	0101	+3	1	0	0	0
001	001	000	001	1	0011	—	0	0	0	0
001	010	011	000	1	0100	—	0	0	0	0
001	011	010	001	1	0101	+3	1	0	0	0
001	100	101	000	1	0110	+3	1	0	0	1
⋮	⋮	⋮	⋮				⋮			
100	001	101	000	1	0110	+3	1	0	0	1
100	010	110	000	1	0111	+3	1	0	1	0
100	011	111	000	1	1000	+3	1	0	1	1
100	100	000	100	1	1001	+3	1	1	0	0

注："—"代表"无须通过加3进行校正"。

表16.2 C_0=0的一位BCD加法真值表

$B(3:1)$	$A(3:1)$	$S^{\alpha}(3:1)$	$C(3:1)$	C_0	$F(4:1)$	+3	C_{out}	S_3	S_2	S_1
000	001	001	000	0	0001	—	0	0	0	1
000	010	010	000	0	0010	—	0	0	1	0
000	011	011	000	0	0011	—	0	0	1	1
000	100	100	000	0	0100	—	0	1	0	0
001	001	000	001	0	0010	—	0	0	1	0
001	010	011	000	0	0011	—	0	0	1	1
001	011	010	001	0	0100	—	0	1	0	0
001	100	101	000	0	0101	+3	1	0	0	0
⋮	⋮	⋮	⋮				⋮			
100	001	101	000	0	0101	+3	1	0	0	0
100	010	110	000	0	0110	+3	1	0	0	1
100	011	111	000	0	0111	+3	1	0	1	0
100	100	000	100	0	1000	+3	1	0	1	1

注："—"代表"无须通过加3进行校正"。

图16.1和图16.2展示了使用所介绍算法的BCD加法的两个示例，分别为$C_3^i=0$和$C_3^i=1$。为了更加清楚，示例中的每一步都与相应的算法步骤相对应。

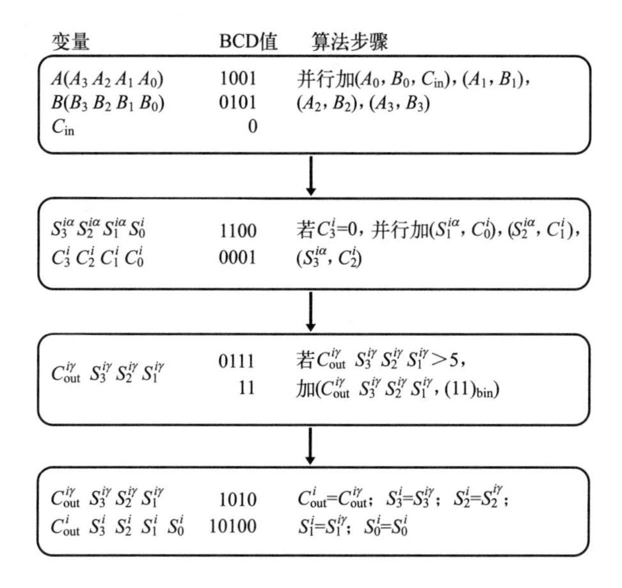

图16.1 $C_3^i=0$的BCD加法算法示例演示

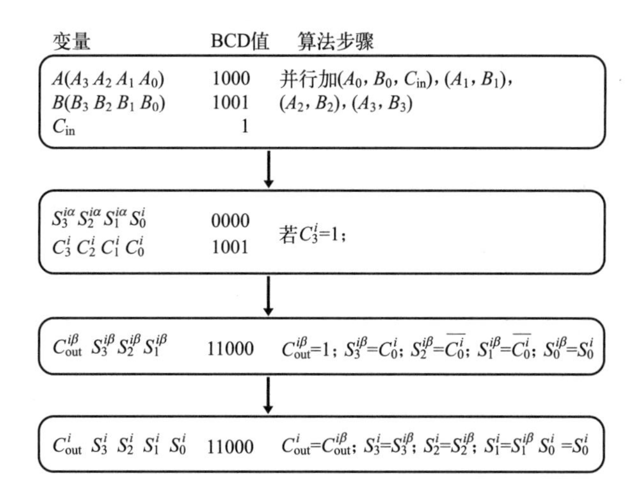

图16.2 $C_3^i=1$的BCD加法算法示例演示

如图16.3所示，BCD加法可以用树形结构来表示，因为它是并行的。基本上有两个操作层次的树。从输入开始，在第1层进行逐位加法，得到中间结果。然后，在第2层执行加法和校正，提供正确的BCD输出。因此，算法的时间复杂度与树的运算深度成对数关系。性质16.2.1用于证明该方法的时间复杂度。

性质16.2.1 BCD加法算法至少需要$O(N(\log_2 b)+(N-1))$的时间复杂度，其中N是BCD位数，b是一位数字中的比特位数。

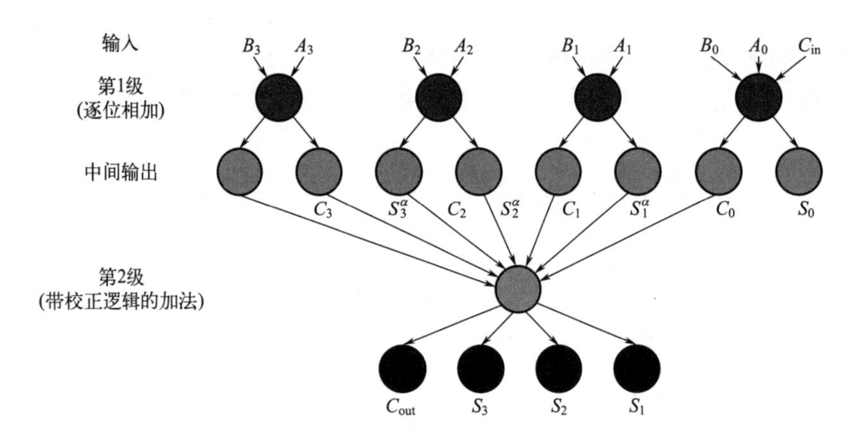

图 16.3 BCD 加法的树形结构表示

算法 16.1 *N* 位并行 BCD 加法

Input: Two N-digit BCD numbers

$A=A^N\cdots A^3A^2A^1$ and $B=B^N\cdots B^3B^2B^1$

where $A^i=A_3^iA_2^iA_1^iA_0^i$ and

$B^i=B_3^iB_2^iB_1^iB_0^i$ with $i=1, 2, 3, \cdots, N$;

Output: Sum, $S=S^N\cdots S^3S^2S^1$ where

$S^i=S_3^iS_2^iS_1^iS_0^i$ with $i=1, 2, 3, \cdots, N$ and

Carry, $C=C_{out}^N$;

$i\leftarrow 1$;

repeat

$S_0^i\leftarrow A_0^i\oplus B_0^i\oplus C_{in}^i$ and $C_0^i\leftarrow A_0^i\cdot B_0^i\cdot C_{in}^i$;

$S_1^{i\alpha}\leftarrow A_1^i\oplus B_1^i$ and $C_1^i\leftarrow A_1^i\cdot B_1^i$;

$S_2^{i\alpha}\leftarrow A_2^i\oplus B_2^i$ and $C_2^i\leftarrow A_2^i\cdot B_2^i$;

$S_3^{i\alpha}\leftarrow A_3^i\oplus B_3^i$ and $C_3^i\leftarrow A_3^i\cdot B_3^i$ in parallel;

if $(C_3^i=1)$ **then**

$S_3^{i\beta}\leftarrow C_0$; $C_{out}^{i\beta}\leftarrow 1$;

if $C_0^i=0$ **then**

$S_1^{i\beta}\leftarrow 1$; $S_2^{i\beta}\leftarrow 1$;

else

$S_1^{i\beta}\leftarrow 0$; $S_2^{i\beta}\leftarrow 0$

end

else

$C_{out}^{i\gamma}\ S_3^{i\gamma}\ S_2^{i\gamma}\ S_1^{i\gamma}\leftarrow$

$(S_3^{i\alpha}S_2^{i\alpha}S_1^{i\alpha})+(C_2^iC_1^iC_0^i)$;

if $C_{out}^{i\gamma}\ S_3^{i\gamma}\ S_2^{i\gamma}\ S_1^{i\gamma}\geqslant 5$ **then**

$C_{out}^{i\gamma}\ S_3^{i\gamma}\ S_2^{i\gamma}\ S_1^{i\gamma}\leftarrow C_{out}^{i\gamma}\ S_3^{i\gamma}\ S_2^{i\gamma}\ S_1^{i\gamma}+3$;

end

end

if (C_3^i=1) **then**

$S_1^i \leftarrow S_1^{i\beta}$; $S_2^i \leftarrow S_2^{i\beta}$; $S_3^i \leftarrow S_3^{i\beta}$; $C_{out}^i \leftarrow C_{out}^{i\beta}$;

else

$S_1^i \leftarrow S_1^{i\gamma}$; $S_2^i \leftarrow S_2^{i\gamma}$; $S_3^i \leftarrow S_3^{i\gamma}$; $C_{out}^i \leftarrow C_{out}^{i\gamma}$;

end

until i=N;

16.2.2 用LUT实现并行BCD加法器电路

利用BCD加法算法和LUT结构设计了基于LUT的并行BCD加法器电路。BCD加法器电路的构造见算法16.2。根据该算法，电路如图16.4所示。对于最小有效位与前一位数

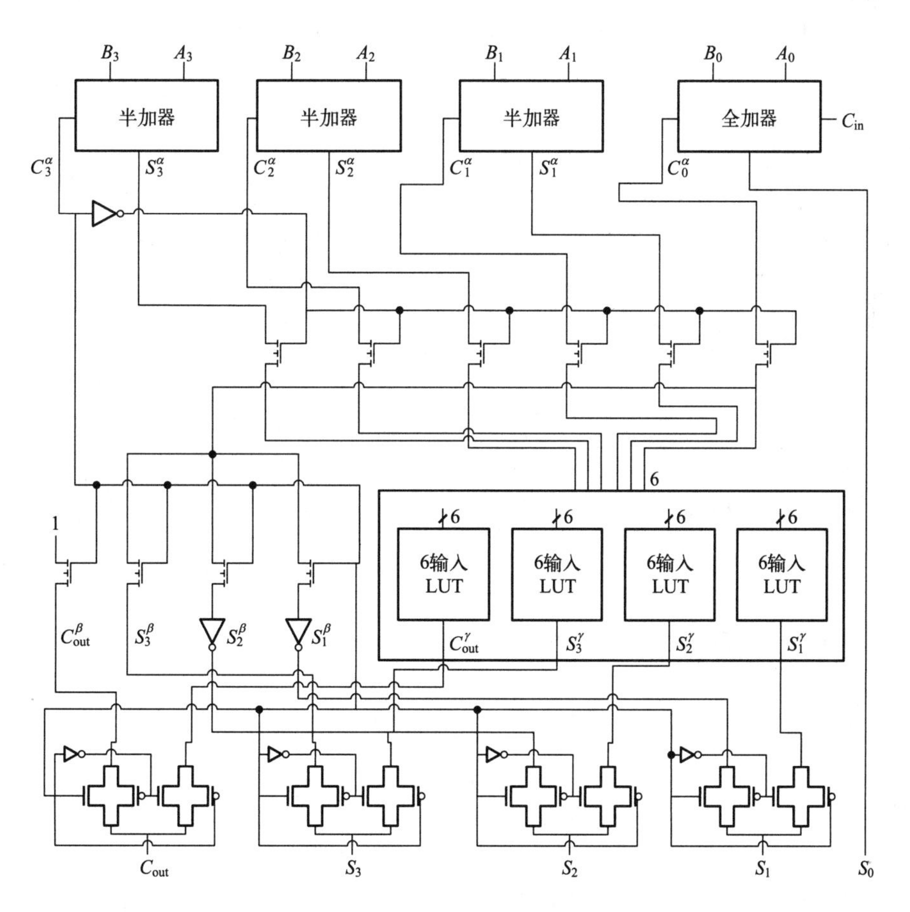

图16.4 1位BCD加法器电路

加法的进位的加法，使用的是全加器。三个半加器用于对最有效的三个位进行单独的逐位加法运算。根据 C_3 的值，按式（16.1）和式（16.2），在电路结构中使用晶体管和 LUT，其中 4 个 6 输入 LUT 用于将半加器和全加器 ($S_3^\alpha, \cdots, S_1^\alpha$ ， C_0) 的输出相加，如果总和大于或等于 5，则进行加 3 校正。根据 C_3 的值，使用开关电路来遵循式（16.3）。由于其并行工作机制，该电路可大大减少延迟。通过使用 1 位 BCD 加法器电路，可以轻松构建 N 位 BCD 加法器电路，其中 1 位加法器电路的 C_{out} 将作为 C_{in} 发送给 BCD 加法器电路的下一位数。因此，广义 N 位 BCD 加法器利用前一个进位进行顺序计算，其框图如图 16.5 所示。

$$C_{out}S_3S_2S_1 = \begin{cases} C_{out}^3 S_3^3 S_2^3 S_1^3, & C_3 = 1 \\ C_{out}^\gamma S_3^\gamma S_2^\gamma S_1^\gamma, & \text{其他} \end{cases} \tag{16.3}$$

算法 16.2 一位 BCD 加法器电路的结构

Input: Two 1-digit BCD numbers $A=\{A_3A_2A_1A_0\}$ and $B=\{B_3B_2B_1B_0\}$;

Output: Sum $S=\{S_3S_2S_1S_0\}$ and Carry=C_{out};

Apply a full adder circuit where Input: =$\{A_0, B_0, C_{in}\}$ and Output: =$\{C_0, S_0\}$;

$i \leftarrow 1$;

repeat

  Apply a half adder circuit where Input: =$\{A_i, B_i\}$

  and Output: =$\{C_i, S_i\}$;

until (i=3);

if (C_3=1) **then**

  $S_3^\beta \leftarrow C_0$; $C_{out}^\beta \leftarrow 1$;

  if C_0=0 **then**

   $S_1^\beta \leftarrow 1$; $S_2^\beta \leftarrow 1$;

  else

   $S_1^\beta \leftarrow 0$; $S_2^\beta \leftarrow 0$;

  end

else

  Apply four 6-input LUTs where each LUT's

   Input: =$\{S_3^\alpha, S_2^\alpha, S_1^\alpha, C_3, C_2, C_1\}$

  and combined Output: =$\{C_{out}^\gamma S_3^\gamma S_2^\gamma S_1^\gamma\}$;

end

$j \leftarrow 1$;

repeat

  Apply a switching circuit where Input: =$\{S_j^\gamma, S_j^\beta\}$

   and Output: =$\{S_j\}$;

until (j=3);

Apply fourth switching circuit where Input: $=\{C^{\gamma}_{out}, C^{\beta}_{out}\}$ and Output: $=\{C_{out}\}$;

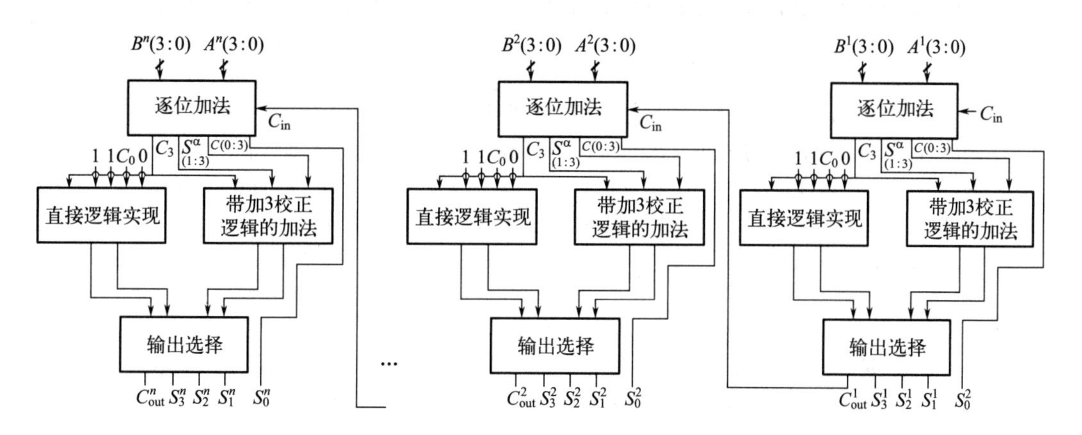

图 16.5 *N* 位 BCD 加法器电路框图

16.3 小结

目前，可重构计算已成为专用集成电路（ASIC）和固定微处理器的最佳替代品。此外，BCD 加法是基本的算术运算，也是重点。本章介绍的 BCD 加法器是高度并行的，可减轻加法运算中显著的进位传递延迟。由于从十进制转换为 BCD 比二进制更方便，基于 FPGA 的高效 BCD 加法器将影响十进制数字计算和操作的发展。此外，现场可编程门阵列（FPGA）的实现将有利于应用于位运算、私钥加密和解密加速、大量的流水线和并行计算的 NP 难问题、自动目标生成以及更多应用。

参考文献

[1] A. K. Osama, M. A. Khaleel, Z. A. QudahJ, C. A. Papachristou, K. Mhaidat and F. G. Wolff, “Fast binary/decimal adder/subtractor with a novel correction-free BCD addition”, In Electronics, Circuits and Systems (ICECS), 18th IEEE International Conference on, pp. 455–459, 2011.

[2] C. Sundaresan, C. V. S. Chaitanya, P. R. Venkateswaran, S. Bhat and J. M. Kumar, “High speed BCD adder”, In Proceedings of the 2nd International Congress on Computer Applications and Computational Science, pp. 113–118, 2012.

[3] Z. T. Sworna, M. U. Haque and H. M. H. Babu, “A LUT-based matrix multiplication using neural networks”, IEEE International Symposium on Circuits and Systems (ISCAS), pp. 1982–1985, 2016.

[4] Z. T. Sworna, M. U. Haque, N. Tara, H. M. H. Babu and A. K. Biswas, “Low-power

and area efficient binary coded decimal adder design using a look up table-based field programmable gate array", IET (The Institution of Engineering and Technology) Circuits, Devices & Systems, vol. 10, no. 3, pp. 1–10, 2015.

[5] P. Kenneth, R. Tessier and A. DeHon, "Birth and adolescence of reconfigurable computing: A survey of the first 20 years of field-programmable custom computing machines", In Field-Programmable Custom Computing Machines (FCCM), IEEE 21st Annual International Symposium on, pp. 1–17, 2013.

[6] H. Liu and S. B. Ko, "High-speed parallel decimal multiplication with redundant internal encodings", IEEE Trans. on Computers, vol. 62, no. 5, pp. 956–968, 2013.

[7] N. Yonghai, Z. Guo, S. Shen and B. Peng, "Design of data acquisition and storage system based on the FPGA", Proc. Eng., vol. 29, pp. 2927–2931, 2012.

[8] G. Sutter, E. Todorovich, G. Bioul, M. Vazquez and J. P. Deschamps, "FPGA Implementations of BCD Multipliers", In International Conference on Reconfigurable Computing and FPGAs, pp. 36–41, 2009.

[9] O. D. A. Khaleel, N. H. Tulic and K. M. Mhaidat, "FPGA implementation of binary coded decimal digit adders and multipliers", In 8th International Symposium on Mechatronics and its Applications (ISMA), 2012.

[10] G. Shuli, D. A. Khalili, J. M. Langlois and N. Chabini, "Efficient Realization of BCD Multipliers Using FPGAs", International Journal of Reconfigurable Computing, 2017.

[11] G. Shuli, D. A. Khalili and N. Chabini, "An improved BCD adder using 6-LUT FPGAs", In 10th International Conference on New Circuits and Systems (NEWCAS), pp. 13–16, 2012.

[12] G. Bioul, M. Vazquez, J. P. Deschamps and G. Sutter, "High-speed FPGA 10s Complement Adders-subtractors", Int. J. Reconfig. Comput., vol. 4, 2010.

[13] A. Vazquez and F. D. Dinechin, "Multi-operand Decimal Adder Trees for FPGAs", Research Report RR-7420, 2010.

[14] M. Vazquez, G. Sutter, G. Bioul and J. P. Deschamps, "Decimal Adders/Subtractors in FPGA: Efficient 6-input LUT Implementations", In Reconfigurable Computing and FPGAs, 2009.

[15] M. Shambhavi and G. Verma, "Low power and area efficient implementation of BCD Adder on FPGA", In Signal Processing and Communication (ICSC), International Conference on, pp. 461–465, 2013.

第17章

FPGA 布局布线算法

本章将重点介绍一种非常有效的算法，它可以最大限度地减少电路中因布局布线而产生的延迟。在使用现场可编程门阵列（FPGA）器件实现时，需要执行布局布线操作。通过使用高效的布局布线算法，可以分析逻辑块引入的延迟和互连引入的延迟。布局算法使用一组固定模块和描述不同模块间连接的网表作为输入。算法的输出是基于各种成本函数的每个模块的最佳位置，从而进一步降低成本和功耗，提高性能。

17.1 引言

大多数 FPGA 都基于静态随机存取存储器（SRAM），需要在每次上电后对其进行配置，因为它们是易失性的。通常，FPGA 设计流程将设计映射到基于 SRAM 的 FPGA 上，包括三个阶段。第一阶段使用综合器，该综合器用于将用硬件描述语言（HDL）编码的电路模型转换为寄存器传输级（RTL）设计。第二阶段使用技术映射器，将 RTL 设计转换为由查找表（LUT）和触发器（FF）组成的门级模型，并将其绑定到 FPGA 的资源上（产生技术映射设计）。第三阶段，布局布线算法采用工艺映射设计在 FPGA 上实现。

在复杂数字系统的情况下，布线和布局操作可能需要很长时间来执行，因为需要复杂的操作来确定和配置可编程逻辑器件内所需的逻辑块，以正确地互连它们，并验证满足了设计期间指定的性能要求。利用有效的布局布线算法，可以分析逻辑块引入的延迟和互连引入的时延迟。

根据设计的不同，布局算法中可以有一个或多个成本函数。成本函数包括最大导线总长度、导线可布线性、拥塞、性能和 I/O 焊盘位置。

17.2 布局和布线

布局布线操作在 FPGA 器件用于实现时执行。对于设计，布局是选择可编程逻辑器件的特定模块或逻辑块的过程，这些模块或逻辑块将用于实现数字系统的各种功能。布线是使用器件可用布线资源，将这些逻辑块互连起来。

17.3 模块划分算法

模块划分的基本目的是简化整个设计过程。电路被分解成几个子电路，使设计过程可管理。算法 17.1 和算法 17.2 提到了不同划分算法的名称。

算法 17.1 划分算法

1. 迭代划分算法
2. 基于谱的划分算法
3. 网络划分与模块划分
4. 多路划分
5. 多级划分

算法 17.2 迭代划分算法

1. 贪婪迭代改进方法
2. Kernighan-Lin算法
3. Fiduccia-Mattheyses算法
4. Krishnamurthy算法
5. 模拟退火算法
6. Kirkpartrick-Gelatt-Vecchi算法

17.4 Kernighan-Lin 算法

Kernighan-Lin（K-L）算法用于 VLSI 布局中对图进行二分，于 1970 年首次被提出。该算法是一种迭代算法，它从负载平衡的初始二分开始，首先计算每个顶点在边割减少中的增益，如果将该顶点从图的一个划分移到另一个划分，可能会导致这种边割减少。每进行一次内部迭代，它都会将增益最高的未锁定顶点，从顶点较多的划分移到顶点较少的划分，然后锁定该顶点并更新增益。

重复该过程，直到所有顶点都被锁定，即使最高增益可能是负值。然后撤消最后几次出现负增益的移动，并将二分恢复为本次迭代中迄今为止边割最小的一次。至此，完成了 K-L 算法的一次外部迭代，再重新开始迭代过程。如果外部迭代不会导致边割的减少或负载不平衡，则终止算法。

K-L 算法是一种局部优化算法，具有进行负增益移动的能力。

17.4.1 K-L 算法原理

假设有一个图 $G(V,E)$，V 是节点集，E 是边集。该算法试图将 V 划分成大小相等或不等的两个互不相交的子集 A 和 B，使得 A 和 B 中节点之间的边的权重之和 T 最小。

设 I_a 为 a 的内部成本，即 a 与 A 中其他节点之间的边成本之和；设 E_a 为 a 的外部成本，即 a 与 B 中节点之间的边成本之和。此外，设 $D_a = E_a - I_a$ 为 a 的外部成本和内部成本之差。如果 a 和 b互换，则成本减少为：

$$T_{\text{old}} - T_{\text{new}} = D_a + D_b - 2C_{a,b}$$

式中，$C_{a,b}$ 是 a 和 b 之间的可能边的成本。

该算法会尝试在 A 和 B 的元素之间找到一系列最优的交换操作，使 $T_{\text{old}} - T_{\text{new}}$ 最大化，然后执行这些操作，将图划分为 A 和 B。

所有可能的二分都会被尝试，并选出最好的一个。如果有 $2n$ 个顶点，那么可能性的数量为 $(2n)!/[2(n!)^2]$；如果有 4 个顶点（A,B,C,D），那么可能性有三种：

$$1.\ X = (A,B)\ ,\ Y = (C,D)$$
$$2.\ X = (A,C)\ ,\ Y = (B,D)$$
$$3.\ X = (A,D)\ ,\ Y = (B,C)$$

17.4.2 K-L 算法实现

现在，根据 K-L 算法，将上述应用转换为上述设计中提到的八个节点，这些节点如下。

节点 1：与门，输入为 A_1 和 B_1。

节点 2：异或门，输出为 S_3。

节点 3：与门，输出为 S_2。

节点 4：异或门。

节点 5：与门，输入为 A 和 B_0。

节点 6：与门，输入为 A_0 和 B_1。

节点 7：与门。

节点 8：与门，输入为 A_0 和 B_0。

17.4.3 K–L 算法步骤

步骤一：初始化

假设初始划分是将顶点随机分为划分 A={1, 2, 5, 8} 和 B={3, 4, 6, 7}。其中令 A^1=A={1, 2, 5, 8} 和 B^1={3, 4, 6, 7}。

步骤二：计算 D 值

$$D_a = E_a - I_a$$
$$D_1 = E_1 - I_1 = 1-1 = 0$$
$$D_2 = E_2 - I_2 = 0-1 = -1$$
$$D_3 = E_3 - I_3 = 1-0 = 1$$
$$D_4 = E_4 - I_4 = 1-2 = -1$$
$$D_5 = E_5 - I_5 = 2-0 = 2$$
$$D_6 = E_6 - I_6 = 0-2 = -2$$
$$D_7 = E_7 - I_7 = 1-1 = 0$$

步骤三：计算增益

$$G_{ab} = D_a + D_b - 2C_{ab}$$
$$G_{23} = D_2 + D_3 - 2C_{23} = -1+1-2\times 0 = 0$$
$$G_{24} = D_2 + D_4 - 2C_{24} = -1-1-2\times 0 = -2$$
$$G_{26} = D_2 + D_6 - 2C_{26} = -1-2-2\times 0 = -3$$
$$G_{27} = D_2 + D_7 - 2C_{27} = -1+0-2\times 0 = -1$$
$$G_{13} = D_1 + D_3 - 2C_{13} = 0+1-2\times 1 = -1$$
$$G_{14} = D_1 + D_4 - 2C_{14} = 0-1-2\times 0 = -1$$
$$G_{16} = D_1 + D_6 - 2C_{16} = 0-2-2\times 0 = -2$$
$$G_{17} = D_1 + D_7 - 2C_{17} = 0+0-2\times 0 = 0$$
$$\boldsymbol{G_{53} = D_5 + D_3 - 2C_{53} = 2+1-2\times 0 = 3}$$
$$G_{54} = D_5 + D_4 - 2C_{54} = 2-1-2\times 1 = -1$$
$$G_{56} = D_5 + D_6 - 2C_{56} = 2-2-2\times 0 = 0$$
$$G_{57} = D_5 + D_7 - 2C_{57} = 2+0-2\times 1 = 0$$

G 的最大值为 G_{53}=3，这里考虑了 (a_1, b_1)=(5, 3) 和 A^1=A^1−5=(1, 2, 8) 以及 B^1=B^1−3=(4, 6, 7)。

新的 A^1=(1, 2, 8)，B^1=(4, 6, 7)。如果 A^1 和 B^1 都不是空值，就在下一步更新 D 的值，并重复步骤三的操作。

步骤四：更新连接到 (5, 3) 的节点的 D 值

与 (5, 3) 相连的顶点是集合 A^1 中的顶点 (1) 和集合 B^1 中的顶点 (4, 7)。A^1 和 B^1 中顶点的新的 D 值为

$$D_1^1 = D_1 + 2(C_{13}) - 2(C_{15}) = 2$$
$$D_4^1 = D_4 + 2(C_{43}) - 2(C_{45}) = -1$$
$$D_7^1 = D_7 + 2(C_{75}) - 2(C_{73}) = 2$$

$$D_2^1=D_2+2(C_{52})-2(C_{23})=-1$$
$$D_6^1=D_6+2(C_{63})-2(C_{65})=-2$$

重复步骤三

$$G_{24}=D_2^1+D_4^1-2C_{24}=-2$$
$$G_{26}=D_2^1+D_6^1-2C_{26}=-2$$
$$G_{27}=D_7^1+D_2^1-2C_{27}=1$$
$$G_{14}=D_1^1+D_4^1-2C_{14}=1$$
$$G_{16}=D_1^1+D_6^1-2C_{16}=0$$
$$\boldsymbol{G_{17}=D_1^1+D_7^1-2C_{17}=4}$$

这里 G_{17} 的 G 值很大。因此，(a_2, b_2) 为 (1, 7)。

$$D_2^{11}=D_2^1+2(C_{21})-2(C_{27})=1$$
$$D_4^{11}=D_4^1+2(C_{47})-2(C_{41})=-1$$
$$D_6^{11}=D_6^1+2(C_{67})-2(C_{61})=0$$
$$G_{24}=D_2^{11}+D_4^{11}-2C_{24}=0$$
$$G_{26}=D_2^{11}+D_6^{11}-2C_{26}=1$$

最后一对 (a_3, b_3) 是 (1, 7)，相应的增益是 G_{17}。

步骤五：确定 X 和 Y_4 的值

$X=a_1=1$，$Y=b_1=1$。

将 X 移到 B，Y 移到 A，之后得到的新划分是 A={2, 5, 7, 8} 和 B={1, 3, 4, 6}。以这个新划分为初始划分，再次重复整个过程。验证算法的第二次迭代也是最后一次迭代，得到的最佳解是 A={2, 5, 7, 8} 和 B={1, 3, 4, 6}。

整个过程重复进行，取最大增益值，然后计算分割尺寸。在第二遍执行之后，锁定了具有最大增益的节点。这个过程会在所有通道和组合中重复进行。在上述过程结束时，得到了最小的分割尺寸，从而减少了线路延迟，提高了性能。

17.5 小结

K-L 算法通过减少线路延迟来提高性能。在使用 K-L 可行划分进行优化方面，还有待进一步研究。为了在 FPGA 上有效地进行元件的布局和布线，分析了一种有效的布局布线算法。在本章中，针对数字电路提出了一种新的方法，该方法减少了电路面积，提高了算法性能，从而解决硬件或软件划分的问题。

参考文献

[1] L. Sterpone and M. Violante, "A New Reliability-Oriented Place and Route Algorithm

for SRAM-Based FPGAs", IEEE Trans. on Computers, vol. 55, no. 6, 2006.
[2] O. Martinello, F. S. Marques, R. P. Ribas and A. I. Reis, "KL-Cuts: A New Approach for Logic Synthesis Targeting Multiple Output Blocks", pp. 777–782.
[3] A. M. Fahim, "Low-Power High-Performance Arithmetic Circuits and Architectures", IEEE Journal of Solid-State Circuits, vol. 37, no. 1, pp. 90–94, 2002.
[4] S. S. Brown, "FPGA Architecture Research: A Survey", IEEE Design and Test of Computers, pp. 9–15, 1996.
[5] A. M. Fahim, "Low-Power High-Performance Arithmetic Circuits and Architectures", IEEE Journal of Solid-State Circuits, vol. 37, no. 1, pp. 90–94, 2002.
[6] J. Rose, A. E. Gamal and A. Sangiovanni-Vincetelli, "Architecture of Field-Programmable Gate Arrays", Proc. IEEE, vol. 81, no. 7, pp. 1013–1029, 1993.
[7] S. Brown, "FPGA Architecture Research: A Survey", IEEE Design and Test of Computers, pp. 9–15, 1996.
[8] Udar, Vaishali, and Sanjeev Sharma. "Analysis of place and route algorithm for field programmable gate array (FPGA)." In 2013 IEEE Conference on Information & Communication Technologies, pp. 116–119. IEEE, 2013.

第18章

基于LUT的BCD乘法器

BCD是一种更精确、更易于人类阅读和转换的表示法，在计算机和电子通信领域非常流行。本章介绍一种 $N \times M$ 位BCD乘法算法，可减少传统乘法过程的复杂步骤。由于FPGA技术的众多优势和应用，基于LUT的BCD乘法器设计更为有效。因此，本章提出一种具有新选择、读写操作的紧凑型LUT电路架构。随后，演示了一个具有成本效益的 $N \times M$ 位乘法器电路，并给出了一个基于LUT的1位直接乘法器电路。

18.1 引言

本章介绍了一种 $N \times M$ 位乘法器的设计方法，可省去复杂的运算步骤，减少整个电路的面积、功耗和延迟。FPGA领域的进步开辟了技术发展的新视野，这得益于其长时间可用性、快速原型设计能力、可靠性和硬件并行性。与重新设计专用集成电路（ASIC）的巨额费用相比，对FPGA设计进行增量更改的成本可以忽略不计。FPGA在密码学、NP难优化问题、模式匹配、生物信息学、浮点运算、分子动力学等领域的应用正急剧增加。由于其可重构性，BCD乘法的FPGA实现备受关注。FPGA具有三个主要元素——LUT、触发器和布线矩阵。

传统计算中有两种主要方法来执行各种算法。第一种是使用ASIC在硬件中执行操作。ASIC是专门为执行给定的计算而设计的，在执行其设计的精确计算时它们非常快速且高效。然而，电路制造完成后就不能改变。其次，就可重用性而言，微处理器是一种更加灵活的解决方案。处理器执行一组指令来执行计算，通过改变软件指令，可以在不改变硬件的情况下改变系统的功能。然而，与ASIC相比，它也存在一些缺点，例如随着灵活性的增加，性能会降低，因为处理器必须从内存中读取每条指令，根据内存内容确定指令的含义，然后才执行特定的获取指令，从而导致每个单独操作的执行开销很高。

可重构计算旨在填补硬件和软件之间的空白，实现比软件更高的性能，同时保持更高的灵活性。由于可重构计算具有极大加速各种应用的多功能潜力，如今已成为研究热点。它的主要特点是能够在硬件中执行计算以提高性能，同时保留软件解决方案的大部分灵活性。FPGA 是一种在制造完成后可进行编程的半导体器件，因此，它是可重构计算的绝佳工具。乘法是在任何活动中都会大量使用的基本运算。计算机系统中有多种类型的数值表示法。数值的二进制表示法为计算机系统的计算提供了更多优势，而十进制表示法则更加人性化。相比之下，BCD 扮演着中间者的角色，它提供了一种直观的机制，将数值转换为人类可读的十进制字符。

鲁棒且优化的电路设计必须处理好电路的延迟问题，这是衡量性能以及面积和功耗的关键比较参数。更快的逻辑电路的精确度是设计问题中的一个折中。本章结合现代可重构计算的这些新领域，探索了可重构计算的一些新性质以及 BCD 乘法器的电路结构问题，并提出了一种基于 FPGA 的高效 BCD 乘法器的设计方案。

FPGA 能够在产品制造之前对其进行测试，因此已成为数字电路设计中极为有用的媒介。它使设计人员能够避免综合之前设计的缺陷。自 FPGA 发明以来，它创造了许多新的机遇。最令人兴奋的可能是可重构计算。通常，FPGA 由一系列可编程逻辑块、互连（布线通道）和 I/O 单元组成。逻辑块可配置为实现顺序和组合功能，这影响了 FPGA 的速度和密度。由于 FPGA 的密度低至掩模编程门阵列的十分之一，研究人员正致力于探索新型高效可配置逻辑块，以尽可能降低密度和缩小差距。

FPGA 大多数常用的逻辑块都是基于 Plessy 的 LUT 和设计。查找表可以实现由其输入定义的任何逻辑函数。输入越多，LUT 可以实现更多的逻辑，因此需要的逻辑块也就越少。这有助于通过更少的面积来布线，因为逻辑块之间的布线连接更少。随着十进制计算机算法在科学、商业、金融和互联网的应用中的日益普及，十进制算法的硬件实现变得越来越重要。目前，硬件十进制运算单元已成为一些近期商业化的通用处理器的组成部分，其中复杂的十进制算术运算（诸如乘法）已经通过相当慢的迭代硬件算法来实现。随着 VLSI 技术的飞速发展，半并行和全并行硬件十进制乘法器有望快速发展起来。如前所述，十进制数字的主要表示是 BCD 编码。BCD 数字乘法器可以作为十进制乘法器的关键构建块，与并行程度无关。BCD 数字乘法器从两个输入 BCD 数字产生两个 BCD 数字乘积。本章旨在提供一种并行 BCD 乘法器的设计，并展示使用 FPGA 紧凑型 LUT 实现 BCD 乘法器的一些优势。

本章主要讨论五个方面的问题：

① 提出一种基于 1×1 位 LUT 的直接 BCD 乘法方法，避免了传统乘法的重新编码、部分积生成、部分积压缩和转换等步骤。

② 介绍一种 $N \times M$ 位 BCD 乘法算法，该算法减少了重新编码、部分积压缩和转换步骤。

③ 提出一种在 LUT 所需存储器中选择存储单元、读写操作的有效方法。

④ 介绍一种具有更高精度和更低硬件复杂度的新型 LUT 结构。

⑤ 提出一种新型 $N \times M$ 位 BCD 乘法电路，该电路的 LUT 数量、面积和延迟都显著减少。

18.2　基本性质

在本节中，将通过图示和案例介绍与 BCD 乘法方法和 LUT 相关的基本特性和思想。此外，还正式定义了面积、功耗和延迟等比较参数以及 LUT 的存储单元（忆阻器）。

性质 18.2.1　BCD 乘法器使用 BCD 数作为输入，并提供 BCD 输出，其中每个十进制数用一个 4 位二进制码（权重为 8、4、2 和 1）表示。例如，十进制数 $(2549)_{10}$ 在 BCD 中表示为 $(0010\ 0101\ 0100\ 1001)_{BCD}$。两个 BCD 数相乘产生部分积。在得到所有部分积之后，将它们相加，得到二进制输出。然后，将二进制输出转换为 BCD 输出。

例 18.1　$(29)_{10}=(0010\ 1001)_{BCD}$ 与 $5_{10}=(0101)_{BCD}$ 相乘得到四个部分积。部分积相加得到需要转换为 BCD 表示的二进制输出。转换后的 BCD 值为 0001 0100 0101，十进制值为 145。

性质 18.2.2　LUT 是具有一位输出的存储块，其实质上实现了真值表，其中每个输入组合生成特定的逻辑输出。输入组合称为地址。LUT 的输出是存储在所选存储单元的索引位置中的值。由于可以根据相应的真值表将 LUT 中的存储单元设置为任何值，因此 N 输入 LUT 可以实现任意逻辑函数。

例 18.2　当执行任意逻辑函数时，该逻辑的真值表被映射到 LUT 的存储单元。假设在执行式（18.1）时，其中“|”表示逻辑或运算，函数的真值表如表 18.1 所示。图 18.1 展示了逻辑函数的门表示和 LUT 表示。输出是使用对应的输入组合生成的，例如对于输入组合 1 和 0，输出将为 1。

$$f=(A\cdot B)|(A\oplus B) \tag{18.1}$$

表 18.1　f 函数的真值表

A	B	输出 (f)
0	0	0
0	1	1
1	0	1
1	1	1

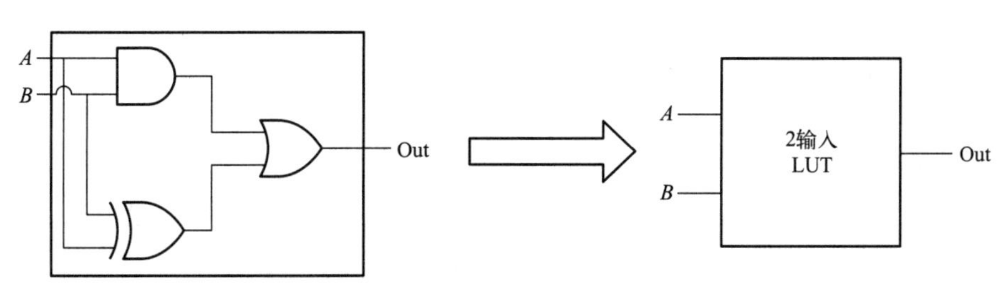

图 18.1　逻辑函数的 LUT 实现

性质 18.2.3 逻辑电路的面积是各个电路元件的总面积。如果一个电路由 n 个门组成，而这 n 个门的面积分别为 $A_1, A_2, \cdots, A_n$，那么根据上述定义，该电路的面积 A 如下：

$$A=\sum_{i=1}^{n} A_i;\quad 其中\ i=1,2,3,\cdots,n \tag{18.2}$$

例 18.3 一个半加器由一个 2 输入异或门和一个 2 输入与门组成。采用 CMOS 开放式单元库，2 输入异或门和 2 输入与门的面积分别为 1.6μm^2 和 1.2μm^2。因此，一个半加器电路的面积为 (1.6+1.2)μm^2=2.8μm^2。

性质 18.2.4 电路的总功率可通过将每个门的单个功率相加来计算。要计算单个门的功率，需要使用从 Microwind DSCH 获得的电流和每个门上的电压，计算公式如下：

$$P=V\times I \tag{18.3}$$

式中，P 是功率，V 是电压，I 是电流。

如果门的单个功率分别为 $P_1, P_2, \cdots, P_n$，则电路的总功率 P 可以使用下式计算：

$$P=\sum_{i=1}^{n} P_i \tag{18.4}$$

式中，i=1, 2, 3, ⋯, n。

例 18.4 假设一个半加器电路由一个与门和一个异或门组成，这两个门分别由 6 个和 8 个晶体管构成。使用 Microwind DSCH，得到该电路的阈值电压为 0.5V，通过晶体管的电流为 0.1mA。因此，单个晶体管消耗的功率为 (0.5 × 0.1) mW=0.05mW。因此，一个半加器的功耗为 (14×0.05)mW=0.7mW。

性质 18.2.5 组合电路的延迟就是关键路径延迟，可以定义为该关键路径中每个门的门延迟之和。关键路径是从输入到输出的最长路径，它能使低输入到高输出，反之亦然。如果 $T_1, T_2, T_3, \cdots, T_n$ 分别是门 $G_1, G_2, G_3, \cdots, G_n$ 在关键路径上的门延迟，则电路的延迟 T_{Delay} 为：

$$T_{\text{Delay}}=T_1+T_2+T_3+\cdots+T_n \tag{18.5}$$

例 18.5 全加器由两个 2 输入异或门和一个 3 输入与门组成。2 输入异或门和 3 输入与门的延迟都是 0.160ns。全加器的关键路径由两个异或门组成。因此，全加器的延迟为 (0.160+0.160)ns=0.320ns，如图 18.2 所示。

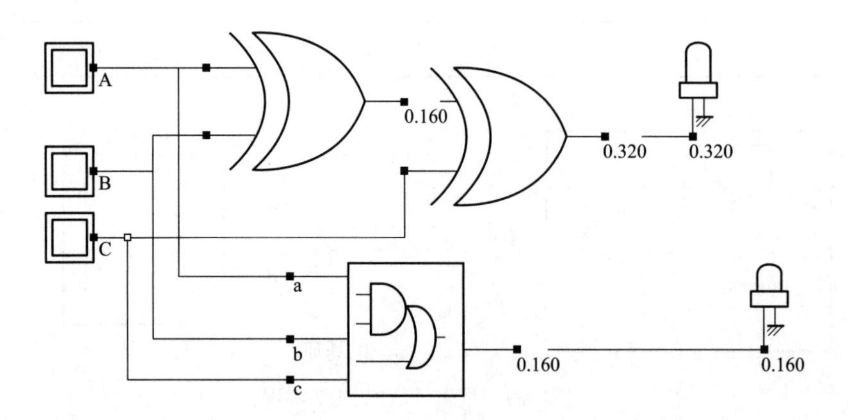

图 18.2 全加器电路关键路径延迟的确定

性质 18.2.6 忆阻器（记忆电阻器）是一种非线性和非易失性的记忆器件，与电阻器、电感器和电容器这三种经典电路元件具有一样的基本地位。它本质上是一个两端器件，其电阻材料是二氧化钛（TiO_2）。当在铂电极上施加电压时，材料中的氧原子会根据电压的极性向左或向右扩散，使材料变薄或变厚，从而引起电阻的变化。当电压关闭时，电阻值保持关闭前的状态。图 18.3 显示了忆阻器单元的横截面。

忆阻器是一种非线性器件，它的磁通量 $\Phi_m(t)$ 与电荷量之间存在非线性函数关系：

$$q(t): f(\Phi_m(t), q(t)) = 0 \tag{18.6}$$

性质 18.2.7 忆阻值是忆阻器的电子特性，即磁通量随电荷的变化率。用电压的时间积分代替磁通量，用电流的时间积分代替电荷量，可以从式（18.7）中求得简便的忆阻函数：

$$M(q(t)) = \frac{\frac{\mathrm{d}\Phi}{\mathrm{d}t}}{\frac{\mathrm{d}q}{\mathrm{d}t}} = \frac{V(t)}{I(t)} \tag{18.7}$$

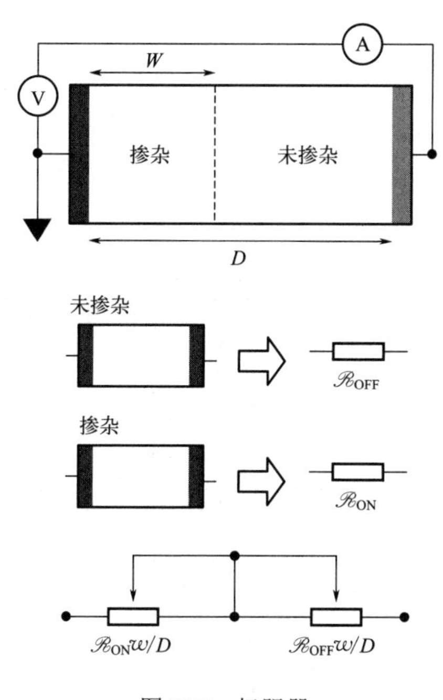

图 18.3 忆阻器

18.3 算法

本节将介绍 BCD 乘法算法和 LUT 架构，在此基础上，设计了一种基于 LUT 的 BCD 乘法器电路。为了阐明思路，本节还给出了一些重要的图表和定理。下一节将详细描述利用 FPGA 的 LUT 设计 BCD 乘法器。

18.3.1 BCD乘法思想

由于BCD数字的范围是0～9，因此两个BCD数字的乘法可以产生100种可能的输入与相应输出的组合。对于1×1位BCD乘法，输出乘积最多可以是2位数（8比特位），假设为$\{P_7, \cdots, P_0\}$。对于输出的每一比特位，都会生成函数，其中一些可以使用逻辑门有效地实现，而另一些则需要使用LUT。基于逻辑门的函数实现的公式如下，其中，"•"表示逻辑与运算，"|"表示逻辑或运算。

$$P_0 = A_0 \cdot B_0 \tag{18.8}$$

$$\begin{cases} (A_1 \cdot A_2 \cdot B_1 \cdot B_2), & \text{当 } (A_3 \mid B_3) = 0 \\ (B_0 \cdot B_2) \cdot (B_1 \cdot B_2) \cdot (\overline{B_0} \cdot \overline{B_1} \cdot \overline{B_2} \cdot \overline{B_3}), & \text{当 } (A_3 \mid B_3) = 1 \text{ 且 } A_3 = 1 \\ (A_0 \cdot A_2) \cdot (A_1 \cdot A_2) \cdot (\overline{A_0} \cdot \overline{A_1} \cdot \overline{A_2} \cdot \overline{A_3}), & \text{其他} \end{cases} \tag{18.9}$$

$$P_7 = (A_0 \cdot A_3 \cdot B_0 \cdot B_3) \tag{18.10}$$

乘积$\{P_5, \cdots, P_0\}$的函数在LUT中实现。表18.2所示的真值表验证了所有可能的输入输出组合。乘法器电路有以下几个步骤：

① 重新编码；

② 部分积生成；

③ 部分积压缩；

④ 转换为BCD表示。

表18.2　1位数乘法的真值表

A_3	A_2	A_1	A_0	B_3	B_2	B_1	B_0	P_7	P_6	P_5	P_4	P_3	P_2	P_1	P_0
0	0	0	0	0	0	0	0	0	0	0	0	0	0	0	0
0	0	0	0	0	0	0	1	0	0	0	0	0	0	0	0
0	0	0	0	0	0	1	0	0	0	0	0	0	0	0	0
⋮				⋮				⋮							
1	0	0	1	0	1	1	1	0	1	1	1	0	0	1	1
1	0	0	1	1	0	0	0	0	1	1	1	0	0	1	0
1	0	0	1	1	0	0	1	1	0	0	0	0	0	0	1

对于$N \times M$位乘法，基本上有两个步骤：

① 生成$N \times M$个部分积(PP)，其中每个节点都是并行得到的乘数和被乘数的各个数字的不同乘积。

② 然后，生成$N+M$位乘积(P)，其中乘积的每位数是每个节点相应数字表示的总和。

设A是N位乘数，B是M位被乘数，其中$A = A_N \cdots A_2 A_1$和$B = B_M \cdots B_2 B_1$，输出是$N+M$位乘积P，其中$P = P_{N+M} \cdots P_2 P_1$。算法18.1中阐述了$N \times M$位乘法的算法。中间部分

积表示为 $PP_i(x^{i+j}, y^{i+j-1})$，其中 x 是十位数，y 是个位数。因此，部分积是由单个乘数和被乘数的数字相乘生成的。因此，部分积如下：

$$PP_1(x_2, y_1) = (B_1 \times A_1)$$
$$PP_1(x_3, y_2) = (B_1 \times A_2)$$
$$PP_1(x_{N+1}, y_N) = (B_1 \times A_N)$$
$$PP_2(x_3, y_2) = (B_2 \times A_1)$$
$$PP_m(x_{M+N}, y_{M+N-1}) = (B_M \times A_N)$$

算法 18.1 *N*×*M* 位 BCD 乘法算法

Input：One N-digit and one M-Digit BCD numbers $A=A^N\cdots A^2A^1$ and $B=B^M\cdots B^2B^1$；

Output：N+M-Digit Product, $P=P_{N+M}\cdots P_2P_1$；

1 Generate $N\times M$ number of partial products in parallel where，

2 $i\leftarrow 1$；

3 $j\leftarrow 1$；

4 **for** (i=M) **do**

5 　**for** (j=M) **do**

6 　　$PP_j x^{i+j} PP_j y^{i+j-1} = A_i * B_j$；

7 $q\leftarrow 1$；

8 **repeat**

9 　Generate N+M number of products where,

10 　$P_q = \sum_{r=1}^{m} PP_r x^q + PP_r y^q + carry_{(q-1)}$；

11 **until** (q=N+M)；

18.3.2 LUT 架构

LUT 由两个基本部分组成：控制电路、存储单元。控制器电路发送相应的读电压或写电压以完成读写操作。忆阻器被认为是存储单元，因为除了非易失性之外，它还比其他非易失性存储单元具有更高的面积效率和功耗效率。读写操作不可能同时进行，因此，使用异或门以及或门，一次只选择一个操作，以避免 LUT 中普遍存在的这种模糊性。存储器单元的选择取决于 LUT 的两个输入端，它们指向存储器阵列中的相应存储器地址，存储器阵列由四根纳米交叉线组成，每个交叉点都连接了一个忆阻器。与每个忆阻器相连的传输门传播工作电压，将写入的 1/0 存储到存储器中，或读取相应的存储单元，并通过忆阻器将读取值传播到输出端 O_1 或 O_2。LUT 如图 18.4 所示，构造 2 输入 LUT 的算法见算法 18.2。

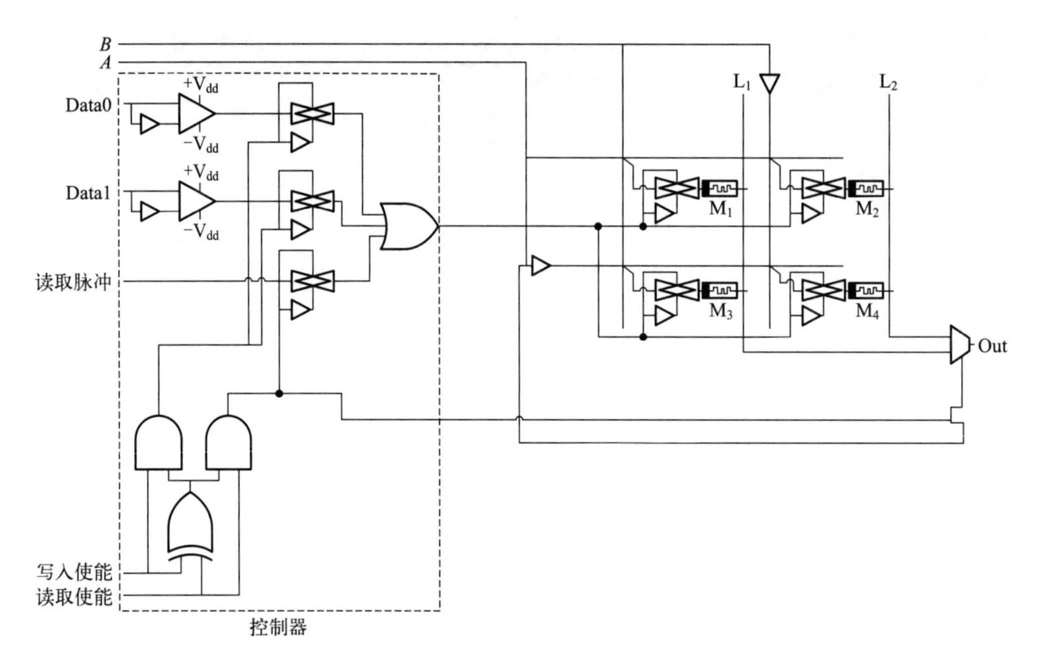

图 18.4 2 输入 LUT 电路结构

算法 18.2 2 输入 LUT 电路的构造算法

Input: $R_{En}(+Vdd).W_{En}(+Vdd/-Vdd).R_{Pulse}$, Two Address Selector Input A and B, Data *Data* 0, *Data* 1;

Output: *Out* which will carry the content of desired memory block during Read operation;

1 **if** (W_{En}=1) **then**

2 Apply two transmission gate with Input {W_{En} and *Data* 0} and {W_{En} and *Data* 1} with corresponding Output $D0$ and $D1$, respectively.

3 Apply crossbar arrays to select memory cell M_i where $i \leqslant 4$ with distinct input combination of A and B; Write $D0$ or $D1$ to M_i;

4 **else**

5 **if** (R_{En}=1) **then**

6 Apply a transimission gate with Input:={R_{En} and R_{Pulse}} and Output:={R}.

7 Apply crossbar arrays to select memory cell M_i where $i \leqslant 4$ with distinct input combination of A and B;

8 Read Data R_1 from M_i;

9 Pass R_1 to Line L_1 or L_2 (depending on location of M_i);

10 Apply 2-to-1 Mux where Input:={L_1, L_2}. Output:={*Out*} and *Selection Bit*$_{MUX}$:=A;

由于复位本质上是写0操作，因此在单个存储单元上执行这两种操作时没有任何区别，从而降低了硬件复杂性。此外，直接使用带有反相器的LUT输入，可取代传统的Wl（字线）和Bl（位线），减少控制器电路开销，从而在改善面积、功耗和延迟方面卓有成效。运算放大器则用于无噪声读写电压。表18.3列出了LUT在读写操作时的工作特性，其中 R_P 代表读取脉冲，D_0 和 D_1 分别代表Data 0和Data 1。

表18.3　写入和读取操作

方法	输入					数据		存储器				输出		
操作	R_{En}	W_{En}	R_P	A	B	D_0	D_1	$M_1(00)$	$M_2(01)$	$M_3(10)$	$M_4(11)$	L_1	L_2	Out
写入	↓	↑	↓	0	0	√	×	D_0	—	—	—	—	—	—
	↓	↑	↓	0	1	×	√	—	D_1	—	—	—	—	—
	↓	↑	↓	1	0	√	×	—	—	D_0	—	—	—	—
	↓	↑	↓	1	1	×	√	—	—	—	D_1	—	—	—
读取	↑	↓	↑	0	0	×	×	D_0	—	—	—	D_0	—	D_0
	↑	↓	↑	0	1	×	×	—	D_1	—	—	D_1	—	D_1
	↑	↓	↑	1	0	×	×	—	—	D_0	—	—	D_0	D_0
	↑	↓	↑	1	1	×	×	—	—	—	D_1	—	D_1	D_1

对于写入操作，写入使能脉冲电压是高电平，作为传输门的输入位以传递数据位（Data 0/Data 1）。交叉开关阵列选择特定存储器单元 M_i，其中 $i \leqslant 4$。M_i 的初始忆阻值首先被认为分别用于写1和写0操作的 R_{OFF} 和 R_{ON}。然后，通过 V_{in} 施加 $+V_{dd}/-V_{dd}$ 的脉冲，直到忆阻值改变状态。因此，逻辑1/0被成功地写入 M_i。

对于读取操作，读取使能脉冲电压和读取脉冲（$+V_{dd}/-V_{dd}$）都是高电平，并且将通过使用交叉阵列和传输门传播到特定存储单元 M_i。为了执行读0/读1操作，通过传输门向忆阻器施加正脉冲 $+V_{dd}$（读取脉冲），并且在输出端子 O_1 或 O_2 处得到读取值。对于读0操作，假设忆阻器的NSP（忆阻值）为零，则其将使忆阻器的NSP会向 R_{ON} 值略微改变。为了将NSP恢复到其原始值，需要施加一个大小为 V_{dd} 的恢复脉冲。

类似地，可以设计更大的输入LUT。对于BCD乘法器的设计，它需要异构的LUT架构，如5输入和6输入LUT，如图18.5和图18.6所示。5输入和6输入LUT分别具有 $2^5=32$ 和 $2^6=64$ 个存储单元，以及1个公共控制器电路。5输入LUT具有单个输出（O_5），而6输入LUT具有两个输出（O_5 和 O_6）。为了有效利用面积，这里采用了三维层结构。32个存储单元分为两层，64个存储单元分为四层，其中每层有16个存储单元。对于特定层，一行由输入 A 和 B 通过2输入LUT的选择电路选择。此外，以同样的方式使用两个输入 C 和 D 来选择列。由于在6输入中存在四层，因此使用输入 E 和 F 来选择特定层，而在5输入LUT中仅使用 E 来从两个层中选择层。6输入LUT需要100个忆阻器，其中存储单元需要64个忆阻器，参考单元需要36个忆阻器。另一方面，当参考单元不需要额外的忆阻器时，6输入LUT则需要总共64个忆阻器。性质18.3.1给出了支持2输入LUT电路的推广。

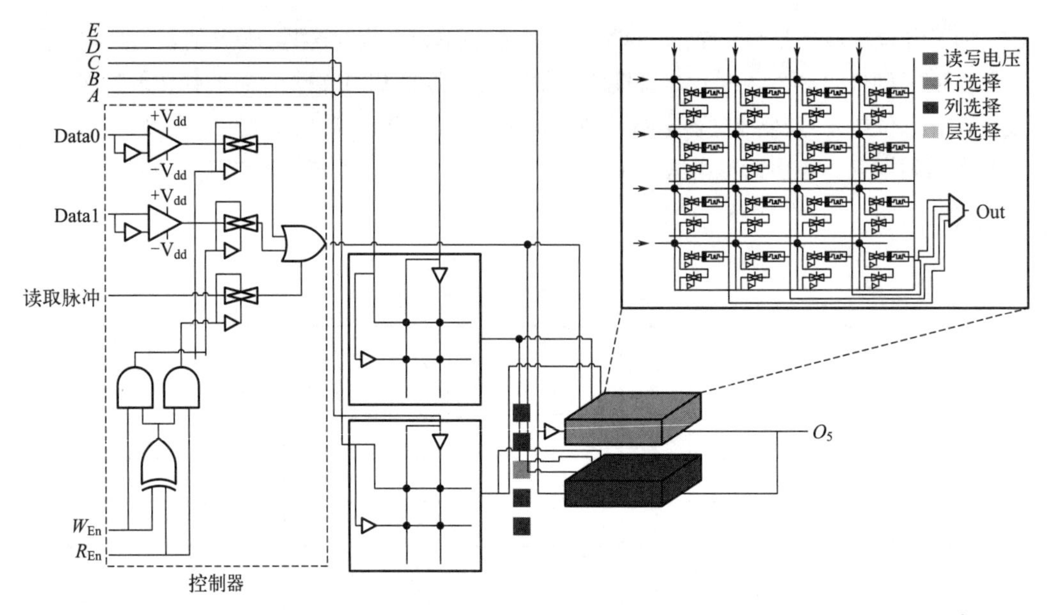

图 18.5 5 输入 LUT 电路

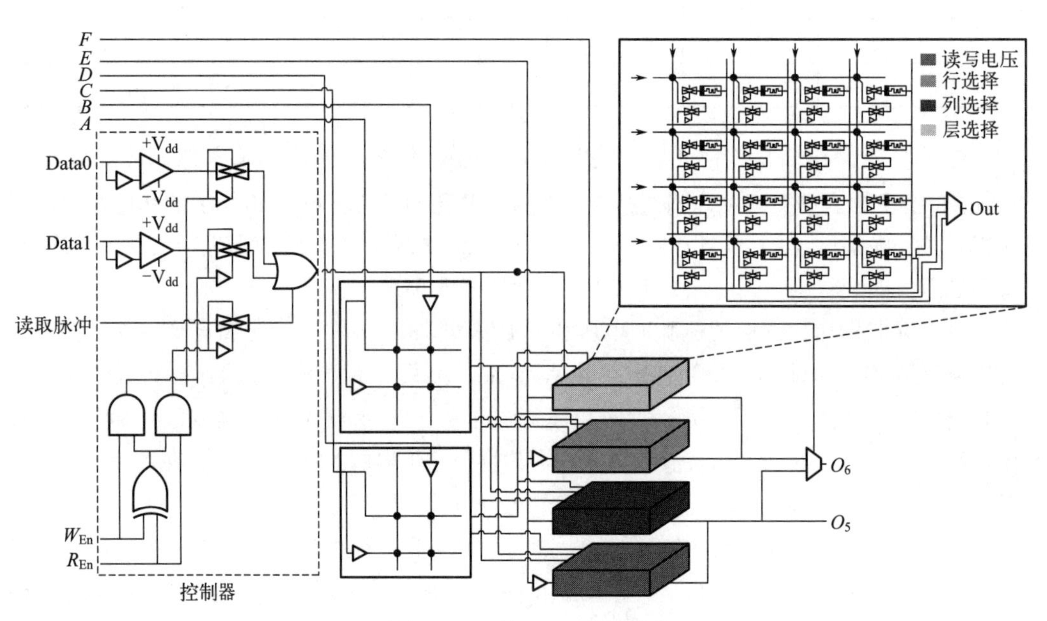

图 18.6 6 输入 LUT 电路

性质 18.3.1 一个 n 输入 LUT 至少需要 2^{n-2} 个 2 输入 LUT，其中 $n \geqslant 2$。

证明 18.1 上述性质可用数学归纳法证明。

① 基础：在 n=2 时，基础情况为 2^{2-2}=1。

② 假设：假设该陈述对于 n=k 成立。因此，一个 k 输入 LUT 由 2^{k-2} 个 2 输入 LUT 组成。

③ 归纳：现在考虑 n=k+1 的情况。则 k+1 输入 LUT 需要 2^{k+1-2}=2^{k-1} 个 2 输入 LUT。现在，输入数量可以减 1，得到 n=k。那么，k 输入 LUT 需要 2^{k-1-1}=2^{k-2} 个 LUT，假设成立。进而对于 n=k+1 假设成立。因此，对于 $n \geqslant 2$，n 输入 LUT 由 2^{n-2} 个 2 输入 LUT 组成，证明完毕。

例 18.6 当 n=5 时，5 输入 LUT 需要 2^{5-2}(=8) 个 2 输入 LUT。

18.4 基于 LUT 的 BCD 乘法器设计

通过异构输入 LUT 可设计 1×1 位 BCD 乘法器电路。使用不同的输入逻辑与门，可实现式（18.8）～式（18.10）。如果 A_3 或 B_3 为 1，则激活 5 输入 LUT 的块，否则激活 6 输入 LUT 的块。5 输入 LUT 给出了所有可能组合的 8_{10} 和 9_{10} 的 BCD 输出，或者作为乘数，或者作为被乘数，或者两者兼而有之。然而，6 输入 LUT 可提供其他可能组合的 BCD 输出。最后，使用式（18.11）通过 2 选 1MUX 门获得输出。1×1 位 BCD 乘法器的构造方法见算法 18.3，电路如图 18.7 所示。使用 Virtex-5/6 Slice 的乘法器电路的设计如图 18.8 所示。

$$O_4O_3O_2O_1O_0 = \begin{cases} B_4B_3B_2B_1B_0A_0, & 若A_3 = 1 \\ A_4A_3A_2A_1A_0B_0, & 其他 \end{cases} \tag{18.11}$$

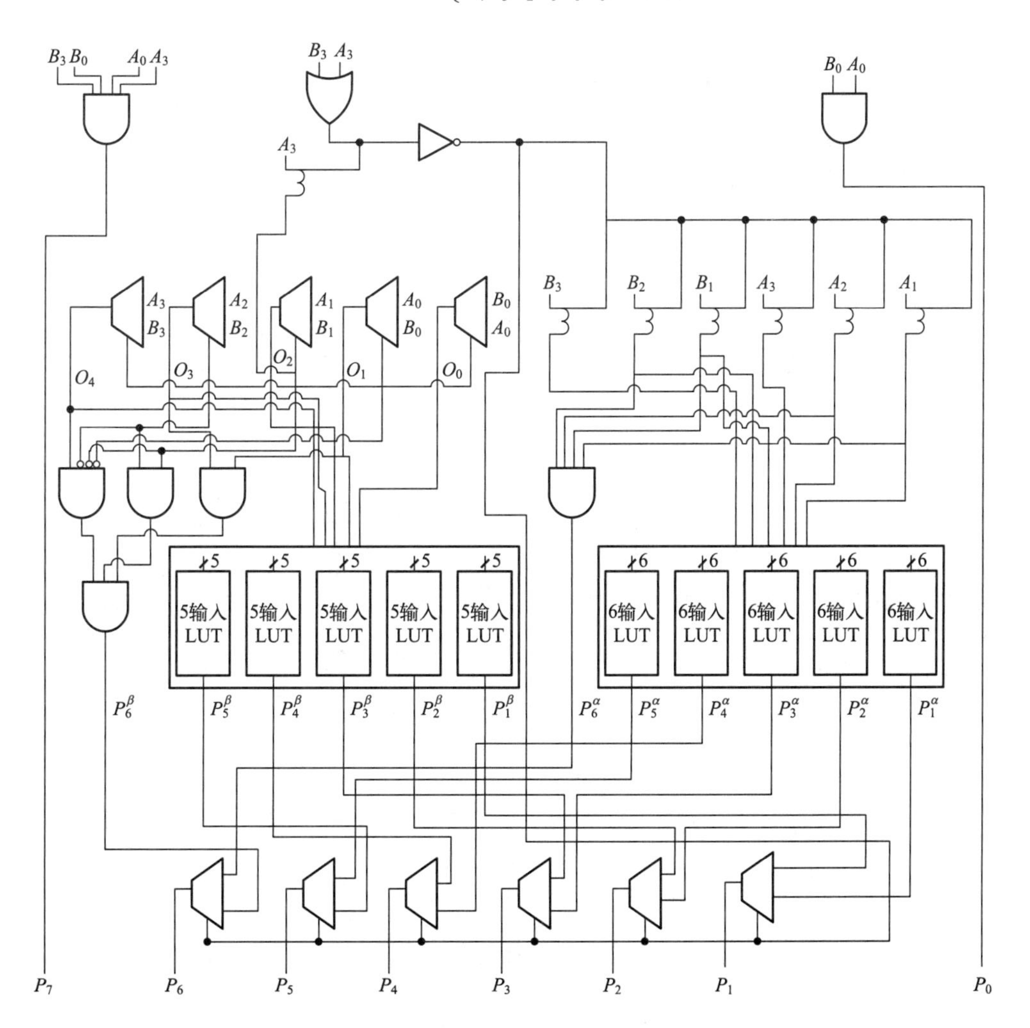

图 18.7 1 位乘法的 BCD 乘法器电路

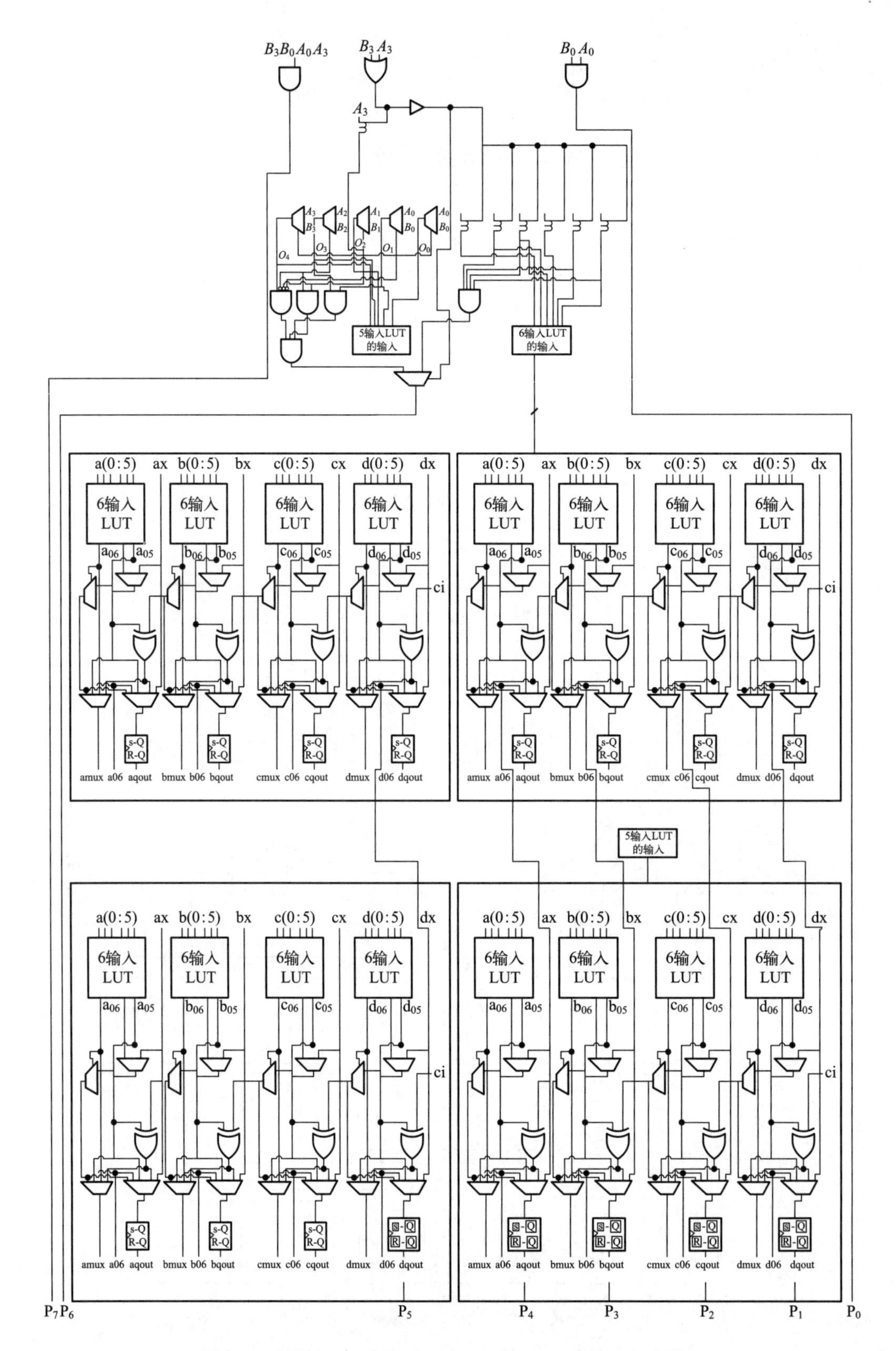

图 18.8 使用 Virtex-5/6 Slice 实现 1 位 BCD 乘法器电路设计

算法 18.3 1 位乘法 BCD 乘法器电路的构建算法

Input：Two 1-digit BCD numbers $A=\{A_3A_2A_1A_0\}$ and $B=\{B_3B_2B_1B_0\}$;

Output：Product $P=\{P_7P_6P_5P_4P_3P_2P_1P_0\}$；

1 Apply a.2-input AND gate, where Input: $=\{A_0, B_0\}$ and Output: $=\{P_0\}$；

2 **if** $(A_3, B_3=0)$ then

3 Apply five 6-input LUTs, where each LUT's Input: $=\{B_3, B_2, B_1, A_3, A_2, A_1\}$ and combined Output:$=\{P_5^aP_4^aP_3^aP_2^aP_1^a\}$；

4 Apply a 4-input AND gate, where Input: $=\{B_2, B_1, A_2, A_1\}$ and Output: $=\{P_6^\alpha\}$；

5 **else**

6 Apply first 2-to-1 MUX, where Input: $=\{A_0, B_0\}$ and Output: $=\{O_0\}$；

7 $i\leftarrow0$；**repeat**

8 Apply a 2-to-1 MUX, where Input: $=\{B_i, A_i\}$ and Output: $=\{O_{i+1}\}$；

9 **until** $(i=3)$；

10 Apply five 5-input LUTs, where each LUT's Input: $=\{O_4, O_3, O_2, O_1, O_0\}$ and combined Output: $=\{P_5^\beta P_4^\beta P_3^\beta P_2^\beta P_1^\beta\}$；

11 Apply first 2-input AND gate, where Input: $=\{O_3, O_1\}$ and Output: $=\{X_1\}$；

Apply second 2-input AND gate, where Input: $=\{O_3, O_2\}$ and Output: $=\{X_2\}$；

Apply a 4-input AND gate, where Input: $=\{O_4, \overline{O_3}, \overline{O_2}, \overline{O_1}\}$ and Output: $=\{X_3\}$；

12 $j\leftarrow1$；

13 **repeat**

14 Apply a 2-to-1 MUX, Where Input: $=\{P_j^\beta, P_j^\alpha\}$ and Ouput: $=\{P_j\}$；

15 **until** $(j=6)$；

16 Apply a 4-input AND gate, where Input: $=\{B_3, B_0, A_3, A_0\}$ and Output: $=\{P_7\}$；

利用 1×1 位 BCD 乘法器和 BCD 加法器可以设计出 $N\times M$ 位乘法器。采用算法 18.1 的 $N\times M$ 位乘法方法，电路结构的面积和延迟都较小。图 18.9 是 $N\times M$ 位乘法器的框图。性质 18.4.1 中给出了一般所需的 LUT 数量。

性质 18.4.1 一个 $N\times M$ 位乘法器至少需要 $\lambda(N\times M)+K(N+M-2)$ 个 LUT。

证明 18.2 $N\times M$ 乘法分两步完成。第一步是使用 1×1 位乘法器生成部分积。1×1 位数乘法器最多产生两个 BCD 数（X 和 Y），因为两个最高的 BCD 数（9 和 9）相乘会产生 81，可表示如下：9×9=81，其中 $X=8$，$Y=1$。一般来说，1×1 的乘法运算可以表示为：

$$A_i\times B_j=X^aY^b$$

式中，$i=1, 2, 3, \cdots, N$；$j=1, 2, 3, \cdots, M$；$a, b=1, 2, 3, \cdots, (N+M)$。

由于被乘数操作数 $B_1, B_2, B_3, \cdots, B_M$ 分别乘以乘法器操作数 $A_1, A_2, A_3, \cdots, A_N$，它需要总共 $N\times M$ 个 1×1 位乘法器电路来产生 $N\times M$ 个部分积 PP_i，其中：

$$PP_i = PP_mX^{m+n}PP_mY^{m+n-1}, \quad i=1,2,3,\cdots,(N\times M)$$

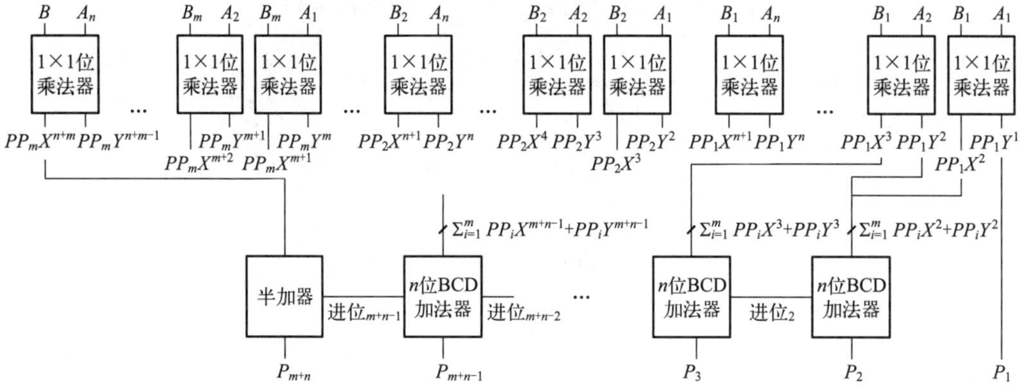

图 18.9 用于 $N×M$ 位乘法的 BCD 乘法器框图

在异构架构中，每个 1×1 位乘法器电路都由 λ 个 LUT 组成，其中 $\lambda=\alpha+\beta$，α 为 6 输入 LUT 的数量，β 为 5 输入 LUT 的数量。

因此，在第一阶段，它需要总共 $N×M$ 个 LUT。在乘法的第二阶段，$A_i \times B_j$ 的最终乘积 P_q 导出如下：

$$P_1 = PP_1Y^1$$

$$P_2 = \sum_{r=1}^{M} PP_rX^2 + PP_rY^2$$

$$P_3 = \sum_{r=1}^{M} PP_rX^3 + PP_rY^3 + \text{Carry}_2$$

在生成 BCD 数的初始乘积 P_1 时，$N×M$ 位乘法器不需要任何 BCD 加法器，因为它可以直接从部分积 PP_1Y^1 中得到。同样，最终的 BCD 积 P_{M+N} 也可以通过一个半加器电路得到。第二步总共需要 $N+M-2$ 个 N 位 BCD 加法器。1 个 N 位 BCD 加法器需要 K 个 6 输入 LUT。在乘法技术的第二阶段，总共需要 $K(N+M-1)$ 个 LUT。因此，在两个阶段中，乘法器电路需要 $\lambda(N×M)+K(N+M-1)$ 个 LUT。

在大位数输入组合中，有可能多次出现相同的输入位数，这可以通过减少有效 LUT 的数量来降低电路复杂度。性质 18.4.2 证明了硬件复杂度的降低。

性质 18.4.2 如果 σ 是被乘数 B 中重复数字的总数，则 $N×M$ 乘法中合并的 LUT 的总数 $\delta = f(\sigma, M-\sigma+\omega)$，其中 M 是被乘数 B 中的位数，ω 是被乘数 B 中重复的不同数字的总数，$f(\sigma, M-\sigma+\omega)$ 是计算合并 LUT 总数的函数。

证明 18.3 $N×M$ 乘法至少需要 $\lambda(N×M)+K(N+M-1)$ 个 LUT，这在性质 18.4.1 中已有证明，其中每个部分积 PP 可以如下生成：

$PP_i = PP_MX^{\{M+N+1\}}PP_MY^{\{M+N-1\}}$，$i=1,2,3,\cdots,(N\times M)$，$N$ 为乘数 A 中的位数。

假设 $\sigma_j,\sigma_{\{j+1\}},\cdots,\sigma_M$ 是被乘数 B 中重复的相同数字，它们与 $A_1,A_2,A_3,\cdots,A_N$ 相乘产生的部分积 PP 相同。这意味着无论 $\sigma_j,\sigma_{\{j+1\}},\cdots,\sigma_M$ 在 B 中如何重复，它们与乘数 A 中的每个数字相乘的结果总是相同的。这个性质可以表示如下：

$$A_i \times B_j = X^aY^b$$

式中，$i=1,2,3,\cdots,N$；$j=1,2,3,\cdots,M$；$a,b=1,2,3,\cdots,(N\times M)$。

这些乘积可以通过 $\lambda(N\times M)$ 个 LUT 的单个乘法器生成，则可以从被乘数的位数 M 中消除 σ。假设 ω 是 M 中重复的不同数字的总数，因为乘数 A 与相同 σ 个数字的乘法可以由单个 1×1 位乘法器电路产生，则总共 ω 个 LUT 足以满足乘法的目的。因此，它可以根据函数 $f(\sigma,M-\sigma+\omega)$ 计算合并 LUT 的总数。合并 LUT 算法的效率可以通过鸽笼原理来证明。鸽笼原理指出，对于自然数 k 和 m，如果 $n=km+1$ 个对象分布在 m 个集合中，则其中一个集合将至少包含 $k+1$ 个对象。BCD 数的范围是 0 ～ 9，允许的总位数为 10。如果被乘数位数大于 10，则肯定有 $k+1$ 位是重复位，并且随着被乘数输入的增加，概率会增加。

例 18.7　假设两个 BCD 数 A 和 B 相乘，其中 A=1234，B=223。在该方法中，在乘法阶段需要 10×(4×3)=120 个 LUT。被乘数 B 中，数字“2”重复了两次。因此，它可以在单个乘法器电路中生成部分积 1234×2，减少了 40 个 LUT，如图 18.10 所示。

		在拟议方法中，所需的LUT数量	应用LUT合并定理后，所需的LUT数量
乘数	1 2 3 4		
被乘数	×…2 2 3		
部分积	03 06 09 12	40	40
部分积	02 04 06 08	40	40
部分积	02 04 06 08	40	
		LUT总数120	LUT总数80

图 18.10　在 $N\times M$ 乘法中合并 LUT

18.5　小结

本章详细介绍了 LUT 和并行 BCD 乘法器的设计和工作流程，还描述了所设计架构的若干下限。LUT 是 FPGA 的主要组件之一，还介绍了基于 LUT 的乘法器。对于基于 FPGA 的 BCD 乘法器，介绍了一种高效的、面积最小的 2 输入 LUT 电路，对 2 输入 LUT 的改进将相应地改进更多输入的 LUT。此外，由于乘法器的设计需要 5 输入和 6 输入 LUT，因此还介绍了利用 2 输入 LUT 电路原理的 5 输入和 6 输入 LUT 的高效设计架构。最后，利用所提出的 LUT 设计了具有成本效益的 BCD 乘法器电路。

参考文献

[1] O. D. A. Khaleel, N. H. Tulic and K. M. Mhaidat, “FPGA implementation of binary coded decimal digit adders and multipliers”, In Mechatronics and its Applications (ISMA), 8th International Symposium on, pp. 1–5, 2012.

[2] H. A. F. Almurib, T. N. Kumar and F. Lombardi, “A memristor-based LUT for FPGAs”, In Nano/Micro Engineered and Molecular Systems (NEMS), 9th IEEE

International Conference on, pp. 448–453, 2014.

[3] H. M. H. Babu, N. Saleheen, L. Jamal, S. M. Sarwar and Tsutomu Sasao, "Approach to design a compact reversible low power binary comparator", Computers & Digital Techniques, IET, vol. 8, no. 3, pp. 129–139, 2014.

[4] Y. C. Chen, W. Zhang and H. Li, "A look up table design with 3d bipolar RRAMs", In Design Automation Conference (ASP-DAC), 17th Asia and South Pacific, pp. 73-78, 2012.

[5] L. O. Chua, "Memristor–the missing circuit element", Circuit Theory, IEEE Trans. on, vol. 18, no. 5, pp. 507–519, 1971.

[6] N. Z. Haron and S. Hamdioui, "On defect oriented testing for hybrid CMOS/memristor memory", In Test Symposium (ATS), 20th Asian, pp. 353–358, 2011.

[7] Y. Ho, G. M. Huang and P. Li, "Dynamical properties and design analysis for non-volatile memristor memories", IEEE Trans. on Circuits and Systems I, vol. 58, no. 4, pp. 724–736, 2011.

[8] T. N. Kumar, H. A. F. Almurib and F. Lombardi, "A novel design of a memristor-based look-up table (LUT) for FPGA", In Circuits and Systems (APCCAS), IEEE Asia Pacific Conference on, pp. 703–706, 2014.

[9] C. E. M. Guardia, "Implementation of a fully pipelined BCD multiplier in FPGA", In Programmable Logic (SPL), VIII Southern Conference on, pp. 1–6, 2012.

[10] H. C. Neto and M. P. Vestias, "Decimal multiplier on FPGA using embedded binary multipliers", In Field Programmable Logic and Applications, International Conference on, pp. 197–202, 2008.

[11] K. Pocek, R. Tessier and A. DeHon, "Birth and adolescence of reconfigurable computing: A survey of the first 20 years of field-programmable custom computing machines", In Highlights of the First Twenty Years of the IEEE International Symposium on Field-Programmable Custom Computing Machines, pp. 3–19, 2013.

[12] G. Sutter, E. Todorovich, G. Bioul, M. Vazquez and J. P. Deschamps, "FPGA implementations of BCD multipliers", In Reconfigurable Computing and FPGAs, International Conference on, pp. 36–41, 2009.

[13] A. Vazquez and F. Dinechin, "Efficient implementation of parallel BCD multiplication in LUT-6 FPGAs", In Field-Programmable Technology (FPT), International Conference on, pp. 126–133, 2010.

[14] R. Williams, "How we found the missing memristor", Spectrum, IEEE, vol. 45, no. 12, pp. 28–35, 2008.

[15] C. Xu, X. Dong, N. P. Jouppi and Y. Xie, "Design implications of memristor-based RRAM cross-point structures", In Design, Automation & Test in Europe Conference & Exhibition (DATE), pp. 1–6, 2011.

第19章

基于鸽笼原理的LUT矩阵乘法器电路

矩阵乘法是科学计算、信号处理、图像处理、图形学和机器人应用中的一种计算密集型基本矩阵运算。近年来，随着FPGA（现场可编程门阵列）的发展，使得单个芯片上可容纳数百万个门，从而能够以高效、经济的方式实现矩阵乘法等计算密集型算法。由于乘法是影响矩阵乘法性能的最慢运算，因此引入了基于FPGA的高效乘法算法。此外，LUT（查找表）是FPGA的关键组件，可以实现任意函数。本章提出了一个LUT合并定理，可将实现一组函数所需的LUT数量减少一半。介绍了一种1×1位乘法算法，不需要任何部分积生成、部分积压缩和加法步骤。还介绍了一种$m \times n$位乘法算法，该算法执行逐位并行处理，并显著减少了进位传播延迟。还介绍了一种二进制到BCD的转换算法，用于十进制乘法，以提高其效率。然后介绍了一种矩阵乘法算法，该算法可重新利用重复值的中间乘积来减少有效面积。此外，还介绍了一种基于LUT的低成本高效矩阵乘法器电路，采用了结构紧凑、速度更快的乘法器电路；由于采用了并行处理结构，并对重复值的中间乘积进行了重新利用，因此有效面积和功耗都大幅降低。

19.1 引言

过去十年间，FPGA的逻辑密度、功能和速度都得到了显著提升。现代FPGA目前能够以500MHz甚至更高的速度运行。 FPGA的另一个重要特性是其动态重新配置的潜力，即在运行时对器件的部分进行重新编程，以便通过时间复用重复使用资源。因此，基于FPGA的电路设计是最近的研究趋势。矩阵是传达和讨论现实生活场景中的问题的极其重要的手段。以矩阵形式管理数据，可以毫不费力地操作和获取更多信息。乘法是矩阵的基本运算之一。线性反投影、色彩空间转换、三维仿射变换、高阶交叉矩估计、时频频谱分析和无线通信是常用的矩阵乘法应用。为了提高这些应用的性能，需要高性能矩阵乘法器。因此，引入了一种基于 FPGA 的低成本高效矩阵乘法算法。此外，为了使矩阵乘法更加高效，还提出了 1×1 位和 $m \times n$ 位的十进制乘法算法。然后，构造了紧凑且速度更快的 1×1 位和 $m \times n$ 位十进制乘法器电路。最后，构建了一个面积和延迟大幅减少的矩阵乘法器电路。

传统上，矩阵乘法运算要么通过在快速处理器上运行的软件实现，要么通过专用硬件（ASIC）实现。基于软件的矩阵乘法运算速度较慢，可能成为整个系统运行的瓶颈。图 19.1 展示了 CPU、GPU 和 FPGA 性能的对比分析。不过，与基于软件和 ASIC 的方法相比，基于硬件（FPGA）的矩阵乘法器设计在计算时间和灵活性方面都有显著改善。在过去几年中，人们尝试利用可重构硬件（FPGA）来实现和加速矩阵乘法运算。FPGA 具有软件设计的灵活性和硬件（ASIC）的速度。因此，我们旨在推出一种基于 FPGA 的高效矩阵乘法器。

平台	功率/W	仿真性能/(Bsims/s)	仿真效率/[Msims/(s·W)]
CPU	130	0.032	0.0025
GPU	212	10.1	48
解决方案	45	12.0	266

图 19.1　CPU、GPU 和 FPGA 性能比较

就所需资源、延迟和功耗而言，乘法是矩阵乘法中的主要运算。大多数现代 FPGA 都使用分布在整个结构中的嵌入式硬乘法器。即便如此，在可配置逻辑结构中使用 LUT 的软乘法器对于高性能设计仍然很重要，原因如下：

① 嵌入式乘法器操作数的大小和类型是固定的，例如 25×18 二进制补码，而基于 LUT 的乘法器操作数可以是任何大小或类型。

② 嵌入式乘法器的数量和位置是固定的，而基于 LUT 的乘法器可以放置在任何地方，并且数量仅受可重构结构的大小限制。

③ 嵌入式乘法器不能修改。

④ 基于 LUT 的乘法器可以与嵌入式乘法器结合使用，形成更大的乘法器。

因此，需要引入一种更紧凑、更快速的基于 LUT 的乘法算法和电路。利用该乘法器，可得到一个高效的矩阵乘法器。在数字信号处理（DSP）算法中，在许多固定变换 [例如离散余弦变换（DCT）] 中，被乘数的值是有限的。此外，图像处理、图论和其他实际应用中都需要对大矩阵进行乘法运算。例如，图 19.2 展示了小范围矩阵的实际应用。虽然图像的矩阵大小通常为 256×256 或 1024×1024，但值的范围是有限的。因此，利用此属性，可引入有效的矩阵乘法器，重新利用预先计算的值，而不是对重复值进行重新计算。因此，需要一种具有较小面积、功率和延迟的高效的基于 LUT 的矩阵乘法器电路。

主要挑战如下：

① 并行矩阵乘法在过去得到了广泛的探索和研究。有多种方法可以优化矩阵乘法算法。并行算法虽然速度更快，但需要大量资源。

② 为了减少资源分配，可以考虑串行架构，但会增加延迟。因此，需要在面积与延迟之间进行权衡。

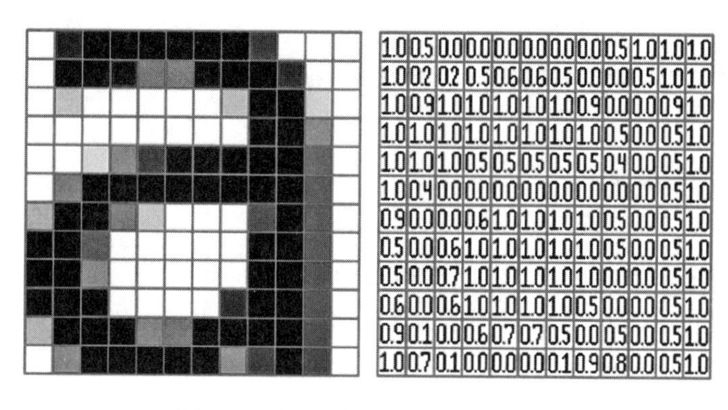

图 19.2　有限范围值矩阵的图像示例

③ 对于图像处理、图论等实际应用来说，矩阵乘法的规模通常很大。因此，在设计矩阵乘法器电路之前，应考虑大规模矩阵。

④ 在乘法中，主要挑战是进位传播延迟，需要尽可能减少进位传播延迟，以提供更快的乘法器电路。

⑤ 在实现函数的同时减少所需的 LUT 数量确实是一个不可避免的挑战。

⑥ 这项工作的主要目标是提出一种基于 FPGA 的高效矩阵乘法器电路。通过利用先进 FPGA 的特殊功能，可以显著改善计算时间、硬件资源利用率和功耗。当前的趋势是在 FPGA 上实现高性能矩阵乘法器。

⑦ 在有限范围值矩阵的大规模实际应用中，可利用重复的优势，并在有效的电路面积内降低计算复杂度。

⑧ 通过分治法进行数位并行处理，减少进位传播延迟。

⑨ 在使用 LUT 实现任意函数时，减少所需的 LUT 数量。

本章的主要内容如下：

① 引入了 1×1 位乘法算法，避免了传统方法缓慢的部分积生成、部分积压缩和加法阶段。

② 针对十进制数字乘法，提出了一种高效的二进制到 BCD 转换算法。

③ 引入高效 $m \times n$ 数字乘法算法，执行数位并行处理，显著减少进位传播延迟。

④ 利用鸽笼原理的变体，引入了一种高效的矩阵乘法算法。为了使算法对重复值有效，中间积输出被重新利用而不是重新计算。

⑤ 使用并行位分类电路提出了一种面积和延迟高效的 1×1 位基于 LUT 的数字乘法器电路。

⑥ 描述了一种用于十进制数字乘法的紧凑的二进制到 BCD 转换器电路。

⑦ 使用基于 1×1 位 LUT 的乘法器电路，提出了一种基于 LUT 的紧凑且更快的 $m \times n$ 位乘法器电路。

⑧ 利用乘法器电路引入了一种基于 LUT 的低成本矩阵乘法器电路。由于采用了并行处理结构和重复值中间乘积的再利用，有效面积和功耗都有所降低。

19.2 基本定义

本节涉及乘法、矩阵乘法、BCD 加法、二进制到 BCD 转换、鸽笼原理、字面量成本、门输入成本、非门输入成本、FPGA、LUT、比较器、加法器等相关基本定义和概念。

19.2.1 二进制乘法

与十进制系统一样，二进制数的乘法也是通过乘数的一个比特位与被乘数相乘来实现的，而每个比特位的部分积结果都要以最低有效位（LSB）位于相应乘数比特位下方的方式放置。最后，将部分积相加得到完整积。部分积生成逻辑如表 19.1 所示，移位后的部分积定位如图 19.3 所示。

表 19.1 二进制乘法的部分积生成逻辑

	1	0
1	1	0
0	0	0

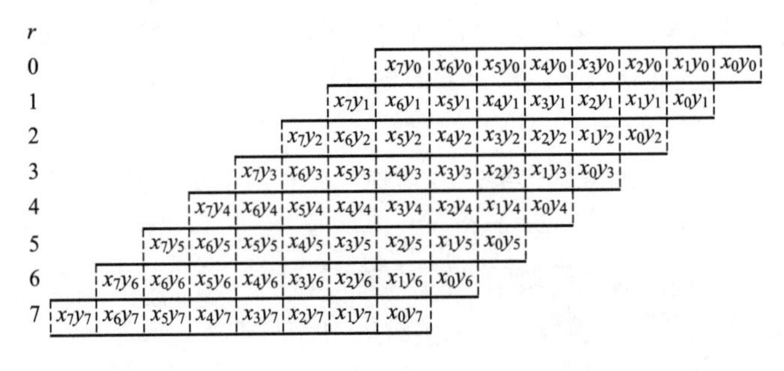

图 19.3 8×8 位乘法的部分积生成，用于最终加法

乘法过程分为三个主要步骤：

① 部分积生成；

② 部分积压缩；

③ 最终加法。

对于 n 位被乘数与 m 位乘数的乘法，会生成 m 个部分积，并且形成的积的长度为 $n+m$ 位。这里讨论了五种不同类型的乘法器，如下所示：

① Booth 乘法器；

② 组合乘法器；

③ Wallace 树乘法器；

④ 阵列乘法器；

⑤ 顺序乘法器。

一个高效的乘法器应该具有以下特征：

① 准确性：一个好的乘法器应该给出正确的结果。

② 速度：乘法器应高速运行。

③ 面积：乘法器应占用较少数量的 Slice（切片）和 LUT。

④ 功率：乘法器应消耗更少的功率。

19.2.2　矩阵乘法

若 $\boldsymbol{A}=[a_{ij}]$ 是 $n\times m$ 矩阵，$\boldsymbol{B}=[b_{ij}]$ 是 $m\times p$ 矩阵，则乘积 $\boldsymbol{AB}$ 是 $n\times p$ 矩阵。考虑 $\boldsymbol{AB}=[c_{ij}]$，

$$\begin{bmatrix} a_{11} & \cdots & a_{1m} \\ \vdots & & \vdots \\ a_{n1} & \cdots & a_{nm} \end{bmatrix}\begin{bmatrix} b_{11} & \cdots & b_{1p} \\ \vdots & & \vdots \\ b_{n1} & \cdots & b_{np} \end{bmatrix}=\begin{bmatrix} c_{11} & \cdots & c_{1p} \\ \vdots & & \vdots \\ c_{n1} & \cdots & c_{np} \end{bmatrix}$$

其中，$c_{ij}=a_{i1}b_{1j}+a_{i2}b_{2j}+\ldots+a_{in}b_{nj}$。在传统的矩阵乘法方法中：$(\boldsymbol{AB})_{ij}=\sum_{k=1}^{m}\boldsymbol{A}_{ik}\boldsymbol{B}_{kj}$。

两个矩阵相乘的充要条件是“矩阵 **A** 的列数 = 矩阵 **B** 的行数”。传统的矩阵乘法算法见算法 19.1。传统的矩阵乘法的时间复杂度是 $O(n^3)$。图 19.4 是矩阵乘法运算的一个例子。

算法 19.1　常规 $n\times n$ 矩阵乘法算法

```
   Input: Two n×n matrices where, multiplier is A[][] and multiplicand is B[][];
   Output: Output matrix, C[][];
1  C[][]=0;
2  MatrixMultiplication()  i=j=k=0;
3  repeat
4    repeat
5      repeat
6      until k≤n-1;
7      C[i][j]=C[i][j]+(A[i][k]×B[k][j]);
8    until j≤n-1;
9  until i≤n-1;
```

19.2.3　BCD 编码

数字电路和电子电路中使用了很多不同种二进制编码，每种编码都有其特定用途。我们生活在十进制（基 10）的世界里，因此需要某种方法将这些十进制数转换成计算机和数

字电子设备能够理解的二进制（基 2）环境，而二进制编码的十进制（BCD）代码就能做到这一点。n 位二进制码是由 n 个比特组成的一组码，其中最多可假设有 $2n$ 个不同的 1 和 0 的组合。BCD 系统的优势在于，每个十进制数字都由一组 4 位二进制数字或比特表示，这与十六进制的方式基本相同。

$$\boldsymbol{A}=\begin{pmatrix}1 & 2\\3 & 4\end{pmatrix}\quad \boldsymbol{B}=\begin{pmatrix}5 & 6 & 7\\8 & 9 & 10\end{pmatrix}$$

两个矩阵的乘法：

$$\boldsymbol{A}\times\boldsymbol{B}=\begin{pmatrix}1\times5+2\times8 & 1\times6+2\times9 & 1\times7+2\times10\\3\times5+4\times8 & 3\times6+4\times9 & 3\times7+4\times10\end{pmatrix}$$

$$\boldsymbol{A}\times\boldsymbol{B}=\begin{pmatrix}21 & 24 & 27\\47 & 54 & 61\end{pmatrix}$$

图 19.4 矩阵乘法仿真示例

因此，十进制的 10 个数字（0 ～ 9）需要 4 位二进制编码。但二进制编码的十进制与十六进制不同，4 位十六进制数最多可以用 F_{16} 表示二进制 $(1111)_2$（十进制 15），而二进制编码的十进制数则止于 9，即二进制 $(1001)_2$。这意味着，虽然可以用四位二进制数字表示 16（2^4）个数字，但在 BCD 数字系统中，6 位二进制代码组合为 1010（十进制 10）、1011（十进制 11）、1100（十进制 12）、1101（十进制 13）、1110（十进制 14）和 1111（十进制 15），这六个二进制编码组合被列为禁用数，不能使用。二进制编码的十进制的主要优点是便于在十进制（基 10）和二进制（基 2）之间转换。然而，缺点是 BCD 码是一种浪费，因为 1010（十进制 10）和 1111（十进制 15）之间的状态没有被使用。尽管如此，BCD 仍有许多重要应用，尤其是在数字显示方面。

在 BCD 编码系统中，十进制数被分成 4 位，每个十进制数位对应一个数字。每个十进制数字由其加权二进制值表示，执行数字的直接转换。因此，一个 4 位组表示每个显示的十进制数字，从表示 0 的 0000 到表示 9 的 1001。例如，十进制的 $(357)_{10}$ 以 BCD 表示为：

$$(357)_{10}=(0011\ 0101\ 0111)_{BCD}$$

19.2.4 BCD 加法

BCD 加法器使用 BCD 数作为输入和输出。由于一个 4 位的二进制码有 16 种不同的二进制组合，因此两个 BCD 数的相加可能会产生超过最大 BCD 数 $(9)_{10}=(1001)_{BCD}$ 的错误结果。在这种情况下，必须通过添加 $(6)_{10}=(0110)_{BCD}$ 来校正结果，以确保结果是 BCD 数。由校正过程产生的十进制进位输出被加到 BCD 加法器的下一个高位。

例 19.1 将 $(5)_{10}=(0111)_{BCD}$ 与 $(8)_{10}=(1000)_{BCD}$ 相加，得到非 BCD 数 $(13)_{10}=(1101)_{BCD}$。

将 $(1101)_2$ 加上 $(0110)_{BCD}$ 后，结果为 $(3)_{10}=(0011)_{BCD}$。输出结果 $(3)_{10}=(0011)_{BCD}$ 是带有进位 1 的 $(5)_{10}$ 和 $(8)_{10}$ 的正确十进制和。

19.2.5　二进制到 BCD 转换

二进制到 BCD 转换表示将二进制数转换为分别表示十进制各位数的单独二进制数。基本步骤如下：

① 如果任何列（百位、十位、个位等）为 5 或更大，则对该列加 3。

② 将所有数字向左移动 1 位。

③ 如果进行了 8 次移位，就完成了。再评估每一列的 BCD 值。

④ 转到步骤①。

图 19.5 给出了一个示例，图 19.6 给出了硬件转换的 Verilog 代码。

百位	十位	个位	二进制	操作
			1010 0010	← 162
		1	010 0010	<<#1
		10	10 0010	<<#2
		101	0 0010	<<#3
		1000		加3
	1	0000	0010	<<#4
	10	0000	010	<<#5
	100	0000	10	<<#6
	1000	0001	0	<<#7
	1011			加3
1	0110	0010		<<#8
↑ 1	↑ 6	↑ 2		

图 19.5　二进制到 BCD 转换的示例演示

19.2.6　鸽笼原理

鸽笼原理是数学中最简单但最有用的思想之一。它的基本原理是：如果 N+1 只鸽子占据了 N 个鸽笼，那么某个鸽笼里肯定至少有 2 只鸽子。例如，如果 5 只鸽子占据了 4 个鸽笼，那么一定有某个鸽笼至少有 2 只鸽子。这很容易理解，如果每个鸽笼最多只有 1 只鸽子，那么鸽子的总数就不可能超过 4 只。

鸽笼原理有很多推广形式。例如，如果 K 个鸽笼中有 N 只鸽子，而 N/K 不是整数，那么某些鸽笼中的鸽子数量必须严格大于 N/K。因此，16 只鸽子占据 5 个鸽笼，就意味着有些鸽笼至少有 4 只鸽子。

```
module BCD(
    input [7:0] binary,
    output reg [3:0] Hundreds,
    output reg [3:0] Tens,
    output reg [3:0] Ones
    );


   integer i;
   always @(binary)
   begin
      //set 100's, 10's, and 1's to 0
      Hundreds = 4'd0;
      Tens = 4'd0;
      Ones = 4'd0;

      for (i=7; i>=0; i=i-1)
      begin
         //add 3 to columns >= 5
         if (Hundreds >= 5)
            Hundreds = Hundreds + 3;
         if (Tens >= 5)
            Tens = Tens + 3;
         if (Ones >= 5)
            Ones = Ones + 3;

         //shift left one
         Hundreds = Hundreds << 1;
         Hundreds[0] = Tens[3];
         Tens = Tens << 1;
         Tens[0] = Ones[3];
         Ones = Ones << 1;
         Ones[0] = binary[i];
      end
   end

endmodule
```

图 19.6 二进制到 BCD 转换硬件实现的 Verilog 代码

19.2.7 现场可编程门阵列

现场可编程门阵列（FPGA）是以通过可编程互连连接的可配置逻辑块（CLB）矩阵为基础的半导体器件。FPGA 在生产后可根据所需的应用或功能要求进行重新编程。这一特性使 FPGA 有别于为特定设计任务定制生产的专用集成电路（ASIC）。虽然也有一次性可编程（OTP）FPGA，但主要类型是基于 SRAM 的，它们可以根据设计的发展进行重新编程。

由于具有可编程的特性，FPGA 是许多不同市场的理想选择。例如，Xilinx 提供的综合解决方案包括 FPGA 器件、高级软件以及可配置、随时可用的 IP 核，适用于各种市场和应用。与 ASIC 相比，FPGA 通常更具灵活性和成本效益。每个 FPGA 芯片都由数量有限的预定义资源和可编程互连组成，用于实现可重新配置的数字电路和 I/O 块，使电路能够访问外部世界。FPGA 资源规格通常包括可配置逻辑块的数量、乘法器等固定功能逻辑块的数量，以及嵌入式块 RAM 等存储器资源的大小。在众多 FPGA 芯片部件中，这些通常是为特定应用选择和比较 FPGA 时最重要的部件。

可配置逻辑块（CLB）是 FPGA 的基本逻辑单元。FPGA 的不同部分如图 19.7 所示。CLB 有时也称为 Slice 或逻辑单元，由两个基本组件组成：触发器和查找表（LUT）。不同 FPGA 系列封装触发器和 LUT 的方式各不相同，因此了解触发器和 LUT 非常重要。

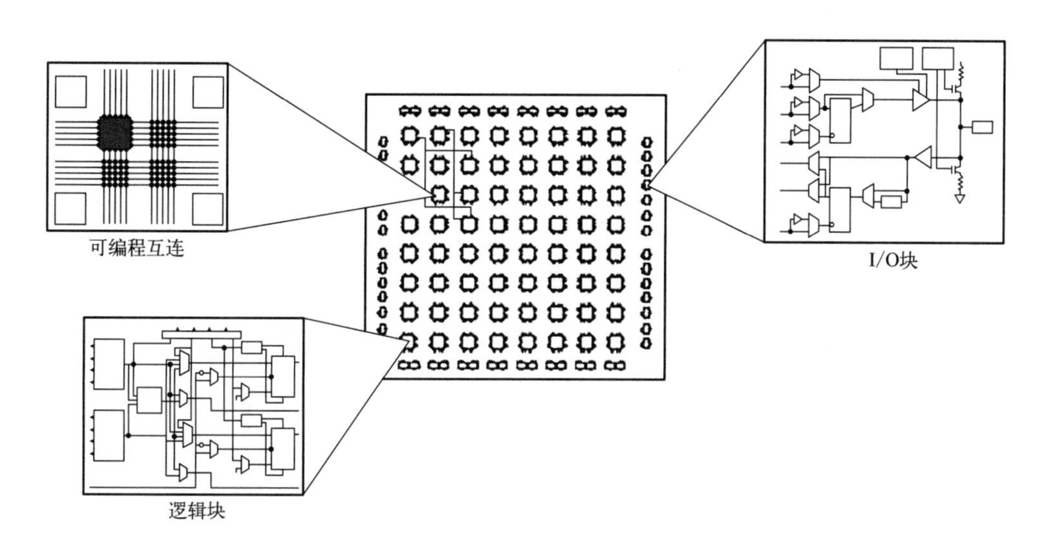

图 19.7　FPGA 的各个部分

19.2.8　查找表

查找表（LUT）是一个具有一位输出的内存块，它本质上实现了一个真值表，其中每个输入组合都会产生一定的逻辑输出。输入组合称为地址。LUT 的输出是存储在所选存储单元索引位置中的值。由于 LUT 中的存储单元可以根据相应的真值表设置为任何值，因此 *N* 输入 LUT 可以实现任何逻辑函数。

例 19.2　在实现任何逻辑函数时，该逻辑的真值表都会映射到 LUT 的存储单元中。假设在执行式（19.1）（其中“|”表示逻辑与运算）时，表 19.2 表示该函数的真值表。图 19.8 显示了逻辑函数的门表示法和 LUT 表示法。输出由相应的输入组合产生，例如输入组合为 1 和 0 时，输出将为 1。

$$f=(A \cdot B)\,|\,(A \oplus B) \tag{19.1}$$

为降低硬件复杂性、减少读写时间，人们对 LUT 的改进进行了大量研究。图 19.9 给出了一个 2 输入 LUT 的电路图。

表 19.2 函数 f 的真值表

A	B	输出（f）
0	0	0
0	1	1
1	0	1
1	1	1

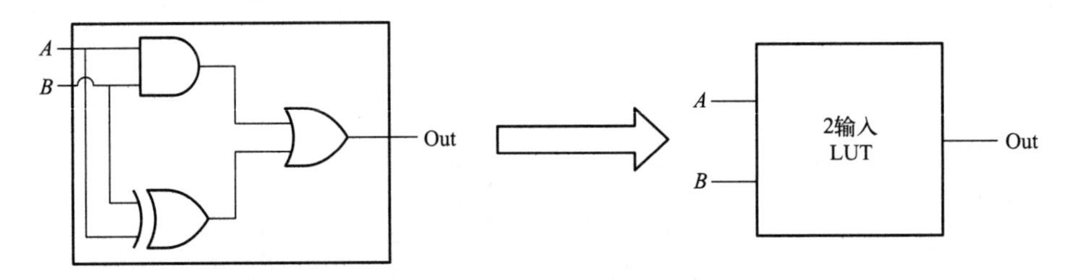

图 19.8 逻辑函数的 LUT 实现

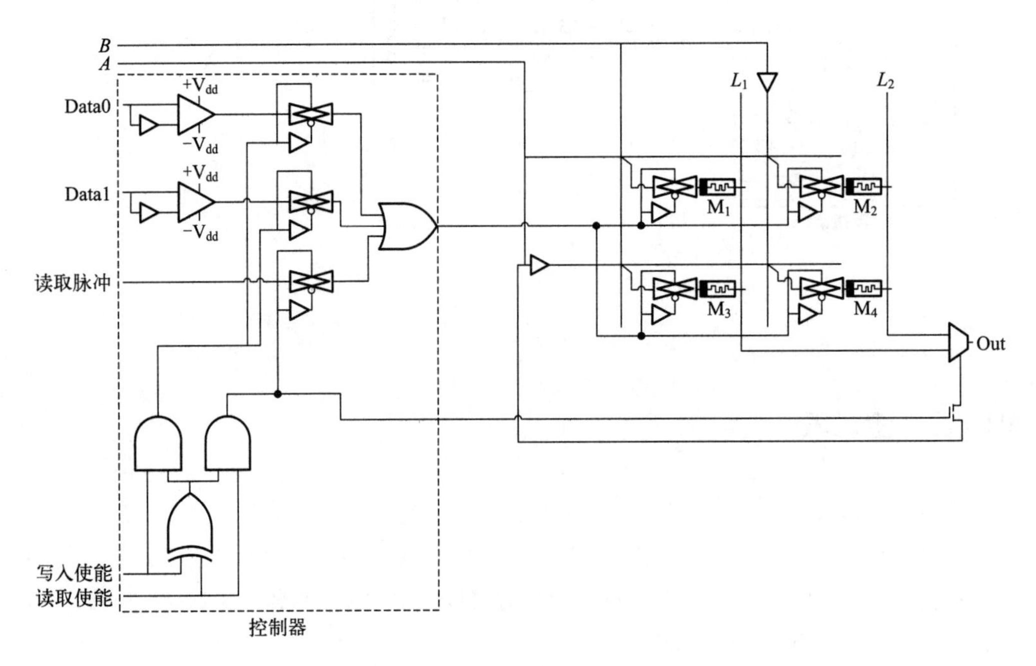

图 19.9 2 输入 LUT 的电路图

19.2.9 基于 LUT 的加法器

在设计基于 LUT 的加法器时，不是使用一个大型 LUT，而是使用多个小型多位输出 LUT 来实现 8 位加法器。一个 8 位加法器可由两个 9 输入 LUT 组成。每个 9 输入 LUT 有两个 4 位加一个 1 位进位的输入，以及用于 4 位加法的 5 位输出。只有在一个 LUT 完成前一个 4 位加法运算（即纹波进位）后，进位才会传播到下一个 9 输入 LUT。如图 19.10（a）所示，由于每个 LUT 都要逐个读取，因此加法器需要很长时间才能完成加法运算。通过采用进位选择加法器的概念，可以用 8 输入 LUT 实现更快的加法器，因为读取下一个 LUT 并不取决于前一个进位。具体实现过程如图 19.10（b）所示。图 19.10（c）是一个具有 6 位输出的 4 输入 LUT 加法器。对比分析如图 19.11 所示。

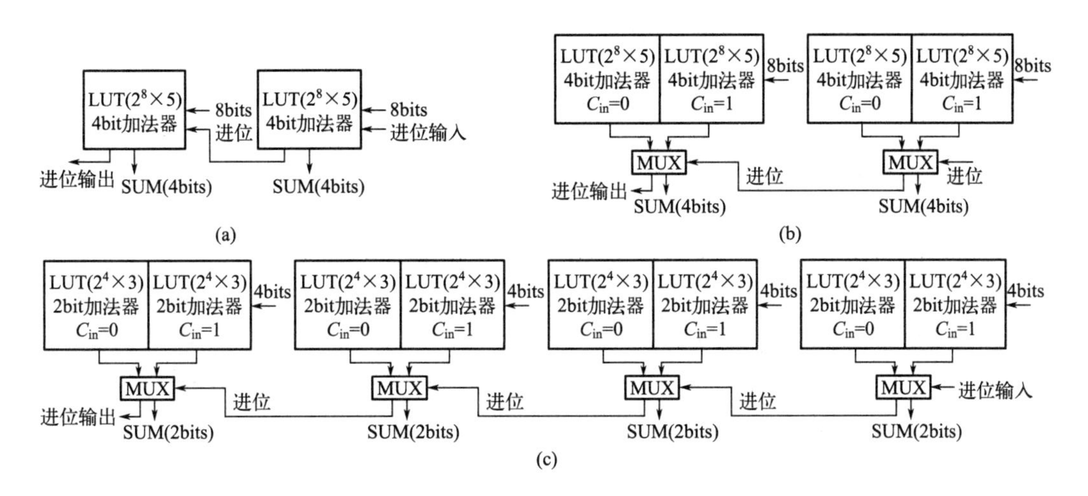

图 19.10　8 位加法器，分别使用：（a）两个 9 输入 LUT；（b）两个 8 输入 LUT；（c）四个 4 输入 LUT

LUT类型	面积利用率 $\left(\frac{C_{r}eal}{C_{p}eak}\right)$	总时间
一个16输入LUT	w=9, a=16 $\frac{8\times2/(A\times T)}{w\times2^{a-4}/(A\times T)}=\frac{16}{9\times2^{12}}$	一个16输入LUT的读取时间
两个9输入LUT	w=5, a=9 $\frac{8\times2/(A\times T)}{2\times w\times2^{a-4}/(A\times T)}=\frac{16}{10\times2^{5}}$	两个9输入LUT的读取时间
两个8输入LUT	w=10, a=8 $\frac{8\times2/(A\times T)}{2\times w\times2^{a-4}/(A\times T)}=\frac{16}{10\times2^{5}}$	一个8输入LUT+两个MUX的读取时间
四个5输入LUT	w=3, a=5 $\frac{8\times2/(A\times T)}{4\times w\times2^{a-4}/(A\times T)}=\frac{4}{6}$	两个5输入LUT的读取时间
四个4输入LUT	w=6, a=4 $\frac{8\times2/(A\times T)}{4\times w\times2^{a-4}/(A\times T)}=\frac{4}{6}$	一个4输入LUT+四个MUX的读取时间

图 19.11　使用不同 LUT 的 8 位加法器的面积和时间比较

19.2.10　BCD 加法器

假设两个变量 A 和 B 的十进制值分别为 9 和 5。对这两个操作数进行 BCD 加法，采用 BCD 表示形式。首先，将 A 和 B 的最低有效位与前一个 BCD 加法中的进位（C_{in}）相加。如果是 BCD 加法的第一位加法，则 C_{in} 的值为零。获得的和（S_0）是输出的第一位，进位与 B 的三个最高有效位相加，得到 b 的值为 011。

然后，将 A 和 B 的三个最高有效位相加。由于结果是 111，即大于 5，所以加 3 即可得到正确的结果。由四个比特组成的和代表 BCD 值的第一位，在本例中为 4，而进位则代表下一个结果位，即 1。仿真过程如图 19.12 所示。采用预处理技术的 BCD 加法算法见算法 19.2。电路框图如图 19.13 所示。

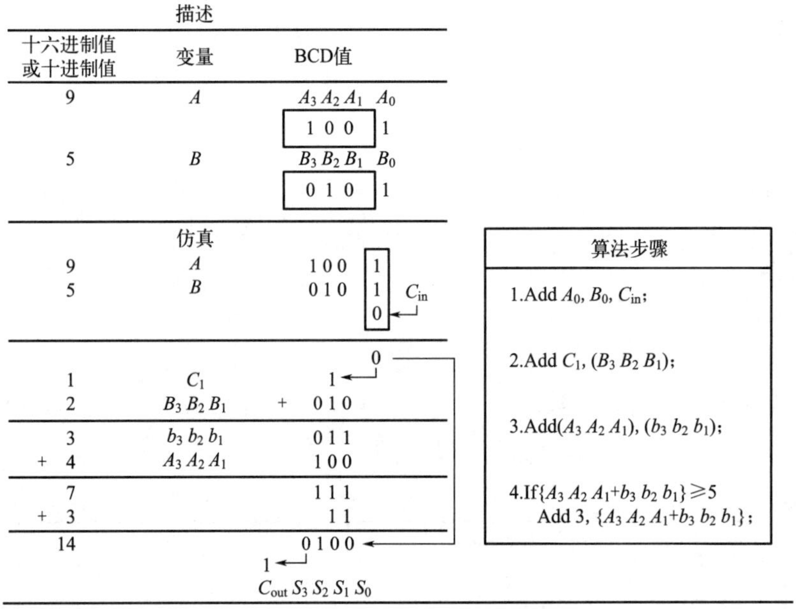

描述

十六进制值或十进制值	变量	BCD值
9	A	$A_3A_2A_1$ A_0
		1 0 0 | 1
5	B	$B_3B_2B_1$ B_0
		0 1 0 | 1

仿真

9	A	100 | 1
5	B	010 | 1 C_{in}
		0

		0
1	C_1	1
2	$B_3B_2B_1$	+ 010
3	$b_3b_2b_1$	011
+ 4	$A_3A_2A_1$	100
7		111
+ 3		11
14		1 0100
		C_{out} $S_3S_2S_1S_0$

算法步骤

1.Add A_0, B_0, C_{in};

2.Add C_1, $(B_3B_2B_1)$;

3.Add$(A_3A_2A_1)$, $(b_3b_2b_1)$;

4.If$\{A_3A_2A_1+b_3b_2b_1\}\geqslant 5$
Add 3, $\{A_3A_2A_1+b_3b_2b_1\}$;

图 19.12 BCD 加法的仿真

算法 19.2 N 位 BCD 加法算法

Input: Two 1-digit BCD numbers $A=\{A_3A_2A_1A_0\}$ and $B=\{B_3B_2B_1B_0\}$;

Sum $S=\{S_3S_2S_1S_0\}$ and Carry$=\{C_{out}\}$;

1 $i \leftarrow 1$;

2 **repeat**

3 $S_0^i \leftarrow A_0^i \oplus B_0^i \oplus C_{in}^i$ and $C_1^i \leftarrow A_0^i \bullet B_0^i \bullet C_{in}^i$;

4 $\{b_3b_2b_1\} \leftarrow C_1+\{B_3B_2B_1\}$

5 $\{C_{out}S_3S_2S_1\} \leftarrow \{A_3A_2A_1\}+\{b_3b_2b_1\}$;

6 **if** $(\{C_{out}S_3S_2S_1\}\geqslant 5)$**then**

7 $\{C_{out}S_3S_2S_1\}+3$;

8 **until** $i=N$;

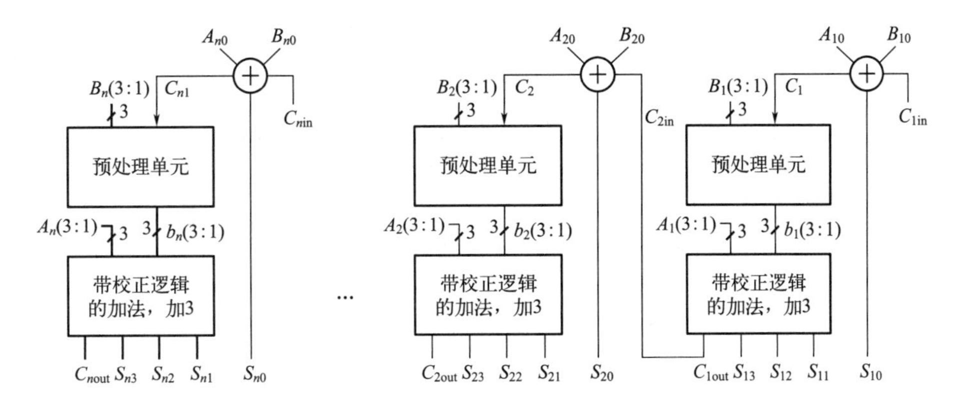

图 19.13　*N* 位 BCD 加法器电路框图

19.2.11　比较器

比较器是一种逻辑电路，它首先比较 A 和 B 的大小，然后在 $A > B$、$A < B$ 和 $A=B$ 中确定结果。当比较器电路中的两个数字是两个 1 位数时，结果将只能是 0 和 1 中的一位。1 位比较器的逻辑表达式如下：

$$X = (F_{A>B}) = A \bullet B'$$
$$Y = (F_{A=B}) = (A \oplus B)'$$
$$Z = (F_{A<B}) = A' \bullet B$$

1 位比较器电路的波形如图 19.14 所示，4 位比较器电路的电路图如图 19.15 所示。

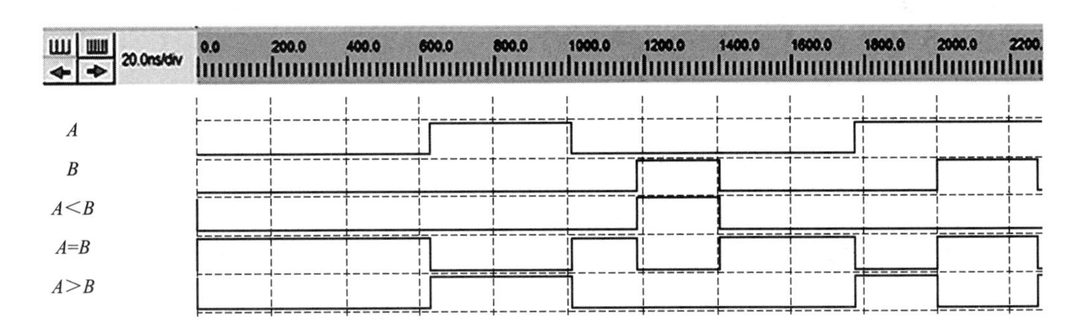

图 19.14　1 位比较器电路的时序图

19.2.12　移位寄存器

移位寄存器是一种时序逻辑电路，可用于存储或传输二进制数形式的数据。这种时序器件将数据加载到输入端，然后每隔一个时钟周期将其移动或“移位”到输出端，因此被称为移位寄存器。移位寄存器基本上由多个单比特“D 锁存器”组成，每个数据位一个，可以是逻辑“0”或“1”，以串行菊花链方式连接在一起，这样一个数据锁存器的输出就成为下一个锁存器的输入，以此类推。数据位可以串行输入或输出移位寄存器，即从左或从右一个接一个地输入或输出，也可以在并行配置中同时输入或输出。

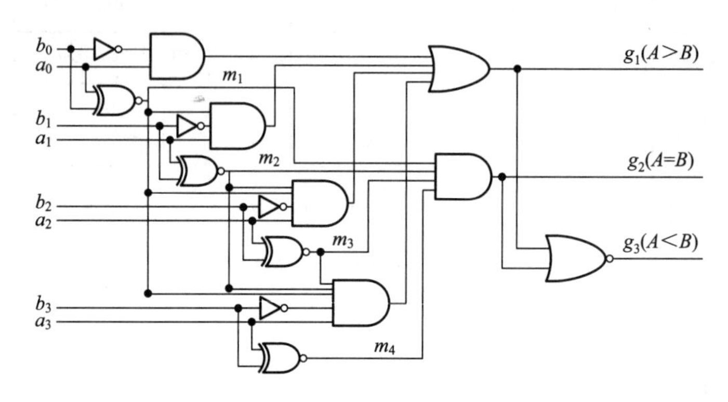

图 19.15　4 位比较器电路图

构成单个移位寄存器所需的单个数据锁存器的数量通常由要存储的位数决定，最常见的是由 8 个单个数据锁存器构成的 8 位（1 字节）宽。移位寄存器用于数据存储或数据移动，因此通常用于计算器或计算机内部，在两个二进制数相加之前存储数据，或将数据从串行格式转换为并行格式，或将并行格式转换为串行格式。构成单个移位寄存器的各个数据锁存器都由一个公共时钟（Clk）信号驱动，使其成为同步器件。移位寄存器集成电路通常带有清零或复位连接，以便根据需要进行“置位”或“复位”。

一般来说，移位寄存器以四种不同模式运行，数据在移位寄存器中的基本移动方式是：

① 串入并出（SIPO）——寄存器每次加载一位串行数据，存储的数据以并行形式输出。

② 串入串出（SISO）——数据在时钟控制下以“输入”和“输出”寄存器的方式串行移位，每次移一位，方向为左或右。

③ 并入串出（PISO）——在时钟控制下，并行数据同时加载到寄存器中，并逐位串行移出寄存器。

④ 并入并出（PIPO）——并行数据同时加载到寄存器中，并通过相同的时钟脉冲一起传输到各自的输出端。

数据通过移位寄存器从左向右移动的效果可以用图 19.16 来表示。数据在移位寄存器中的移动方向可以是向左移动（左移）、向右移动（右移）、左进右出（旋转），或在同一寄存器中同时进行左移和右移，从而实现双向移动。

19.2.13　字面量成本

字面量是一个变量或其补码。字面量成本是对应于逻辑电路图的布尔表达式中字面量出现的次数。

例 19.3　$F = BD + ABC + ACDL = 8$。

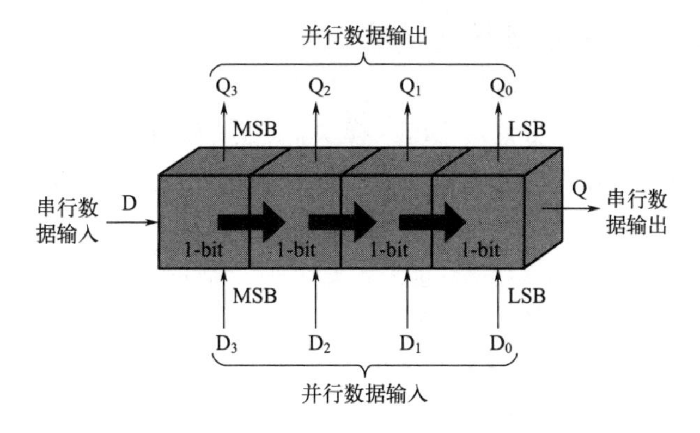

图 19.16　数据通过移位寄存器从左向右移动

19.2.14　门输入成本

门输入成本是指在实现过程中与给定方程或方程组完全对应的门输入的数量。

G——反相器不在计算内；

GN——反相器在计算内。

对于 SOP（乘积和）和 POS（和的乘积）方程，可以通过对以下内容求和，从方程中求得：

① 所有出现的字面量；

② 不含仅由单个字面量构成的词项的项目（*G*）；

③ 或者，有不同补码的单个字面量的数目（*GN*）。

例 19.4

$$F = BD + A(B)C + A(C)(D)$$

$$G = 11;\quad GN = 14$$

$$F = BD + A(B)C + A(B)(D) + AB(C)$$

$$G = 15;\quad GN = 19$$

图 19.17 展示了具有对应 *L*、*G* 和 *GN* 的电路图，其中 *L*（字面量计数）是与输入及单个字面量或输入的数目。*G*（门输入计数）是其余或门输入的数目。*GN*（非门的门输入计数）则是加上反相器输入的数目。

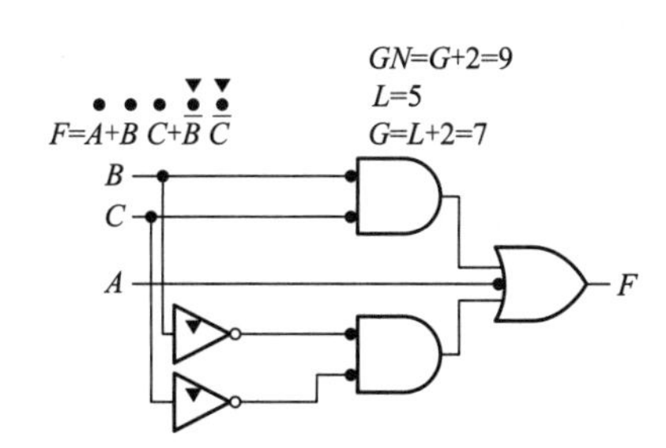

图 19.17　电路与其对应的字面量成本、门输入成本以及包括反相器的门输入成本

19.2.15 Xilinx Virtex-6 FPGA Slice

Virtex-6 FPGA 包含许多内置的系统级模块。这些特性使逻辑设计人员能够在基于 FPGA 的系统中构建最高级别的性能和功能。Virtex-6 FPGA 基于 40nm 的最先进的铜工艺技术，是定制 ASIC 技术的可编程替代方案。Virtex-6 FPGA 凭借前所未有的逻辑、DSP、连接和软核微处理器功能，为满足高性能逻辑设计师、高性能 DSP 设计师和高性能嵌入式系统设计师的需求，提供了最佳解决方案。

Virtex-6 FPGA 中的查找表（LUT）既可以配置为一个具有 1 输出的 6 输入 LUT（64 位 ROM），也可以配置为两个 5 输入 LUT（32 位 ROM），分别具有单独输出，但共享地址或逻辑输入。每个 LUT 的输出可选择性地寄存到一个触发器中。四个这样的 LUT 及其八个触发器以及多路复用器和算术进位逻辑构成一个 Slice，两个 Slice 构成一个可配置逻辑块（CLB）。每个 Slice 中的四个触发器（每个 LUT 一个）可选择性地配置为锁存器。在这种情况下，该 Slice 中的其余四个触发器必须保持未使用状态。25% ～ 50% 的 Slice 还可以将其 LUT 作为分布式 64 位 RAM，或作为 32 位移位寄存器（SRL32），或作为两个 SRL16。现代综合工具可以利用这些高效的逻辑、算术和存储器功能，专业设计人员也可以将它们实例化。

19.3 矩阵乘法器

本节将介绍一种新的矩阵乘法算法。此外，为了提高矩阵乘法的效率，还介绍了 1×1 位和 $m\times n$ 位十进制乘法算法。此外，为了提高 $m\times n$ 位十进制乘法的效率，还介绍了一种低成本的二进制到 BCD 的转换算法。然后，构建了 1×1 位和 $m\times n$ 位十进制乘法器电路以及新的二进制到 BCD 转换器电路。最后构建了一个矩阵乘法器电路。

19.3.1 一种高效的矩阵乘法

在科学计算的许多算法中，矩阵乘法是一种计算密集型的基本矩阵运算。它是数字信号处理、图像处理、图形和机器人应用的基本构件。为了提高这些应用的性能，需要高性能矩阵乘法器。遗憾的是，矩阵乘法是一种非常慢的运算。其速度很慢，主要是因为其计算量很大。因此，要加快矩阵乘法的速度，必须使用速度更快的乘法器。乘法器的设计和实现方法极大地影响了计算密集型矩阵乘法器系统的面积、速度和功耗。大多数情况下，乘法器的延迟在矩阵乘法器系统的关键路径中占主导地位。因此，对低功耗和高速乘法器电路的要求很高。本小节介绍一种低成本高效率的乘法算法。乘法器的使用可使矩阵乘法器更加节省面积、降低功耗和延迟。因此，首先重点介绍高效乘法算法，然后集中介绍矩阵乘法算法。

在数字信号处理、密码学算法和高速处理器等日常复杂计算电路中，都需要高速高效的乘法器。基于 FPGA 的高效乘法器电路具有可重复编程和快速原型设计的特点。与专用集成电路（ASIC）相比，FPGA 的优势如下：

① 更快的上市时间。

② 无预支非经常性开支（NRE）。

③ 设计周期更短（因为软件可处理大部分布线、布局和时序）。

④ 项目周期更具可预测性。

⑤ 可现场重新编程（可远程上传新的比特流）。

FPGA 技术已成为当今现代嵌入式系统不可或缺的一部分。所有主流商用 FPGA 器件都基于 LUT 结构。任何 m 输入布尔函数都可以使用 m 输入 LUT 来实现。在实现任何给定函数的基于 FPGA 的电路时，如何减少 LUT 的数量是一个首要问题。

19.3.1.1　1×1 位乘法算法

这里介绍一种基于 LUT 合并定理（见 15 章）的 1×1 位乘法算法。在 1×1 位乘法中，最大十进制输入位数 $d_{max}=(a_3, a_2, a_1, a_0)$ 或 (b_3, b_2, b_1, b_0) 为 9，两个 d_{max} 的乘积最大为 7 位，即 $(P_6, P_5, P_4, P_3, P_2, P_1, P_0)$。

首先，通过位分类技术选择 LUT，将乘数和被乘数位分为 1 位输入、2 位输入、3 位输入和 4 位输入的变量组。3 位输入变量组包含最多 3 位的操作数。同样，4 位输入变量组包含最多 4 位的操作数。值得注意的是，这里只考虑了四类输入变量，因为 1×1 位乘法器是用来构建 $m \times n$ 位乘法器的基本单元。1×1 位乘法器将十进制最大值为 9 的四个二进制位作为输入变量。由于 $A \times B=B \times A$，为了避免相同的输入组合，$A \times B$ 或 $B \times A$ 都要考虑。在 1 位分类中，被乘数或乘数都将是 0_{dec} 或 1_{dec}。如果其中一个输入为 0_{dec}，则相应的输出为 0。如果其中一个输入是 1_{dec}，输出将取决于另一个操作数。选择 3 位分类组是为了实现 LUT 合并（见第 15 章）。4 ～ 6 输入 LUT 具有最佳的面积和延迟性能。传统的 4 输入 LUT 结构逻辑密度低，配置灵活性差，当配置为相对复杂的逻辑函数时，会降低互连资源的利用率。因此，考虑采用 6 输入 LUT 来实现该函数。

其次，通过观察乘积位的输入和输出组合之间的相似性来对 LUT 进行划分。对于乘积位，可以消除输入。由于消除了输入，所有输入组合及其相应的输出都会保持不变，即使两者的输入组合相似，相应的输出位也是相同的。同一划分的函数作为输入馈送到一个 6 输入 LUT。由于在输入压缩步骤后，每个函数都有 5 个输入，因此 6 输入 LUT 将提供双输出。现在，6 位输入组合被转换为 5 位输入组合，这样，6 位和 5 位输入的输入组合总数相同，6 位输入和 5 位输入变量的所有组合的相应输出也保持不变。首先是选择 LUT，选择的依据是最终积 P_1、P_2、P_3 和 P_4 的计算结果。然后是对 LUT 进行划分，用两种不同的颜色来区分不同的划分集合。最后，将划分后的 LUT 合并为一个。

算法 19.3 描述了 1×1 位乘法技术。算法的输入是 4 位被乘数 $A(a_3, a_2, a_1, a_0)$ 和 4 位乘数 $B(b_3, b_2, b_1, b_0)$。第一个 if 条件规定，如果 A 或 B 为 0_{dec}，则输出为 0。第四个条件表明，如果 $(A_1 \cdot B_1)$ 为 1，表示它属于 2 位分类，同时 $(A_3\ A_2\ B_3\ B_2)$ 为 0，确保输入组合不属于 3 位或 4 位分类。那么，其他输出位也将为 0。第五个条件是检查 $(A_2\ B_2)$ 是否等于 1 且不属于 4 位分类，然后将其归类为 3 位分类。最后一个条件是检查输入组合是否属于 4 位分类。

算法 19.3 1×1 位乘法算法

Input：multiplier $A=(a_3 a_2 a_1 a_0)$ and multiplicand $B=(b_3 b_2 b_1 b_0)$；
Output：Resultant produet, $P=(P_6 P_5 P_4 P_3 P_2 P_1 P_0)$；
1 *Single Digit Mul(A, B)*
2 **if**($A==0_{dec}$ $B==0_{dec}$)then
3 $P_6=P_5=P_4=P_3=P_2=P_1=P_0=0$；
4 **end**
5 **else if** ($A==1_{dec}$) **then**
6 $P_0=b_0$；
7 $P_1=b_1$；
8 $P_2=b_2$；
9 $P_3=b_3$；
10 $P_6=P_5=P_4=0$；
11 **end**
12 **else if** ($B==1_{dec}$) **then**
13 $P_0=a_0$；
14 $P_1=a_1$：
15 $P_2=a_2$
16 $P_3=a_3$：
17 $P_6=P_5=P_4=0$；
18 **end**
19 **else if** ($A_1 \cdot B_1==1$ &!($A_3A_2B_3B_2$) ==1) **then**
20 $P_0^2=a_0 \cdot b_0$；
21 $P_1^2=a_0 \cdot b_0 \cdot a_1$；
22 $P_2^2=b_0 \oplus b_1$；
23 $P_3^2=a_0 \cdot b_0$；
24 $P_6=P_5=P_4=0$；
25 **end**
26 **else if** ($A_2B_2==1$ &! (A_3B_3)==1)**then**
27 $P_0^3=a_0 \cdot b_0$；
28 $P_1^3=P_4^3=g(a_0, a_1, b_0, b_1, b_2)$；
29 $P_2^3=P_3^3=g(b_1 \oplus b_2), b_0, a_2, a_1, a_0$；
30 $P_5^3=(b_1 \cdot b_2) \cdot (b_0 \cdot a_0 \cdot a_2+a_1 \cdot a_2)$；
31 $P_6=0$；
32 **end**

```
33  else if (A3B3= =1) then
34    P1_0=a0 • b0;
35    P1_1=b0 • a1;
36    P1_2=b0 • a2;
37    if (a3 • b0= = 0) then
38      P1_3=a0;
39    end
40    else
41      P1_3 = ā0 ;
42    end
43    if (a3 • a0=0) then
44      P1_4=a1;
45    end
46    else
47      P1_4=1;
48    end
49    P1_3=a2;
50    P1_6=a3;
```

19.3.1.2　使用 1×1 位乘法算法的 $m \times n$ 位乘法算法

这里将高效的 1×1 位数乘法算法，引入 $m \times n$ 位数乘法算法。假设 $A=(A_{m-1}, A_{m-2}, \cdots, A_2, A_1, A_0)$ 是 m 位乘数，$B=(B_{n-1}, B_{n-2}, \cdots, B_2, B_1, B_0)$ 是 n 位被乘数。乘法运算法则见算法 19.4，其步骤如下：

① 每个被乘数位（B_i）都要并行处理，而乘数位 $A_{m-1} \sim A_0$ 则以流水线方式与每个乘数位数（B_i）一起处理。

② 对于 n 个被乘数位（B_i），通过调用 SingleDigitMul(A_j, B_i) 函数，使用所述 1×1 位乘法算法，将每个被乘数位与乘数位（流水线）相乘。乘法器的输出最大为 7 位 $\text{Bin}_{6\text{-}0}$，因为是一位数乘法，最大输入和相应输出为 1001(9)×1001(9)=1010001(81)。

③ 然后，1×1 位乘法器的二进制输出转换为 BCD，命名为 $\text{BCD}_{7\text{-}0}$。由于最大输出为两位数，因此对应的 BCD 输出为 8 位。

④ BCD 值与 ToBeAdded 变量相加，该变量初始为零。

⑤ 相加后，Res 的前四位（3 ～ 0）存储在 Out 变量中。Res 变量的其余位存储在 ToBeAdded 变量中。

⑥ 对每个 A_j 执行步骤②～⑤，直到 $j=m-1$。

⑦ 当 $j=m-1$ 时，最后更新的 $\text{Res}_{7\text{-}4}$ 位将与之前的 Out 连接。

⑧ 每个最终输出的 i 值左移 $i \times 4$ 比特位。

⑨ 最后，将所有左移的 n 个 Out 值相加，得出最终结果。

算法 19.4　*m*×*n* 位乘法算法

```
Input: Multiplier A=(A_{m-1}, A_{m-2}, …, A_2, A_1, A_0) and multiplicand
       B= (B_{n-1}, B_{n-2}, … , B_2, B_1, B_0);
Output: Final product, P;
1  Shift=0;
2  i=0;
3  j=0;
4  repeat
5     ToBeAdded=0;
6     Out = 0;
7     repeat
8        Bin_{6-0}=SingleDigitMul(Aj, Bi);
9        BCD_{7-0}=BinToBCDConversion (Bin_{6-0});
10       Res=BCD_{7-0}+ToBeAdded; // BCD Addition
11       Out=Res_{3-0}Out;
12       ToBeAdded=Res_{7-4};
13       if ( j= =m-1) then
14          Out=Res_{7-4}Out;
15       end
16    until j≤m-1;
17    Out_i=(i×4)bit left shift Out_i;
18 until i≤n-1 in parallel;
19 P=Out_{n-1}+Out_{n-2} +…+Out_1+Out_0;
```

例 19.5　表 19.3 为 *m*×*n* 位乘法算法的示例。假设一个 4×4 位乘法，乘数 $A=(3654)_{dec}$，乘数 $B=(7932)_{dec}$。由于这里考虑的是十进制乘法器，因此输入将为 *A*=(0011, 0110, 0101, 0100) 和 *B*=(0111, 1001, 0011, 0010)。该算法高度并行。如表 19.3 输入行所示，每个被乘数位都并行执行，乘数对每个被乘数位进行流水线运算，即对于每个被乘数位 7、9、3、2，乘数位 3、6、5、4 进行流水线运算。每个乘数位共执行 4 个阶段。在第一阶段，4 与 2、3、9、7 并行处理。在完成 1×1 位乘法运算后，将获得相应的 7 位二进制输出。然后将二进制输出转换为 BCD。然后，对 8 位 BCD 输出和 ToBeAdded 变量进行 BCD 加法运算，ToBeAdded 变量的初始值为 0。8 位 BCD 加法运算后，位置在 0 ～ 3 的 4 位存储将作为输出存储，位置在 7 ～ 4 的其他 4 位将存储在 ToBeAdded 中。在接下来的迭代中，将按照相同的程序对更新后的值进行处理。在最后一次迭代中，ToBeAdded 与 Out 拼接。最后，所有输出值分别左移 0、1、2、3 位。最后，对移位后的输出值进行 BCD 加法运算，得到最终结果。

表 19.3　$m \times n$ 位乘法算法示例

乘数，*A*=3654 被乘数，*B*=7932				
3(0011) 6(0110) 5(0101) 4(0100)×7(0111)	3(0011) 6(0110) 5(0101) 4(0100)×9(1001)	3(0011) 6(0110) 5(0101) 4(0100)×3(0011)	3(0011) 6(0110) 5(0101) 4(0100)×2(0010)	输入：*A* 是对 *B* 的每位数进行流水线运算
Bin=0100×0111 =11100	Bin=0100×1001 =100100	Bin=0100×0011 =1100	Bin=0100×0010 =1000	1×1 位乘法
BCD=0010 1000	BCD=0011 0110	BCD=0001 0010	BCD=0000 1000	二进制到 BCD 转换
Res=0010 1000+0000 =0010 1000	Res=0011 0110+0000 =0011 0110	Res=0001 0010+0000 =0001 0010	Res=0000 1000+0000 =0000 1000	8 位 BCD 加法
Out=1000 ToBeAdded=0010	Out=0110 ToBeAdded=0011	Out=0010 ToBeAdded=0001	Out=1000 ToBeAdded=0000	值更新
Bin=0101×0111 =100011	Bin=0101×1001 =101101	Bin=0101×0011 =1111	Bin=0101×0010 =1010	1×1 位乘法
BCD=0011 0101	BCD=0100 0101	BCD=0001 0101	BCD=0001 0000	二进制到 BCD 转换
Res=0011 0101+0010 =0011 0111	Res=0100 0101+0011 =0100 1000	Res=0001 0101+0001 =0001 0110	Res=0001 0000+0000 =0001 0000	8 位 BCD 加法
Out= 0111 1000 ToBeAdded=0011	Out=1000 0110 ToBeAdded=0100	Out=0110 0010 ToBeAdded=0001	Out=0000 1000 ToBeAdded=0001	值更新
Bin=0110×0111 =101010	Bin=0110×1001 =110110	Bin=0110×0011 =10010	Bin=0110×0010 =1100	1×1 位乘法
BCD=0100 0010	BCD=0101 0110	BCD=0001 1000	BCD=0001 0010	二进制到 BCD 转换
Res=0100 0010+0011 =0100 0101	Res=0101 0110+0100 =0101 1000	Res=0001 1000+0001 =0001 1001	Res=0001 0010+0001 =0001 0011	8 位 BCD 加法
Out= 0101 0111 1000 ToBeAdded=0100	Out=1000 1000 0110 ToBeAdded=0101	Out=1001 0110 0010 ToBeAdded=0001	Out=0011 0000 1000 ToBeAdded=0001	值更新
Bin=0011×0111 =10101	Bin=0011×1001 =11011	Bin=0011×0011 =1001	Bin=0011×0010 =0110	1×1 位乘法
BCD=0010 0001	BCD=0010 0111	BCD=0000 1001	BCD=0000 0110	二进制到 BCD 转换
Res=0010 0001+0100 =0010 0101	Res=0010 0111+0101 =0011 0010	Res=0000 1001+0001 =0001 0000	Res=0000 0110+0001 =0000 0111	8 位 BCD 加法

续表

乘数，A=3654 被乘数，B=7932				
Out= 0101 0101 0111 1000 ToBeAdded=0010	Out=0010 1000 1000 0110 ToBeAdded=0011	Out=0000 1001 0110 0010 ToBeAdded=0001	Out=0111 0011 0000 1000 ToBeAdded=0000	值更新
0010 0101 0101 0111 1000	0011 0010 1000 1000 0110	0001 0000 1001 0110 0010	0000 0111 0011 0000 1000	将 ToBeAdded 与 Out 相连
ct 0000 0111 0011 0000 1000 0001 0000 1001 0110 0010 0011 0010 1000 1000 0110 0010 0101 0101 0111 1000				左移
(0010 1000 1001 1000 0011 0101 0010 1000)=28983528				最终加法

上述 $m \times n$ 位乘法算法需要进行二进制到 BCD 的转换过程。为了改进 $m \times n$ 位乘法算法，19.3.1.3 小节介绍一种新型二进制到 BCD 转换算法。

19.3.1.3 二进制到 BCD 转换算法

$m \times n$ 位十进制乘法算法需要将 1×1 位乘法的二进制输出转换为 BCD 表示。该算法需要 n 个二进制到 BCD 转换器，并且每个转换器中发生 m 次转换。 1×1 位乘法的输出最多为 7 位（$B_6,B_5,B_4,B_3,B_2,B_1,B_0$）。将二进制 7 位（$B_6 \sim B_0$）转换为 BCD 将产生最多 8 位输出（$P_7,P_6,P_5,P_4,P_3,P_2,P_1,P_0$）。因此，需要一个 2 位数字（8 比特位）的二进制到 BCD 的转换算法。因此，介绍一种用于十进制乘法的二进制到 BCD 转换算法。

1×1 位乘法的 7 位输出仅产生 36 个输出组合，而 7 比特位函数则有 2^7=128 个输出组合。因此，剩余的输出组合（128–36=92）是无效组合。表 19.4 列出了目标二进制到 BCD 的乘法转换算法的有效输入和输出组合。有 92 个无效的输入组合，它们将以十进制格式显示。则用于乘法的无效二进制输入组合的十进制表示是：11，13，17，19，22，23，26，29，31，33，34，37，38，39，41，43，44，46，47，（50 ~ 53），55，（57 ~ 62），（65 ~ 71），（73 ~ 80），（82 ~ 127）。因此，可以利用 72% 的无效输入组合来优化函数。通过在 K-map（卡诺图）操作中放置无关项，可以利用大量无效组合的优势。因为避免了无效的输入组合，所以生成了更优化的函数。

表 19.4 $m \times n$ 位乘法的二进制到 BCD 转换算法的二进制输入和 BCD 输出

二进制输入							BCD 输出								Dec
B_6	B_5	B_4	B_3	B_2	B_1	B_0	P_7	P_6	P_5	P_4	P_3	P_2	P_1	P_0	
0	0	0	0	0	0	0	0	0	0	0	0	0	0	0	0
0	0	0	0	0	0	1	0	0	0	0	0	0	0	1	1
0	0	0	0	0	1	0	0	0	0	0	0	0	1	0	2
0	0	0	0	0	1	1	0	0	0	0	0	0	1	1	3

续表

二进制输入							BCD 输出								Dec
B_6	B_5	B_4	B_3	B_2	B_1	B_0	P_7	P_6	P_5	P_4	P_3	P_2	P_1	P_0	
0	0	0	0	1	0	0	0	0	0	0	0	1	0	0	4
0	0	0	0	1	0	1	0	0	0	0	0	1	0	1	5
0	0	0	0	1	1	0	0	0	0	0	0	1	1	0	6
0	0	0	0	1	1	1	0	0	0	0	0	1	1	1	7
0	0	0	1	0	0	0	0	0	0	0	1	0	0	0	8
0	0	0	1	0	0	1	0	0	0	0	1	0	0	1	9
0	0	0	1	0	1	0	0	0	0	1	0	0	0	0	10
0	0	0	1	1	0	0	0	0	0	1	0	0	1	0	12
0	0	0	1	1	1	0	0	0	0	1	0	1	0	0	14
0	0	1	0	0	0	0	0	0	0	1	0	1	1	0	16
0	0	1	0	0	1	0	0	0	0	1	1	0	0	0	18
0	0	0	1	1	1	1	0	0	0	1	0	1	0	1	15
0	0	1	0	1	0	1	0	0	1	0	0	0	0	1	21
0	0	1	1	0	0	0	0	0	1	0	0	1	0	0	24
0	0	1	1	0	1	1	0	0	1	0	0	1	1	1	27
0	0	1	0	1	0	0	0	0	1	0	0	0	0	0	20
0	0	1	1	1	0	0	0	0	1	0	1	0	0	0	28
0	1	0	0	0	0	0	0	0	1	1	0	0	1	0	32
0	1	0	0	1	0	0	0	0	1	1	0	1	1	0	36
0	0	1	1	0	0	1	0	0	1	0	0	1	0	1	25
0	0	1	1	1	1	0	0	0	1	1	0	0	0	0	30
0	1	0	0	0	1	1	0	0	1	1	0	1	0	1	35
0	1	0	1	0	0	0	0	1	0	0	0	0	0	0	40
0	1	0	1	1	0	1	0	1	0	0	0	1	0	1	45
0	1	0	1	0	1	0	0	1	0	0	0	0	1	0	42
0	1	1	0	0	0	0	0	1	0	0	1	0	0	0	48
0	1	1	0	1	1	0	0	1	0	1	0	1	0	0	54
0	1	1	0	0	0	1	0	1	0	0	1	0	0	1	49
0	1	1	1	0	0	0	0	1	0	1	0	1	1	0	56
0	1	1	1	1	1	1	0	1	1	0	0	0	1	1	63
1	0	0	0	0	0	0	0	1	1	0	0	1	0	0	64

续表

二进制输入							BCD 输出								Dec
B_6	B_5	B_4	B_3	B_2	B_1	B_0	P_7	P_6	P_5	P_4	P_3	P_2	P_1	P_0	
1	0	0	1	0	0	0	0	1	1	1	0	0	1	0	72
1	0	1	0	0	0	1	1	0	0	0	0	0	0	1	81

二进制到 BCD 转换算法产生 8 位输出。在构造每个输出位的函数时，可以将无效的输出组合视为无关条件。由于输入中有 7 个位数（$B_6 \sim B_0$），因此每个输出函数（$P_7 \sim P_0$）将考虑 7 个输入变量（$B_6 \sim B_0$）。因此，7 变量 K-map 用于生成输出函数。图 19.18 显示了 7 变量 K-map 的布局。从表 19.4 中获取有效输入后，将 $B_6 \sim B_0$ 的值插入 K-map 布局中，其中 $A=B_0$，$B=B_1$，$C=B_2$，$D=B_3$，$E=B_4$，$F=B_5$，$G=B_6$。

	$\bar{E}\cdot\bar{F}\cdot\bar{G}$	$\bar{E}\cdot\bar{F}\cdot G$	$\bar{E}\cdot F\cdot G$	$\bar{E}\cdot F\cdot\bar{G}$	$E\cdot\bar{F}\cdot\bar{G}$	$E\cdot\bar{F}\cdot G$	$E\cdot F\cdot G$	$E\cdot F\cdot\bar{G}$
$\bar{A}\cdot\bar{B}\cdot\bar{C}\cdot\bar{D}$	0	1	3	2	4	5	7	6
$\bar{A}\cdot\bar{B}\cdot\bar{C}\cdot D$	8	9	11	10	12	13	15	14
$\bar{A}\cdot\bar{B}\cdot C\cdot D$	24	25	27	26	28	29	31	30
$\bar{A}\cdot\bar{B}\cdot C\cdot\bar{D}$	16	17	19	18	20	21	23	22
$\bar{A}\cdot B\cdot\bar{C}\cdot\bar{D}$	32	33	35	34	36	37	39	38
$\bar{A}\cdot B\cdot\bar{C}\cdot D$	40	41	43	42	44	45	47	46
$\bar{A}\cdot B\cdot C\cdot D$	56	57	59	58	60	61	63	62
$\bar{A}\cdot B\cdot C\cdot\bar{D}$	48	49	51	50	52	53	55	54
$A\cdot B\cdot\bar{C}\cdot\bar{D}$	96	97	99	98	100	101	103	102
$A\cdot B\cdot\bar{C}\cdot D$	104	105	107	106	108	109	111	110
$A\cdot B\cdot C\cdot D$	120	121	123	122	124	125	127	126
$A\cdot B\cdot C\cdot\bar{D}$	112	113	115	114	116	117	119	118
$A\cdot\bar{B}\cdot\bar{C}\cdot\bar{D}$	64	65	67	66	68	69	71	70
$A\cdot\bar{B}\cdot\bar{C}\cdot D$	72	73	75	74	76	77	79	78
$A\cdot\bar{B}\cdot C\cdot D$	88	89	91	90	92	93	95	94
$A\cdot\bar{B}\cdot C\cdot\bar{D}$	80	81	83	82	84	85	87	86

图 19.18　优化函数的七变量 K-map 布局

例如，对于 P_1 函数，当用于该输入值的 P_1 的值为 1 时，在 K-map 的对应地址中插入 1，否则插入 0。此外，对于无效地址，在 K-map 的相应地址中设置了无关（×）条件。函数 P_1 的 K-map 操作如图 19.19 所示。将相邻的一个值分组后，得到图 19.20 所示的组。因此，P_1 函数可以表示为乘积和（SOP），如式（19.3）所示，其中 $A=B_0$, $B=B_1$, $C=B_2$, $D=B_3$, $E=B_4$, $F=B_5$, $G=B_6$。类似地，$P_2 \sim P_5$ 的函数使用 K-map 操作，在式（19.4）～式（19.7）中列出。图 19.21 ～图 19.28 演示了函数 $P_2 \sim P_5$ 的 K-map 操作和分组。

表 19.4 显示，P_0 和 B_0 的值相同。因此，P_0 的函数可以表示为 $P_0 = B_0$，如式（19.2）所示。观察表 19.4，可以得出 P_6 和 P_7 的函数如式（19.8）和式（19.9）所示，而无需使用 K-map 操作。因此，二进制到 BCD 转换算法使用 LUT 实现优化输出函数（$P_7 \sim P_0$）。由于避免了大量无效输入组合，这些函数在很大程度上得到了优化。

$$P_0 = B_0 \tag{19.2}$$

$$\begin{aligned} P_1 = {} & B_0 \bullet B_3 + B_2 \bullet B_5 \bullet B_6 + B_1 \bullet B_3 \bullet B_5 + B_1 \bullet B_2 \bullet B_3 + B_1 \bullet \overline{B_2} \bullet \overline{B_3} \bullet B_5 \\ & c + B_1 \bullet \overline{B_2} \bullet \overline{B_3} \bullet \overline{B_5} + \overline{B_1} \bullet \overline{B_2} \bullet B_3 \bullet B_4 \bullet \overline{B_5} + \overline{B_0 B_1} \bullet B_2 \bullet \overline{B_3} \bullet \overline{B_4} \bullet \overline{B_5} \end{aligned} \tag{19.3}$$

$$\begin{aligned} P_2 = {} & \overline{B_2} \bullet \overline{B_3} \bullet B_4 + \overline{B_2} \bullet B_4 \bullet B_5 + B_1 \bullet B_2 \bullet B_3 + \overline{B_1} \bullet \overline{B_2} \bullet \overline{B_3} \bullet B_5 + B_2 \bullet B_3 \overline{B_4} \\ & + B_1 \bullet \overline{B_2} \bullet B_3 + B_0 \overline{B_2}\,\overline{B_3} + \overline{B_0} \bullet \overline{B_1} \bullet B_2 \bullet \overline{B_4} \bullet \overline{B_5} \end{aligned} \tag{19.4}$$

$$P_3 = \overline{B_1} \bullet B_2 \overline{B_3} \bullet B_5 + B_2 \bullet B_3 \bullet B_4 + \overline{B_5} + B_1 \bullet B_2 \bullet B_3 \bullet B_4 + B_0 \bullet B_1 \bullet B_2 \bullet B_3 \bullet B_4 \bullet B_5 \tag{19.5}$$

$$\begin{aligned} P_4 = {} & B_0 \bullet B_3 + B_2 \bullet B_5 \bullet \overline{B_6} + B_1 \bullet \overline{B_2} \bullet \overline{B_3} + \overline{B_1} \bullet \overline{B_2} \bullet B_3 \bullet B_5 \\ & + \overline{B_1} \bullet \overline{B_2} \bullet B_3 \bullet B_4 + B_1 \bullet B_2 \bullet B_3 \bullet \overline{B_4} + \overline{B_0} \bullet \overline{B1} \bullet B_2 \bullet \overline{B_3} \bullet \overline{B_4} \end{aligned} \tag{19.6}$$

$$P_5 = B_0 \bullet \overline{B_2} + B_2 \bullet B_5 \bullet B_6 + \overline{B_1} \bullet B_2 \bullet B_4 + \overline{B_1} \bullet B_2 \bullet B_3 + B_1 \bullet \overline{B_2} \bullet \overline{B_3} \tag{19.7}$$

$$P_6 = (B_3 + B_4) \bullet B_5 + (\overline{B_5 \bullet B_6 \bullet \overline{B_0}}) \tag{19.8}$$

	$\overline{E}\cdot\overline{F}\cdot\overline{G}$	$\overline{E}\cdot\overline{F}\cdot G$	$\overline{E}\cdot F\cdot G$	$\overline{E}\cdot F\cdot\overline{G}$	$E\cdot\overline{F}\cdot\overline{G}$	$E\cdot\overline{F}\cdot G$	$E\cdot F\cdot G$	$E\cdot F\cdot\overline{G}$
$\overline{A}\cdot\overline{B}\cdot\overline{C}\cdot\overline{D}$	0	0	1	1	0	0	1	1
$\overline{A}\cdot\overline{B}\cdot\overline{C}\cdot D$	0	0	×	0	1	×	0	0
$\overline{A}\cdot\overline{B}\cdot C\cdot D$	0	0	1	×	0	×	×	0
$\overline{A}\cdot\overline{B}\cdot C\cdot\overline{D}$	1	×	×	0	0	0	×	×
$\overline{A}\cdot B\cdot\overline{C}\cdot\overline{D}$	1	×	0	×	1	×	×	×
$\overline{A}\cdot B\cdot\overline{C}\cdot D$	0	×	×	1	×	0	×	×
$\overline{A}\cdot B\cdot C\cdot D$	1	×	×	×	×	×	1	×
$\overline{A}\cdot B\cdot C\cdot\overline{D}$	0	0	×	×	×	×	×	0
$A\cdot B\cdot\overline{C}\cdot\overline{D}$	×	×	×	×	×	×	×	×
$A\cdot B\cdot\overline{C}\cdot D$	×	×	×	×	×	×	×	×
$A\cdot B\cdot C\cdot D$	×	×	×	×	×	×	×	×
$A\cdot B\cdot C\cdot\overline{D}$	×	×	×	×	×	×	×	×
$A\cdot\overline{B}\cdot\overline{C}\cdot\overline{D}$	0	×	×	×	×	×	×	×
$A\cdot\overline{B}\cdot\overline{C}\cdot D$	1	×	×	×	×	×	×	×
$A\cdot\overline{B}\cdot C\cdot D$	×	×	×	×	×	×	×	×
$A\cdot\overline{B}\cdot C\cdot\overline{D}$	×	0	×	×	×	×	×	×

图 19.19　用于优化 P_1 函数的 K-map 操作

(72, 73, 74, 75, 76, 77, 78, 79, 88, 89, 90, 91, 92, 93, 94, 95, 104, 105, 106, 107, 108, 109, 110, 111, 120, 121, 122, 123, 124, 125, 126, 127)	$A\cdot D$
(19, 23, 27, 31, 51, 55, 59, 63, 83, 87, 91, 95, 115, 119, 123, 127)	$C\cdot F\cdot G$
(42, 43, 46, 47, 58, 59, 62, 63, 106, 107, 110, 111, 122, 123, 126, 127)	$B\cdot D\cdot F$
(56, 57, 58, 59, 60, 61, 62, 63, 120, 121, 122, 123, 124, 125, 126, 127)	$B\cdot C\cdot D$
(2, 3, 6, 7, 66, 67, 70, 71)	$\overline{B}\cdot\overline{C}\cdot\overline{D}\cdot F$
(32, 33, 36, 37, 96, 97, 100, 101)	$B\cdot\overline{C}\cdot\overline{D}\cdot\overline{F}$
(12, 13, 76, 77)	$\overline{B}\cdot\overline{C}\cdot D\cdot E\cdot\overline{F}$
(16, 17)	$\overline{A}\cdot\overline{B}\cdot C\cdot\overline{D}\cdot\overline{E}\cdot\overline{F}$

图 19.20　对 P_1 函数 K-map 操作后的优化组

	$\overline{E}\cdot\overline{F}\cdot\overline{G}$	$\overline{E}\cdot\overline{F}\cdot G$	$\overline{E}\cdot F\cdot G$	$\overline{E}\cdot F\cdot\overline{G}$	$E\cdot\overline{F}\cdot\overline{G}$	$E\cdot\overline{F}\cdot G$	$E\cdot F\cdot G$	$E\cdot F\cdot\overline{G}$
$\overline{A}\cdot\overline{B}\cdot\overline{C}\cdot\overline{D}$	0	0	0	0	1	1	1	1
$\overline{A}\cdot\overline{B}\cdot\overline{C}\cdot D$	0	0	×	0	0	×	1	1
$\overline{A}\cdot\overline{B}\cdot C\cdot D$	1	1	1	×	0	×	×	0
$\overline{A}\cdot\overline{B}\cdot C\cdot\overline{D}$	1	×	×	0	0	0	×	×
$\overline{A}\cdot B\cdot\overline{C}\cdot\overline{D}$	0	×	1	×	1	×	×	×
$\overline{A}\cdot B\cdot\overline{C}\cdot D$	0	×	×	0	×	1	×	×
$\overline{A}\cdot B\cdot C\cdot D$	1	×	×	×	×	×	0	×
$\overline{A}\cdot B\cdot C\cdot\overline{D}$	0	0	×	×	×	×	×	1
$A\cdot B\cdot\overline{C}\cdot\overline{D}$	×	×	×	×	×	×	×	×
$A\cdot B\cdot\overline{C}\cdot D$	×	×	×	×	×	×	×	×
$A\cdot B\cdot C\cdot D$	×	×	×	×	×	×	×	×
$A\cdot B\cdot C\cdot\overline{D}$	×	×	×	×	×	×	×	×
$A\cdot\overline{B}\cdot\overline{C}\cdot\overline{D}$	1	×	×	×	×	×	×	×
$A\cdot\overline{B}\cdot\overline{C}\cdot D$	0	×	×	×	×	×	×	×
$A\cdot\overline{B}\cdot C\cdot D$	×	×	×	×	×	×	×	×
$A\cdot\overline{B}\cdot C\cdot\overline{D}$	×	0	×	×	×	×	×	×

图 19.21　用于优化 P_2 函数的 K-map 操作

(4, 5, 6, 7, 36, 37, 38, 39, 68, 69, 70, 71, 100, 101, 102, 103)	$\overline{C}\cdot\overline{D}\cdot E$
(6, 7, 14, 15, 38, 39, 46, 47, 70, 71, 78, 79, 102, 103, 110, 111)	$\overline{C}\cdot E\cdot F$
(6, 7, 22, 23, 38, 39, 54, 55, 70, 71, 86, 87, 102, 103, 118, 119)	$\overline{D}\cdot E\cdot F$
(24, 25, 26, 27, 56, 57, 58, 59, 88, 89, 90, 91, 120, 121, 122, 123)	$C\cdot D\cdot\overline{E}$
(33, 35, 37, 39, 41, 43, 45, 47, 97, 99, 101, 103, 105, 107, 109, 111)	$B\cdot\overline{C}\cdot G$
(64, 65, 66, 67, 68, 69, 70, 71, 96, 97, 98, 99, 100, 101, 102, 103)	$A\cdot\overline{C}\cdot\overline{D}$
(16, 17, 24, 25)	$\overline{A}\cdot\overline{B}\cdot C\cdot\overline{E}\cdot\overline{F}$

图 19.22　对 P_2 函数 K-map 操作后的优化组

	$\overline{E}\cdot\overline{F}\cdot\overline{G}$	$\overline{E}\cdot\overline{F}\cdot G$	$\overline{E}\cdot F\cdot G$	$\overline{E}\cdot F\cdot\overline{G}$	$E\cdot\overline{F}\cdot\overline{G}$	$E\cdot\overline{F}\cdot G$	$E\cdot F\cdot G$	$E\cdot F\cdot\overline{G}$
$\overline{A}\cdot\overline{B}\cdot\overline{C}\cdot\overline{D}$	0	0	0	0	0	0	0	0
$\overline{A}\cdot\overline{B}\cdot\overline{C}\cdot D$	1	1	×	0	0	×	0	0
$\overline{A}\cdot\overline{B}\cdot C\cdot D$	0	0	0	×	1	×	×	0
$\overline{A}\cdot\overline{B}\cdot C\cdot\overline{D}$	0	×	×	1	0	0	×	×
$\overline{A}\cdot B\cdot\overline{C}\cdot\overline{D}$	0	×	0	×	0	×	×	×
$\overline{A}\cdot B\cdot\overline{C}\cdot D$	0	×	×	0	×	0	×	×
$\overline{A}\cdot B\cdot C\cdot D$	0	×	×	×	×	×	0	×
$\overline{A}\cdot B\cdot C\cdot\overline{D}$	1	1	×	×	×	×	×	0
$A\cdot B\cdot\overline{C}\cdot\overline{D}$	×	×	×	×	×	×	×	×
$A\cdot B\cdot\overline{C}\cdot D$	×	×	×	×	×	×	×	×
$A\cdot B\cdot C\cdot D$	×	×	×	×	×	×	×	×
$A\cdot B\cdot C\cdot\overline{D}$	×	×	×	×	×	×	×	×
$A\cdot\overline{B}\cdot\overline{C}\cdot\overline{D}$	0	×	×	×	×	×	×	×
$A\cdot\overline{B}\cdot\overline{C}\cdot D$	0	×	×	×	×	×	×	×
$A\cdot\overline{B}\cdot C\cdot D$	×	×	×	×	×	×	×	×
$A\cdot\overline{B}\cdot C\cdot\overline{D}$	×	0	×	×	×	×	×	×

图 19.23　用于优化 P_3 函数的 K-map 操作

(18, 19, 22, 23, 82, 83, 86, 87)	$\overline{B}\cdot C\cdot \overline{D}\cdot F$
(28, 29, 60, 61, 92, 93, 124, 125)	$C\cdot D\cdot E\cdot \overline{F}$
(48, 49, 50, 51, 112, 113, 114, 115)	$B\cdot C\cdot \overline{D}\cdot \overline{E}$
(8, 9)	$\overline{A}\cdot \overline{B}\cdot \overline{C}\cdot D\cdot \overline{E}\cdot \overline{F}$

图 19.24 对 P_3 函数 K-map 操作后的优化组

	$\overline{E}\cdot\overline{F}\cdot G$	$\overline{E}\cdot\overline{F}\cdot G$	$\overline{E}\cdot F\cdot G$	$\overline{E}\cdot F\cdot\overline{G}$	$E\cdot\overline{F}\cdot\overline{G}$	$E\cdot\overline{F}\cdot G$	$E\cdot F\cdot G$	$E\cdot F\cdot\overline{G}$
$\overline{A}\cdot\overline{B}\cdot\overline{C}\cdot\overline{D}$	0	0	0	0	0	0	0	0
$\overline{A}\cdot\overline{B}\cdot\overline{C}\cdot D$	0	0	×	1	1	×	1	1
$\overline{A}\cdot\overline{B}\cdot C\cdot D$	0	0	0	×	0	×	×	1
$\overline{A}\cdot\overline{B}\cdot C\cdot\overline{D}$	1	×	×	1	0	0	×	×
$\overline{A}\cdot B\cdot\overline{C}\cdot\overline{D}$	1	×	1	×	1	×	×	×
$\overline{A}\cdot B\cdot\overline{C}\cdot D$	0	×	×	0	×	0	×	×
$\overline{A}\cdot B\cdot C\cdot D$	1	×	×	×	×	×	0	×
$\overline{A}\cdot B\cdot C\cdot\overline{D}$	0	0	×	×	×	×	×	1
$A\cdot B\cdot\overline{C}\cdot\overline{D}$	×	×	×	×	×	×	×	×
$A\cdot B\cdot\overline{C}\cdot D$	×	×	×	×	×	×	×	×
$A\cdot B\cdot C\cdot D$	×	×	×	×	×	×	×	×
$A\cdot B\cdot C\cdot\overline{D}$	×	×	×	×	×	×	×	×
$A\cdot\overline{B}\cdot\overline{C}\cdot\overline{D}$	0	×	×	×	×	×	×	×
$A\cdot\overline{B}\cdot\overline{C}\cdot D$	1	×	×	×	×	×	×	×
$A\cdot\overline{B}\cdot C\cdot D$	×	×	×	×	×	×	×	×
$A\cdot\overline{B}\cdot C\cdot\overline{D}$	×	0	×	×	×	×	×	×

图 19.25 用于优化 P_4 函数的 K-map 操作

(72, 73, 74, 75, 76, 77, 78, 79, 88, 89, 90, 91, 92, 93, 94, 95, 104, 105, 106, 107, 108, 109, 110, 111, 120, 121, 122, 123, 124, 125, 126, 127)	$A\cdot D$
(18, 22, 26, 30, 50, 54, 58, 62, 82, 86, 90, 94, 114, 118, 122, 126)	$C\cdot F\cdot \overline{G}$
(32, 33, 34, 35, 36, 37, 38, 39, 96, 97, 98, 99, 100, 101, 102, 103)	$B\cdot \overline{C}\cdot \overline{D}$
(10, 11, 14, 15, 74, 75, 78, 79)	$\overline{B}\cdot \overline{C}\cdot D\cdot F$
(12, 13, 14, 15, 76, 77, 78, 79)	$\overline{B}\cdot \overline{C}\cdot D\cdot E$
(56, 57, 58, 59, 120, 121, 122, 123)	$B\cdot C\cdot D\cdot \overline{E}$
(16, 17, 18, 19)	$\overline{A}\cdot \overline{B}\cdot C\cdot \overline{D}\cdot \overline{E}$

图 19.26 对 P_4 函数的 K-map 操作后的优化组

19.3.1.4 $m\times n$ 位乘法算法的效率

传统的二进制乘法有如下三个步骤：

① 部分积生成；

② 部分积压缩；

③ 最终加法。

4 位被乘数与 4 位乘数进行 4 位乘法运算时，会产生 4 个部分积，乘积长度为 7 位。如图 19.29 所示，1×1 位乘法有四个部分积生成阶段。部分积分三个阶段相加，每个加法运算为 4 位。由于进位传播，加法运算速度较慢。因此，传统算法需要额外的延迟，才能

	$\overline{E}\cdot\overline{F}\cdot\overline{G}$	$\overline{E}\cdot\overline{F}\cdot G$	$\overline{E}\cdot F\cdot G$	$\overline{E}\cdot F\cdot\overline{G}$	$E\cdot\overline{F}\cdot\overline{G}$	$E\cdot\overline{F}\cdot G$	$E\cdot F\cdot G$	$E\cdot F\cdot\overline{G}$
$\overline{A}\cdot\overline{B}\cdot\overline{C}\cdot\overline{D}$	0	0	0	0	0	0	0	0
$\overline{A}\cdot\overline{B}\cdot\overline{C}\cdot D$	1	1	×	0	0	×	0	0
$\overline{A}\cdot\overline{B}\cdot C\cdot D$	0	0	0	×	1	×	×	0
$\overline{A}\cdot\overline{B}\cdot C\cdot\overline{D}$	0	×	×	1	0	0	×	×
$\overline{A}\cdot B\cdot\overline{C}\cdot\overline{D}$	0	×	0	×	0	×	×	×
$\overline{A}\cdot B\cdot\overline{C}\cdot D$	0	×	×	0	×	0	×	×
$\overline{A}\cdot B\cdot C\cdot D$	0	×	×	×	×	×	0	×
$\overline{A}\cdot B\cdot C\cdot\overline{D}$	1	1	×	×	×	×	×	0
$A\cdot B\cdot\overline{C}\cdot\overline{D}$	×	×	×	×	×	×	×	×
$A\cdot B\cdot\overline{C}\cdot D$	×	×	×	×	×	×	×	×
$A\cdot B\cdot C\cdot D$	×	×	×	×	×	×	×	×
$A\cdot B\cdot C\cdot\overline{D}$	×	×	×	×	×	×	×	×
$A\cdot\overline{B}\cdot\overline{C}\cdot\overline{D}$	0	×	×	×	×	×	×	×
$A\cdot\overline{B}\cdot\overline{C}\cdot D$	0	×	×	×	×	×	×	×
$A\cdot\overline{B}\cdot C\cdot D$	×	×	×	×	×	×	×	×
$A\cdot\overline{B}\cdot C\cdot\overline{D}$	×	0	×	×	×	×	×	×

图 19.27 用于优化 P_5 函数的 K-map 操作

(64, 65, 66, 67, 68, 69, 70, 71, 72, 73, 74, 75, 76, 77, 78, 79, 96, 97, 98, 99, 100, 101, 102, 103, 104, 105, 106, 107, 108, 109, 110, 111)	$A\cdot\overline{C}$
(19, 23, 27, 31, 51, 55, 59, 63, 83, 87, 91, 95, 115, 119, 123, 127)	$C\cdot F\cdot G$
(20, 21, 22, 23, 28, 29, 30, 31, 84, 85, 86, 87, 92, 93, 94, 95)	$\overline{B}\cdot C\cdot E$
(24, 25, 26, 27, 28, 29, 30, 31, 88, 89, 90, 91, 92, 93, 94, 95)	$\overline{B}\cdot C\cdot D$
(32, 33, 34, 35, 36, 37, 38, 39, 96, 97, 98, 99, 100, 101, 102, 103)	$B\cdot\overline{C}\cdot\overline{D}$

图 19.28 对 P_5 函数 K-map 操作后的优化组

在三个阶段依次进行 4 位加法运算。

相反，在所介绍的方法中，加法操作被完全省略，这有助于避免巨大的进位传播延迟。该技术只需要如下两个步骤：

① 选择输入位分类；

② 从相应分类输出。

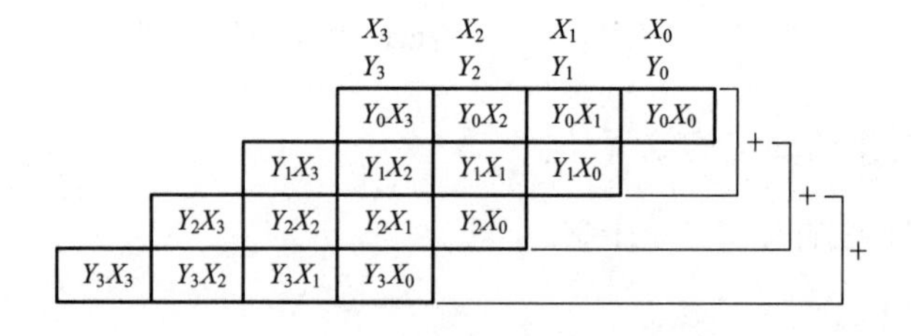

图 19.29 传统的 4×4 位乘法

1×1 位乘法避免了代价高昂的部分积生成、部分积压缩和加法运算。相反，所介绍的算法采用了基于简单条件逻辑的简单位分类技术。每个分类的最终输出不需要任何复杂的计算，而是基于简单的与、或逻辑运算，生成速度更快。因此，1×1 位乘法不仅速度更快，而且由于其直接生成输出而没有部分积生成和加法运算，还节省了面积。利用这种高效的 1×1 位乘法算法，可引入 $m \times n$ 位乘法算法。

如图 19.30 所示，对于 8×8 位乘法，乘数 A 和被乘数 B 首先需要进行 32 位 BCD 到二进制的转换（BCD to BIN）。由于转换的位数很多，电路非常复杂，需要很大的面积、功耗和延迟。随着输入位数的增加，转换位数也会相应增加，这将使计算和电路成本大大增加。与此相反，引入的电路只需对并行工作的每一位乘法进行 8 位转换。由于转换的位数非常少，而且每次转换都是并行进行的，因此所述算法转换所需面积和延迟都较小。此外，无论输入大小如何，所述算法始终只需要 8 位转换。只是转换器的数量会增加，但由于它们是并行工作的，因此延迟和电路复杂度都会大大降低。

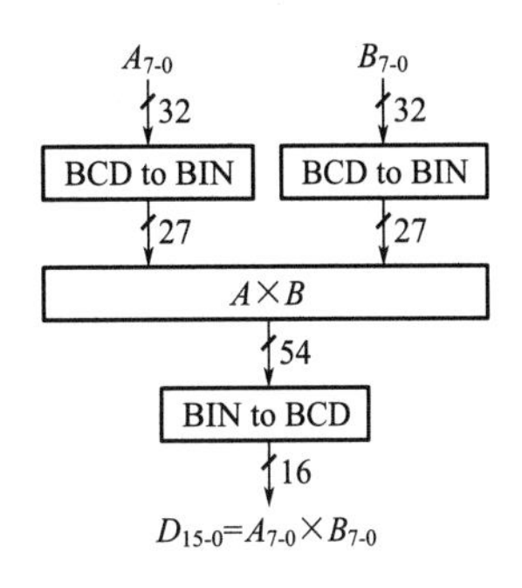

图 19.30 8×8 位乘法

另外，所述算法在最后阶段只产生 8 行部分积。此外，中间的 1×1 位乘法不会产生任何部分积。该算法需要在最后阶段 8 行部分积进行 BCD 加法运算。此外，中间 BCD 加法器仅为 8 位加法器。因此，由于输入位加法器较小且具有并行性，进位传播延迟得以减少。可以得出这样的结论：由于并行性、中间部分积生成减少、消除了较高输入加法器的较长进位传播延迟等原因，乘法算法在面积和延迟方面得到了显著改善。

19.3.2 矩阵乘法算法

矩阵乘法是图像处理、图论、密码学等实际应用中的主要运算，高效的矩阵乘法电路是人们最关心的问题。矩阵乘法是图像处理中的核心运算。矩阵可用于转换 RGB（红、绿、蓝）色彩，缩放 RGB 色彩，控制色调、饱和度和对比度，进行旋转、缩放，等等。使用矩阵的最大优势在于，任何数量的色彩变换都可以通过标准矩阵乘法来实现。例如，图 19.31 所示为图像的 6×6 矩阵表示，从该例中可以看出，这个 6×6 矩阵的矩阵值数据范围为 0 ～ 7，因此有 28 个重复值。我们的目的是利用矩阵中大量的重复值。为了表达这一想法，将鸽笼原理表述如下：

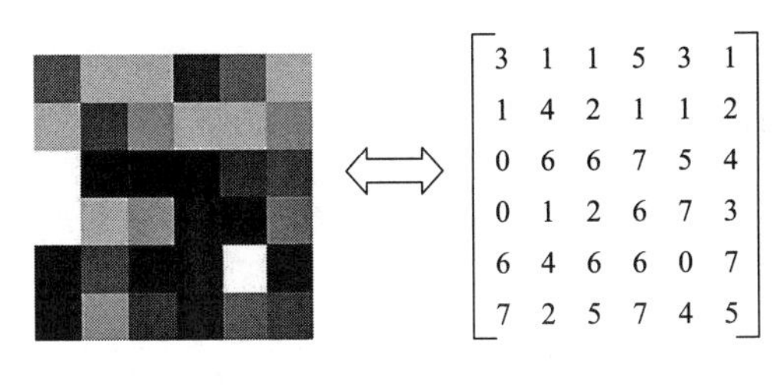

图 19.31 6×6 矩阵表示的图像示例

鸽笼原理：如果把 N 件物品放入 M 个容器中，$N > M$，那么至少有一个容器必须装有一件以上的物品。

根据鸽笼原理，可以推导矩阵的性质 19.3.1 和性质 19.3.2。

性质 19.3.1 如果 N 是要放置在 M 个位置的不同值的数量，其中 $M < N$，则至少有一个位置包含重复的值。

性质 19.3.2 如果有 d 个不同的值，矩阵大小为 $n \times n$，那么重复值的总数就是 n^2-d。

本小节将介绍一种高效的矩阵乘法算法。设 ℕ 表示自然数集。 $\mathbb{N}^{n\times n}$ 表示 $n\times n$ 自然矩阵的向量空间。假设 $\boldsymbol{A}$ 和 $\boldsymbol{B}$ 是两个 $n\times n$ 的乘法矩阵。假设 $\boldsymbol{A}$ 是乘数矩阵，$\boldsymbol{B}$ 是被乘数矩阵，输出矩阵为 $\boldsymbol{C}$。每个矩阵的表示方法如下：

$$\boldsymbol{A}\in\mathbb{N}^{n\times n}\Leftrightarrow \boldsymbol{A}=(a_{ij})=\begin{bmatrix} A_{11} & \cdots & a_{1n} \\ \vdots & & \vdots \\ A_{n1} & \cdots & a_{nn} \end{bmatrix}$$

因此，在乘法之后，矩阵 $\boldsymbol{C}$ 如下所示：

$$\boldsymbol{C}=\boldsymbol{A}\times\boldsymbol{B};\ \text{其中}\ c_{ij}=\sum_{k=1}^{n}a_{ik}b_{kj} \tag{19.9}$$

为实现高速并行处理，矩阵乘法过程中最多需要 $n\times n$ 个处理单元块。如果被乘数矩阵 $\boldsymbol{B}$ 的行中没有重复，则不会重复利用处理单元，因此需要 $n\times n$ 个有效处理单元块。相反，如果矩阵 $\boldsymbol{B}$ 各行的值完全相同，则所需的有效处理单元数量会少得多。每个处理单元块都使用乘数 $\boldsymbol{A}$ 的列的值和被乘数矩阵 $\boldsymbol{B}$ 对应行的单个值作为输入。现在，对乘数矩阵 $\boldsymbol{A}$ 进行如下划分：

$$\boldsymbol{A}\in\mathbb{N}^{n\times n}\Leftrightarrow \boldsymbol{A}=[\boldsymbol{A}_1\ \boldsymbol{A}_2\ \cdots\ \boldsymbol{A}_k\ \cdots\ \boldsymbol{A}_n],\ \boldsymbol{A}_k\in\mathbb{N}^n;$$

$$\boldsymbol{A}_k=\begin{bmatrix} a_1 \\ a_2 \\ \vdots \\ a_n \end{bmatrix}$$

对于每个处理单元，被乘数矩阵 $\boldsymbol{B}$ 第 i 行的每个值都将被用作具有乘数的对应列向量 $\boldsymbol{A}_k$ 的值的输入，其中 k=i。现在，执行被乘数矩阵 $\boldsymbol{B}$ 的行划分：

$$\boldsymbol{B}\in\mathbb{N}^{n\times n}\Leftrightarrow \boldsymbol{B}=\begin{bmatrix} \boldsymbol{B}_1 \\ \boldsymbol{B}_2 \\ \vdots \\ \boldsymbol{B}_k \\ \vdots \\ \boldsymbol{B}_n \end{bmatrix},\boldsymbol{B}_k\in\mathbb{N}$$

$$\boldsymbol{B}_k=[b_1\ b_2\ \cdots b_n]$$

因此，对于 $n\times n$ 个处理单元，每个列向量 $\boldsymbol{A}_k$ 将是输入，其中 k=i，与行向量 $\boldsymbol{B}_i$ 的每个第 j 个值一起作为输入，如图 19.32 所示，每个列向量都以流水线方式传输到神经网络，以加快执行速度。在算法 19.5 中，首先使用“CheckRepeatation（*B*[ ][ ]）”函数检查被乘数矩阵 $\boldsymbol{B}$ 中的重复值。通过执行并行处理来有效地执行重复检查。对于每行的每个值，如果存在与前一个值重复的值，则更新对应的“*X*[ ][ ]”矩阵。如果发现重复，则将初始值的列地址存储在“[ ][ ]”的相应索引中，并将 1 存储在 X[ ][ ] 的相应索引中。如果没有重复值，则 0 存储在 X[ ][ ] 的相应索引中。

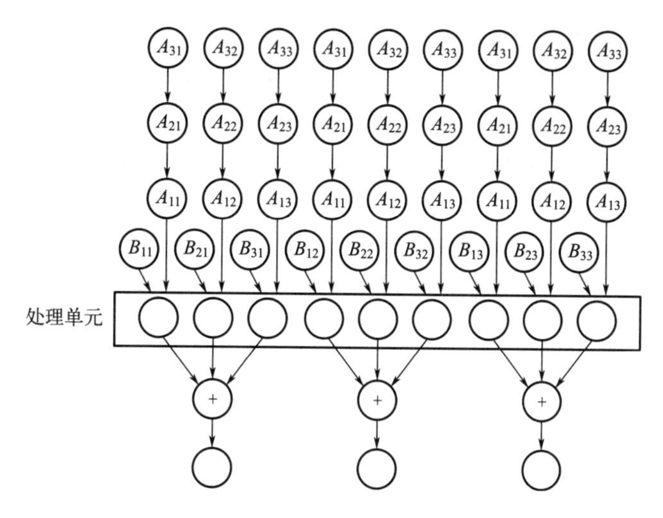

图 19.32　矩阵乘法算法的并行结构表示

算法 19.5　n×n 矩阵乘法算法

```
Input: Two n×n matrices where, multiplier is A[][] and multiplicand is B[][];
Output: Output matrix, C[][];
1  C[][]=0;
2  X[][]=0;
3  Y=[][]=0;
4  CheckRepeatation (B[][])
5  r=c=0;
6  repeat
7    repeat
8      j=c+1;
9      repeat
10       if B[r][c]= =B[r][j] then
11         X[r][j]=1;
12         Z[r][j]=c;
13       end
14       else
15         X[r][j]=0;
16         Z[r][j]=0;
17       end
18     until j≤n−1;
19   until c≤n−1 in parallel;
20 until r≤n−1 in parallel;
21 MatrixMultiplication() i=j=k=0;
22 repeat
23   repeat
24     repeat
25     until k≤n−1 in parallel;
26     if X[k][j]= =−1 then
27       Y[k][j]=A[i][k]×B[k][j];
28       C[i][j]=C[i][j]+Y[k][j];
29     end
30     else
31       Y[k][j]=Y[j][X[k][j]];
32       C[i][j]=C[i][j]+Y[k][j];
33   end
34   until j≤n−1 in parallel;
35 until i≤n−1;
```

重复检查完成后，继续执行矩阵乘法算法。被乘数矩阵 **B** 的每个值是并行处理的，而乘数矩阵 **A** 是流水线的，因此，每次只有乘数矩阵 **A** 的一行执行。因此，对于 **A** 的当前行，检查 *X*[ ][ ] 的值，如果值为 0，则执行乘法运算，并将值存储在矩阵“*Y*[ ][ ]”的相应索引中。如果 *X*[ ][ ] 的值为 1，即重复值，重新使用之前存储在 *Y*[ ][ ] 中的计算值。虽然 *Y*[ ][ ] 矩阵的使用是为了算法的目的，但在电路构造中不需要存储该矩阵。

例 19.6 假设有两个 3×3 的矩阵，其中乘数矩阵为 **A**，被乘数矩阵为 **B**。首先，检查重复，并计算中间矩阵 **X** 和 **Z**。然后，在步骤 1 中，对于 i=j=0，k 的值分别被认为是 0、1 和 2。每个 k=0、1 和 2 值的更新输出分别用不同颜色标记。对于每个值，提供更新的中间矩阵 *Y*[ ][ ] 和输出矩阵 *C*[ ][ ]。如果发现任何重复，则使用另一种颜色标记重复值。这里只给出前五个步骤的演示，类似地，再执行剩余 4 个步骤将得到最终输出矩阵。

$$\boldsymbol{A}=\begin{bmatrix}1 & 4 & 7\\2 & 5 & 8\\3 & 6 & 9\end{bmatrix},\boldsymbol{B}=\begin{bmatrix}2 & 8 & 2\\4 & 4 & 9\\6 & 10 & 10\end{bmatrix}$$

在矩阵 *B*[ ][ ] 中执行 CheckRepeatation（*B*[ ][ ]）函数后：

$$\boldsymbol{X}=\begin{bmatrix}0 & 0 & 1\\0 & 1 & 0\\0 & 0 & 1\end{bmatrix}\boldsymbol{Z}=\begin{bmatrix}0 & 0 & 0\\0 & 0 & 0\\0 & 0 & 1\end{bmatrix}$$

步骤 1：

$$i=0;\ j=0;\ k=0,1,2;\ \boldsymbol{Y}=\begin{bmatrix}2 & 0 & 0\\16 & 0 & 0\\42 & 0 & 0\end{bmatrix},\ \boldsymbol{C}=\begin{bmatrix}2+16+42 & 0 & 0\\0 & 0 & 0\\0 & 0 & 0\end{bmatrix}$$

步骤 2：

$$i=0;\ j=1;\ k=0,1,2;\ \boldsymbol{Y}=\begin{bmatrix}2 & 8 & 0\\16 & 16 & 0\\42 & 70 & 0\end{bmatrix},\ \boldsymbol{C}=\begin{bmatrix}60 & 8+16+17 & 0\\0 & 0 & 0\\0 & 0 & 0\end{bmatrix}$$

步骤 3：

$$i=0;\ j=2;\ k=0,1,2;\ \boldsymbol{Y}=\begin{bmatrix}2 & 8 & 2\\16 & 16 & 36\\42 & 70 & 70\end{bmatrix},\ \boldsymbol{C}=\begin{bmatrix}60 & 41 & 2+36+70\\0 & 0 & 0\\0 & 0 & 0\end{bmatrix}$$

步骤 4：

$$i=1;\ j=0;\ k=0,1,2;\ \boldsymbol{Y}=\begin{bmatrix}4 & 8 & 2\\20 & 16 & 36\\48 & 70 & 70\end{bmatrix},\ \boldsymbol{C}=\begin{bmatrix}60 & 41 & 108\\4+20+48 & 0 & 0\\0 & 0 & 0\end{bmatrix}$$

步骤 5：

$$i=1;\ j=1;\ k=0,1,2;\ \boldsymbol{Y}=\begin{bmatrix}4 & 16 & 0\\ 20 & 20 & 0\\ 48 & 80 & 0\end{bmatrix},\ \boldsymbol{C}=\begin{bmatrix}60 & 41 & 108\\ 72 & 16+20+80 & 0\\ 0 & 0 & 0\end{bmatrix}$$

19.3.3　高性价比的矩阵乘法器电路

本小节首先介绍基于 LUT 的 1×1 位乘法器电路，然后介绍 $m \times n$ 位乘法器电路，最后介绍矩阵乘法器电路。

19.3.3.1　1×1 位乘法器电路

FPGA 天生适合用于非常高速的并行乘法和累加运算。1×1 位数乘法算法可有效利用 LUT 等 FPGA 资源。这里构建了一个基于 LUT 的乘法器电路，避免了传统的部分积生成、压缩和加法步骤。如算法 19.3 所示，根据输入位数主要有 4 个分类，即 1 位、2 位、3 位和 4 位。1 位分类又可分为 3 类，即乘数或被乘数为 0_{dec}、乘数为 1_{dec} 和被乘数为 1_{dec}。因此，乘法运算的第一步就是找到合适的分类。输入将使准确分类的分类选择值（cat）为 1，保持值为 0，这将激活特定分类以提供输出。分类通过以下公式确定，其中加号（+）代表或运算，点（•）代表与运算，斜撇（′）代表补码。

分类 0，（Catg0）=（乘数或被乘数均为 0_{dec}）：

$$\text{Catg }0=(A_3+A_2+A_1+A_0)+(B_3+B_2+B_1+B_0)' \tag{19.10}$$

分类 1，（Catg1）=（被乘数为 1_{dec}）：

$$\text{Catg }1=(A_3+A_2+A_1+A_0)+(B_3+B_2+B_1+B_0)\bullet(B_3+B_2+B_1)'\bullet B_0 \tag{19.11}$$

分类 2，（Catg2）=（乘数为 1_{dec}）：

$$\text{Catg }2=(A_3+A_2+A_1+A_0)+(B_3+B_2+B_1+B_0)\bullet(A_3+A_2+A_1)'\bullet A_0 \tag{19.12}$$

分类 3，（Catg3）=（最大输入位数为 2）：

$$\text{Catg3 }=(A_1\bullet B_1)\bullet(A_3+A_2+B_3+B_2)' \tag{19.13}$$

分类 4，（Catg4）=（最大输入位数为 3）：

$$\begin{aligned}\text{Catg }4=&(A_2+B_2)\bullet(A_3+B_3)'\bullet[(A_3+A_2+A_1+A_0)+(B_3+B_2+B_1+B_0)'+\\&(B_3+B_2+B_1)'\bullet B_0+(A_3+A_2+A_1)'\bullet A_0]'\end{aligned} \tag{19.14}$$

分类 5，（Catg5）=（最大输入位数为 4）：

$$\begin{aligned}\text{Catg }5=&(A_3+B_3)\bullet[(A_3+A_2+A_1+A_0)+(B_3+B_2+B\ {}_1+B_0)'+\\&(B_3+B_2+B_1)'\bullet B_0+(A_3+A_2+A_10)'\bullet A_0]'\end{aligned} \tag{19.15}$$

在这些方程中，通过提取可以进行优化，从而简化电路构建过程。方程的优化是通过使用变换的多个层次来实现的。考虑一些临时变量，以减少所需的字面量成本（L）、门输入成本（G）和考虑反相器的门输入成本（GN）。字面量是一个变量或其补码。字面量成本（L）是指在逻辑电路图对应的布尔表达式中出现的字面量数目，例如：

$$F = BD + ABC + ACD;\quad L = 8 \tag{19.16}$$

门输入成本（G）是与给定方程完全对应的门输入数量。可以通过计算以下数目的总和求得：

① 所有出现的字面量；

② 不包括仅由单个字面量构成的项的项目；

③ 或者，有不同补码的单个字面量的数目。

如果不计算反相器，则门输入成本用 G 表示；如果计算反相器，则用 GN 表示。例如：

$$F = BD + ABC + ACD;\quad G = 11;\quad GN = 14 \tag{19.17}$$

因此，需要进行提取，以找到优化方程的因子。表 19.5 显示了优化前后的字面量成本、门输入成本和考虑反相器的门输入成本。结果显示，字面量成本、门输入成本和带有反相器的门输入成本分别降低了 55.26%、61.85% 和 57.54%。因此，为了进行位分类，我们构建了一个电路，如图 19.33 和图 19.34 所示。图 19.33 表明，对于输入组合 A=0010 和 B=0001，电路选择分类 1，因为其中一个输入操作数是 1。此外，图 19.34 表明，对于输入组合 A=0010 和 B=0101，电路选择分类 4，因为输入操作数 B 的最大输入大小为 3 位。同样，所有其他可能的输入组合都会选择相应的分类。基于 LUT 实现的位分类电路需要 10 个 4 输入 LUT 和 6 个 2 输入 LUT。

表 19.5 优化技术实施对比分析

函数	优化前			优化后		
	字面量成本（L）	门输入成本（G）	带有反相器的门输入成本（GN）	字面量成本（L）	门输入成本（G）	带有反相器的门输入成本（GN）
Catg0	8	10	11	4	4	5
Catg1	13	16	17	2	2	3
Catg2	13	16	17	2	2	3
Catg3	6	8	9	4	5	6
Catg4	20	29	34	3	3	4
Catg5	18	26	30	2	2	2
T_1	0	0	0	3	3	3
T_2	0	0	0	3	3	3
T_3	0	0	0	2	2	2
T_4	0	0	0	2	2	2
T_5	0	0	0	2	2	3
T_6	0	0	0	2	2	3
T_7	0	0	0	3	3	4
总和	78	105	118	34	35	43

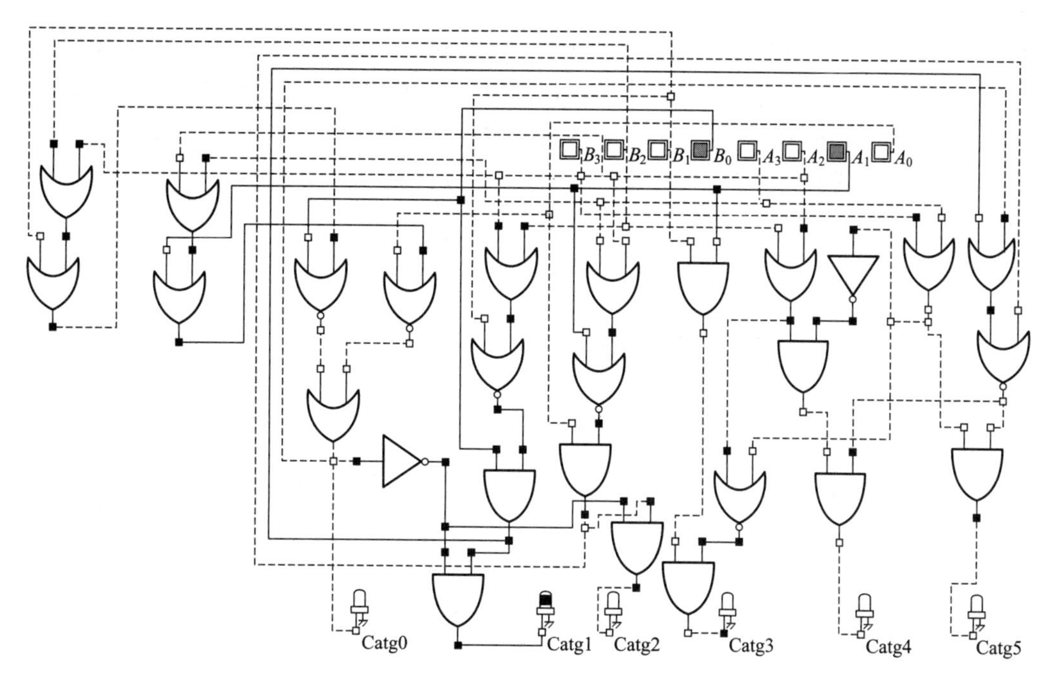

图 19.33　位分类电路，根据相应输入选择分类 1

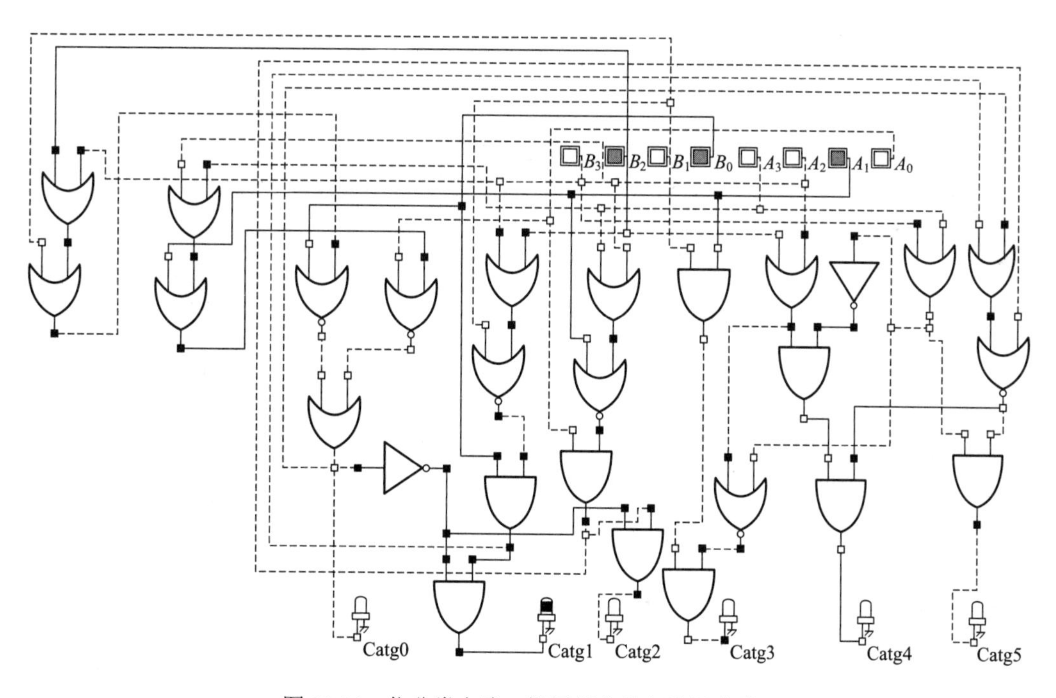

图 19.34　位分类电路，根据相应输入选择分类 4

图 19.35 展示了 1×1 位乘法的整体电路。位分类框图已在前面介绍过。位分类法通过提供变量值为 1 来选择相应的分类，该值会激活该特定分类。因此，其他分类仍处于未激活状态，每次只选择一个分类。图 19.36 显示，当相应输入组合的位分类电路输出 Catg3 位为 0 时，整个 3 位分类电路被停用，没有输入通过电路。虚线表示关闭状态，实线表示

开启状态。当输入组合为 A=0011 和 B=0011（代表分类 3）时，位分类提供的 Catg3 为 1，因此 3 位分类被激活，相应的所需输入通过晶体管和 LUT 传输。最后，输入组合 P=1001 的相应输出将从该分类中获得。如图 19.35 所示，每个分类的内部电路就是 LUT 实现。同样，所有其他输入组合的相应分类也会被选择和激活。最后，激活分类的输出被视为最终输出，如图 19.37 所示。

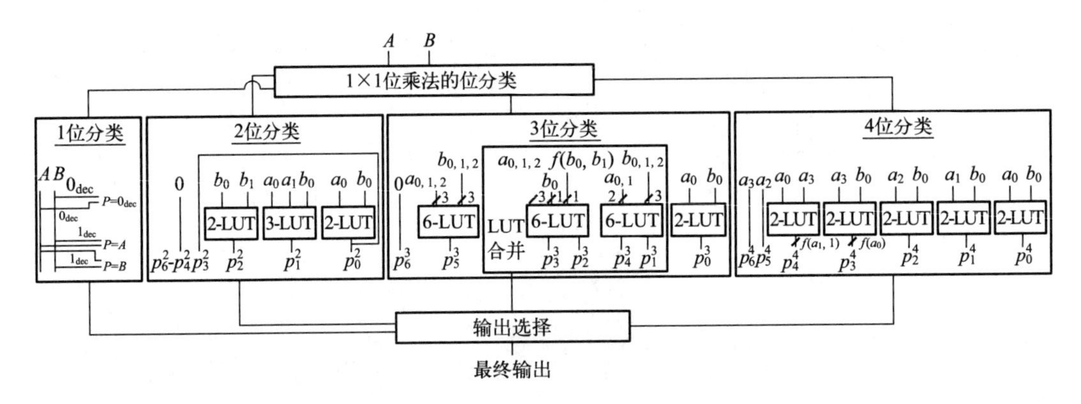

图 19.35　使用异构输入 LUT 的 1×1 位乘法器电路

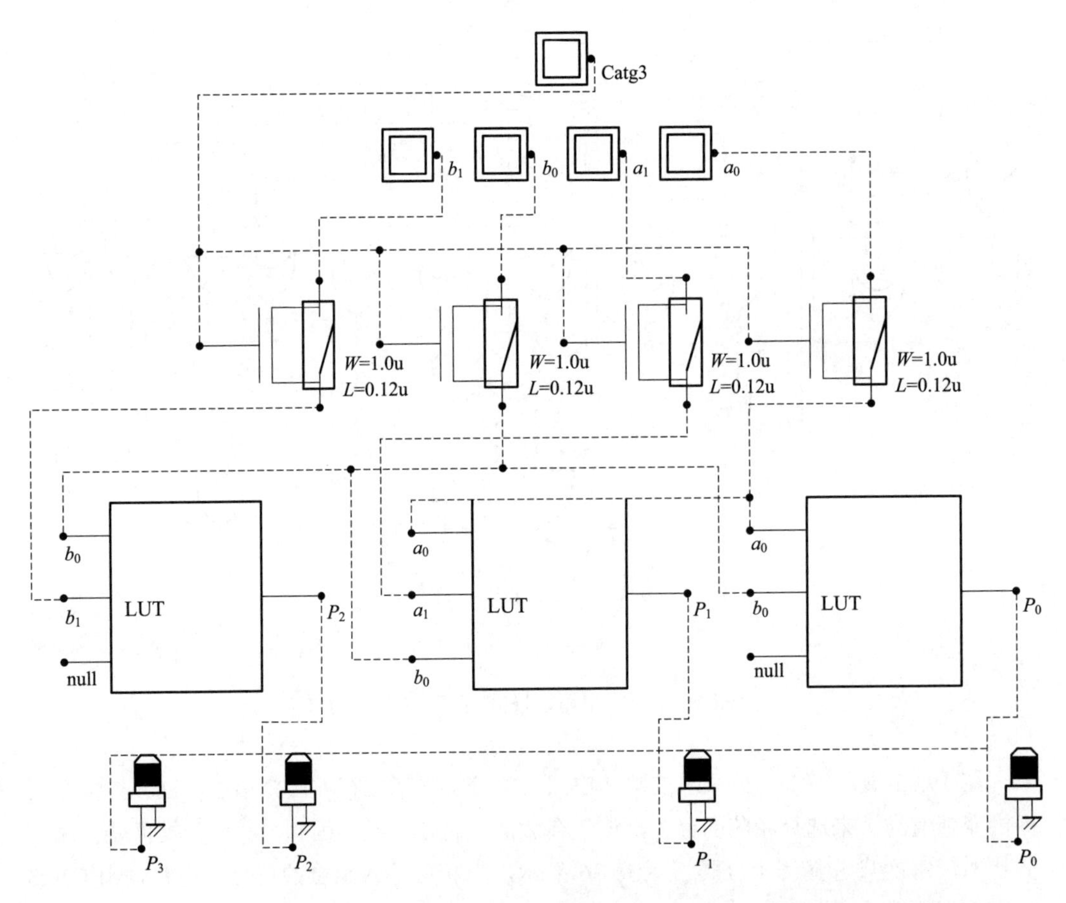

图 19.36　未激活分类电路，因为它不是相应输入的目标分类

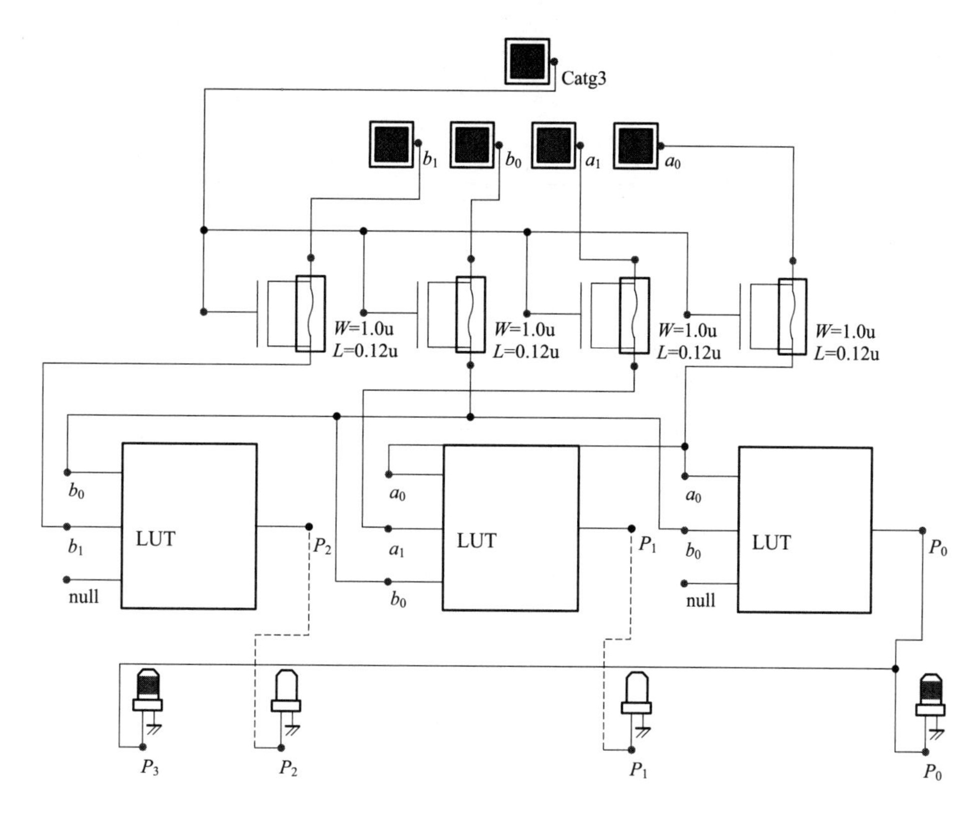

图 19.37　激活的分类电路，因为它是相应输入的目标分类

基于 LUT 的位分类电路和 1×1 位乘法器电路可使用同构 6 输入 LUT 构建。与使用异构输入 LUT 相比，使用 LUT 合并技术的 6 输入 LUT 大大减少了所需的 LUT 数量。虽然 6 输入 LUT 比较小输入的 LUT 更复杂，但 LUT 合并定理的实现通过提供双输出确保了 6 输入 LUT 的有效使用。此外，可用的 FPGASlice 由同构输入 LUT 组成。位分类电路的同构 6 输入 LUT 实现如图 19.38 所示。因此，可以使用 6 输入 LUT 将 T_1 和 T_2 实现为双输出。同样，T_2 和 T_4 也可以使用 6 输入 LUT 实现双输出。函数 T_5 和 T_6 可以使用双输出 6 输入 LUT 实现。函数 T_5、T_6 和 Catg0 取决于 T_1 和 T_2。虽然 Catg0 函数只依赖于 4 个输入变量，但它不能作为双输出来实现。由于其他输出函数依赖于 Catg0，因此使用单 LUT 实现 Catg0。此外，（Catg1, T_7）、（Catg2, Catg4）和（Catg3, Catg5）各使用一个 6 输入 LUT 实现双输出。因此，整个电路结构只需要 7 个 6 输入 LUT。

图 19.39 显示了 1×1 位乘法器的同构 6 输入电路。输出 P_0 的最小有效位通过每个分类的输入 a_0 和 b_0 获得。因此，P_0 是在分类电路中独立产生的。4 位分类需要两个 6 输入 LUT，其中 P_1^4 和 P_2^4 由一个 6 输入 LUT 生成双输出。同样，P_3^4 和 P_4^4 也是从 6 输入 LUT 生成的双输出。输出函数 P_5^4 和 P_6^4 可分别从输入位 a_2 和 a_3 直接生成，无需使用 LUT 来实现 P_5^4 和 P_6^4。3 位分类的电路构造与异构电路相同，需要三个 6 输入 LUT。2 位分类仅使用一个 6 输入 LUT。P_1^2 和 P_2^2 使用一个 6 输入 LUT 作为双输出。函数 P_3^2 和 P_0 是相同的，可以通过重复使用输出位 P_0 来生成 P_3^2。最后，函数 P_4^2 至 P_6^2 的输出值恒为零。因此，同构 1×1 位乘法器电路和位分类电路需要 14 个 6 输入 LUT。

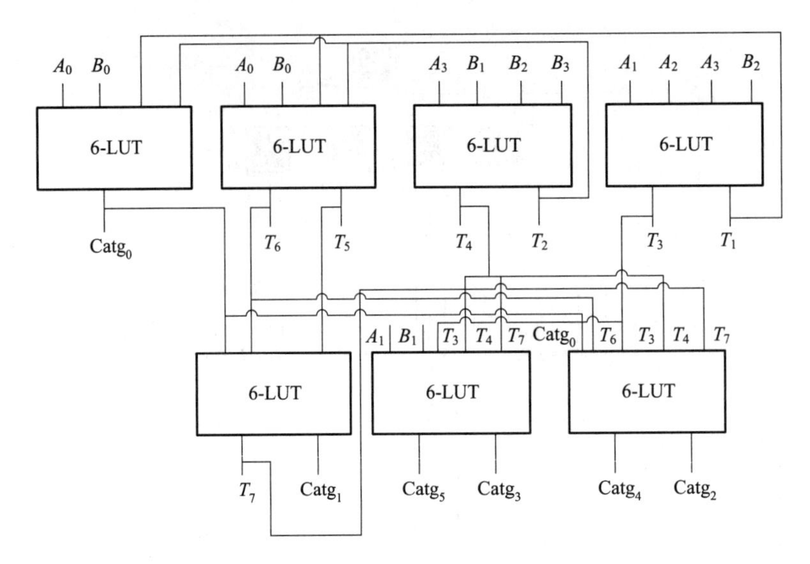

图 19.38 位分类电路的同构 6 输入 LUT（6-LUT）实现

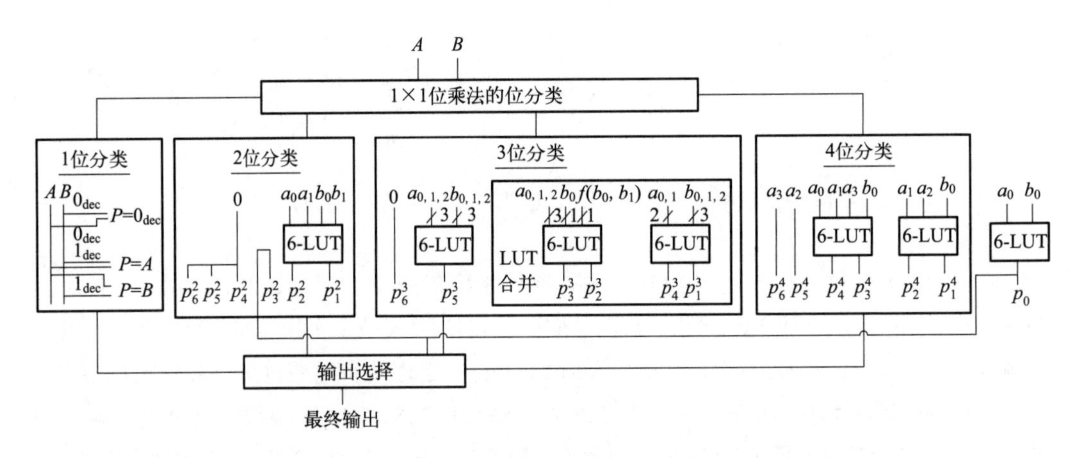

图 19.39 1×1 位乘法器电路的同构 6 输入 LUT 实现

19.3.3.2 用于十进制乘法器的二进制到 BCD 转换器电路

二进制到 BCD 转换器电路是通过实现式（19.2）～式（19.9）中的优化函数构建的。输入为 B_6 ～ B_0，输出为 P_7 ～ P_0，第一个输出位与输入位 B_0 相同，可以直接生成。函数 P_1 取决于 7 个输入位。要使用 6 输入 LUT 实现该函数，需要两个 6 输入 LUT。这两个 LUT 的输入集为 B_5 ～ B_0，其中第一个 LUT 的值为 B_6=0，第二个 LUT 的值为 B_6=1。因此，两个 LUT 的输出将作为一个 2 输入选择器的输入，其中 B_6 将作为选择位。如果 B_6 的值为 0，则第一个 LUT 的输出将传递到选择器的输出；如果 B_6=1，则第二个 LUT 的输出将传递到选择器的输出。同样，函数 P_2、P_4 和 P_5 也是通过两个 6 输入 LUT 和一个选择器生成的。函数 P_3 需要 5 个输入，因此可以使用单个 6 输入 LUT 来实现。然后，P_6 和 P_7 由一个 6 输入 LUT 生成双输出。二进制到 BCD 转换器电路如图 19.40 所示。

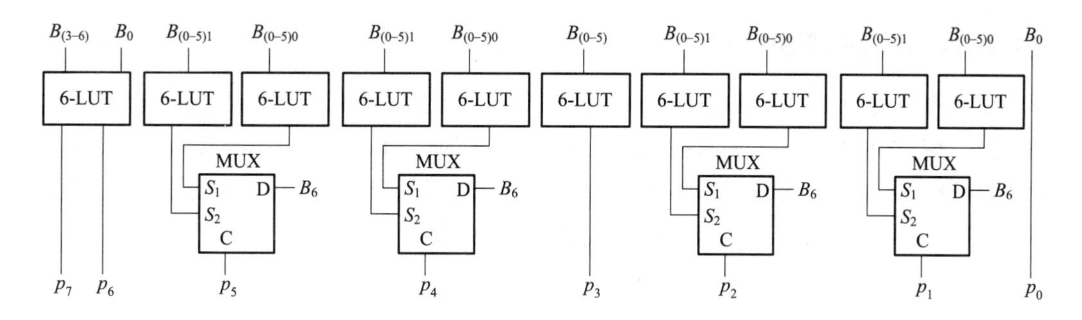

图 19.40　用于十进制数字乘法器电路的二进制到 BCD 转换器电路

19.3.3.3　$m×n$ 位乘法器电路

$m×n$ 位乘法器电路使用 1×1 位乘法器电路。$m×n$ 位乘法器需要 n 个处理单元。每个处理单元 PE_i 都有一位被乘数 B_i，乘法器通过流水线与之相连。如图 19.35 所示，每个处理元件的 1×1 位乘法器提供相应的二进制输出。乘法器的输出被传送至二进制到十进制转换器。每个处理单元中的乘法器需要 8 位二进制到 BCD 转换器，每个转换器只需要 14 个 LUT。转换器的输出是 8 位 BCD 加法器的输入。BCD 加法器的前四位存储为输出，其余位在下一次迭代中与加法器的输出相加。经过 m 次迭代后，处理单元的每个输出（P_i）将使用移位寄存器移位 i 位。最后，使用 m+1 位 BCD 加法器将处理单元的输出相加。电路的数据通路如图 19.41 所示。

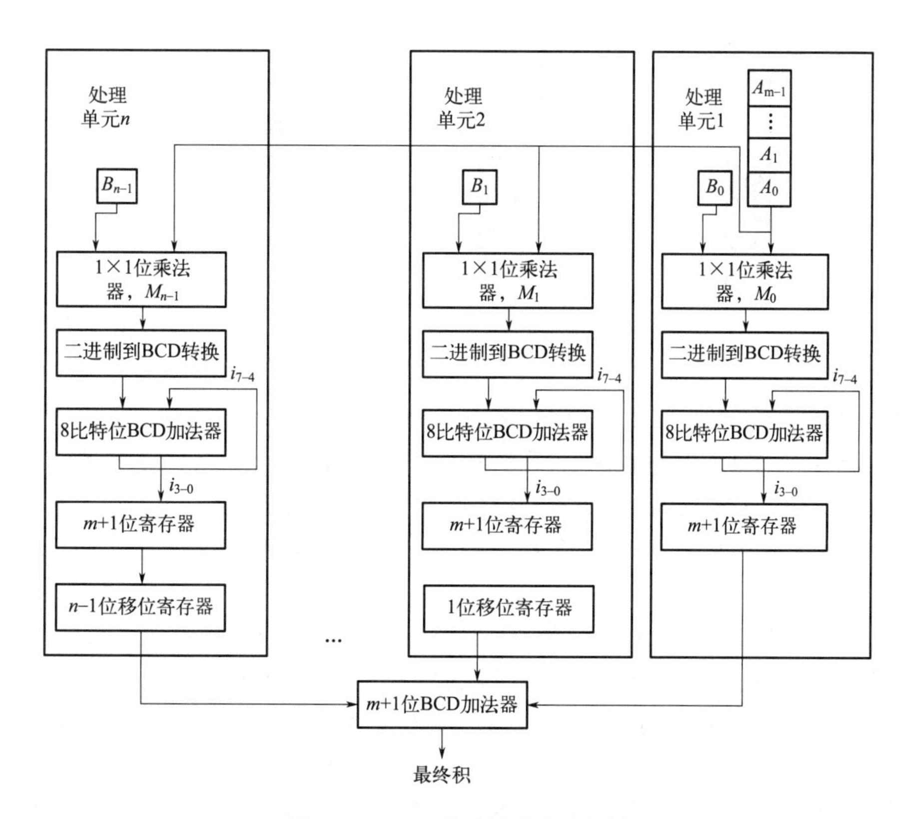

图 19.41　$m×n$ 位乘法器电路框图

19.3.3.4 矩阵乘法器电路

采用所述矩阵乘法算法构建基于 FPGA 的矩阵乘法器电路。图 19.42 是矩阵乘法器电路框图。图 19.42 显示了数据通路，其中乘法器矩阵的值 (A_{11}、A_{21}、A_{31}) 被视为处理单元 1、4、7 的输入。同样，乘数矩阵的 (A_{12}、A_{22}、A_{32}) 被视为处理单元 2、5、8 的输入。此外，乘数矩阵的 (A_{13}、A_{23}、A_{33}) 被视为处理单元 3、6、9 的输入。

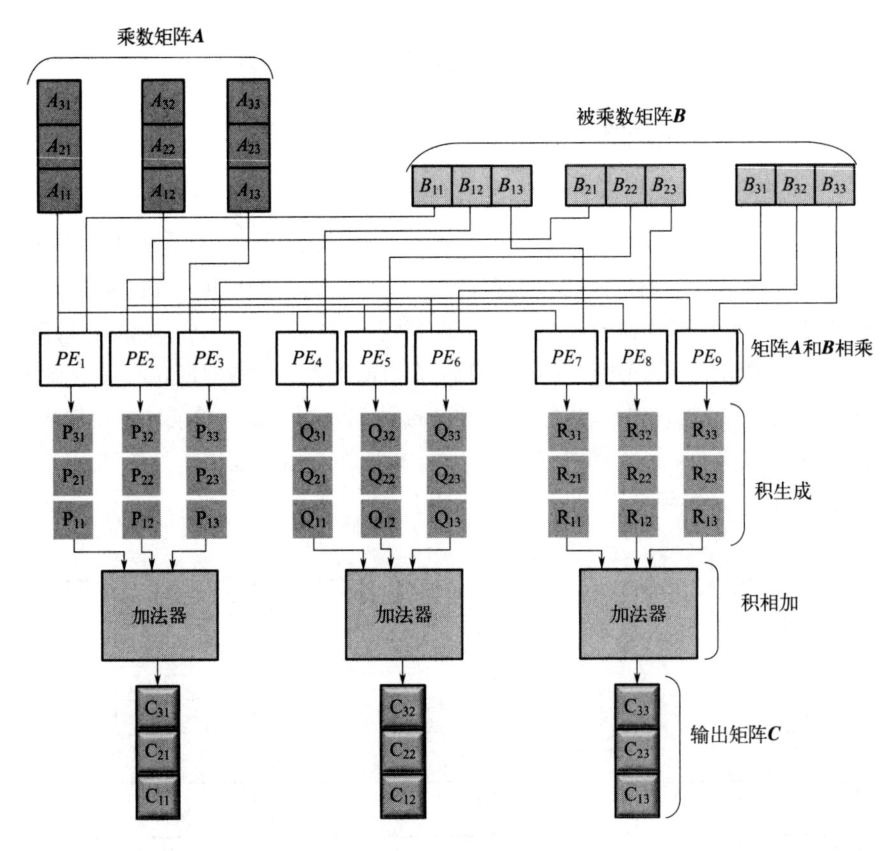

图 19.42　矩阵乘法器电路框图

3×3 矩阵乘法器的电路如图 19.43 所示。首先检查被乘数矩阵 ***B*** 每一行的重复值。为了检查矩阵 ***B*** 每行 3 个值的重复情况，需要两个比较器、一个与门和开关电路。由于考虑到并行处理，两个比较器将并行执行，以更少的延迟高效地查找重复。如果发现重复，则 ***X*** 矩阵相应索引的值更新为 1，并将 ***Z*** 矩阵相应列索引的值更新为相同值。对于未出现重复的值，***X*** 矩阵相应索引的值更新为 0。

对于被乘数矩阵 ***B***=B_{11}、B_{21}、B_{31} 第一列的前三个值，***A*** 和 ***B*** 的相应值被送入乘法器电路。由于矩阵第一列的值不可能重复，因此必须进行乘法运算。在该电路中，乘法运算采用了基于 LUT 的 $m \times n$ 位高效乘法器电路。然后，在处理 ***B*** 矩阵的第二列值时，需要检查 ***X*** 矩阵是否存在重复值。如果 X_{12}、X_{22}、X_{32} 的值为 1，则会激活晶体管，因为 ***X*** 的值提供给了晶体管的栅极输入。被激活的晶体管会将具有相同输出的乘法器的值传递给乘法器，以便重新利用。例如，如果 X_{12} 为 1，则会激活第一个晶体管，并从具有输入 B_{11} 的乘法器中传递数值。因此，乘法器的值被重新利用，而不是重新计算。如果 X_{12} 的值为 0，它将停用第一个晶体管，并激活接下来的两个晶体管，将 ***A*** 和 ***B*** 的输入值传递给乘法器。由于没有重复，乘法器就会发生运算。

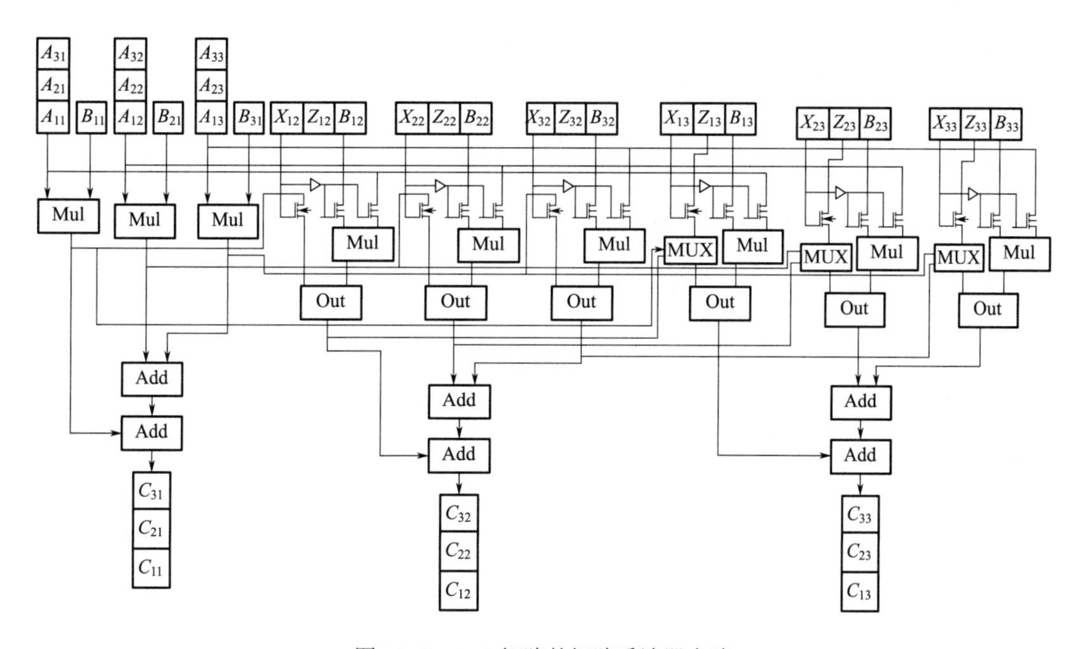

图 19.43　3×3 矩阵的矩阵乘法器电路

同样，在处理 ***B*** 矩阵第三列值时，需要检查 ***X*** 矩阵是否有重复值。如果 X_{13}、X_{23}、X_{33} 的值为 1，则会激活晶体管，因为 ***X*** 的值提供给了晶体管的栅极输入。被激活的晶体管会传递重复的列地址值。在检查重复时，***Z*** 矩阵会根据重复值的列地址进行更新。因此，通过晶体管，地址将作为 2 选 1 选择器的选择位进行传递。例如，如果 X_{13} 为 1，则激活第一个晶体管，并将 ***Z*** 矩阵中的值作为选择位传递给选择器。如果选择位为 0，则它传递以 B_{11} 作为输入的第一个乘法器的输出。这表示第一个值 B_{11} 在此位置重复。如果选择位为 1，则选择器从名为 Out 的第一个开关电路输出，表示 B_{12} 被重复。因此，乘法值被重新利用，而不是重新计算开销。如果 X_{13} 的值为 0，它将停用第一个晶体管，并激活接下来的两个晶体管，将 ***A*** 和 ***B*** 的输入值传递给乘法器。由于没有重复，乘法器将发生乘法运算。最后，如图 19.43 所示，使用基于 LUT 的加法器将输出相加，得到结果矩阵。

19.4　小结

随着人们对 FPGA 在无线通信、图像处理和图像重建、医疗成像、网络安全和信号处理等实时应用领域的兴趣与日俱增，设计高效、高性能矩阵乘法器的工作也变得越来越重要。由于矩阵乘法是计算密集型算法，引起了极大的关注。传统上，矩阵乘法运算要么作为在快速处理器上运行的软件来实现，要么在专用硬件（ASIC）上实现。基于软件的矩阵乘法速度很慢，可能成为整个系统运行的瓶颈。矩阵乘法运算通常由并行处理系统执行，该系统将计算分布在多个处理器上以实现显著的加速增益。矩阵乘法有多种实现方式。然而，与软件和基于ASIC的方法相比，基于FPGA等硬件的矩阵乘法器设计可显著加快计算时间并提高灵活性。近年来FPGA技术的不断进步，允许在单个芯片上实现数百万个门，再加上先进的EDA工具，使得能够以高效且具有经济效益的方式实现复杂和计算密集型算法。FPGA提供软件的设计灵活性和硬件（ASIC）的速度。在当代技术中，两个$N\times N$矩阵相乘的乘法运算次数为N^3。为了设计高效的矩阵乘法器，引入了基于LUT的乘法器电路。商用FPGA Slice包含嵌入式乘法器。FPGA嵌入式乘法器的操作数大小和类型是固定的，例如当前的Xilinx Virtex-6 FPGA Slice提供25×18的二进制补码乘法器电路。此外，嵌入式乘法器无法修改。因此，引入了一种基于LUT（查找表）的新型乘法器电路，其中操作数可以是任意大小和类型。

$m\times n$位乘法器采用分治法执行数字并行处理，其中使用1×1位乘法器。由于采用了数位并行处理方式，进位传播延迟显著减少。1×1位乘法器避免了传统的部分积生成、压缩和求和步骤。此外，还提出了一种用于个位数乘法的二进制到BCD转换器电路，以优化电路的资源利用率。为了设计高效的矩阵乘法器，使用了鸽笼原理的变体。由于实际应用中矩阵值的范围有限，重新利用中间预先计算的值可以节省计算量并减少有效电路的占用面积。由于FPGA的可重构特性，乘法器和矩阵乘法器电路很容易实现为商业产品。由于矩阵乘法器是许多实际应用中的关键原语，因此使用高性能矩阵乘法器将改善这些计算的性能。

参考文献

[1] L. Singhal and E. Bozorgzadeh, “Special section on field programmable logic and applications-multi-layer floorplanning for reconfigurable designs”, IET Computers & Digital Techniques, vol. 1, no. 4, pp. 276–294, 2007.

[2] T. J. Todman, G. A. Constantinides, S. J. Wilton, O. Mencer, W. Luk and P. Y. Cheung, “Reconfigurable computing: architectures and design methods”, IEE Proceedings-Computers and Digital Techniques, vol. 152, no. 2, pp. 193–207, 2005.

[3] B. Almashary, S. M. Qasim, S. A. Alshebeili and W. A. Al-Masry, “Realization of linear back-projection algorithm for capacitance tomography using FPGA”, In 4th World Congress Industrial Process Tomography, pp. 5–8, 2005.

[4] F. Bensaali and A. Amira, “Accelerating colour space conversion on reconfigurable hardware”, Image and Vision Computing, vol. 23, no. 11, pp. 935–942, 2005.

[5] Z. T. Li, T. J. Wu, C. L. Lin and L. H. Ma, “Field programmable gate array based parallel strapdown algorithm design for strapdown inertial navigation systems”, Sensors, vol. 11, no. 8, pp. 7993–8017, 2011.

[6] S. M. Qasim, S. A. Alshebeili, A. A. Khan and S. A. Abbasi, “Realization of algorithm

for the computation of third-order cross moments using FPGA", In Signal Processing and Its Applications, 9th International Symposium on, pp. 1–4, 2007.

[7] A. A. Shoshan and M. A. Oqeely, "A high performance architecture for computing the time-frequency spectrum", Circuits, Systems and Signal Processing, vol. 19, no. 5, pp. 437–450, 2000.

[8] E. Cavus and B. Daneshrad, "A very low-complexity space-time block decoder (STBD) ASIC for wireless systems", IEEE Trans. on Circuits and Systems I, vol. 53, no. 1, pp. 60–69, 2006.

[9] A. Yurdakul and G. Dundar, "Multiplier-less realization of linear DSP transforms by using common two-term expressions", Journal of VLSI Signal Processing Systems for Signal, Image and Video Technology, vol. 22, no. 3, pp. 163–172, 1999.

[10] A. A. Fayed and M. A. Bayoumi, "A merged multiplier-accumulator for high speed signal processing applications", In Acoustics, Speech, and Signal Processing (ICASSP), IEEE International Conference on, vol. 3, p. 3212, 2002.

[11] Y. Iguchi, T. Sasao and M. Matsuura, "Design methods for binary to decimal converters using arithmetic decompositions", Journal of Multiple Valued Logic and Soft Computing, vol. 13, no. 4/6, p. 503, 2007.

[12] Z. T. Sworna, M. U. Haque, N. Tara, H. M. H. Babu and A. K. Biswas, "Low-power and area efficient binary coded decimal adder design using a look up table-based field programmable gate array", IET Circuits, Devices & Systems, vol. 10, no. 3, pp. 163–172, 2016.

[13] Y. Moon and D. K. Jeong, "An efficient charge recovery logic circuit", IEEE Journal of Solid-State Circuits, vol. 31, no. 4, pp. 514–522, 1996.

[14] P. K. Meher, "Lut optimization for memory-based computation", IEEE Trans. on Circuits and Systems II, vol. 57, no. 4, pp. 285–289, 2010.

[15] H. C. Neto and M. P. Vestias, "Decimal multiplier on FPGA using embedded binary multipliers", In 2008 International Conference on Field Programmable Logic and Applications, pp. 197–202, 2008.

[16] M. P. Vestias and H. C. Neto, "Parallel decimal multipliers using binary multipliers", In Programmable Logic Conference (SPL), pp. 73–78, 2010.

[17] R. H. Turner and R. F. Woods, "Highly efficient, limited range multipliers for LUT-based FPGA architectures", IEEE Trans. on Very Large Scale Integration (VLSI) Systems, vol. 12, no. 10, pp. 1113–1118, 2004.

[18] A. Vazquez, E. Antelo and P. Montuschi, "A new family of high performance parallel decimal multipliers", In 18th IEEE Symposium on Computer Arithmetic, pp. 195–204, 2007.

[19] K. Hasanov, J. N. Quintin and A. Lastovetsky, "Hierarchical approach to optimization of parallel matrix multiplication on large-scale platforms", The Journal of Supercomputing, vol. 71, no. 11, pp. 3991–4014, 2015.

[20] J. W. Jang, S. B. Choi and V. K. Prasanna, "Energy-and time-efficient matrix multiplication on FPGAs", IEEE Trans. on Very Large Scale Integration Systems, vol. 13, no. 11, pp. 1305–1319, 2005.

[21] S. Hong, K. S. Park and J. H. Mun, "Design and implementation of a high-speed matrix multiplier based on word-width decomposition", IEEE Trans. on Very Large Scale Integration Systems, vol. 14, no. 4, pp. 380–392, 2006.

[22] Y. Dou, S. Vassiliadis, G. K. Kuzmanov and G. N. Gaydadjiev, "64-bit floating-point FPGA matrix multiplication", In Proceedings of the ACM/SIGDA 13th International Symposium on Field-programmable Gate Arrays, pp. 86–95, 2005.
[23] G. Wu, Y. Dou and M. Wang, "High performance and memory efficient implementation of matrix multiplication on FPGAs", In Field-Programmable Technology International Conference on, pp. 134–137, 2010.
[24] P. Saha, A. Banerjee, P. Bhattacharyya and A. Dandapat, "Improved matrix multiplier design for high-speed digital signal processing applications", IET Circuits, Devices & Systems, vol. 8, no. 1, pp. 27–37, 2014.
[25] Y. Wang, J. Gao, B. Sui, C. Zhang and W. Xu, "An analytical model for matrix multiplication on many threaded vector processors", In CCF National Conference on Computer Engineering and Technology, pp. 12–19, 2014.
[26] X. Huang and V. Y. Pan, "Fast rectangular matrix multiplication and applications", Journal of Complexity, vol. 14, no. 2, pp. 257–299, 1998.
[27] S. M. Qasim, S. A. Abbasi and B. A. Almashary, "Hardware realization of matrix multiplication using field programmable gate array", MASAUM Journal of Computing, vol. 1, no. 1, pp. 21–25, 2009.
[28] T. C. Lee, M. White and M. Gubody, "Matrix multiplication on FPGA based platform", In Proceedings of the World Congress on Engineering and Computer Science, vol. 1, 2013.
[29] S. H. Lederman, E. M. Jacobson, J. R. Johnson, A. Tsao and T. Turnbull, "Implementation of Strassen's algorithm for matrix multiplication", In Supercomputing, Proceedings of the ACM/IEEE Conference on, pp. 32, 1996.
[30] X. V. Luu, T. T. Hoang, T. T. Bui and A. V. Dinh-Duc, "A high-speed unsigned 32-bit multiplier based on booth-encoder and Wallace-tree modifications", International Conference on Advanced Technologies for Communications, pp. 739–744, 2014.
[31] K. Pocek, R. Tessier and A. DeHon, "Birth and adolescence of reconfigurable computing: A survey of the first 20 years of field-programmable custom computing machines", IEEE International Symposium on Field-Programmable Custom Computing Machines, pp. 3–19, 2013.
[32] E. Ahmed and J. Rose, "The effect of LUT and cluster size on deep-submicron FPGA performance and density", IEEE Trans. on Very Large Scale Integration Systems, vol. 12, no. 3, pp. 288–298, 2004.
[33] M. Zhidon, C. Liguang, W. Yuan and L. Jinmei, "A new FPGA with 4/5-input LUT and optimized carry chain", Journal of Semiconductors, vol. 33, no. 7, 2012.
[34] N. Honarmand, M. R. Javaheri, N. S. Mokhtari and A. A. Kusha, "Power efficient sequential multiplication using pre-computation", IEEE International Symposium on Circuits and Systems, 2006.
[35] A. Ehliar, "Optimizing Xilinx designs through primitive instantiation", In Proceedings of the 7th FPGA world Conference, pp. 20–27, 2010.
[36] Sworna, Zarrin Tasnim, Mubin Ul Haque, Hafiz Md Hasan Babu, Lafifa Jamal, and Ashis Kumer Biswas. "An efficient design of an FPGA-based multiplier using LUT merging theorem." In 2017 IEEE Computer Society Annual Symposium on VLSI (ISVLSI), pp. 116–121. IEEE, 2017.

第20章

BCD加法器——使用基于LUT的FPGA

BCD系统适用于数字通信，可采用FPGA技术进行设计，而LUT是FPGA的主要组件之一。本章将介绍一种基于LUT的低功耗、节省面积的BCD加法器，其构造过程基本分为三个部分：首先，介绍一种BCD加法技术，以获得正确的BCD数；然后，引入一种新型LUT控制器电路，该电路用于选择并向存储单元发送读写电压，以执行读或写操作；最后，利用所述LUT设计一个紧凑型BCD加法器。

20.1 引言

BCD表示法提供了准确的精度，避免了无限误差表示，可以在线性[$O(n)$]时间内转换为字符形式，而且加减法不需要四舍五入。因此，更快的BCD加法电路值得关注。本章介绍一种基于LUT的新型BCD加法算法，其所需FPGA元件数量、面积、功耗和延迟都较少。该算法基于预处理机制。FPGA技术的发展已成为技术进步的一个新领域，因为它具有长期可用性、快速原型设计能力、可靠性和硬件并行性。与重新设计特定应用集成电路的巨额费用相比，对FPGA设计进行增量更改的成本微不足道。FPGA有三种主要元件：LUT、触发器和布线矩阵。首先，基本的2输入LUT是目标，它最终将用于改善3输入、4输入和更多输入的LUT。然后，展示了6输入LUT架构，BCD加法器是基于6输入LUT设计的。

本章讨论三个重点：

① 一种时间复杂度最优的BCD加法算法；

② 一种面积和功耗最小的LUT紧凑型控制器电路；

③ 一种基于LUT的BCD加法器的新架构，在面积、功耗和延迟方面都有所改进。

本章还介绍了与BCD加法和LUT有关的基本定义和概念，并附有图解和示例。此外，还介绍了面积、功率和延迟等比较参数以及 LUT 的存储单元（忆阻器）。

20.2 基于 LUT 的 BCD 加法器

本节将介绍 BCD 加法算法和 LUT 结构，然后构建一个新型 BCD 加法器电路。此外，还通过一些重要的图和性质来阐明思路。

20.2.1 BCD 加法

BCD 加法的主要问题是，如果结果超出了允许的 BCD 范围（十进制数 9），就需要进行校正。校正实际上是在结果中加入二进制数 $(0110)_2$。这种逻辑会带来高延迟和额外的电路层级。因此，本章的贡献在于设计出一种面积效率高的高速 BCD 加法器，可用于不同的十进制应用。

设 A 和 B 为 1 位 BCD 加法器的两个加数，其中 A 和 B 的二进制表示分别为 $A_3A_2A_1A_0$ 和 $B_3B_2B_1B_0$。加法器的输出是一个 5 比特位二进制数 $C_{out}S_3S_2S_1S_0$，其中 C_{out} 表示十位的位置，$S_3S_2S_1S_0$ 表示 BCD 和的个位。该方法不进行后处理，而是进行预处理。两个加数的最低有效位（LSB）首先相加，产生总和输出的 LSB，即 S_0 和中间进位 C_1。然后，进位 C_1 与 $B_3B_2B_1$ 相加，生成 $b_3b_2b_1$。最后，$A_3A_2A_1$ 和 $b_3b_2b_1$ 作为输入馈送到 FPGA 的 LUT。

在表 20.1 中，真值表是根据 LUT 的每个输入端 A 和 B 的三个最高有效位设计的。进位 C_1 与 $B_3B_2B_1$ 相加得到 $b_3b_2b_1$，被记为预处理。如果 A 和 b 之和大于等于 5，则添加数字 $[3(011)_2]$。数学上表示为：

$$[C_{out}\ S_3S_2S_1S_0]=(A+b+3)\text{，如果}A+b\geqslant 5\text{, 其中 }b=B_3B_2B_1+C_1 \tag{20.1}$$

表 20.1 带预处理和加 3 校正的 3 位加法真值表

$(A_3\ A_2\ A_1)$	+	$(B_3\ B_2\ B_1)$	C_1	$C_{out}\ S_3\ S_2\ S_1$	备注
0 0 0		0 0 0	0	0 0 0 0	预处理
0 0 0		0 0 1	0	0 0 0 1	预处理
0 0 0		0 1 0	0	0 0 1 0	预处理
0 0 0		0 1 1	0	0 0 1 1	预处理
0 0 0		1 0 0	0	0 1 0 0	预处理
⋮		⋮		⋮	⋮
0 0 0		0 0 0	1	0 0 0 1	预处理
0 0 0		0 0 1	1	0 0 1 0	预处理
⋮		⋮		⋮	⋮
1 0 0		0 0 0	1	1 0 0 0	预处理 + 加 3
1 0 0		0 0 1	1	1 0 0 1	预处理 + 加 3
1 0 0		0 1 0	1	1 0 1 0	预处理 + 加 3
1 0 0		0 1 1	1	1 0 1 1	预处理 + 加 3
1 0 0		1 0 0	1	1 1 0 0	预处理 + 加 3

例 20.1　假设两个变量 A 和 B 的十进制值分别为 9 和 5。对于这些操作数的 BCD 加法，采用它们的 BCD 表示形式。首先，将 A 和 B 的 LSB 与之前 BCD 数字加法中的进位（C_{in}）相加。如果是 BCD 加数的第一位加法，则 C_{in} 的值为 0。获得的和 S_0 是输出的第一位，将进位与 B 的三个 MSB 相加，得到 b 的值，即 011。

然后，将 A 和 b 的三个 MSB 相加。由于结果是 111，大于 5，因此加上 3 才能得到正确的结果。由 4 位组成的和代表 BCD 值的第一位，在本例中为 4，而进位则代表下一个结果位，即 1。算法演示见图 20.1。带预处理技术的 BCD 加法算法见算法 20.1。接下来，引入 LUT 来介绍基于 LUT 的 BCD 加法器。

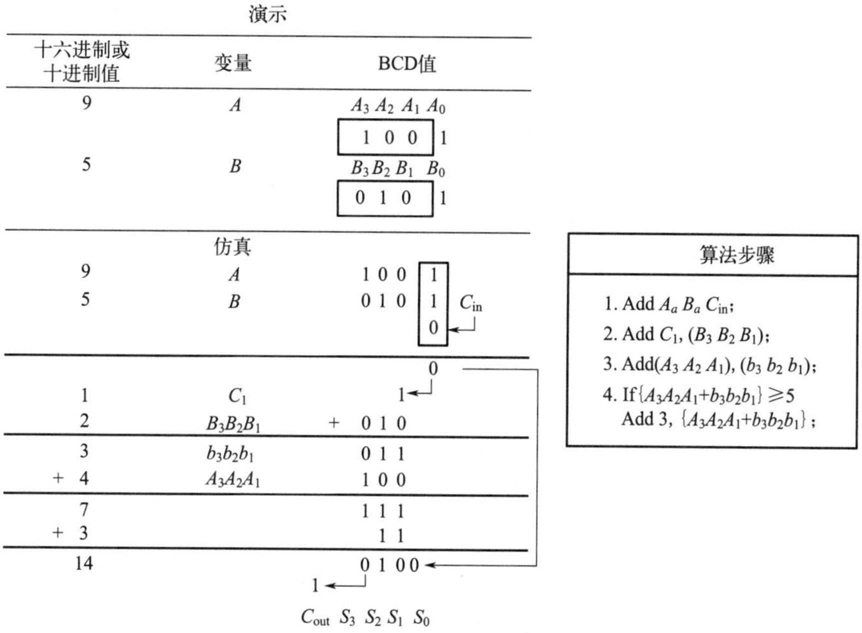

演示

十六进制或十进制值	变量	BCD值
9	A	$A_3\ A_2\ A_1\ A_0$ 1 0 0	1
5	B	$B_3\ B_2\ B_1\ B_0$ 0 1 0	1
	仿真	
9	A	1 0 0	1
5	B	0 1 0	1 C_{in}
		0
		0
1	C_1	1
2	$B_3B_2B_1$	+ 0 1 0
3	$b_3b_2b_1$	0 1 1
+ 4	$A_3A_2A_1$	1 0 0
7		1 1 1
+ 3		1 1
14		1 0 1 0 0
		$C_{out}\ S_3\ S_2\ S_1\ S_0$

算法步骤

1. Add $A_a\ B_a\ C_{in}$;
2. Add C_1, $(B_3\ B_2\ B_1)$;
3. Add$(A_3\ A_2\ A_1)$, $(b_3\ b_2\ b_1)$;
4. If$\{A_3A_2A_1+b_3b_2b_1\}\geqslant 5$
   Add 3, $\{A_3A_2A_1+b_3b_2b_1\}$;

图 20.1　例 20.1 中的 BCD 加法算法演示

算法 20.1　带预处理技术的 BCD 加法算法

Input: *Two 1-digit BCD numbers* $A=\{A_3A_2A_1A_0\}$, $B=\{B_3B_2B_1B_0\}$

Output: *Sum* $S=\{S_3S_2S_1S_0\}$, *Carry*$=C_{out}$

1. ***begin***
2. *Add* A_0, B_0 *and* C_{in} *where* S_0:=*Sum and* C_1:=*Carry*;
3. $b_3b_2b_1:=C_1+B_3B_2B_1$;
4. *Add* $A_3A_2A_1$ and $b_3b_2b_1$;
6. ***If*** $A_3A_2A_1+b_3b_2b_1\geqslant 5$
7. *Add 3 with* $A_3A_2A_1+b_3b_2b_1$
8. *Output the result*，*Output*:=$\{C_{out}, S_3\ S_2S_1, S_0\}$;
9. ***end***

20.2.2 LUT架构

LUT 由两个基本部分组成：控制器电路和存储单元。忆阻器由于其非易失性而被视为存储单元。此外，与其他存储器如静态随机存取存储器（SRAM）、动态随机存取存储器（DRAM）、铁电随机存取存储器（FeRAM）、磁阻随机存取存储器（MRAM）、纳米随机存取存储器（NRAM）、导电桥接随机存储器（CBRAM）和相变随机存取存储器（PCRAM）相比，忆阻器由于非易失性，可提供更大的面积和能效。在本章中，电路的控制器部分以紧凑的方式呈现，具有最优的门数量，其中包括忆阻器单元的选择以及传递到单元的读写电压。内部忆阻随着相应读 / 写 / 重编程操作所施加的电压而变化。

写入电压被视为数据，读取电压被视为读取脉冲。由于每次只选择一个忆阻器，因此只考虑一个写入电压（数据）。读写操作不可能同时进行。因此，异或门和相应的与门用于一次只选择一个操作，以避免这种歧义。一旦选择了一个操作，读取或写入电压就会分别从与门或传输门传递到或门。或门的输出连接到每个忆阻器的左侧，当忆阻器被选中时，将操作电压传递到写入 1/0 以存储到存储器中，或读取相应的存储单元。

存储单元的选择是根据 LUT 的两个输入（例如 A 和 B）来执行的，因为它们指的是存储单元（忆阻器）的相应存储地址。考虑忆阻器的地址为 00、01、10 和 11，地址可以分别表示为 $A'B'$、$A'B$、AB' 和 AB。通过输入 B 激活晶体管，然后输入 A 从该晶体管发送到下一个晶体管，以激活下一个晶体管。两个晶体管 T_9 和 T_{10} 分别连接到输出线 O_1 和 O_2。M_{00} 和 M_{01} 的输出通过 O_1，M_{10} 和 M_{11} 的输出通过 O_2。尽管两个忆阻器连接到单条输出线，但由于一次只有一个忆阻器被激活，因此只有一个值会通过该线。由于输出线连接到晶体管的漏极，因此通过的电压不会影响未选择的忆阻器，因为未激活的晶体管永远不会将电压从漏极传递到源极。仅当执行读取操作时，晶体管才会被 R 激活，所选中的忆阻器的输出电压将通过相应的晶体管传递到输出线。在写操作期间，晶体管 T_9 和 T_{10} 将不会被激活，因此不会将任何值传递到输出选择器（MUX）。LUT 如图 20.2 所示，构造算法见算法 20.2。性质 20.2.1 中还给出了支持 2 输入 LUT 电路推广的定理。

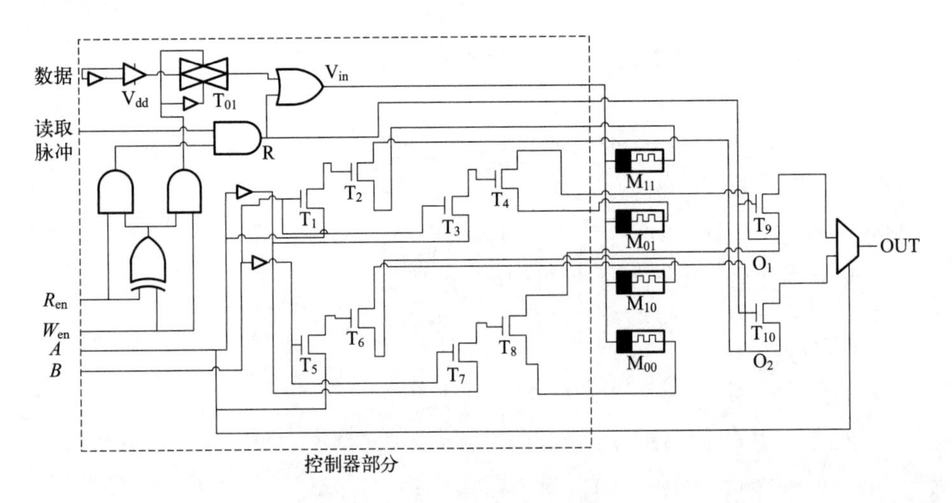

图 20.2　2 输入 LUT 架构

算法 20.2　构建 2 输入 LUT 算法

Input: *Two 1-digit BCD numbers* $A=\{A_3A_2A_1A_0\}$, $B=\{B_3B_2B_1B_0\}$

Output: *Sum* $S=\{S_3S_2S_1S_0\}$, *Carry*$=C_{out}$

1. ***begin***
2. 　*Add* A_0, B_0 *and* C_{in} *where* S_0: =*Sum and* C_1: =*Carry*;
3. 　$b_3b_2b_1$: $=C_1+B_3B_2B_1$;
4. 　*Add* $A_3A_2A_1$ *and* $b_3b_2b_1$;
6. 　***If*** $A_3A_2A_1+b_3b_2b_1\geqslant 5$
7. 　*Add* 3 *with* $A_3A_2A_1+b_3b_2b_1$
8. 　*Output the result, Output*: $=\{C_{out}, S_3, S_2, S_1, S_0\}$;
9. ***end***

由于不可能选择所有存储单元将其全部复位，因此省略了复位操作。由于复位只不过是写 0 操作，因此在单个存储单元上执行这两种操作时没有任何区别，从而消除了硬件的复杂性。此外，直接使用带有反相器的 LUT 输入取代了传统的 W1（字线）和 B1（位线），从而减少了控制器电路开销。

同样，也可以使用图 20.3 所示的 2 输入 LUT 来设计 6 输入 LUT。一个 6 输入 LUT 有 $2^6=64$ 个存储单元，一个通用控制器电路和两个输出 O_{mux1} 和 O_{mux2}。为了有效利用面积，采用了 3D 结构。总共 64 个存储单元被分为四层，每层有 16 个存储单元。对于特定层，使用由四个晶体管组成的选择电路通过输入 A 和 B 选择列，每个晶体管由输入 B 激活（当 B 为 1 时）并发送输入 A 作为列选择。此外，行选择电压也以同样的方式通过两个输入端 C 和 D 发送。由于存在四层，因此为了选择特定层，使用输入 E 和 F 产生层选择电压。每个忆阻器都有三个晶体管，第一个晶体管通过层选择电压激活，并向下一个晶体管发送列选择电压。第二个晶体管被激活后，向下一个晶体管发送行选择电压，第三个晶体管被激活后，最终激活相应的忆阻器。6 输入 LUT 共需要 64 个忆阻器，参考单元不需要额外的忆阻器。

性质 20.2.1　一个 n 输入 LUT 至少需要 2^{n-2} 个 2 输入 LUT，其中 $n\geqslant 2$。

证明 20.1　上述性质可用数学归纳法证明。

基础：当 $n=2$ 时，基础情况为 $2^{2-2}=1$。

假设：假设该陈述对于 $n=k$ 成立。因此，一个 k 输入 LUT 由 2^{k-2} 个 2 输入 LUT 组成。

归纳：现在，将考虑 $n=k+1$。因此，一个 $k+1$ 输入 LUT 需要 $2^{k+1-2}=2^{k-1}$ 个 2 输入 LUT。

现在，输入数量减 1，得到 $n=k$。

然后，k 输入 LUT 需要 $2^{k-1-1}=2^{k-2}$ 个 2 输入 LUT，以支持该假设。

所以该陈述对于 $n=k+1$ 成立。

因此，当 $n\geqslant 2$ 时，一个 n 输入 LUT 由 2^{n-2} 个 2 输入 LUT 组成。

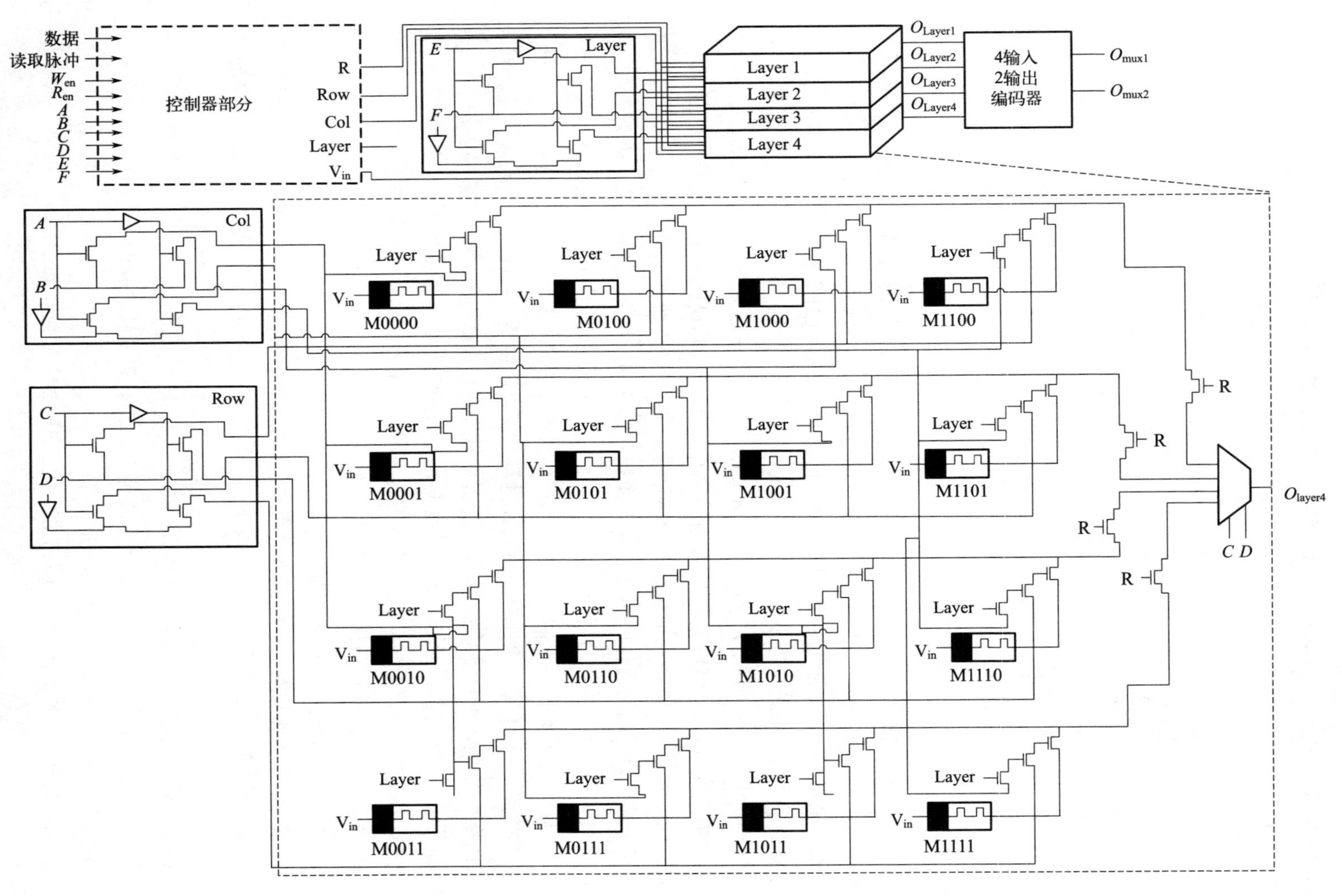

图 20.3 6输入LUT架构

2 输入 LUT 的工作机制

下面描述两种类型的操作：写入和读取。

写入操作：进行写入操作时，写入使能脉冲电压为高电平，该电压被传递到传输门以通过门发送写入电压。两个输入端 A 和 B 选择特定的存储单元 M_{ij}，其中 i={0, 1}，j={0, 1}。M_i 的初始忆阻首先分别被认为是用于写 1 和写 0 操作的 R_{OFF} 和 R_{ON}。然后，通过 V_{in} 施加 $+V_{dd}/-V_{dd}$ 脉冲，直到忆阻改变状态。这样，逻辑 1/0 就成功写入 M_{ij}。假设要向忆阻器 M_{11} 写 1，B=1 激活晶体管 T_1，并将 A=1 从 T_1 发送到晶体管 T_2，晶体管 T_2 选择 M_{11}，写入电压（$+V_{dd}$）施加到忆阻器，直到忆阻器的状态相应变为 1，从而向 M_{11} 写 1。由于省略了复位操作，因此在对一个忆阻器重新编程时，如果对一个已经执行过写 1 操作的忆阻器执行写 0 操作，则应在该晶闸管上执行写 0 操作。此外，如果要对已经执行过写 0 操作的晶闸管执行写 1 操作，则必须对该晶闸管执行写 1 操作。

读取操作：读取操作时，读取使能电压和读取脉冲（$+V_{dd}$）均为高电平，并通过输入端 A、B 和相应的晶体管传播到特定的存储单元 M。要执行读 0/ 读 1 操作，需要向忆阻器施加一个 $+V_{dd}$ 的正脉冲（读取脉冲），然后在输出端 O_1（地址为 M_{00} 和 M_{01} 的忆阻器）或 O_2（地址为 M_{11} 和 M_{10} 的忆阻器）找到读取值。假设要从忆阻器 M_{11} 读取 1，B=1 激活晶体管 T_1，并将 A=1 从 T_1 发送到晶体管 T_2，晶体管 T_2 选择 M_{11}，当读取脉冲作用到忆阻器时，忆阻器的值通过晶体管 T_2 传输到晶体管 T_{10}，晶体管 T_{10} 被 R 激活，因此输出电压从忆阻器通过晶体管 T_{10} 传输到输出线 O_2，最后传输到 MUX。输入 A 为 1 时，将选择输出端的 O_2 值。在读 0 操作中，假设忆阻器的 NSP（忆阻值）为零，则其将略微改变忆阻器的 NSP 以接近 R_{ON} 的值。为了将 NSP 恢复到初始值，需要施加一个 $-V_{dd}$ 的恢复脉冲。整个过程如表 20.2 所示。

表 20.2　使用介绍的方法的读写方案

方法	输入					数据路径	存储单元				输出		
操作	R_{en}	W_{en}	R_{pulse}	A	B	Data	M_{00}	M_{01}	M_{10}	M_{11}	O_1	O_2	Out
写入	↓	↑	↓	0	0	√	data	—	—	—	—	—	没有输出
	↓	↑	↓	0	1	√	—	data	—	—	—	—	没有输出
	↓	↑	↓	1	0	√	—	—	data	—	—	—	没有输出
	↓	↑	↓	1	1	√	—	—	—	data	—	—	没有输出
读取	↑	↓	↑	0	0	√	data	—	—	—	data	—	data
	↑	↓	↑	0	1	√	—	data	—	—	data	—	data
	↑	↓	↑	1	0	√	—	—	data	—	—	data	data
	↑	↓	↑	1	1	√	—	—	—	data	—	data	data

注：—，没有选择；↑，高电平；↓，低电平；√，数据路径上有数据。

20.3 使用 LUT 的 BCD 加法器电路

本节利用 BCD 加法算法和 LUT 设计基于 LUT 的 BCD 加法器。算法 20.3 给出了构造 BCD 加法器电路的算法。根据该算法，框图和电路如图 20.4 所示。对于最小有效 1 位的加法，使用全加器；对于预处理，使用了两个半加器和一个或门。6 输入 LUT 用于对操作数的三个 MSB 进行加法运算，并通过加 3 进行校正。因此，通过消除额外的电路开销，加法电路得到了改进。利用 1 位 BCD 加法器电路，可以轻松创建 n 位 BCD 加法器电路，其中 1 位加法器电路的 C_{out} 作为 C_{in} 发送给 BCD 加法器电路的下一位。因此，广义 n 位 BCD 加法器利用前一个进位进行顺序计算，如图 20.4 所示。

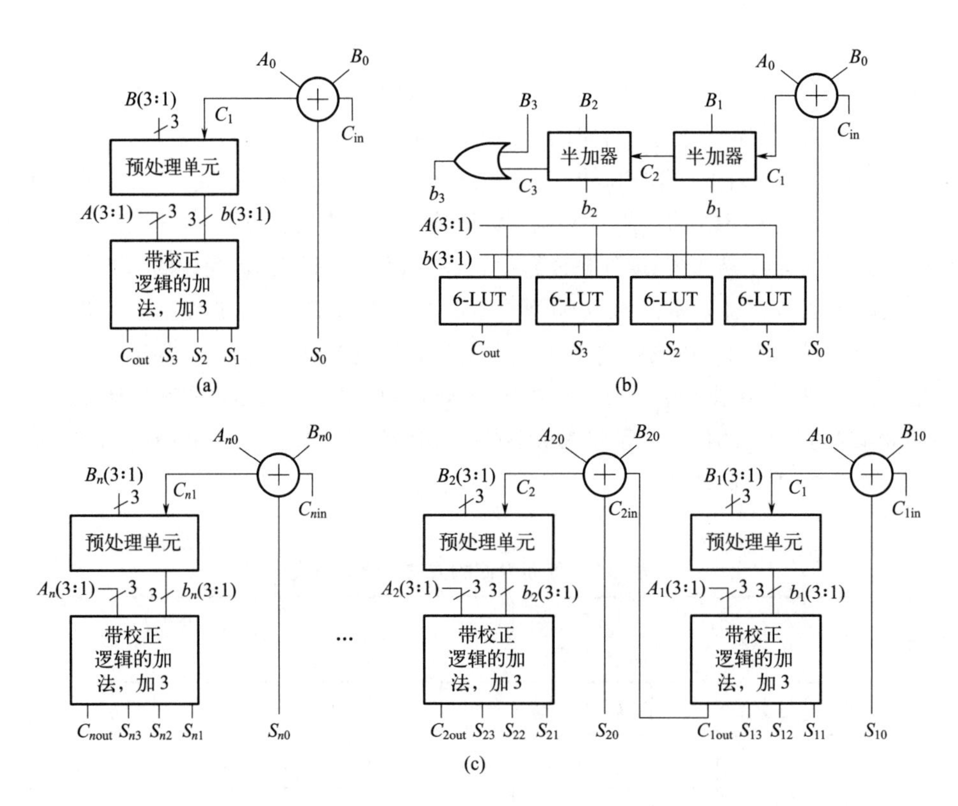

图 20.4 BCD 加法器：(a) 1 位 BCD 加法器框图；(b) 1 位 BCD 加法器；(c) n 位 BCD 加法器框图

算法 20.3 BCD 加法器电路的构造算法

Input: *Two BCD Numbers* $A=\{A_3A_2A_1A_0\}$, $B=\{B_3B_2B_1B_0\}$

Output: *Sum* $S=\{S_3S_2S_1S_0\}$, *Carry*$=C_{out}$

1. ***begin***
2. *Apply a full adder circuit where Input*:$=\{A_0, B_0, C_{in}\}$ *and Output*:$=\{C_1, S_0\}$;

3. *Apply first half adder circuit where Input:* $=\{B_1, C_1\}$ *and Output:* $=\{b_1, C_2\}$;
4. *Apply second half adder circuit where Input:* $=\{B_2, C_2\}$ *and Output:* $=\{b_2, C_3\}$;
5. *Apply OR gate where Input:* $=\{B_3, C_3\}$ *and Output:* $=\{b_3\}$;
6. *Apply four 6-input LUT where each LUT' s Input:* $=\{b_3, A_3, b_2, A_2, b_1, A_1\}$*and combined Output:* $=\{C_{out} S_3, S_2, S_1\}$;
7. ***End***

性质 20.3.1 用数学方法证明了加法运算的时间复杂性。

性质 20.3.1　n 位 BCD 加法器至少需要 $O(5n)$ 的时间复杂度，其中 n 是数据比特位的数量。

证明 20.2　上述陈述是通过反证法证明的。

假设：n 位 BCD 加法器不需要至少 $O(5n)$ 的时间复杂度。

n 位 BCD 加法器的关键路径延迟需 n 个全加器、$2n$ 个半加器、n 个或门和 $4n$ 个 6 输入 LUT。除了 6 输入 LUT 外，该设计采用串行架构，其延迟为 $O(4n)$。

因此，BCD 加法器的时间复杂度为 $O(5n)$。

这与假设相矛盾。因此，假设为假，性质 20.3.1 成立。

20.4　小结

FPGA 的卓越性能和先进性使当今世界进入 FPGA 时代。LUT 作为 FPGA 中最重要也是最复杂的元件，是改进 FPGA 的主要关注点。2 输入 LUT 在占用面积和功耗方面都有显著改善。此外，BCD 加法是最基本的算术运算，也是基于 LUT 的 FPGA 应用重点。BCD 加法器的面积、功耗、延迟都达到了最优。基于 FPGA 的 BCD 加法器的这些改进，将影响所有其他算术运算以及十进制数字计算和操作的进步，因为从十进制到 BCD 的转换比二进制更方便。此外，它还可用于精确的十进制计算，这通常是金融应用、会计等方面的要求。它还使得 10 的乘、除、幂等运算也变得更加容易，通过“固定字宽”格式，从而可以轻松找到特定数字的第 n 位数，而且此类算术运算可以轻松分块到多个线程中，例如通过并行处理。

参考文献

[1] D. Morteza and G. Jaberipur, “Low area/power decimal addition with carry-select correction and carry-select sum-digits”, Integr. VLSI J., vol. 47, no. 4, pp. 443–451, 2014.
[2] S. Gao, D. A. Khalili and N. Chabini, “An improved BCD adder using 6-LUT FPGAs”, IEEE Tenth Int. New Circuits and Systems Conf., 2012.

[3] F. D. Dinechin and A. Vázquez, "Multi-operand decimal adder trees for FPGAs", 2010.
[4] M. Vasquez, G. Sutter, G. Bioul and J. P. Deschamps, "Decimal adders/subtractors in FPGA: efficient 6-input LUT implementations", Int. Conf. on Reconfigurable Computing and FPGAs, 2009.
[5] G. Saeid, G. Jaberipur and R. H. Asl, "Efficient ASIC and FPGA implementation of binary-coded decimal digit multipliers", Circuits Syst. Signal Process., vol. 33, no. 12, pp. 3883–3899, 2014.
[6] L. O. Chua, "Memristor-the missing circuit element", IEEE Trans. Circuit Theory, vol. 18, no. 5, pp. 507–519, 1971.
[7] D. B. Strukov, G. S. Snider and D. R. Stewart, "The missing memristor found", Nature, vol. 453, no. 7191, pp. 80–83, 2008.
[8] A. F. Haider, T. N. Kumar and F. Lombardi, "A memristor-based LUT for FPGAs", Ninth IEEE Int. Conf. on Nano/Micro Engineered and Molecular Systems (NEMS), 2014.
[9] Y. Ho, G. M. Huang and P. Li, "Dynamical properties and design analysis for nonvolatile memristor memories", Circuits and Systems I, IEEE Trans. on, vol. 58, no. 4, pp. 724–736, 2011.
[10] N. Z. Haron and S. Hamdioui, "On defect oriented testing for hybrid CMOS/memristor memory", In Test Symposium (ATS), pp. 353–358, 2011.
[11] X. X. Dong, N. P. Jouppi and Y. Xie, "Design implications of memristor-based RRAM cross-point structures", Proc. Des. Autom. Test Eur., pp. 1–6, 2011.
[12] X. Yuan, "Modeling, architecture, and applications for emerging memory technologies", IEEE Comput. Des. Test., vol. 28, no. 1, pp. 44–51, 2011.
[13] K. Sohrab, G. Rosendale and M. Manning, "A 3D stackable carbon nanotube-based nonvolatile memory (NRAM)", IEEE Proceedings of the European Solid-State Device Research Conf., 2010.
[14] M. Thomas, M. Salinga, M. Kund and T. Kever, "Nonvolatile memory concepts based on resistive switching in inorganic materials", Adv. Eng. Mater., vol. 11, no. 4, pp. 235–240, 2009.
[15] Y. C. Chen, W. Zhang and H. Li, "A look up table design with 3D bipolar RRAMs", ASP-DAC, pp. 73–78, 2012.
[16] G. Bioul, M. Vazquez and J. P. Deschamps, "Decimal addition in FPGA", Fifth Southern Conf. on Programmable Logic, pp. 101–108, 2009.
[17] Sworna, Zarrin Tasnim, Mubin UlHaque, Nazma Tara, Hafiz Md Hasan Babu, and Ashis Kumar Biswas. "Low-power and area efficient binary coded decimal adder design using a look up table-based field programmable gate array." IET Circuits, Devices & Systems 10, no. 3 (2016): 163–172.

第21章

通用复杂可编程逻辑器件（CPLD）电路板

设计和开发通用复杂可编程逻辑器件（CPLD）电路板的目标是缩短产品的总体设计和开发生命周期。由于可编程逻辑器件（PLD）具有极强的通用性和可变性，因此同一电路板可用于各种系统设计。这些器件工作电压极低，速度极快，功耗极低。随着系统级器件数量的急剧减少，这些特性使得可编程逻辑器件变得更加灵活，并在更大程度上提高了产品的可靠性。对于系统编程，主板的功能称为板载联合测试行动组（JTAG）接口。这使得电路板更能适应设计修改、升级和从一种标准到另一种标准的轻松迁移。在实现A5/1算法的同时，本章还演示了七段显示驱动器、二进制计数器和发光二极管（LED）控制逻辑。

21.1 引言

PLD广泛应用于电信基础设施、消费电子、工业和医疗行业等领域，这是因为必须在有限的上市时间内适应不断变化的市场需求。这些应用中典型的电路板任务包括电源排序、电压和电流监控、总线桥接、电压电平转换、接口管理以及温度测量。系统设计人员始终面临着在截止日期前完成开发任务的压力，因此他们必须在保持最大灵活性的同时，以最少的工作量和最低的风险来实现自己的想法。设计人员可以利用基于可编程的方法，而不是许多分立器件或专用标准产品（ASSP），从而降低系统成本、节省空间并保持产品的高度多样性。

PLD是嵌入式工业设计的重要组成部分。在工业设计中，PLD已经超越了基本的胶合逻辑，发展到使用FPGA作为协处理器。在通信、电机控制、I/O模块和图像处理等应用中，这种方法可以在减轻核心微控制器（MCU）或数字信号处理器（DSP）的负担的同时，扩展I/O。PWM方法已在大多数工业电源控制器中得到广泛应用。使用FPGA/CPLD集成电路来调节功率转换器，可使高频PWM（脉宽调制）发生器的设计更具适应性，也更易于构建。

所产生的PWM频率取决于目标FPGA或CPLD器件的速度以及所需的占空比分辨率。

基于PLD/FPGA的数字控制器在动态性能和控制能力方面明显优于基于DSP的数字控制器。PLD在各个市场领域都很受欢迎，包括便携式设备、最大限度降低功耗的创新产品设计、新的封装选择、更低的单位成本和更快的设计周期。本章将介绍用于多种用途的CPLD电路板的设计和开发。

21.2 硬件设计与开发

近年来，典型的可编程逻辑器件的密度急剧增加。随着芯片密度的增长，PLD制造商已经将他们的产品发展成更大的（逻辑上，但不一定是物理上）元件，称为复杂可编程逻辑器件（CPLD）。CPLD的更大尺寸允许设计人员使用更多的逻辑方程或创建更复杂的设计。这些芯片足够大，可以取代7400系列芯片的几十个组件。为了显示电路板的一般性质，目前的设计采用ALTERA CPLD MAX II系列EPM-570T144C5 TQFP144封装。其特点如下：

① 板载DC-DC转换器；

② 板载JTAG接口；

③ 结构紧凑（4英寸[1]×3英寸）；

④ 低功耗；

⑤ 电源、编程视觉指示；

⑥ 板载时钟电路；

⑦ 七段显示控制接口；

⑧ LED接口；

⑨ 极性反接保护。

CPLD板框图如图21.1所示，它由以下部分组成：

① DC-DC转换器（DC-DC Converter）；

② JTAG接口（JTAG Interface）；

③ LED接口（LED Interface）；

④ 时钟电路（Clock Circuit）；

⑤ CPLD；

⑥ 七段显示器（7-Segment Display）；

⑦ 输入/输出连接器（I/O Connectors）。

开发的原型如图21.2所示。

21.2.1 DC-DC转换器

LM317和LTC1963-3.3稳压器用于产生5V和3.3V电压，供电路板使用。时钟、7段

[1] 1英寸（in）=25.4毫米（mm）。

显示器、LED 接口和 CPLD 均由这些稳压器供电。每个小配件都有 1.5A 的输出。

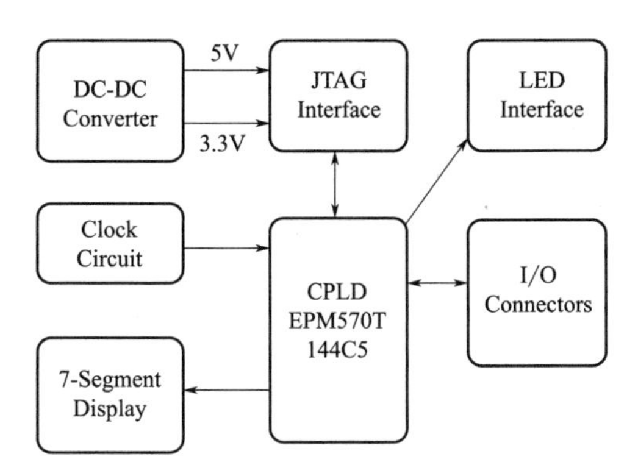

图 21.1　CPLD 板电路框图

图 21.2　原型电路板

21.2.2　JTAG 接口

JTAG 接口使用标准的 SN74HC245 器件实现，电路板上有一些无源元件，以防止在对 PC 并行端口和电路板进行编程时出现电缆长度过长的问题。通常情况下，这种导线应该只有几毫米长。本电路板的设计克服了这一限制。编程操作通过 LED 指示灯显示。图 21.3 描述了 JTAG 接口线。

21.2.3　LED 接口

LED 连接用于直观地显示是否通电以及任何其他活动。

图 21.3　JTAG 电缆

21.2.4　时钟电路

时钟电路由一个低成本的 LM555 定时器 IC 和无源元件组成。通过改变电阻值和电容值，可以产生任何所需时钟频率。

21.2.5　CPLD

所选的 CPLD 是 ALTERA EPM570T144C5 MAX II 系列器件，采用 144 引脚 TQFP（薄型四方扁平封装）芯片。图 21.4 为该 CPLD 的框图。

该器件有 570 个逻辑元件（LE），可根据设计规格进行配置。对于中等规模的数字设计来说绰绰有余。图 21.5 为逻辑元件的构造。

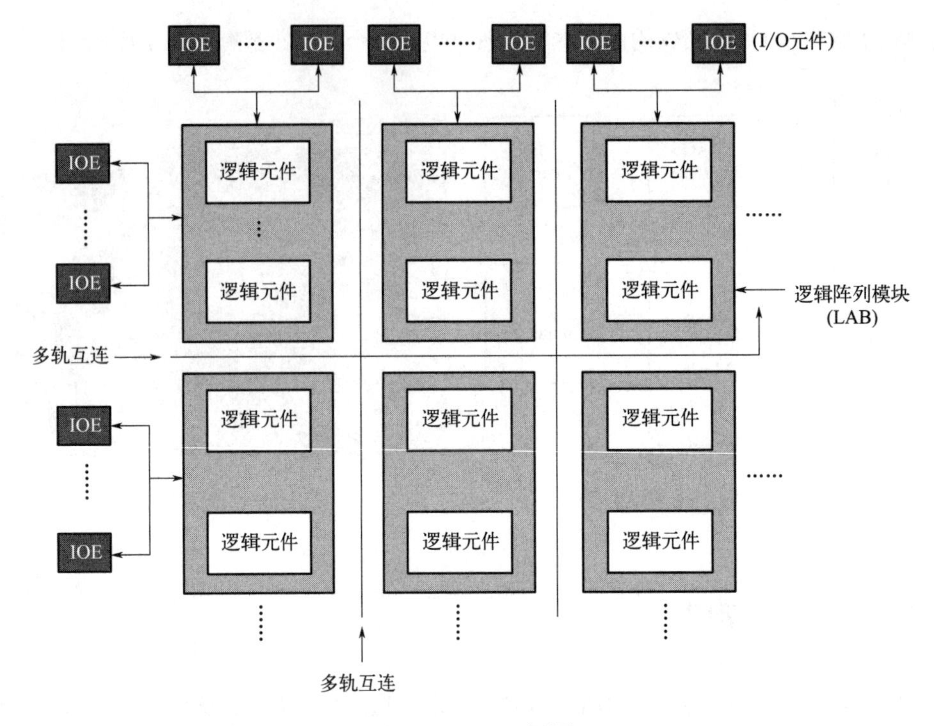

图 21.4 CPLD 框图

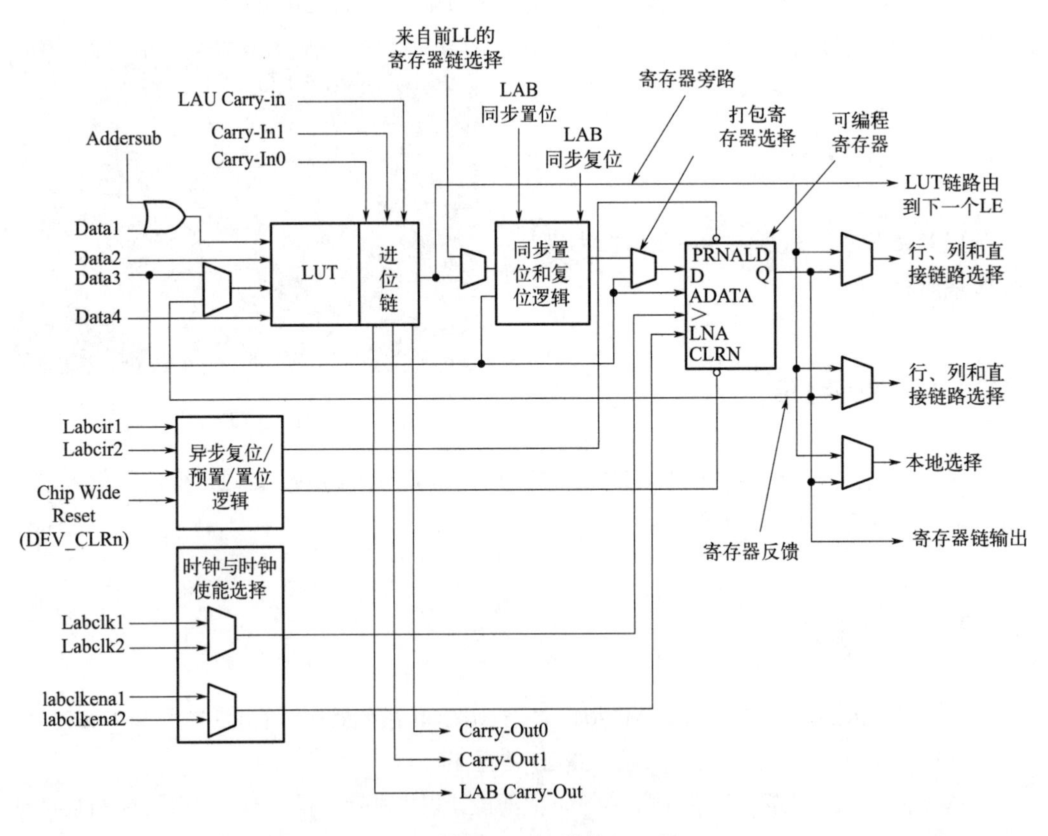

图 21.5 LE 结构

为了整合定制逻辑，MAX II 器件采用了基于行和列的二维设计。逻辑阵列块之间的信号互连由行列互连（LAB）提供。逻辑阵列由LAB组成，每个LAB有10个逻辑元件（LE）。LE是一个微小的逻辑单元，便于开发用户逻辑运算。在器件运行过程中，LAB被组织成行和列。通过多轨连接，可在LAB之间提供快速的粒度时间延迟。与全局布线连接架构相比，LE之间的快速布线几乎不会对新的逻辑层造成时间延迟。MAX II装置的I/O引脚由器件周边的I/O元件（IOE）提供，这些元件位于LAB行和列的末尾。每个IOE中都包含一个具有多种复杂功能的双向I/O缓冲器。I/O引脚支持施密特触发输入和多种单端标准，如66MHz、32位PCI和LVTTL标准。MAX II器件提供全局时钟网络。全局时钟网络由四条全局时钟线组成，它们贯穿整个器件，为所有资源提供时钟。

21.2.6　七段显示器

当连接共阳极七段显示器时，显示器的控制电路使用晶体管来同步电流。此外，它还允许设计人员用一条数据总线连接多个段，从而最大限度地减少电路板上的元件数量。

21.2.7　输入/输出连接器

用于将电路板与外部世界连接起来。

21.3　CPLD内部硬件设计

CPLD的内部硬件是使用Altera的QUARTUS II电子设计自动化（EDA）工具设计的。硬件结构和行为描述是用高级硬件描述语言（通常是VHDL或Verilog）编写的，然后在执行前构建和下载代码。当然，原理图捕获也是设计输入的一种替代方法，但随着设计的日益复杂和基于语言的工具的开发，这种方法已不常见。图21.6为可编程逻辑的整个硬件开发过程。

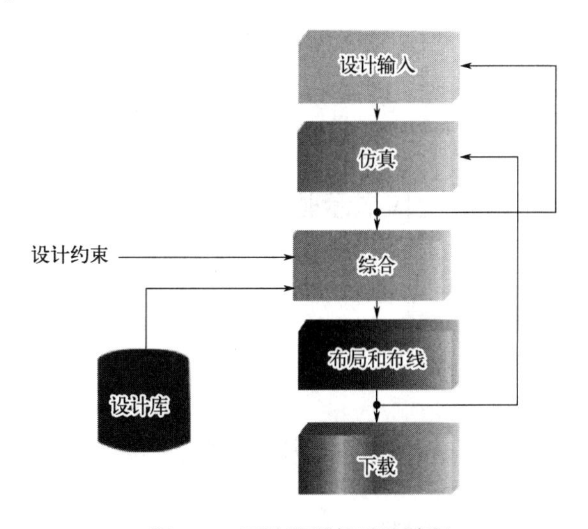

图21.6　可编程逻辑设计过程

21.3.1　A5/1算法

全球移动通信系统（GSM）是第

二代（2G）移动电话系统，它使广大公众可以使用移动通信。在许多国家，移动电话用户的数量超过了传统电话网络。全球移动通信系统及其安全架构诞生于 20 世纪 80 年代。由于它在全球大多数国家得到广泛应用和普及，其覆盖范围仍在不断扩大。流密码 A5/1 用于保护空中通信（GSM）。这种方法提供了相当程度的攻击保护。其中有三个线性反馈移位寄存器（LFSR），寄存器的长度分别为 19、22 和 23。三个 LFSR 的异或即为输出。A5/1 的时钟控制是可变的。每个寄存器使用自己的中间位计时，中间位与所有三个寄存器中间位的反阈值函数进行异或运算。每一轮通常使用两个 LFSR 的时钟。图 21.7 描述了 A5/1 的结构。

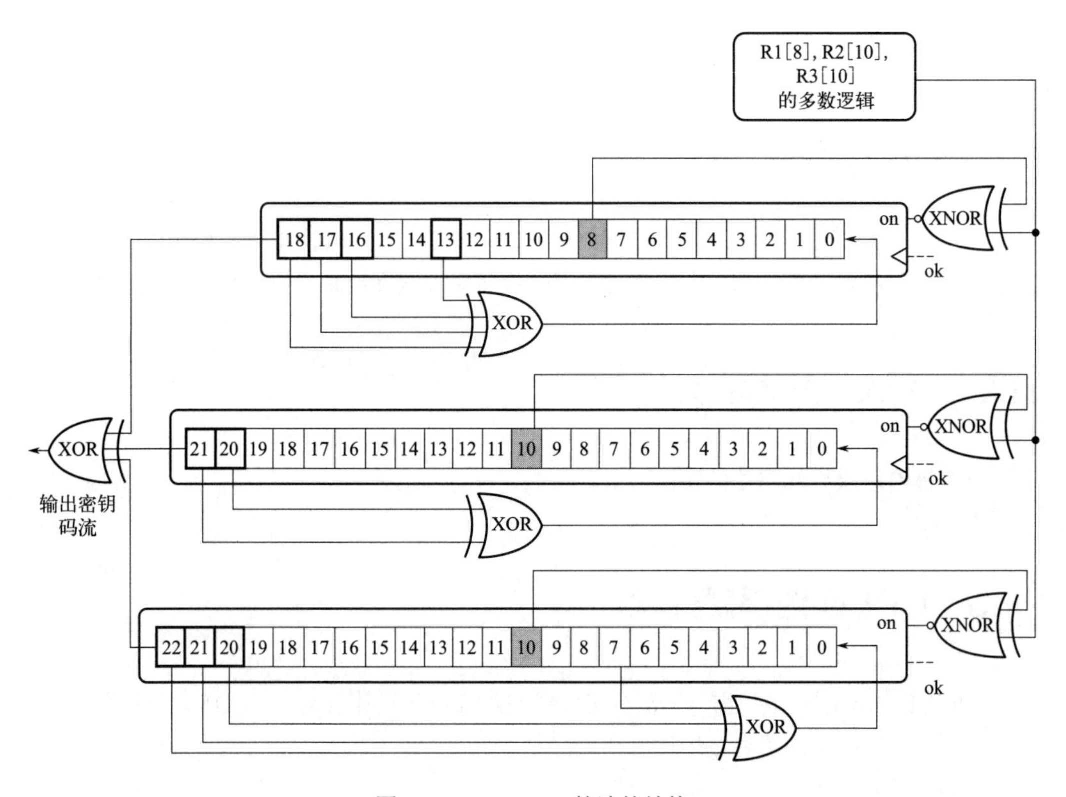

图 21.7 A5/1 GSM 算法的结构

21.3.2 七段显示驱动器

BCD 转七段译码器的结构如图 21.8 所示，它用于显示加密信息以及使用计数器生成的纯文本。

21.3.3 8 位二进制计数器

8 位二进制计数器用于产生不同的时钟频率，以生成伪随机位序列（PRBS），并将输入时钟频率除以所需的值。所有这些都使用高级语言 VHDL 完成，而顶层则使用电路原理图完成。图 21.9 描述了在 CPLD 中实现的各种器件的 VHDL 实体。

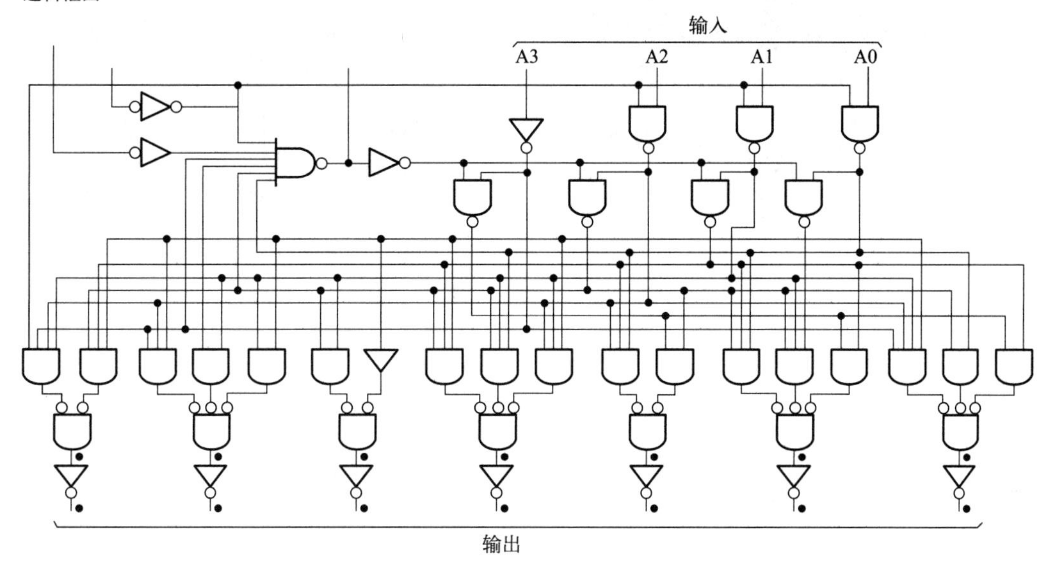

数字名称——结果显示

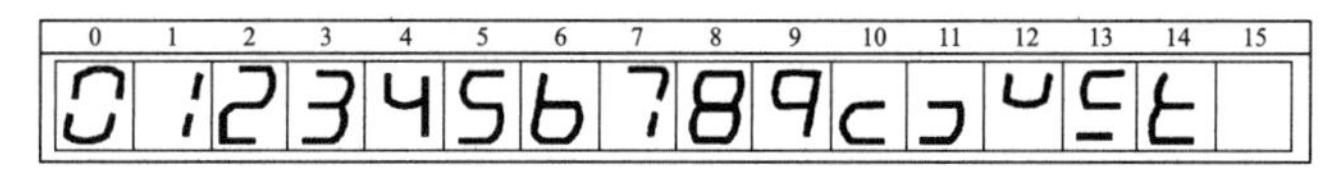

图 21.8　BCD 转七段译码器的结构

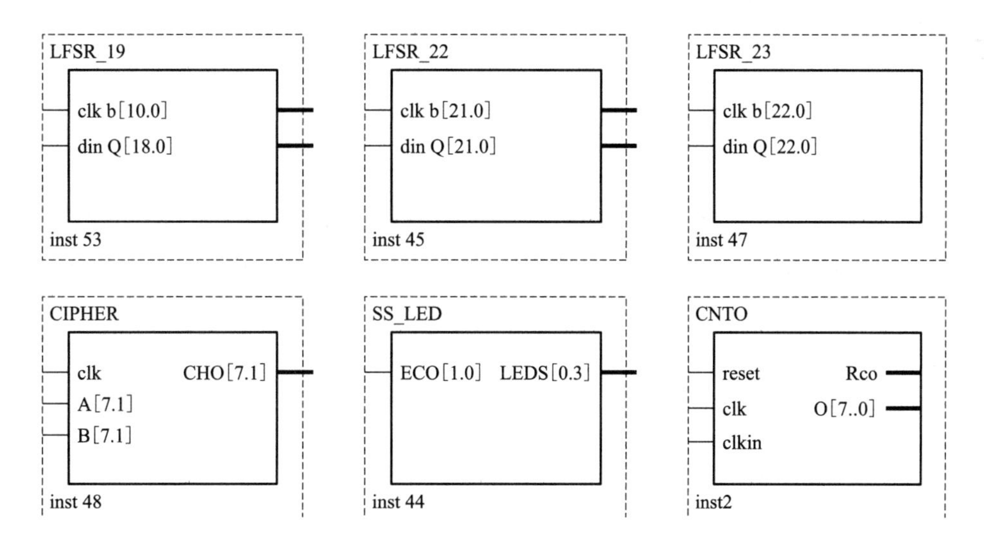

图 21.9　VHDL 实体

完整的实现和开发原型如图 21.10 和图 21.11 所示。

图 21.10　完整原型

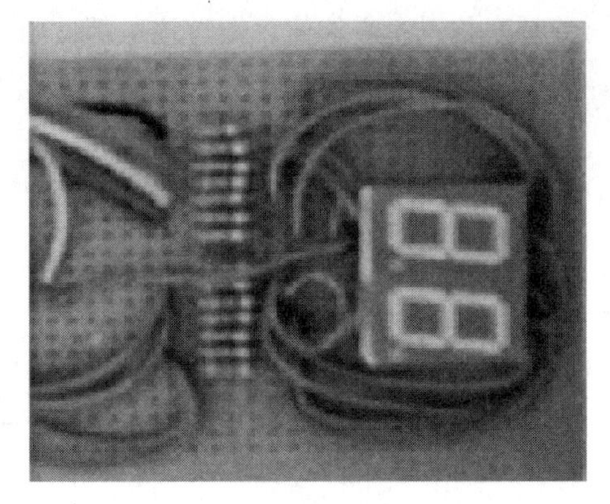

图 21.11　七段显示器

21.4　应用

如前文所述，该电路板具有通用性，可用于多种用途，包括：

① VHDL/Verilog 语言训练套件；

② 系统设计中的附加模块；

③ ASIC 的设计和开发；

④ 嵌入式系统设计；

⑤ 加密算法的实现和验证；

⑥ 语音压缩技术的实现；

⑦ 可在各种嵌入式、仪器仪表、医疗和通信系统中重新配置的硬件。

21.5　小结

本章介绍了 CPLD 电路板的设计和开发。该电路板结构合理，具有通用性，可在通信、医疗电子、工业电子、VLSI、嵌入式电路等领域的许多系统设计中用作可重构硬件，还可作为 VHDL/Verilog 培训套件用于教育机构。即使全部采用 SMD（表面贴装器件），电路板的尺寸也可以减小。

参考文献

[1] E. Koutroulis, A. Dollas and K. Kalaitzakis, “High-frequency pulse width modulation implementation using FPGA and CPLD ICs”, Journal of Systems Architecture, vol. 52, pp. 332–344, 2006.

[2] B. S. Kariappa and M. U. Kumari, “FPGA Based Speed Control of AC Servomotor

Using Sinusoidal PWM", International Journal of Computer Science and Network Security, vol. 8, no. 10, 2008.
[3] N. Hediyal, "Key Management for Updating Crypto-keys over AIR", International Journal of Computer Science and Network Security, vol. 11, no. 1, 2011.
[4] A. Opara and D. Kania, "Decomposition-Based Logic Synthesis for PAL-Based CPLDs", Int. J. Appl. Math. Comput. Sci., vol. 20, no. 2, pp. 367–384, 2010.
[5] I. Rahaman, M. Rahaman, A. L. Haque and M. Rahaman, "Fully Parameterizable FPGA Based Crypto-Accelerator", World Academy of Science, Engineering and Technology, 2009.
[6] P. Malav, B. Patil and R. Henry, "Compact CPLD board Designing and Implemented for Digital Clock", International Journal of Computer Applications, vol. 3, no. 11, 2010.
[7] Hediyal, Nagaraj. "Generic Complex Programmable Logic Device (CPLD) Board." International Journal of Computer Science and Information Technologies (IJCSIT) 2, no. 5 (2011): 2004–2007.

第22章

基于FPGA的可编程逻辑控制器（PLC）

与基于PC（个人电脑）的解决方案相比，可编程逻辑控制器（PLC）更经济、结构更紧凑、更易于操作，可对单个过程进行适度的独立控制。关于在FPGA中实施控制程序，人们已经进行了一些研究。不过，大多数研究都集中在将功能级控制程序转换为HDL（硬件）逻辑描述的策略上。由于采用了这些方法，PLC用户需要设计工具来翻译、集成和实现FPGA中的逻辑电路。这些工具还需要对制造厂工程师进行培训。本章提出了一种在FPGA中实现通用PLC的方法。一旦FPGA完成配置，它就可作为PLC，通过合适的接口嵌入到设备、机器和系统中。

22.1 引言

可编程逻辑控制器（PLC），也称可编程控制器，广泛应用于商业和工业产品。

如图22.1所示，PLC由输入模块、处理器和输出模块组成。输入模块接收来自各种现场设备（传感器）的各种数字或模拟信号，并将其转换为处理器可以使用的逻辑信号。根据内存中的程序指令，处理器作出判断并执行控制指令。处理器的控制指令被转换成数字或模拟信号，可用于通过输出模块（执行器）控制各种现场设备。所需的指令通过编程设备输入。因此，PLC可能比较复杂，通常采用486处理器和奔腾处理器，并配备大量模拟和数字I/O。有时，某个应用可能需要使用功能非常有限的PLC，但其价格不符合预算。因此，与基于PC的系统相比，PLC更经济、更小巧、更易于操作，适用于单个过程的小型独立控制。PLC可处理15～128个I/O点，是控制工程师的常用工具。

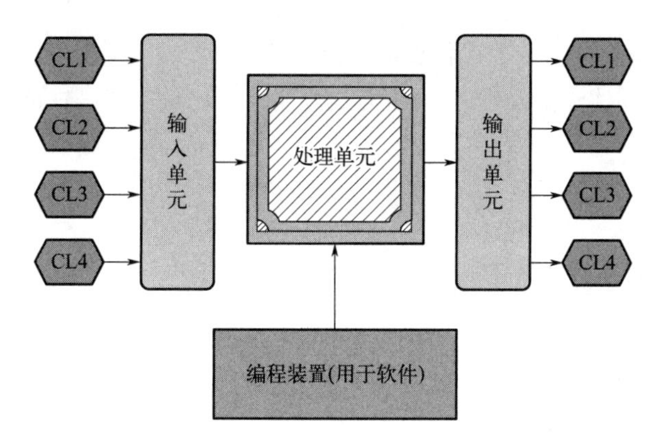

图 22.1　传统的 PLC 系统

22.2　PLC 中的 FPGA 技术

在工业过程控制应用方面，各行业对采用 FPGA 等新技术犹豫不决，主要原因是制造工厂的工程师一般都没有受过数字逻辑设计方面的培训。因此，他们建议采用一种能直接实现继电器梯形逻辑的 FPGA 设计。不过，与其开发全新的 FPGA 架构和工具，不如利用目前市场上的 FPGA 来设计通用 PLC。各种出版物都探讨了将“解释 Petri 网规范”转化为硬件描述语言的设计技术，此外，还给出了将基于规则的描述转换为逻辑描述的方法，例如将 SFC（顺序功能图）描述转换为 Verilog-HDL 的逻辑综合软件。设计框架能在 FPGA 芯片上统一控制逻辑和外设操作，并带有一个将 PLC 指令序列转换为逻辑描述的转换器。这些说明侧重于将功能级控制程序转换为 HDL 逻辑描述的方法。PLC 用户需要设计工具，以便利用这些技术在 FPGA 中转换、集成和构建逻辑电路。

本章提出了一种在 FPGA 中实现通用 PLC 的方法。一旦 FPGA 设置完成，就可将其用作具有适当接口的 PLC，从而提供足够的性能和灵活性。通过专门的梯形图编程软件，梯形图程序输入将在编程模式下提供给 PLC（将 FPGA 配置为 PLC）。在运行模式下，它将开始执行梯形图程序。软件中内置程序调试功能，制造厂的工程师不需要任何额外培训，因为这种配置的 FPGA 功能与传统的 PLC 相同，并具有 FPGA 技术的附加优势。

使用 FPGA 技术制造的 PLC 是一种卓越的解决方案，具有以下优点。

① 灵活性：设计工程师（PLC 制造商）可轻松升级 PLC 设计。通过修改硬件描述语言（HDL）并为更新的 PLC 设计设置相同的 FPGA 芯片，可以在当前设计中增加一些功能或指令。

② 准确性：快速设计使工程师能够在硬件中加入限位和接近传感器检测以及传感器健康监测等对时间要求极高的任务，从而获得更精确的解决方案。

③ 产品开发周期短：由于使用了标准 HDL 和自动设计工具，设计时间大大缩短。由于控制代码直接在芯片中运行，工程师还可以尝试不同的实现方法。

④ 低成本和紧凑性：由于上述优点，设计者可以通过满足消费者的要求和提高产品的性能或实用性来满足市场需求。与其他现有选项相比，这可实现高性能、低成本和紧凑的设计。

22.3 PLC 系统设计流程

典型制造业使用 PLC 的自动化系统设计如图 22.2 所示，下面将对此进行简要讨论。

FPGA 内部的系统设计包括：

① 数据存储器，用于存储临时数据，例如定时器或计数器的预设设置、算术或逻辑执行结果、输入 / 输出状态等。

② 用于存储编码梯形图程序指令的程序存储器，也称为用户存储器。

③ 控制单元，由梯形图指令译码器和梯形图指令执行块组成，用于译码和执行梯形图指令，并提供用户和数据存储器控制信号。

④ 用户界面或梯形图程序编码软件，可接受用户提供的梯形图程序指令，对其进行调试，并将其编码为可用格式。

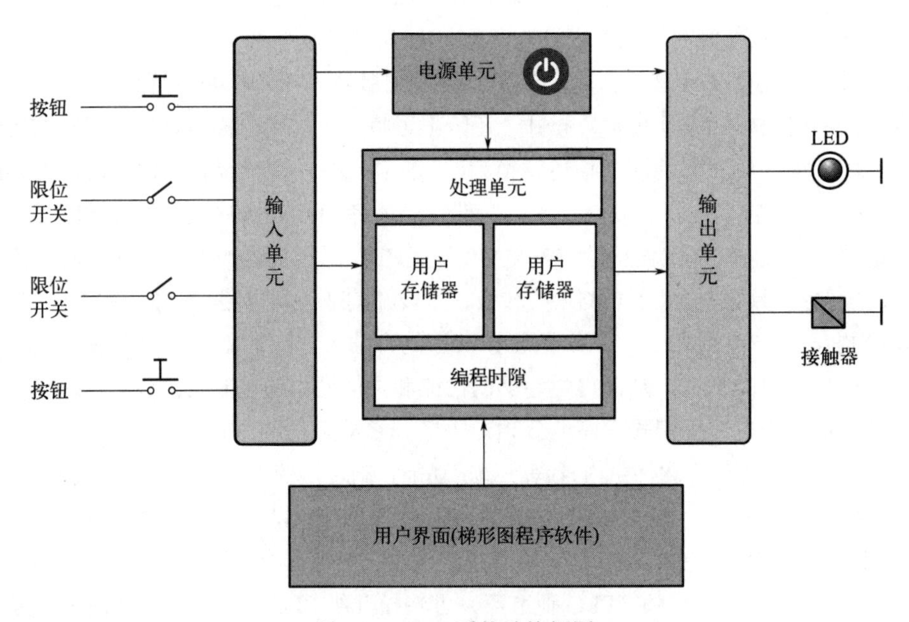

图 22.2 PLC 系统结构框图

22.3.1 梯形图程序结构

应用程序被开发为一组梯级（行），梯形图程序最多允许有 *n* 个梯级。反过来，每个梯级结构允许按以下方式编程：

① 最多串联 m 个触点 / 功能块，包括一个线圈（列）；

② 最大并行 p 个触点 / 功能块。

因此，梯形图程序结构允许大小为 $[m, n]$ 的梯形图程序。每个梯级的第一个元素编码为“梯级开始”，梯形图的最后一个元素编码为“梯形图结束”。

22.3.2　PLC 的运行模式

PLC 有两种运行模式：

① 程序模式，在此模式下，梯形图程序被加载到 PLC 的程序存储器中；

② 运行 / 执行模式，在此模式下，PLC 循环执行梯形逻辑。

22.3.3　梯形图扫描

PLC 以循环方式执行指令。它读取输入状态，执行逻辑，并修改输出状态。这就是所谓的 PLC 扫描。梯形图软件从左到右、从上到下不断扫描。梯形图扫描周期由 n 个梯级扫描周期组成，扫描整个梯形图程序。梯形图上的每个 p 梯级周期从左到右扫描连续的梯级。这对于评估它们之间存在的并行连接是必要的。本章设计的参数为 p=4、m=7 和 n=32。图 22.3 为梯形图扫描的示意。

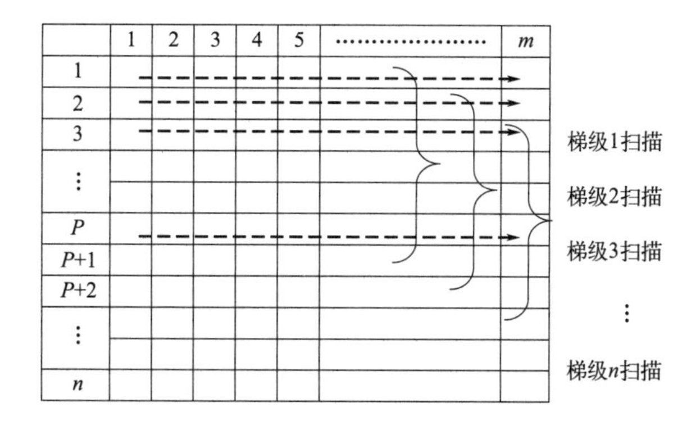

图 22.3　梯形图扫描

22.3.4　梯形图执行

执行“梯级开始”指令会激活指令译码器和执行块。

对于每个梯形图梯级周期，p 梯级指令（触点 / 功能块指令）被译码并从左到右并行执行。每个梯级指令的输出作为下一个梯级指令的输入，并对并行连接进行评估。每个梯级指令的执行需要两个时钟周期。在每个梯级周期结束时，输出存储器区域会更新输出状态。整个梯形图扫描完成后，经修正的输出值将被发送至输出模块。因此，在执行“梯形图结束”指令时，输出状态将被更新，程序存储器中的地址计数器将被重置，以便进行下一次梯形图扫描。

图 22.4 为梯形图执行流程。

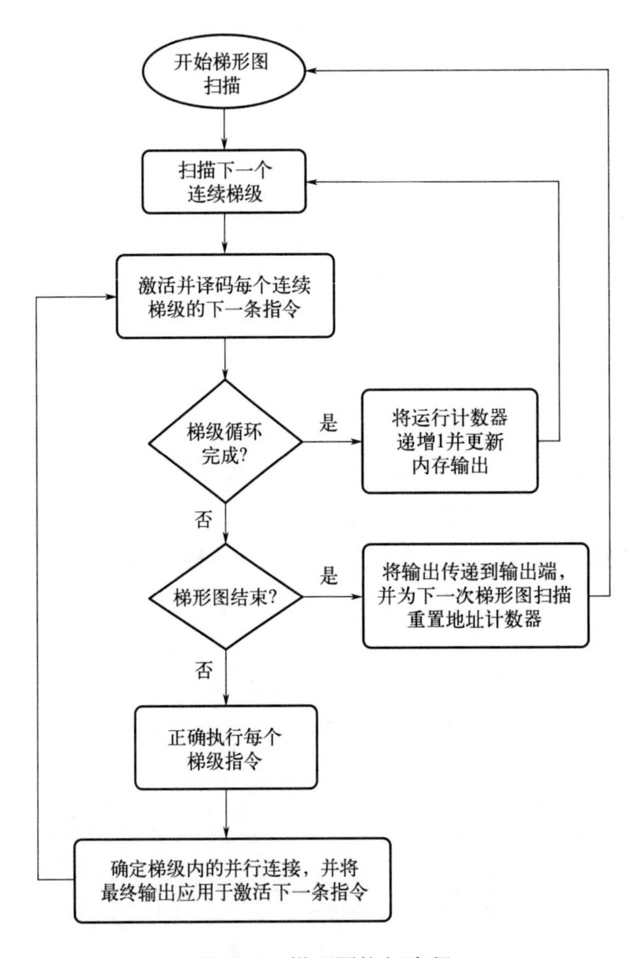

图 22.4 梯形图执行流程

22.3.5 系统实现

程序存储器是保存编码后的梯形图程序的地方。在运行模式下，它向梯形图执行块提供数据。该执行块生成用于控制梯形图程序存储器和梯形图执行块本身功能的逻辑。在程序模式下，它向梯形图程序存储器发送写使能信号和存储器地址。在运行模式下，它激活梯形图执行块并创建一个内存地址来读取其内容。

梯形图执行块提供了运行梯形图程序的所有逻辑。它的 p 个可比较的指令执行块包含了所有函数的逻辑。p 个执行块都从程序存储器中获取数据且并行运行指令。每个执行块的位输出都被传送到一个执行块，用以分析四个梯级之间的连接，并提供允许执行下一条指令的输出。

22.4　设计约束

（1）尺寸

随着 PLC 可处理的指令 / 功能数量和可并行连接的级数（p）的增加，设计的规模也会随之增大。因此，设计人员可以使用包含最佳指令的指令集，例如延时定时器（开、关）、计数器（上、下）、逻辑（与、或、非等）、算术（加、减等）、其他（比较等）等指令。此外，设计最大限制为 256 个梯级，可包含 7 个串联元件，最多可并联 4 个元件。

（2）扫描时间

一次完整的 I/O 扫描和执行所需的时间是 PLC 的一个关键特性。这取决于输入和输出通道的数量以及梯形图程序的持续时间。PLC 的执行速度由处理器的时钟频率决定，频率越高，扫描时间越短。由于每个梯级的执行需要 $2m$ 个时钟周期，本章所述架构可以实现非常短的扫描时间。因此，如果一个梯形图程序有 n 个梯级，那么 PLC 扫描将需要 $2mn$ 个时钟周期。通过使用更快、更高效的 FPGA 设计，可以进一步缩短扫描时间，从而提高 PLC 的速度。所演示的设计可在 100MHz 时钟下实现 2.24μs 的扫描时间，从而最大程度地实现计划中的梯形图逻辑。

（3）存储器

PLC 需要内存来存储程序和临时数据。为此，传统 PLC 中使用单独的存储芯片来实现此目的。建议的架构（图 22.5）利用了同一 FPGA 芯片中内置的存储器，消除了传统系统中与读写操作相关的额外电路和延迟。因此，该解决方案既快速又紧凑。在展示的系统中，块存储器被用作用户存储器，而分布式存储器被用作数据存储器。

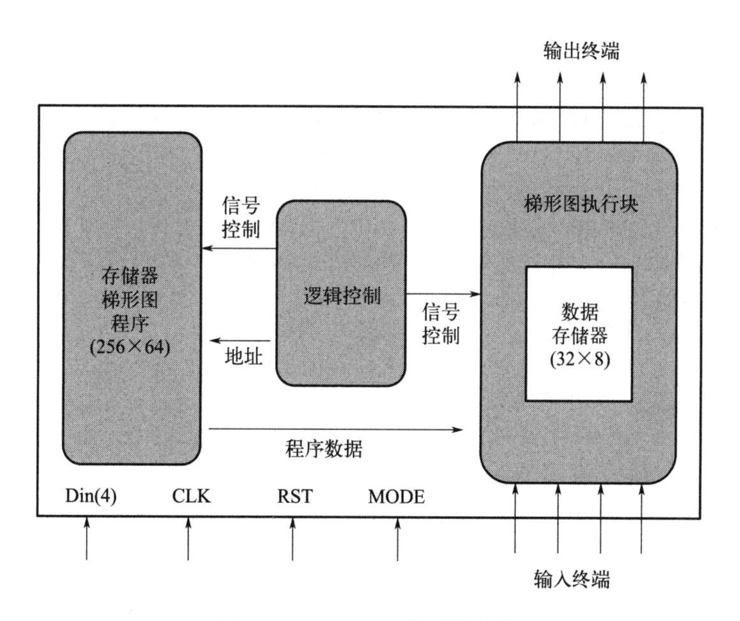

图 22.5　FPGA 内部系统架构

22.5 小结

本章介绍了 PLC（可编程逻辑控制器）设计的实现方法。在一个示例应用中，该概念已在较小规模上得到构建和验证。然而，它还可以进一步修改，纳入各种有用的指令（PID、PWM 等）、接口（RS232、SPI、USB）和网络协议，以将其链接到网络。该架构也仅限于数字 I/O 通道，但可以扩展到模拟 I/O 通道。本章介绍的解决方案适合需要少量指令且成本较低的小规模应用，同时还具有出色的性能和紧凑的结构。

参考文献

[1] John T. Welch, Joan, "A Direct Mapping FPGA Architecture for Industrial Process Control Applications" IEEE Proceedings International Conference on Computer Design, 17–20 Sept. 2000, pp 595–598.
[2] M. A. Adamski and J. L. Monteiro, "PLD implementation of logic controllers," in Proceedings of the IEEE International Symposium on Industrial Electronics (ISIE'95), vol. 2, 1995, pp. 706–711.
[3] M. Adamski and J. L. Monteiro, "From interpreted Petri net specification to reprogrammable logic controller design," in Proceedings of the IEEE International Symposium on Industrial Electronics (ISIE 2000), vol. 1, 2000, pp. 13–19.
[4] M. Wegrzyn, M. A. Adamski, and J. L. Monteiro, "The application of reconfigurable logic to controller design," Control Engineering Practice, vol. 6, pp. 879–887, 1998.
[5] A. Wegrzyn and M. Wegrzyn, "Petri net-based specification, analysis and synthesis of logic controllers," in Proceedings of the IEEE International Symposium on Industrial Electronics (ISIE 2000), vol. 1, 2000, pp. 20–26.
[6] M. Ikeshita, Y Takeda, H. Murakoshi, N. Funakubo, and I.Miyazawa, "An application of FPGA to high-speed programmable controller-development of the conversion program from SFC to Verilog," in Proceedings of the 7th IEEE International Conference on Emerging Technologies and Factory Automation (ETFA'99), vol. 2, 1999, pp. 1386–1390.
[7] I. Miyazawa, T. Nagao, M. Fukagawa, Y. Ito, T. Mizuya, and T. Sekiguchi, "Implementation of ladder diagram for programmable controller using FPGA," in Proceedings of the 7th IEEE International Conference on Emerging Technologies and Factory Automation (ETFA'99), vol. 2, 1999, pp. 1381-1385.
[8] Shuichi Ichikawa, Masanori Akinaka, Ryo Ikeda, Hiroshi Yamamoto "Converting PLC instruction sequence into logic circuit: A preliminary study" Industrial Electronics, 2006 IEEE International Symposium, July 2006, vol. 4, pp. 2930–2935.
[9] Dick Johnson, Research on Programmable Logic Controllers done in conjunction with Reed Research, Control Engineering December 2007.
[10] Gary Dunning, Introduction to Programmable Logic Controllers, ISBN: 0-7668-1768-7 Thomson Delmar Learning, 2000.
[11] C. D. Johnson, Process control Instrumentation, ISBN: 0-1306-0248-5 Prentice Hall, 2002.

[12] John Wakerly, Digital Design, Principals and Practices, ISBN: 0-13-082599-9 Prentice-Hall, 2000.

[13] Douglus Perry, VHDL Programming By Example, ISBN 0070494363, McGraw-Hill June 1998.

[14] D. Du, X. Xu and K. Yamazaki, “A study on the generation of silicon-based hardware PLC by means of the direct conversion of the ladder diagram to circuit design language”.

[15] D. Gawali and V. K. Sharma, “FPGA based Micro PLC design approach”, International conference on advances in computing, control, and telecommunication technologies, 2009.

第4部分

数字电路设计架构

数字计算机以数字（数值）的形式存储数据，并以离散的步骤从一种状态进入下一种状态。数字计算机的状态通常涉及二进制数字，其形式可能是存储介质中磁性标记的存在与否，或是开关或继电器的通断状态。在数字计算机中，甚至字母、单词和整个文本都是以数字形式表示的。数字逻辑是计算机和手机等电子系统的基础。数字逻辑根植于二进制代码，即一系列的0和1，每个0和1都有相反的值。该系统便于设计传递信息的电子电路，包括逻辑门。数字逻辑门函数包括与、或、非门。数值系统将输入信号转换成特定的输出。数字逻辑促进了计算、机器人和其他电子应用的发展。

数字逻辑设计是电气工程和计算机工程领域的基础。数字逻辑设计师制造复杂的电子元件，同时使用电气和计算特性。这些特性可能涉及功率、电流、逻辑函数、协议和用户输入。数字逻辑设计用于开发电路板和微芯片处理器等硬件。这些硬件用于处理计算机、导航系统、手机或其他高科技系统中的用户输入、系统协议和其他数据。

组合电路由逻辑门组成，其在任何时候的输出都直接由当前的输入组合确定，而无需考虑之前的输入。组合电路执行由一组布尔函数在逻辑上完全指定的特定信息处理操作。组合电路是一个广义的门。一般来说，这样的电路有 m 个输入和 n 个输出。这类电路总是可以被构造成 n 个独立的组合电路，每个电路恰好有一个输出。因此，有些文献只讨论有一个输出的组合电路。但实际上，如果一次构建整个 n 输出电路，可能会发生一些重要的中间信号共享。这种共享可以显著减少构建电路所需的门数量。当根据某种规格构建组合电路时，人们总是试图使其尽可能好。唯一的问题是，“尽可能好”的定义可能千差万别。在某些应用中，人们只想尽量减少门电路的数量（或者说是晶体管的数量）。

这意味着组合电路没有存储器。为了构建复杂的数字逻辑电路（包括计算机），需要更强大的模型。我们需要的电路，其输出既取决于电路的输入，也取决于电路的先前状态。换句话说，它需要有内存的电路。对于一个用作存储器的设备，它必须具备三个特征：①设备必须有两个稳定的状态；②必须有读取设备状态的方法；③必须有至少一次设置状态的方法。

本部分将从第23章中介绍的并行计算商和部分余数的除法器电路设计开始。在该章中，将介绍一种启发式函数，用于确定除数和被除数的位数差。引入的除法器电路在每次迭代中同时生成部分余数和商的位数，这大大减少了除法器电路的延迟。此外，除法算法只需要加法和减法两种运算。

第 24 章提供了最小化 TANT 电路的系统方法和该技术不同阶段的启发式算法。该章对步骤和算法进行了广泛讨论，所述方法可为给定的单一输出函数构建最佳 TANT 网络。

第 25 章介绍了一种非对称高基有符号数（AHSD）加法器，该加法器在神经网络（NN）的基础上执行加法运算，同时还说明了 AHSD 数字系统通过使用 NN 支持无进位（CF）加法运算。还介绍了基于 AHSD4 数字系统的 CF 加法器的新型 NN 设计。

第 26 章介绍了用于 SoC 测试自动化的集成框架。该章介绍了一种高效算法，用于构建包装器，以减少核心测试时间。矩形装箱被用于开发一种集成调度算法，该算法将功率约束纳入测试计划。

第 27 章介绍了一种设计基于忆阻器的非易失性 6T（六管）静态随机存取存储器（SRAM）的方法。除 SRAM 集成电路外，还介绍了测试结构，以帮助鉴定工艺和设计。然后讨论了与 SRAM 单元类似的基于忆阻器的电阻式随机存取存储器（MRRAM）。

第 28 章介绍了一种可靠微处理器设计的容错方法。这种方法既能保持系统性能，又能降低面积开销和功耗需求。检查器是一个相当简单的状态机，可以进行形式验证、性能扩展和重复使用。

第 29 章讨论了超大规模集成电路和嵌入式系统的一些应用。

第23章

除法器电路设计——基于商和部分余数的并行计算

除法运算被认为是微处理器四种基本运算中最慢、最难的运算。本章通过使用一种新型除法算法，介绍了一种前所未有的除法电路，提出了一个启发式函数来确定被除数和除数的位数之差。该差被用来独立地计算商位和部分余数。因此，所引入的除法器电路在每次迭代中同时产生部分余数和商位，从而显著降低了除法器电路的延迟。此外，除法器电路在每次迭代中只需进行两次运算（加法和减法）。所提出的除法器电路分四步构造。第一，引入一个并行的 n 位计数器电路；对于一个 4 输入操作数，位计数器电路在延迟方面实现了显著的改进。第二，设计降低硬件复杂度的选择块。第三，提出一种高效、紧凑的 $\lceil \log_2 n+1 \rceil$ 到 n 位转换电路。第四，提出一个新型 n 位比较器电路，以减少比较器电路的面积，其中 n 是输入位的数量。对于一个 4 位比较器电路，比较器电路在面积延迟积方面得到了显著的改善。

23.1 引言

自 1960 年问世以来，可重构计算已经探索出计算架构的新维度。可重构计算是一种计算机体系结构，它通过使用非常灵活的高速计算结构（如 FPGA）进行处理，将软件的灵活性与硬件的高性能结合起来。与使用普通微处理器相比，主要的区别是除了控制流之外，还能够对数据路径本身进行实质性的更改。与定制硬件 [即专用集成电路（ASIC）] 的主要区别在于，可通过在可重构的结构上“加载”新电路，在运行期间调整硬件。其功能可以在运行周期内进行升级和修复，并针对任务的特定实例进行专门设计。有时，它们是在不制造定制集成电路的情况下实现所需实时性能的唯一方法。FPGA 已广泛应用于信号处理、密码学、处理、科学计算和算术计算等领域。

在基本运算中，除法运算是现代微处理器上最慢的运算，但也是实现更快的数学运算和计算运算的先决条件。此外，与加法和乘法相比，除法是处理器中使用最少也是最难的运算。但是，如果忽略除法运算，计算机的性能就会下降。20 世纪 60 年代初，Landauer 的研究表明，无论采用何种实现技术，不可逆的硬件计算都会因信息丢失而导致能量损耗。每一个比特的信息耗散的能量是 $kT\ln2$ 焦耳，其中 k 是玻尔兹曼常数，T 是绝对温度。1973 年，贝内特指出，电路必须使用可逆逻辑门来避免这种巨大的能量损耗。容错性是一种属性，它使系统在某些组件发生故障（其中一个或多个故障）时能够继续正常运行。通常 FPGA 由一组可配置逻辑块、互连和 I/O 块组成。FPGA 可以根据需要对每个应用进行配置。半导体技术的进步使处理器达到了性能极限，也使 FPGA 从简单的逻辑变成了高性能的可编程结构。最流行的逻辑块是查找表（LUT）和 Plessy 逻辑块。LUT 有更多的输入，可以使用更少的逻辑块实现更多的逻辑。因此，它有助于实现较小的布线面积。3 ～ 4 个输入的 LUT 可以在面积和延迟方面实现更好的性能。因此，考虑了基于通用 4 输入 LUT 的逻辑块。在本章中，通过使用一种新的除法算法，介绍了一种设计除法器电路的发散方法。

现代应用包括多种算术运算，其中加、乘、除和平方根是常用的运算。在最近的研究中，重点放在设计更快的加法器和乘法器上，而除法和平方根受到的关注较少。加法延迟的典型范围是 2 ～ 4 个周期，乘法延迟的典型范围是 2 ～ 8 个周期。大部分研究致力于提高加法和乘法的性能。由于这两种操作和除法之间的性能差距越来越大，各种应用已经慢慢降低了性能和吞吐量。

图 23.1 显示了不同指令，如除法、乘法、加法、减法和平方根运算，相对于总运算次数的百分比。简单地从动态频率上看，除法和平方根似乎是相对不重要的指令，在动态指令总数中，除法指令约占 3%，而平方根指令仅占 0.33%。最常见的指令是乘法和加法，乘法指令占所有指令的 35%，而加法指令用于 55% 的指令，原因是乘法运算在其积分构成中使用了加法运算。

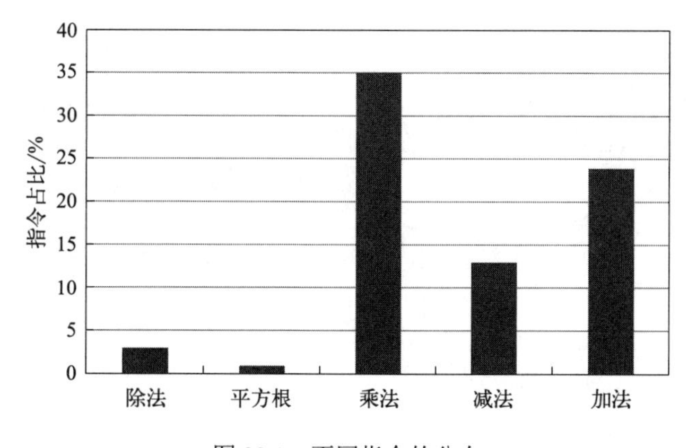

图 23.1　不同指令的分布

然而，在延迟方面，除法可以发挥更大的作用。假设一个标量处理器的机器模型，其中每个除法操作的延迟为 20 个周期，加法器和乘法器的延迟各为 3 个周期，这样就形成了硬件的执行时间分布，如图 23.2 所示。在这里，除法占延迟的 40%，加法占 42%，乘法占 18%。可见，除法性能对系统整体性能的影响是非常大的。

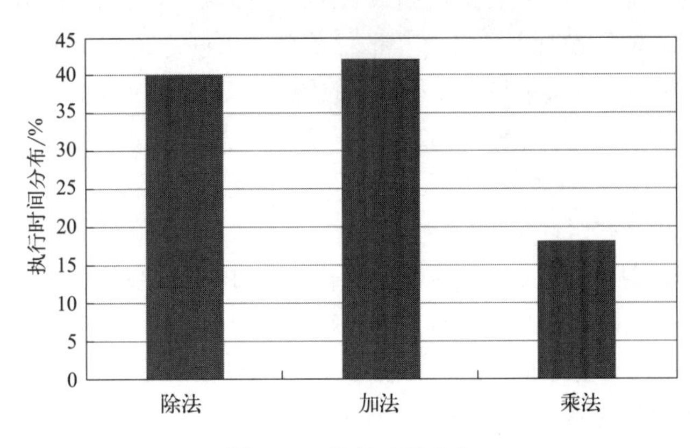

图 23.2　执行时间分布

如图 23.3 所示，FPGA 自问世以来已经走过了漫长的道路。从最初的胶合逻辑的容器，FPGA 已经发展成为功能强大的软件协处理器和完整的单芯片嵌入式系统平台。人们早已认识到，嵌入式和高性能计算中的许多计算挑战都可以通过并行处理技术来解决。在许多不同的应用领域中，双核或四核处理器、多台计算机“刀片”或集群 PC 的使用已变得司空见惯。现在，FPGA 与传统处理器一起部署在这些系统中，形成了一种混合多处理计算方法。

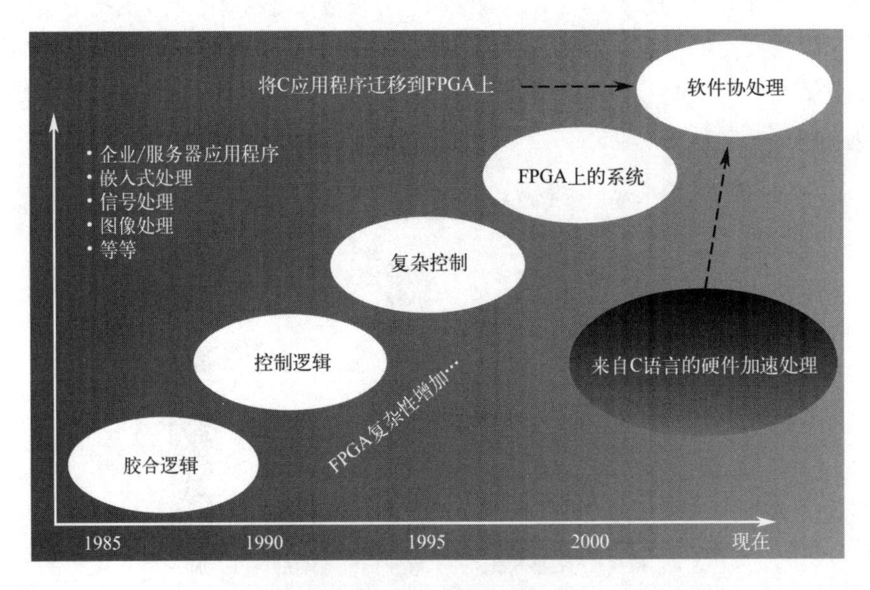

图 23.3　FPGA 器件已经发展成为高性能的计算平台

在多处理环境中加入 FPGA 后，就有机会提高应用级和指令级并行性。利用 FPGA，可以创建能大大加速单个运算的结构，例如简单的乘法累加或更复杂的整数或浮点运算序列，或者实现循环等更高层次的控制结构。通过使用指令调度、指令流水线和其他技术，可以进一步加速算法最内层循环中的代码。如图 23.4 所示，在更高层次上，这些并行结构本身可以被复制，以创建更高的并行度，直至目标设备的容量极限。

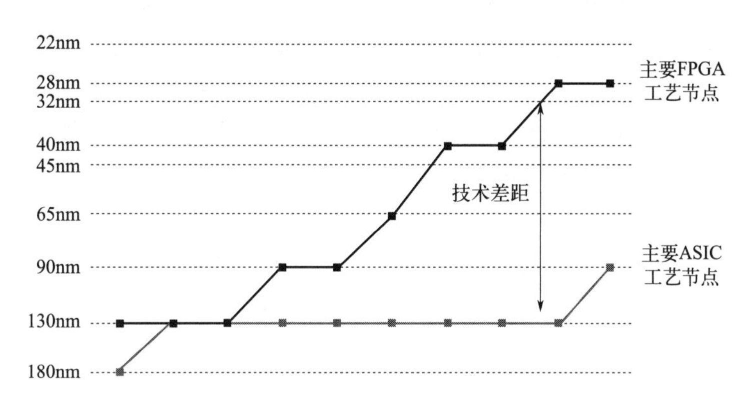

图 23.4　FPGA 转向前沿工艺技术

传统上，将软件算法编程到 FPGA 硬件中需要具备硬件设计方法的特定知识，包括使用 VHDL 或 Verilog 等硬件描述语言。虽然这些方法可能对硬件设计人员有时是有效的，但通常不适合嵌入式系统程序员、科学家和高级软件程序员。幸运的是，现在有了软件到硬件的工具，允许软件程序员使用更熟悉的方法和标准编程语言来描述他们的算法。例如，使用 C-to-FPGA 编译工具，可以用标准 C 语言描述应用程序及其关键算法，并添加相对简单的库函数来指定进程间通信。然后，关键算法可自动编译成 HDL 表示，随后综合成针对一个或多个 FPGA 设备的低级硬件。虽然可能仍然需要一定程度的 FPGA 知识和深入的硬件理解来优化应用以获得尽可能高的性能，但算法的制订、初始测试和原型硬件的生成现在都可以交给软件程序员来完成。因此，在本章中，我们提出了一个创新的想法，以减少除法算法的延迟。我们相信改进的除法算法将对各种应用的性能产生实质性影响。此外，还选择了 FPGA 作为目标设备，以探索可重构计算的无限可能。

虽然设计高效高性能加法器和乘法器的方法已广为人知，但除法器的设计仍然是一项严峻的挑战，系统设计人员往往将其视为“魔法”。已有大量文献介绍了除法理论，最常见的大致有两种。减数法，如不恢复 SRT 除法。要实现良好的系统性能，需要某种形式的硬件除法。然而，在极低的除法延迟下，会出现两个问题。一是所需面积呈指数增长，二是周期时间变得不切实际。较低延迟的除法器不但不能带来显著的系统性能优势，而且其面积太大，不值得采用。另一种方法是提供一个额外的乘法器，专门用于除法运算。如果有大量的可用面积，并且高度并行的除法 / 乘法应用（如图形和三维渲染应用）需要最高的性能，那这是一种可以接受的折中方案。而函数迭代的主要缺点是没有余数，相应地也难以进行四舍五入。

超高基除法算法不但是实现低延迟的一种很有吸引力的方法，同时还能提供真正的余数。超高基除法算法的唯一商业实现是 Cyrix 的短倒数单元。这种算法有效地利用了单个矩形乘法 / 加法单元，来实现比大多数 SRT 算法更低的延迟，同时还能提供余数。而通过使用全宽乘法器，如四舍五入和预缩放算法，还可以进一步降低延迟。除法算法可分为五类：数字递归、函数迭代、超高基除、查表和可变延迟。这些分类的基础是它们在实现过程中使用的硬件操作（如乘法、减法和查表）存在明显差异。许多实用的除法算法并不是某一特定分类的纯粹形式，而是多个分类的组合。例如，高性能算法可能使用查表法获得倒数的精确初始近似值，使用函数迭代算法使二次收敛于商，并使用可变延迟技术在可变时间内完成。因此，如何在除法器电路的面积和延迟之间找到一个可接受的折中方案一直是一个重大挑战。此外，电路的寿命在很大程度上取决于功耗。因此，设计一个优化的紧凑型除法器电路是一个首要问题。

这项工作的主要重点如下：

① 如果有一种新方法可以快速找到下一个部分余数，或者可以同时完成查找每个商位和计算下一个余数这两项主要任务，则可以优化除法器电路的传播延迟。

② 如果有一种新方法来减少不恢复余数除法中每次迭代处理的块数或比特数，则可以最大限度地降低总延迟、面积和功耗。

③ 在不恢复余数除法中，为了产生正确的商位，需要进行动态转换，因此可以忽略不恢复余数除法，以提高除法电路的整体性能。

本章主要论述以下五个方面的内容：

① 为除法器电路引入一种能独立生成部分余数和商位的新型除法算法。

② 提出一种具有最小深度和最小硬件复杂度的并行位计数器。

③ 提出一种结构紧凑、效率高、所需面积和时延最小的转换器和比较器电路。

④ 提出一种基于专用集成电路(ASIC)和查找表(LUT)的除法电路的低成本设计方法，该方法所需面积、LUT、Slice、触发器和延迟达到最佳数量。

⑤ 通过使用两个可逆容错门，提出一种可逆容错（RFT）D 锁存器、主从触发器以及基于 FPGA 的 LUT 的可配置逻辑块（CLB）的改进设计，其目标是减少门的数量、垃圾输出和单位延迟。

23.2 基本定义

23.2.1 除法运算

除法是算术的四种基本运算之一，其他三种运算是加法、减法和乘法。两个自然数相除，就是计算一个数被另一个数包含的次数。在数学中，“除法”一词指的是与乘法相反的运算。除法的符号可以是斜线（/）、竖线（|）或除号（÷）。

例 23.1 例如 10÷5 或 $\frac{40}{20}$，答案是 2。第一个数是被除数（10 或 40），第二个数是除数（5 或 20）。结果（或答案）就是商。整数除法中，被除数未被除尽部分称为“余数”，如 14÷4 得 3，余数为 2。

除法算法是一种给定两个整数 N（分子或被除数）和 D（分母或除数），计算它们的商和 / 或余数的算法。除法算法分为两大类：慢除法和快除法。慢除法算法每次迭代产生最终商的一位数，慢除法包括恢复余数除法、不执行恢复余数除法、不恢复余数除法和 SRT 除法。快速除法从接近最终商开始，每次迭代产生的最终商的位数是原来的两倍，牛顿 - 拉弗森除法和戈德施密特除法就属于这一类。

23.2.2　移位寄存器

移位寄存器是一种顺序逻辑电路，可用于存储或传输二进制数形式的数据。关于其基本介绍可参见 19.2.12 节。

23.2.2.1　串入并出（SIPO）移位寄存器

SIPO 的操作如下：如图 23.5 所示，假设所有触发器（FFA ～ FFD）刚刚被复位（输入 Clear），并且所有输出 Q_A ～ Q_B 均为逻辑电平“0”，即无并行数据输出。

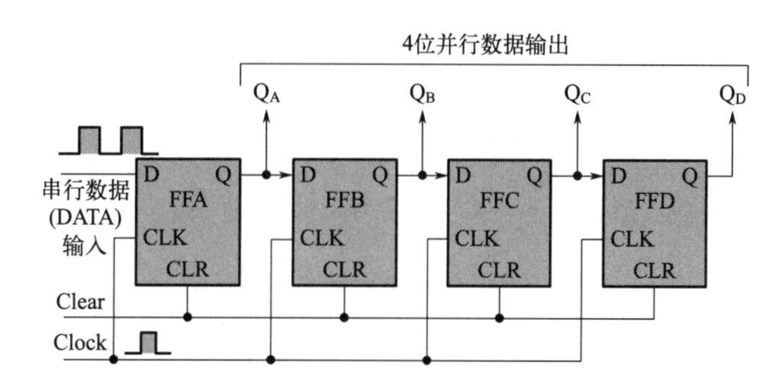

图 23.5　4 位串入并出移位寄存器

如果将逻辑“1”连接到 FFA 的 DATA 输入引脚，那么在第一个时钟脉冲时，FFA 的输出以及由此产生的 Q_A 将被设置为逻辑“1”的高电平，而所有其他输出仍保持逻辑“0”的低电平。假设 FFA 的 DATA 输入引脚再次回到逻辑“0”的低电平，从而产生一个数据脉冲或“0—1—0”。第二个时钟脉冲将使 FFA 的输出变为逻辑“0”，FFB 和 Q_B 的输出变为逻辑“1”，因为其输入 D 上有来自 Q_A 的逻辑“1”电平。逻辑“1”现在已经沿着寄存器向右移动或移动了一位，因为它现在位于 Q_A 。当第三个时钟脉冲到来时，这个逻辑“1”值移动到 FFC 的输出端（Q_C），以此类推，直到第五个时钟脉冲到来，将所有输出端 Q_A ～ Q_D 重新设置为逻辑电平“0”，因为 FFA 的输入一直保持逻辑电平“0”。

每个时钟脉冲的作用是将每一级的数据内容向右移动一位，如表 23.1 所示，直到寄存器中存储了“0—0—0—1”的完整数据值。现在可以直接从 Q_A ～ Q_D 的输出端读取该数据值。此时，数据已从串行数据输入信号转换为并行数据输出信号。表 23.1 中的真值表和图 23.6 中的波形显示了逻辑“1”在寄存器中从左到右的传播过程。

表 23.1 4 位 SIPO 寄存器的真值表

时钟脉冲序号	Q_A	Q_B	Q_C	Q_D
0	0	0	0	0
1	1	0	0	0
2	0	1	0	0
3	0	0	1	0
4	0	0	0	1
5	0	0	0	0

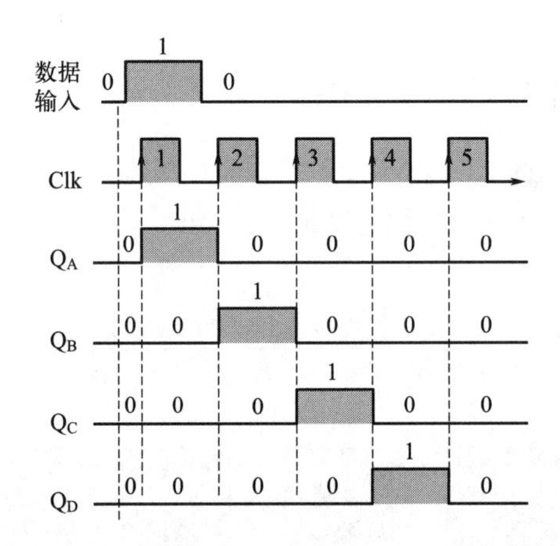

图 23.6 4 位串入并出移位寄存器的时序图

23.2.2.2 串入串出（SISO）移位寄存器

SISO 移位寄存器与前面的 SIPO 非常相似，不同的是，之前的数据是从 Q_A 到 Q_D 的输出端以并行方式直接读取的，而现在的数据是直接流过寄存器，从另一端流出。由于只有一个输出端，所以数据以串行方式一位一位地离开移位寄存器，因此称为串入串出移位寄存器。

SISO 移位寄存器是四种配置中最简单的一种，因为它只有三个连接：左侧触发器的串行输入端（SI）、右侧触发器输出的串行输出端（SO）和时钟信号（CLK）。图 23.7 所示的逻辑电路图是一个通用的串入串出移位寄存器。

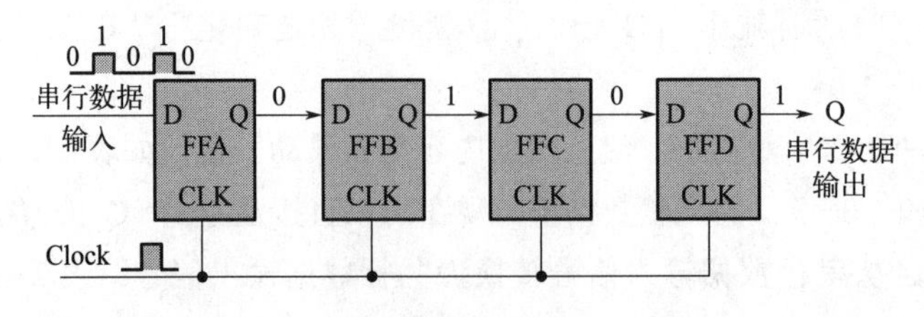

图 23.7 4 位串入串出移位寄存器

23.2.2.3　并入串出（PISO）寄存器

图 23.8 所示的并入串出移位寄存器与上述串入并出移位寄存器的作用相反。数据以并行方式输入寄存器，所有数据位同时输入寄存器的并行输入引脚 $P_A \sim P_D$。然后以正常的右移模式从寄存器的 Q 端顺序读出数据，Q 端代表 $P_A \sim P_D$ 端的数据。

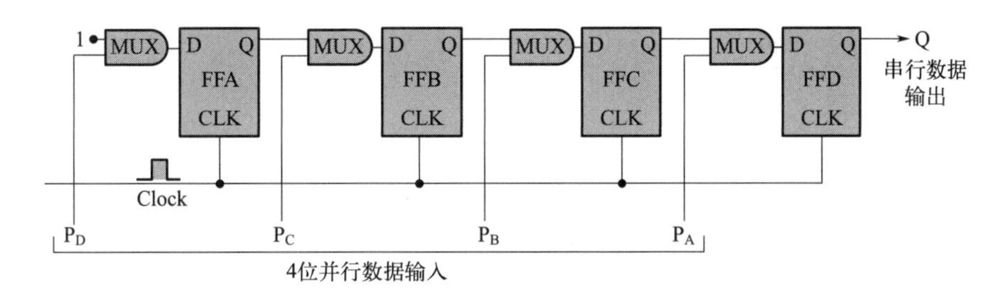

图 23.8　4 位并入串出移位寄存器

该数据以串行格式在每个时钟周期中每次提供一位输出。特别要注意的是，对于这种类型的数据寄存器，不需要一个时钟脉冲来并行加载寄存器，因为它已经存在，但是需要四个时钟脉冲来卸载数据。

23.2.2.4　并入并出（PIPO）移位寄存器

最后一种运行模式是并入并出移位寄存器，这种移位寄存器也可用作临时存储器件或时间延迟器件，与上述 SISO 配置类似。数据并行输入引脚 $P_A \sim P_D$，然后通过同一个时钟脉冲直接一起传输到各自的输出引脚 $Q_A \sim Q_D$。然后，一个时钟脉冲加载和卸载寄存器。这种并行加载和卸载的配置如图 23.9 所示。

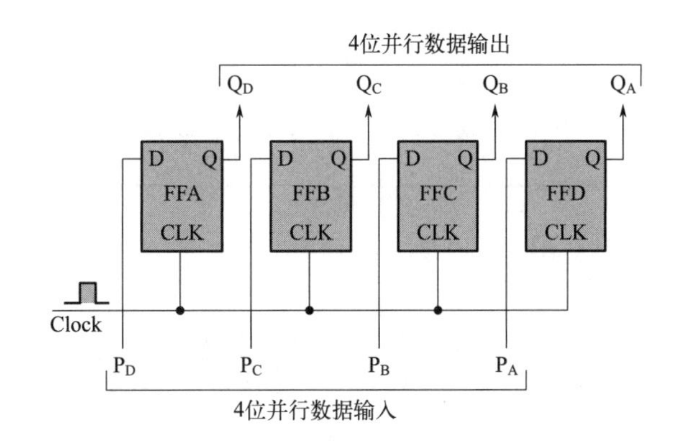

图 23.9　4 位并入并出移位寄存器

PIPO 移位寄存器是四种配置中最简单的一种，因为它只有三个连接：触发器的并行输入（PI）、并行输出（PO）和时钟信号（CLK）。与串入串出移位寄存器类似，这种寄存器也可用作临时存储器件或时间延迟器件，时间延迟的量随时钟脉冲的频率而变化。

23.2.3 补码逻辑

在逻辑学中，否定，也称为逻辑补，是一种将命题 p 与另一个命题“非 p”对应的运算，非 p 写为 $\neg p$，直观地解释为当 p 为假时为真，当 p 为真时为假。一般来说，反相器被用于补码逻辑中。

23.2.4 比较器

比较器是一个逻辑电路，它首先比较 A 和 B 的大小，然后确定 $A>B$、$A<B$ 和 $A=B$ 之间的结果。当比较器电路中的两个数字是两个 1 位（bit）的数字时，结果将只有 0 和 1 之中的一位。因此，该电路被称为 1 位数值比较器，它是两个 n 位数字比较的基础。1 位常规比较器的真值表如表 23.2 所示。由表 23.2 中常规比较器的真值表可知，1 位比较器的逻辑表达式如下：

$$X=(F_{A>B})=A\bullet B' \tag{23.1}$$

$$Y=(F_{A=B})=(A\oplus B)' \tag{23.2}$$

$$Z=(F_{A<B})=A'\bullet B \tag{23.3}$$

表 23.2　1 位常规二进制比较器真值表

输入		输出		
A	*B*	*X*	*Y*	*Z*
0	0	0	1	0
0	1	0	0	1
1	0	1	0	0
1	1	0	1	0

1 位比较器电路的波形如图 23.10 所示，4 位比较器电路的电路图如图 23.11 所示。

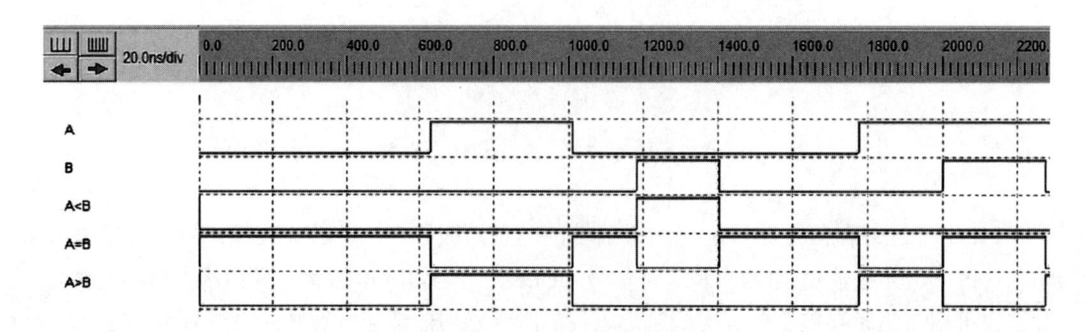

图 23.10　1 位比较器电路时序图

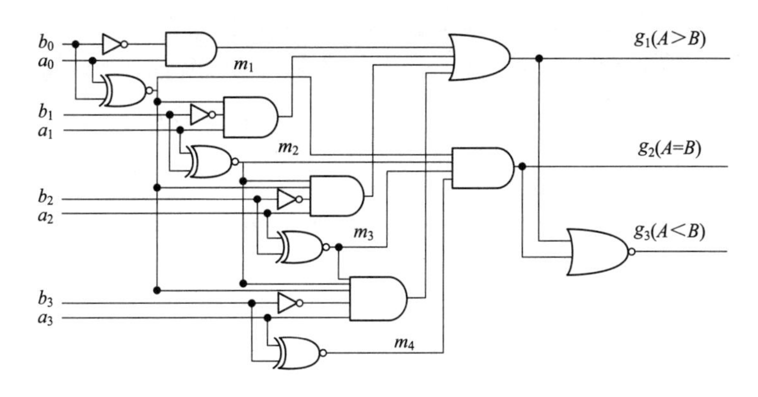

图 23.11 4 位比较器电路图

23.2.5 加法器

全加器电路将三个 1 位二进制数（C_{in}、A、B）相加，输出和（S）和进位（C）为两个 1 位二进制数，真值表如表 23.3 所示。全加器通常是级联加法器中的一个组成部分，用于加 8、16、32 等二进制数。全加器电路的进位输入来自级联中“上一级”电路的进位输出。在级联中，全加器的进位输出被馈送到其“下一级”的另一个全加器。

表 23.3 1 位全加器的真值表

输入			输出	
C_{in}	A	B	S	C
0	0	0	0	0
1	0	0	1	0
0	1	0	1	0
1	1	0	0	1
0	0	1	1	0
1	0	1	0	1
0	1	1	0	1
1	1	1	1	1

输出 S 的方程为：

$$S=(A\oplus B\oplus C_{in}) \tag{23.4}$$

进位 C 的方程为：

$$C=A\cdot B+(A\oplus B)\cdot C_{in} \tag{23.5}$$

1 位加法器电路的波形（时序图）如图 23.12 所示，4 位加法器电路的电路图如图 23.13 所示。

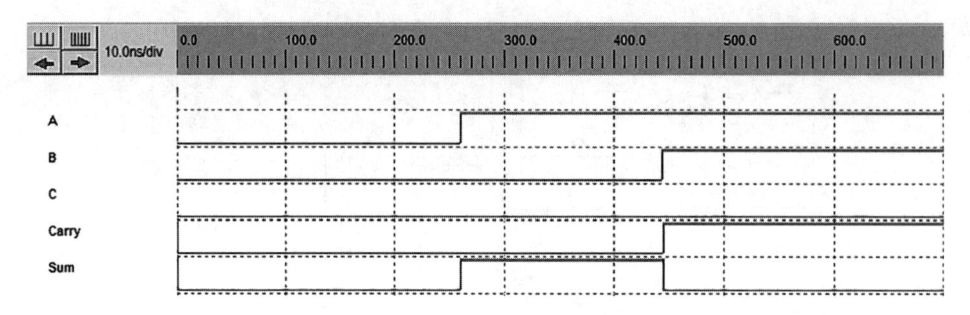

图 23.12　1 位加法器电路时序图

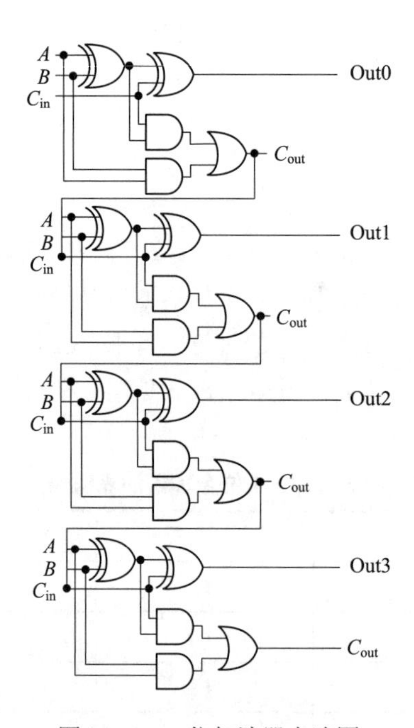

图 23.13　4 位加法器电路图

23.2.6　减法器

二进制加法器在将两个二进制数相加时会产生一个“和”和一个“进”位，而二进制减法器则不同，它通过使用前一列的“借”位 B 来产生一个“差” D。显然，减法运算和加法运算是相反的。1 位减法器的真值表如表 23.4 所示。

表 23.4　1 位减法器的真值表

输入			输出	
B_{in}	Y	X	D	B_{out}
0	0	0	0	0
0	0	1	1	0

续表

输入			输出	
B_{in}	Y	X	D	B_{out}
0	1	0	1	1
0	1	1	0	0
1	0	0	1	1
1	0	1	0	0
1	1	0	0	1
1	1	1	1	1

二进制减法有多种形式，但无论使用哪种方法，减法的规则都是相同的。由于二进制计数法只有两位数字，因此从“0”或“1”中减去“0”，结果不变，即 0-0=0 和 1-0=1。从“1”中减去“1”得到“0”，但从“0”中减去“1”需要借位。换句话说，0-1 需要借位。

差 D 的方程：

$$D = (X \oplus Y) \oplus B_{in} \tag{23.6}$$

借位 B_{OUT} 的方程：

$$B_{OUT} = X' \cdot Y + (X \oplus Y)' \cdot B_{in} \tag{23.7}$$

图 23.14 展示了 4 位减法电路的波形，图 23.15 展示了 4 位减法电路的电路图。

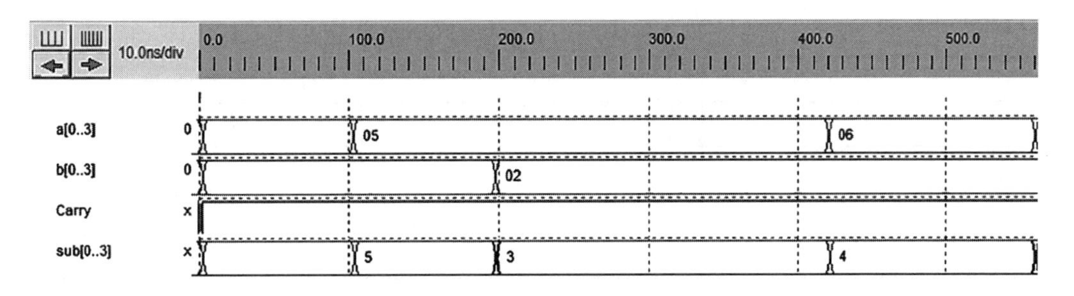

图 23.14　4 位减法电路的波形

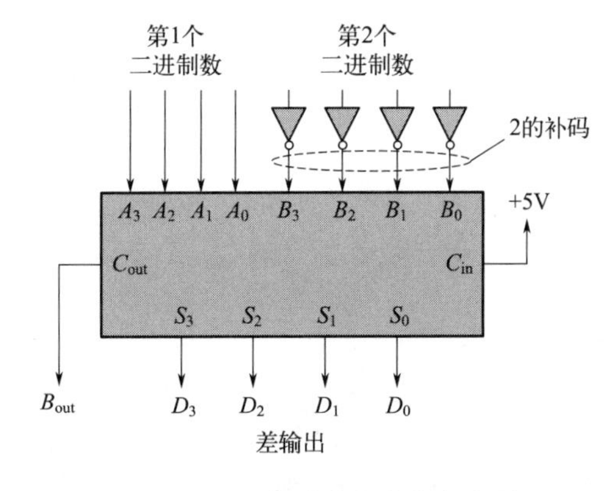

图 23.15　4 位减法电路的电路图

在二进制加法器中，n 个 1 位全二进制减法器连接或级联在一起，将两个并行的 n 位数相减。例如两个 4 位二进制数。前面说过，全加器和全减器之间的唯一区别是其中一个输入的反转。通过使用 n 位加法器和 n 个反相器（非门），减法过程变成了加法，因为我们可以对减数中的所有位使用2的补码表示法，并将最低有效位的进位输入设置为逻辑1（高电平），如图 23.15 所示。

23.2.7 查找表

查找表（LUT）是一个具有 1 位输出的内存块，它实际上实现了一个真值表，其中每个输入组合都会生成一个特定的逻辑输出，输入组合称为地址。LUT 的输出是存储在所选存储单元的索引位置中的值。由于LUT中的存储单元可以根据相应的真值表设置为任何值，因此 N 输入 LUT 可以实现任何逻辑函数。

例 23.2 当实现任何逻辑函数时，该逻辑的真值表被映射到LUT 的存储单元。假设要实现式（23.8），其中“|”表示逻辑或运算，表 23.5 为函数的真值表。图 23.16 为逻辑函数的门表示和 LUT 表示。输出由相应的输入组合生成，例如对于输入组合 1、0，输出将为 1。同时为了降低硬件复杂度和读写时间，人们对 LUT 进行了大量的改进研究。2 输入 LUT 的电路图如图 23.17 所示。

$$f=(A\bullet B)|(A\oplus B) \tag{23.8}$$

表 23.5 式（23.8）函数 f 的真值表

A	B	Out
0	0	0
0	1	1
1	0	1
1	1	1

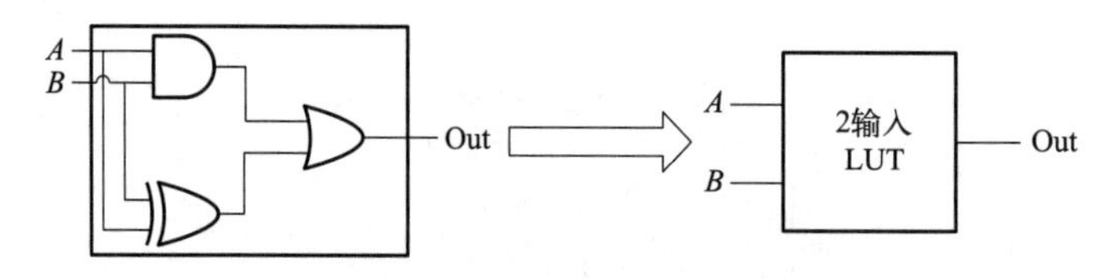

图 23.16 一个逻辑函数的 LUT 实现

23.2.8 计数器电路

在数字逻辑和计算中，计数器是一种存储（有时也显示）特定事件或进程发生次数的器件，通常与时钟信号有关。最常见的一种是时序数字逻辑电路，它有一条称为时钟的输

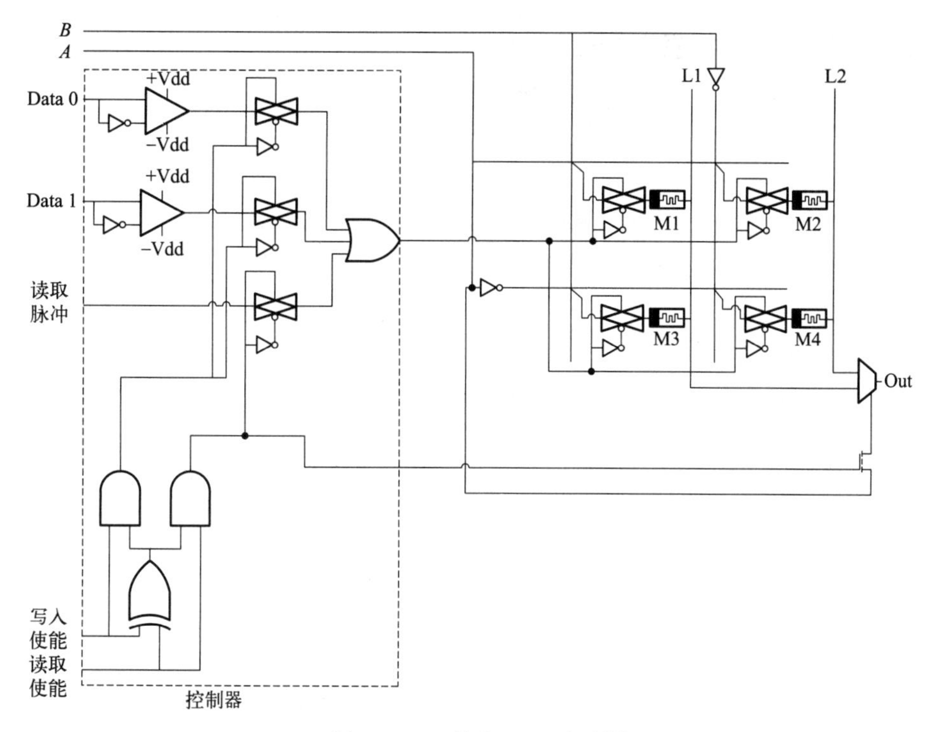

图 23.17　2 输入 LUT 电路图

入线和多条输出线。输出线路上的值表示二进制或 BCD 数字系统中的数字。施加到时钟输入的每个脉冲都会增加或减少计数器中的数字。

计数器电路通常由多个级联的触发器组成。计数器是数字电路中使用非常广泛的元件，既可以作为单独的集成电路制造，也可以作为大型集成电路的一部分。图 23.18 和图 23.19 分别表示使用触发器的 4 位计数器和相应的时序图。

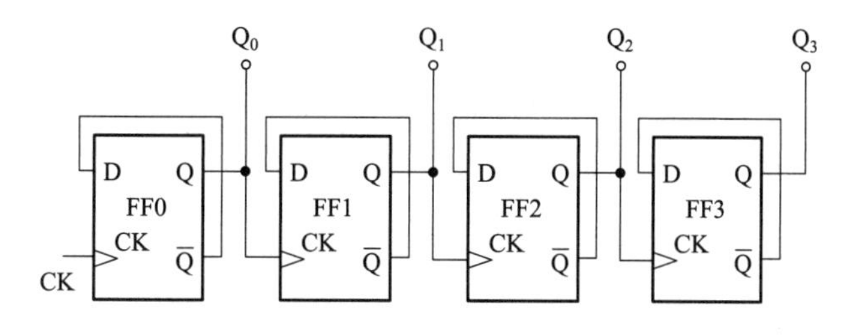

图 23.18　4 位计数器电路图

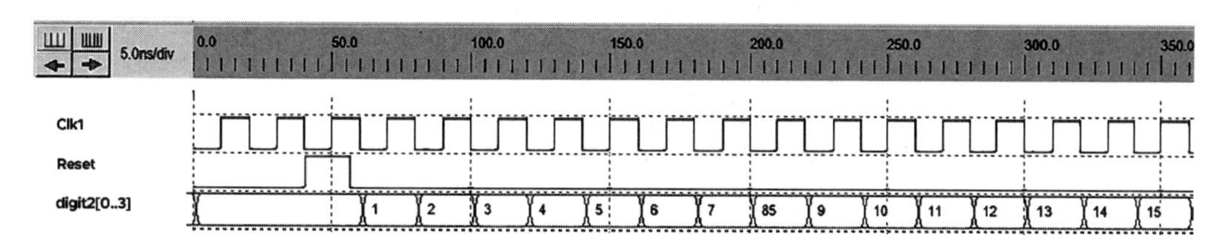

图 23.19　4 位计数器时序图

23.2.9 可逆逻辑和容错逻辑

本小节简要介绍可逆门、垃圾输出、单元延迟和容错门的基本定义。

可逆门是一个 n 输入 I_n、n 输出 O_n（用 $n\times n$ 表示）电路，它为每个可能的输入模式产生唯一的输出模式，即 $I_n \longleftrightarrow O_n$，其中未使用的输出被称为垃圾输出。

容错门是一种可逆门，它能维持输入和输出向量之间的奇偶性，即 $I_1 \oplus I_2 \oplus \cdots \oplus I_n = O_1 \oplus O_2 \oplus \cdots \oplus O_n$。在本章中，容错门用于保持电路的奇偶性，其具体的作用在于故障发生时检测电路的故障。

图 23.20 为 Fredkin 门（FRG）和 Feynman 双门（F2G）两个容错可逆门的框图。单位延迟表示电路的临界延迟，它考虑了以下两个假设：首先，每个门在单位时间内执行计算，这意味着每个门进行内部逻辑运算所需的时间相同；其次，在计算开始之前，电路便已知所有的输入。

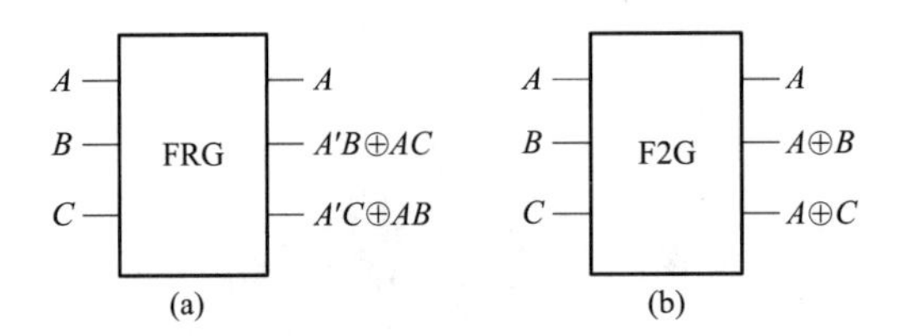

图 23.20 （a）Fredkin 门的框图；（b）Feynman 双门的框图

23.3 方法学

在本节中，首先提出了一种除法器电路的除法算法。其次，构建了基于 ASIC（专用集成电路）的除法器电路。然后，提出了一种基于现场可编程门阵列（FPGA）的除法器电路。最后，给出了一种基于可逆容错查找表（LUT）的除法器电路。

23.3.1 除法算法

假设 X 是 m 位的除数，Y 是 n 位的被除数。目标商为 Q，余数为 R。为了执行除法操作，需要一个启发式函数来找到全局和局部最优值。在除法运算中，全局最优值被认为是 Y 的可能更接近的安全值，局部最优值描述了更新后的 Y 的可能更接近的值，记为 Y'。因此，一个启发式函数可以同时用于全局和局部最优值。

如果启发式函数基于 $A=n-m$，那么将 $n-m$ 位与 m 位相乘将产生 n 位（即 $n-m+m=n$ 位）的最大值。$n-m$ 位的最大二进制值是 $n-m$ 个 1 的序列，如 $1_1 1_2 1_3 \cdots 1_{n-m-1} 1_{n-m}$。$n-m$ 位的最大值与 X 相乘后可能会产生一个大于 Y 的大数，而 Y 在相减后可能会产生一个负值。为了避免这种复杂性，本章考虑了一个可能的最优值，即在 MSB（最高有效位）上只有一个 1，

之后是 $n-m-1$ 个 0，例如 $1_0 0_1 0_2 \cdots 0_{n-m}$。

考虑到 $Y > X$，最初 A 的最小值可以为 0，即商为 1，余数为 $Y-X$。否则，算法会考虑一个新的最优值 B，如前所述为 $1_0 0_1 0_2 \cdots 0_{n-m}$。现在，考虑 $e_{\min}$ 初始值为 1，考虑一个循环终止条件变量 T，其中 T 是在更新 $Y(Y')$ 小于等于 X 的条件下计算的，即余数小于除数。此时，将提供余数和累积商 Q 作为输出。

一个步骤被接受的概率条件是 B 是否小于 Y'。然后，将除数 X 从存储在 diff 变量中的 Y 的 m+1 个 MSB（最高有效位）中减去，这是一个显著的改进，因为以前在其他除法机制中，每一步都需要 n 位减法，而在本算法中，m+1 位的减法足以降低数学复杂性和延迟，因为减法是一个顺序过程。然后通过 Y 的 $m+2$ 位到第 0 位来更新 Y'，使 Y' 等于 Y 的第 diff(m+2) 位到第 0 位。n 的值随更新后的 Y' 的长度更新。此步骤被接受的概率为 1，并且通过将 B 添加到 Q 的当前值来更新生成的商的值。此过程一直持续到 $T < e_{\min}$。最后，用 Y' 的值更新余数 R，并给出商和余数作为输出。

所介绍的算法见算法 23.1，除法算法的流程图见图 23.21。此外，图 23.22 所示的示例在 2 次迭代（8 步）中完成了二进制数 $(101110)_2$（被除数）除以 $(10111)_2$（除数）。由于采用了所述算法，除法在选择商位时不需要复用，从而减少了运算次数，只需要加法和减法两种运算。

算法 23.1　除法运算算法

```
Input: m-bit divisor X and n-bit dividend Y;
Output: The quotient Q and Remainder R;
1  Y'=Y;
2  e_min=1;
3  Q=0;
4  T=0;
5  Q←heuOpt();
6  repeat
7  |  T←condition1();
8  |  Q←heuOpt():
9  |  if Prob()>0 then
10 |  |  Accept the new state:
11 |  |  Q+=B;
12  until T>e_min;
13  heuOpt()
14  A=n−m; if A=0 then
15  |  Q+=1;
16  |  R=Y'−X;
17  else
18  |  B=1 (A−1) number of 0's at LSB of B;
```

```
19  return Q;
20  condition1()
21  if Y′≤X then
22  |  T=1;
23  |  R←Y′;
24  else
25  |  T=0;
26  return T;
27  prob()
28  if B<Y′then
29  |  diff=(m+1)^th MSB of Y′-X;
30  |  Y′=diff (m+2)^th to n bits of Y′;
31  |  n=length of Y′;
32  |  p=1;
    else
    |  p=0;
return p;
```

性质 23.3.1 证明了引入的除法所需的迭代次数。

性质 23.3.1 除法运算最多需要 $n-m+1$ 次迭代，其中 n 是被除数的位数，m 是除数的位数，且 $n \geqslant m$。

证明 23.1 上述陈述由数学归纳法证明。

基础：在除数和被除数的位数相等时，即 $n=m$ 和 $n-m+1=1$，基础情况成立。

假设：该语句在 $n=k$ 时成立，因此，k 位被除数需要 $k-m+1$ 次迭代。

归纳：现在，考虑 $n=k+1$，$k+1$ 位被除数需要 $k+1-m+1=k-m+2$ 次运算。现在，将被除数中的位数减少 1，得到 $n=k$。然后，k 位被除数需要 $k-m+2-1=k-m+1$ 次迭代，假设成立。因此，在 $n=k+1$ 的情况下，假设成立，证明完毕。

因此，对于 $n \geqslant m$ 的情况，引入的除法算法最多需要 $n-m+1$ 次迭代，其中 n 是被除数的位数，m 是除数的位数。

例 23.3 对于 $n=6$，$m=5$，算法在 6−5+1=2 次迭代中进行除法运算，如图 23.22 所示。

除法算法正确性说明

下面简要介绍除法算法正确性证明的解释。假设除数是一个 m 位的操作数（X），可以表示为 $X_m X_{m-1} X_{m-2} \cdots X_0$。同样，被除数是一个 n 位操作数（Y），可以表示为 $Y_m Y_{m-1} Y_{m-2} \cdots Y_0$。该算法的第一步是使用启发式函数计算除数和被除数之间的位差。

使用启发式函数的目的是快速生成商位。设除数与被除数的位差为“diff”，且 $0 \leqslant \text{diff} \leqslant m-n$，设商表示为 q，则第 i 次迭代的商组为 $q_{\text{diff}-1} q_{\text{diff}-2} \cdots q_0$。从算法 23.1 中可

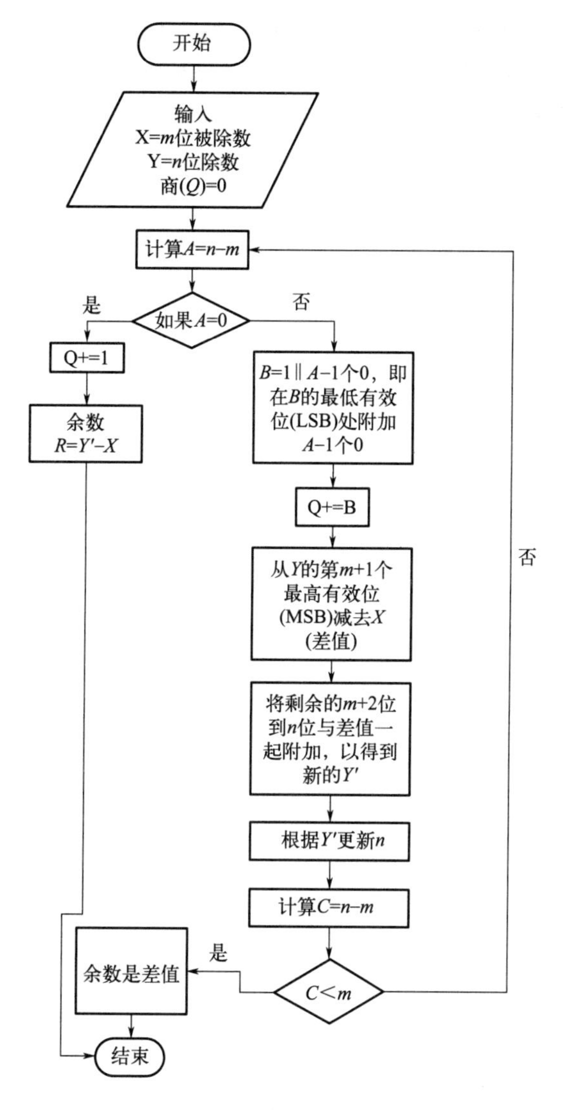

图 23.21　除法算法流程图

以明显看出，$q_{\mathrm{diff}}=1$，$q_{\mathrm{diff}-1}q_{\mathrm{diff}-2}\cdots q_0$ 的其余位为 0。上述步骤被认为是第二步，即计算商位。第三步是减法过程。这个减法过程产生一个部分余数，这是生成下一组商位所需要的。传统除法方法中涉及的减法过程与引入的除法算法之间存在细微的区别。除法算法使用被除数 n 位中的前 m+1 位数。由于 $X=\sum_{j=1}^{m+1}X_j\times 2^{j-1}$ 大于 $Y=\sum_{k=1}^{n}Y_j\times 2^{k-1}$，因此可以避免产生负结果（或部分余数）。因此，所引入的除法算法跳过了传统除法的恢复步骤。此外，除法算法总是通过将被除数中未使用的位添加到当前的部分余数中来产生适当的下一个部分余数。例 23.4 给出了除法算法的逐步演示，以进行验证。

例 23.4　假设除数为 1100110，被除数为 101101110101（二进制表示法）。

在第一次迭代中，引入的除法算法首先计算除数和被除数之间的位差。这里，除数和被除数的位数分别为 7 和 12。因此，diff_1=12−7=5。因此，5−1=4 位 0 将被附加在商的 LSB

位置。因此，第一组商 q_1 将包含 5 位，即 10000。由于除数是 7 位长，它将从被除数的第一个 7+1=8 位中减去自身。因此，被除数的前 8 位为 10110111，减法过程包括 10110111−1100110=1010001 的减法。被除数中未使用的其余位，即“0101”，将附加至 1010001，产生下一个部分余数 10100010101。

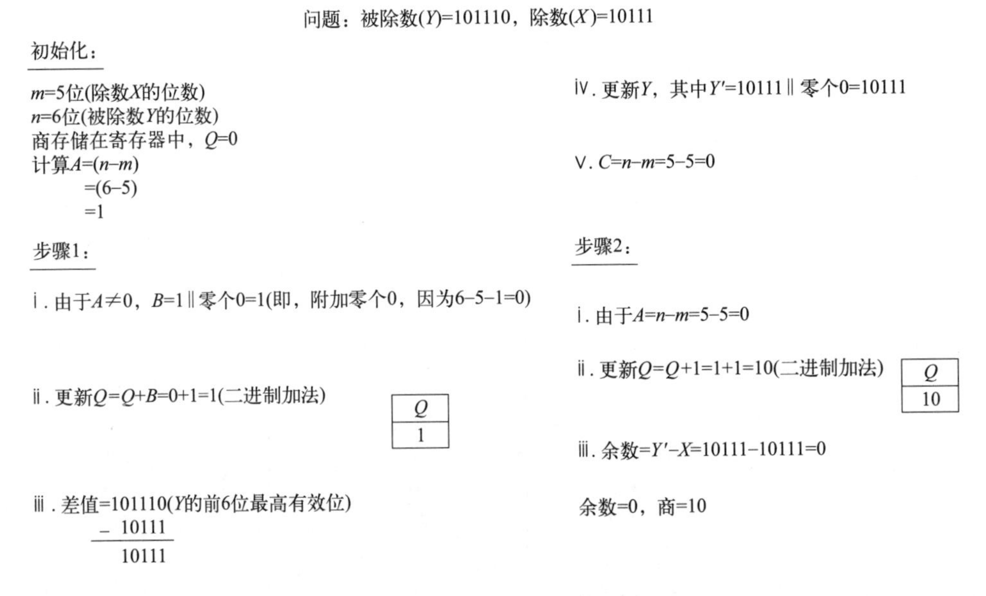

图 23.22　除法算法仿真示例

在第二次迭代中，首先除法算法计算除数和当前部分余数 10100010101 之间的位差。这里，除数和当前部分余数的位数分别为 7 和 11。因此，$diff_2$=11−7=4。因此，4−1=3 位 0 将被附加在商的 LSB 位置。因此，第二组商 q_2 将包含 4 位，即 1000。现在，前面的 q_1 将与 q_2 相加，形成当前的商 Q 为 10000+1000=11000。由于除数是 7 位长，它将从当前部分余数的第一个 7+1=8 位中减去自身。因此，当前部分余数的前 8 位为 10100010，减法过程包括 10100010−1100110=111100 的减法。被除数中未使用的其余位，即“101”，将附加至 111100，产生下一个部分余数 111100101。

在第三次迭代中，首先除法算法计算除数和当前部分余数 111100101 之间的位差。这里，除数和当前部分余数的位数分别为 7 和 9。因此，$diff_3$=9−7=2。因此，2−1=1 位 0 将附加在商的 LSB 位置。因此，第三组商 q_3 将包含 2 位，即 10。现在，将先前的 Q 与 q_3 相加，以形成当前的商 Q 为 11000+10=11010。由于除数是 7 位长，它将从当前部分余数的第一个 7+1=8 位中减去自身。因此，当前部分余数的前 8 位为 11110010，减法过程包括 11110010−1100110=10001100 的减法。被除数中未使用的其余位，即“1”，将附加至 10001100，产生下一个部分余数 100011001。

在第四次迭代中，除法算法首先计算除数和当前部分余数 100011001 之间的位差。这里，除数和当前部分余数的位数分别为 7 和 9。因此，$diff_4$=9−7=2。因此，2−1=1 位 0 将附加在商的 LSB 位置。因此，第四组商 q_4 将包含 2 位，即 10。现在，将先前的 Q 与 q_4 相加以

形成当前商 Q 为 11010+10=11100。由于除数是 7 位长，它将从当前部分余数的第一个 7+1=8 位中减去自身。因此，当前部分余数的前 8 位为 10001100，减法过程包括 10001100−1100110=100110 的减法。被除数中未使用的比特的其余部分，即“1”，将附加至 100110，产生下一个部分余数 1001101。由于，部分余数中的位数是 7，并且小于除数，所以余数是 1001101，商是 11100。

23.3.2　基于 ASIC 的电路

本小节将构造一个 n 位除以 m 位的除法器电路，其中 n 是被除数中的位数，m 是除数中的位数。为了构造除法器电路，首先提出了一种并行位计数器电路。然后，提出了一种快速开关电路。最后，给出了除法器电路以及必要的图形和示例。

23.3.2.1　并行 n 位计数器电路

算法 23.2 中，除法算法的一个重要方面是计算被除数和除数的位数。本小节将介绍一种快速、紧凑的位计数器电路。

设 a 为二进制操作数，用位置编号系统表示如下：

$$a = \sum_{j=1}^{n} a_j \times 2^{j-1} \tag{23.9}$$

因此，由 n 位组成的二进制操作数 a 将通过式（23.9）产生由 $\lceil \log_{2n}+1 \rceil$ 位组成的另一个二进制操作数 b。表 23.6 中显示了二进制操作数 a 的验证 [当 a=3 即（a_2 a_1 a_0）时]。例如，在表 23.6 的第 4 行中，二进制操作数 a 由 a_2=0、a_1=1 和 a_0=1 组成。因此，输出操作数 b 为 b_1=1 并且 b_0=0。换句话说，可以说位计数器将决定任何二进制操作数中的位数。假设输入操作数 a 存储在 n 位寄存器中，其中 n 为 a 的位数。因此，n 位寄存器由 n 个 D 触发器组成。如果 D 触发器或锁存器的“Data”引脚中没有数据，则 D 触发器或锁存器的两个输出引脚均保持无效状态。该场景如图 23.23 所示。

表 23.6　验证式（23.9）的真值表

行	输入			输出	
	a_2	a_1	a_0	b_1	b_0
1	0	0	0	0	0
2	0	0	1	0	1
3	0	1	0	1	0
4	0	1	1	1	0
5	1	0	0	1	1
6	1	0	1	1	1
7	1	1	0	1	1
8	1	1	1	1	1

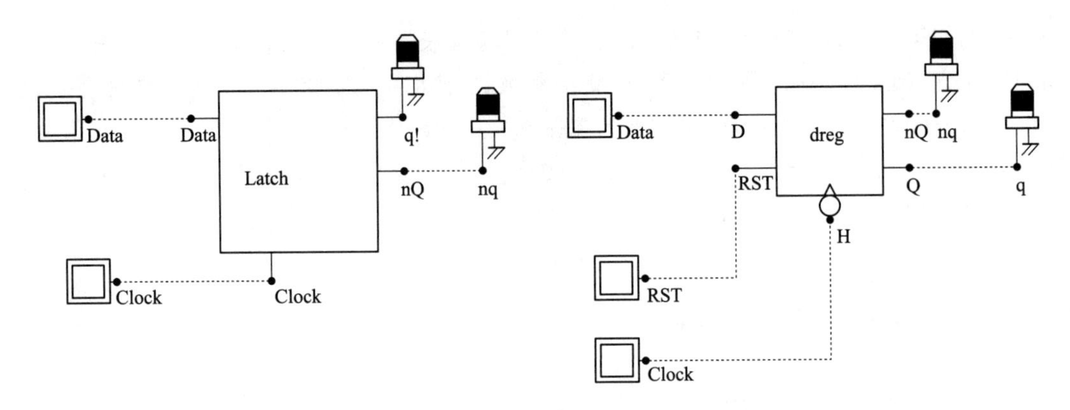

图 23.23 D 触发器和锁存器中的无效状态演示

但是，如果数据存在于 D 触发器或锁存器的“Data”引脚中，则 D 触发器或锁存器的输出引脚 Q 将产生“1”，如图 23.24 所示。由于输入操作数 a 中占据有效位置（从最高有效位到最低有效位）的位无论是“0”还是“1”，都将被视为位的存在，因此上述特性可用于构建并行位计数器。例如，在表 23.6 的第 7 行中，$a_0=0$，但输出将被计为所有位的存在。因此，无论位值是“0”还是“1”，如果一个位出现在输入操作数的有效位置，则输出操作数都会考虑输入位的存在。所谓有效位，它指的是从最高有效位到最低有效位之间出现的位。

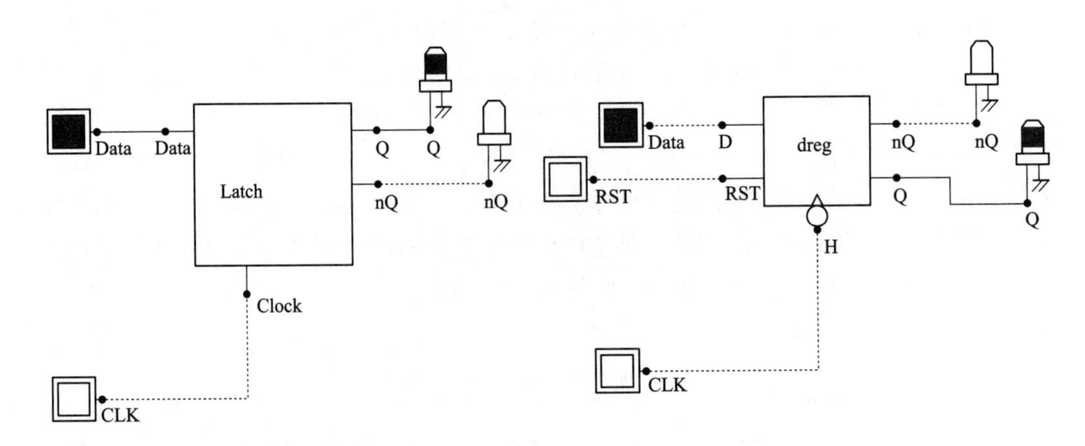

图 23.24 D 触发器和锁存器中输入位存在的演示

现在，根据位的存在，使用 2 输入 OR 门来产生始终是“1”的结果。对于输出操作数 D_i，它遵循以下公式，其中 i 是相应位的位置：

$$D_i = Q_i + Q_i' \tag{23.10}$$

图 23.25 用原理图演示了式（23.10）的电路实现。

输出操作数 b_0 的最低有效位由下式定义：

$$b_0 = (a_0 \oplus a_1) \oplus (a_2 \oplus a_3) \oplus (a_4 \oplus a_5) \oplus a_6 \tag{23.11}$$

然后，输出操作数 b_1 的第二最低有效位由下式定义：

$$b_1 = (a_1 \oplus a_3) \oplus a_5 \tag{23.12}$$

输出操作数 b_2 的最高有效位由下式定义：

$$b_2 = a_3 \tag{23.13}$$

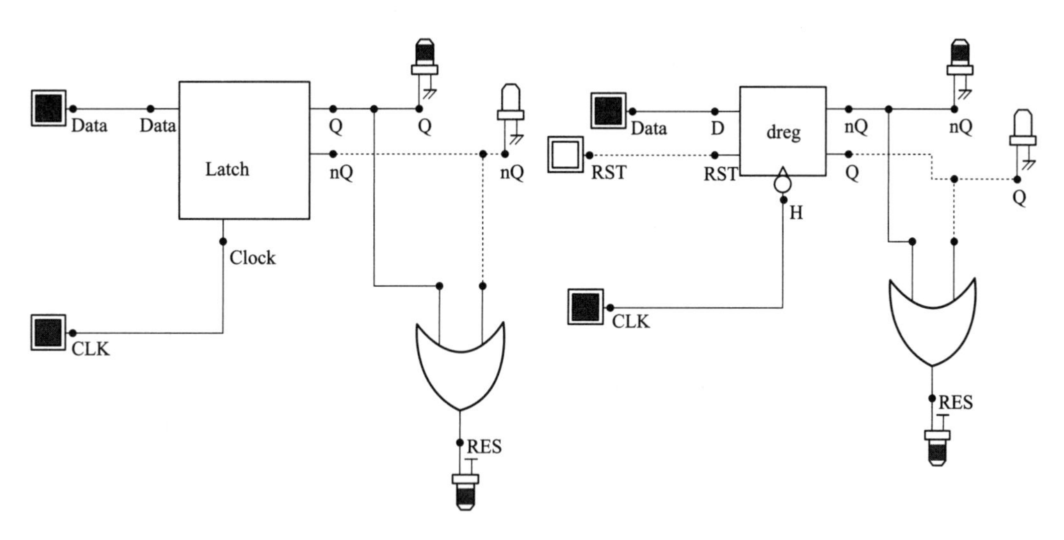

图 23.25 式（23.10）的电路实现

7 位计数器的电路实现如图 23.26 所示，in6、in5、in4、in3、in2、in1 和 in0 表示相应的输入位，灰色表示存在该值（0 或 1），而白色表示不存在该值。在图 23.26 中，所有的输入位都存在，表示为灰色，因此所有的输出位都存在，这与式（23.11）～式（23.13）所示完全一致。

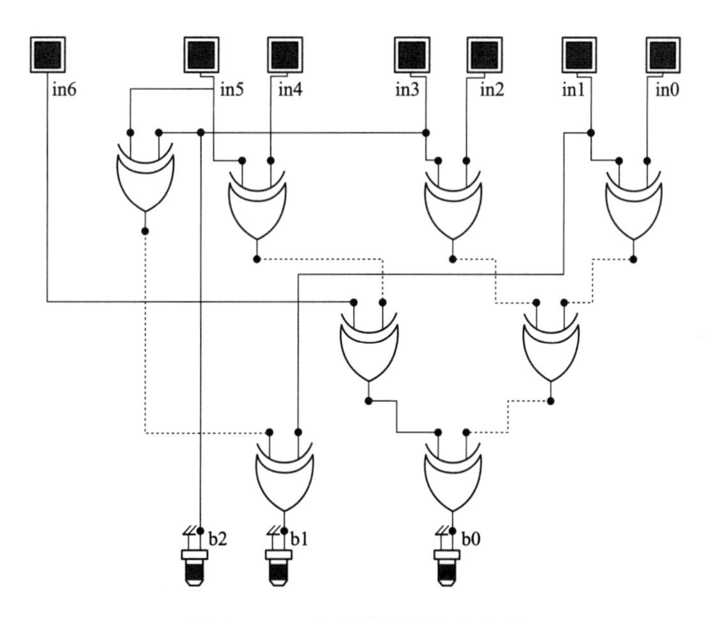

图 23.26 7 位计数器的电路实现

例 23.5 考虑一个值为 $(10011)_2$ 的二进制操作数 a。因此，值 $(10011)_2$ 将通过图 23.25 的电路得到如下输出：

$D_6=0$，$D_5=0$，$D_4=1$，$D_3=1$，$D_2=0$，$D_1=1$，$D_0=1$。

现在，由式（23.11）定义的输出操作数 b_0 的最低有效位计算如下：

$$b_0=(1\oplus1)\oplus(1\oplus1)\oplus1=1$$

由式（23.12）定义的输出操作数 b_1 的第二最小有效位计算如下：

$$b_1=(1\oplus1)\oplus0=0$$

最后，式（23.13）所定义的输出操作数 b_2 的最高有效位计算如下：

$$b_2=1$$

数据流如图 23.27 所示。在图中，灰色表示“1”值，而白色表示“0”值。

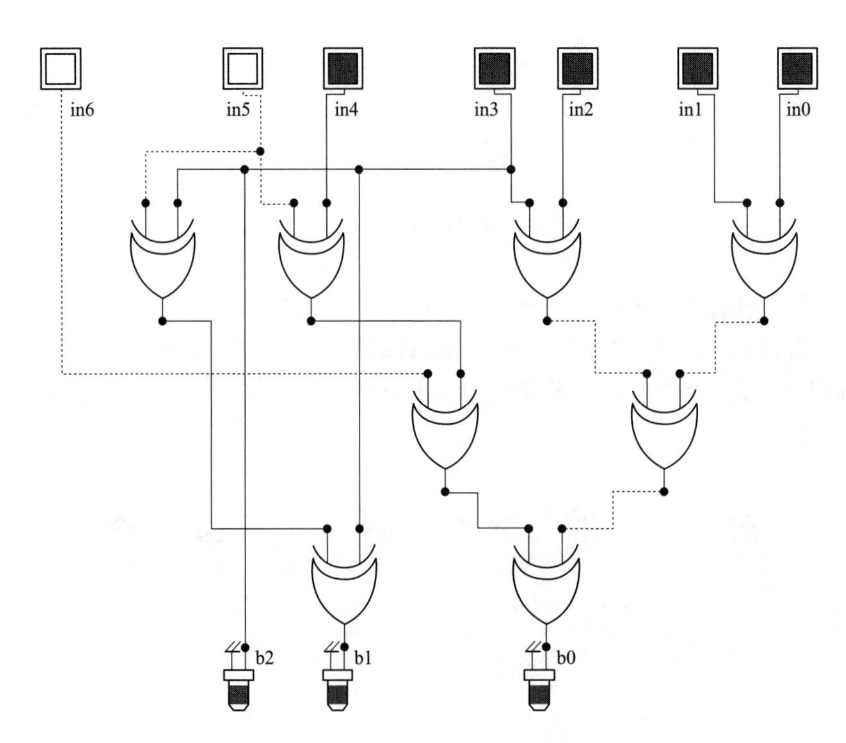

图 23.27 例 23.5 的 7 位计数器的数据流

现在，考虑一个 n 位输入操作数 a，它可以写成 $a_{n-1}\,a_{n-2}\cdots a_0$，并且为了计数输入操作数 a 中的位数，输出操作数是 $\lceil\log_2 n+1\rceil$ 位的操作数 b，可以表示为 $b_{\lceil\log_2 n+1\rceil}\,b_{\lceil\log_2 n+1\rceil-1}\,b_{\lceil\log_2 n+1\rceil-2}\cdots b_0$。输出操作数 b 的最低有效位可以通过在输入操作数的每个位之间进行异或运算来获得。输出操作数 b 的最低有效位的下一位可以通过在输入操作数的交替位之间进行异或运算来获得。然后，输出操作数 b 的倒数第二个最低有效位可以通过在输入操作数的双交替位之间进行异或运算来获得。此过程一直到输入操作数到达其位数的一半位为止。算法 23.2 显示了 n 位计数器电路的算法。

算法 23.2　*n* 位计数器电路的算法

Input：An *n*-bit inpnt operand $a(a_n a_{n-1} a_{n-2} ... a_0)$;

Output：An $\lceil log_2 n+1 \rceil$-bit operand $b(b_{\lceil log_2 n+1 \rceil} b_{\lceil log_2 n+1 \rceil -1} b_{\lceil log_2 n+1 \rceil -2} \cdots b_0)$；

1　i=0;

2　$b_{LSB}=(a_i \oplus a_{i+1}) \oplus (a_{i+2} \oplus a_{i+3}) \cdots (a_{n-1} \oplus a_n)$;

3　$b_{LSB+1}=(a_{i+1} \oplus a_{i+3}) \oplus (a_{i+5} \oplus a_{i+7}) \cdots (a_{n-i-2} \oplus a_n)$;

4　$b_{LSB+2}=(a_{i+3} \oplus a_{i+7}) \oplus (a_{i+11} \oplus a_{i+15}) \cdots (a_{n-i-4} \oplus a_n)$;

5　⋮

6　$b_{MSB}=a_{\lfloor \frac{n}{2} \rfloor}$；

为了证明算法 23.2 的正确性，我们假设 n=15，即输入操作数为 15 位。现在输出操作数变为式（23.14）～式（23.17）：

$$b_0=(a_0 \oplus a_1) \oplus (a_2 \oplus a_3) \oplus (a_4 \oplus a_5) \oplus (a_6 \oplus a_7) \oplus (a_8 \oplus a_9) \oplus (a_{10} \oplus a_{11}) \oplus (a_{12} \oplus a_{13}) \oplus a_{14} \tag{23.14}$$

$$b_1=(a_1 \oplus a_3) \oplus (a_5 \oplus a_7) \oplus (a_9 \oplus a_{11}) \oplus a_{13} \tag{23.15}$$

$$b_1=(a_1 \oplus a_3) \oplus (a_5 \oplus a_7) \oplus (a_9 \oplus a_{11}) \oplus a_{13} \tag{23.16}$$

$$b_3=a_7 \tag{23.17}$$

图 23.28 显示了 15 位计数器的电路实现。图中，“in”表示输入操作数，“out ”表示输出操作数。电路是根据上述公式实现的。

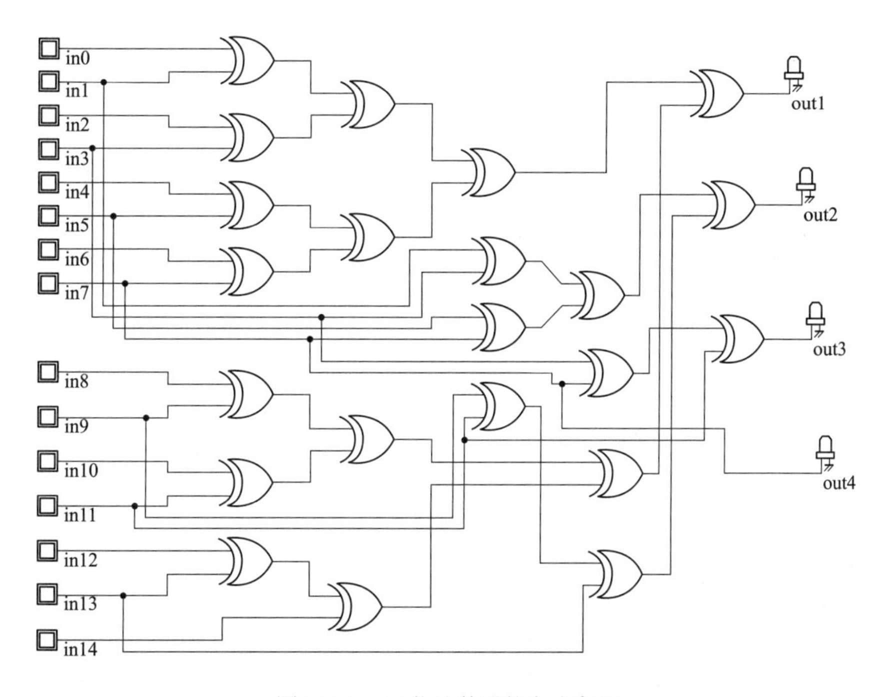

图 23.28　15 位计数器的电路实现

23.3.2.2 *n* 位比较器

本小节讨论当代比较器的一种改进。比较器电路的输出是确定两个操作数是否彼此相等，第二输出位是确定操作数中的一个是否大于另一个操作数，第三输出位是确定操作数是否小于另一个操作数。如图 23.29 所示，在计算操作数相等时，可以使用两个设计路径，而不是三个，同时也可以进行大于或小于的比较。然后，两个输出的否定可以通过 2 输入与运算来生成另一个输出。图 23.30 显示了使用算法 23.3 修改的 4 位比较器的电路结构。图 23.31 表示 *n* 位比较器电路的电路结构，该电路是通过使用算法 23.3 中描述的算法来构建的。比较器电路的输出之一是 *B* 大于 *A*，这是通过使用最后一个全加电路的进位位产生的，而比较器的输出 *A* 等于 *B* 则是通过每个全加电路的和位乘积计算的。最后，通过使用前两个输出的否定生成了另一个输出。

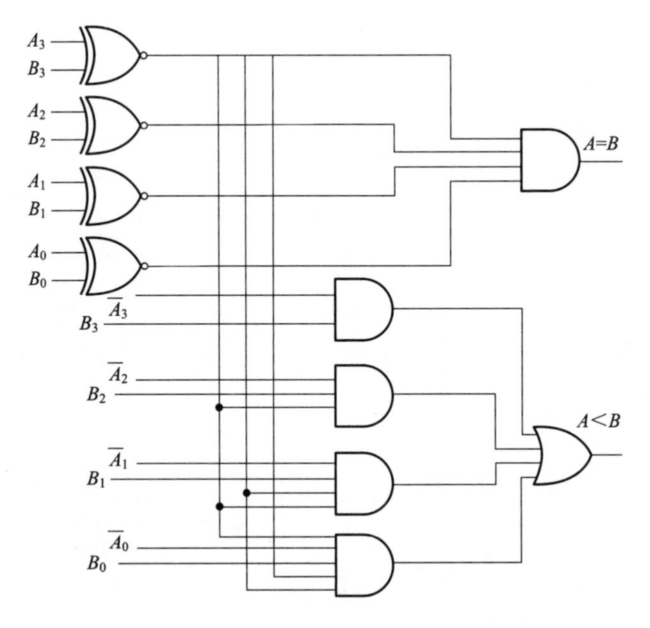

图 23.29 比较器电路中两个不同路径识别的电路实现

算法 23.3 *n* 位比较器电路的算法

Input： An *n*-bit input operand a ($a_n a_{n-1} a_{n-2} \cdots a_0$) and b ($b_n b_{n-1} b_{n-2} \cdots b_0$);

Output： b greater than a, a equal b, b less than a;

1 $0 \leqslant i \leqslant n$;

2 $carry_i = a_i \cdot b_i + b_i \cdot carry_{i-1} + a_i \cdot carry_{i-1}$;

3 $Sum_i = a_i \oplus b_i \oplus carry_{i-1}$;

4 b greater than a=$carry_n$;

5 a equal b=$\sqcap sum_i$;

6 b less than a=$\overline{BgreaterthanA} \cdot \overline{AequalB}$;

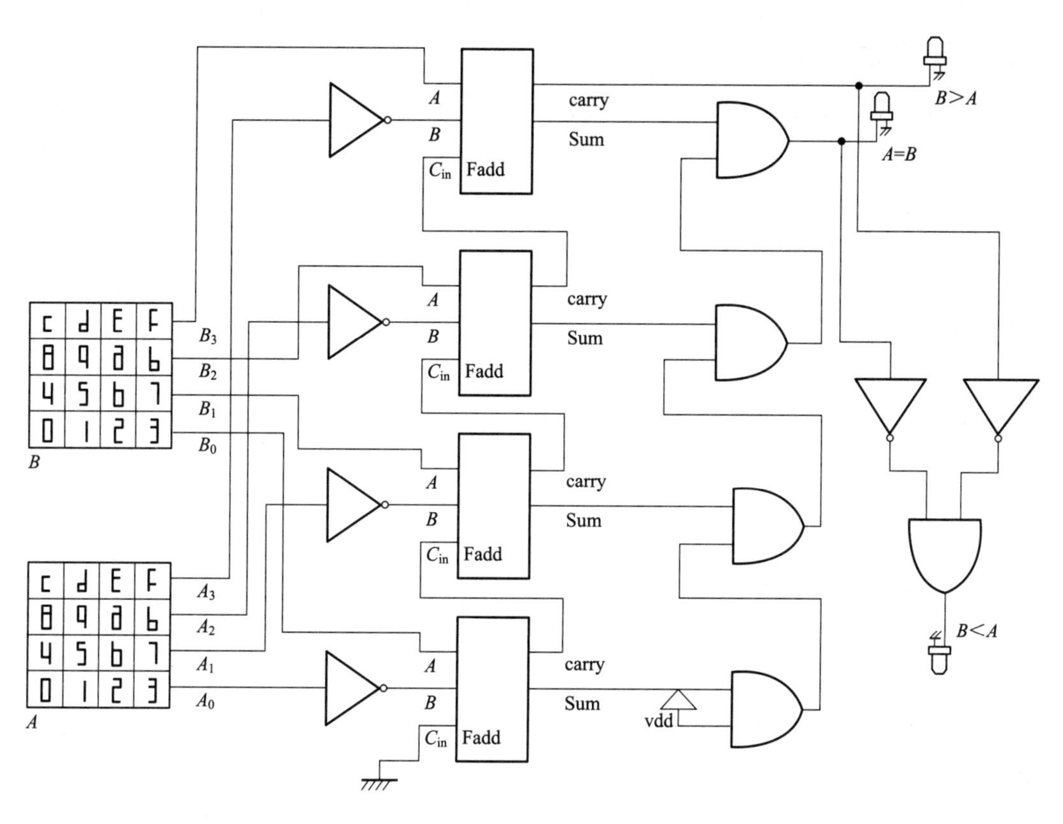

图 23.30　4 位比较器的电路实现

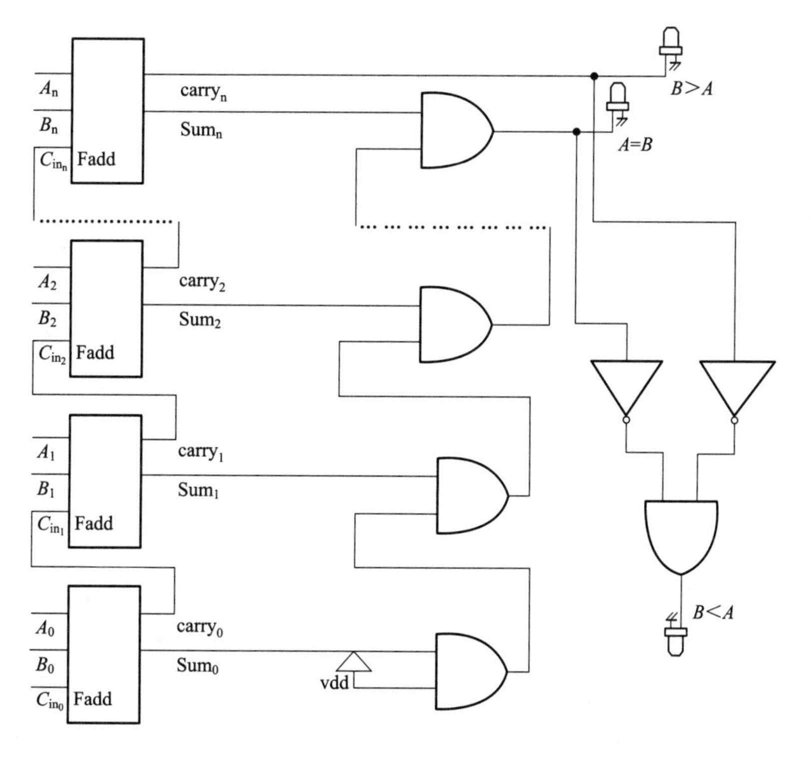

图 23.31　*n* 位比较器的电路实现

23.3.2.3 n 位选择块

通常，2 对 1 多路复用器用于位选择。2 对 1 多路复用器由两个 2 输入与门、一个 2 输入或门和一个反相器组成。然而，这种成本还可以进一步优化。本小节为除法器电路提供了一个新的选择块。

算法 23.1 中的除法算法使用 $m+1$ 位减法器而不是 n 位减法器来降低减法过程的成本，其中 n 是被除数的位数，m 是除数的位数。但这一过程会引发另一个问题，即从被除数的 n 位中决定或选择第一个（最高有效位的）$m+1$ 位。例如，如果 $n=7$ 位的被除数是 $(1011011)_2$，并且 $m=3$ 位的除数是 $(101)_2$，则由于除数中的位数是 3，所以需要从被除数 $(1011011)_2$ 中选择 $(1011)_2$。该情况如表 23.7 所示。

表 23.7 选择块的数据流

n_6	n_5	n_4	n_3	n_2	n_1	n_0	除数
1	0	1	1	0	1	1	101
↓	↓	↓	↓	↓ ↓	↓ ↓	↓ ↓	

注：表中，“↓”表示相应的 n_i 将移动到减数，“↓ ↓”表示相应的 n_i 将移动到余数。

除法算法的一个重要性质是被除数永远不能被零整除。根据这一性质，我们可以推导出另一个性质，即除数的长度至少为 1 位。此外，除法算法下一步需要 $m+1$ 位。因此，至少要将被除数的 MSB 的前两位移动到下一步的减法器中，其余位将移动至余数块。数据流如表 23.7 所示。

因此，对于 n 位中的 $m+1$ 位的选择，推导出以下方程，其中 m 是除数中的位数，n 是选择过程中被除数的位数（此处 n 和 m 均为 7）：

$$n_7 = d_0;\ n_6 = d_0;\ n_5 = d_1;\ n_4 = d_2;\ n_3 = d_3;\ n_2 = d_4;\ n_1 = d_5;\ n_0 = d_6 \qquad (23.18)$$

式中，n_i 是被除数，d_j 是除数且 $i \leqslant j \leqslant \max(n,m)$。

表 23.8 显示了用于从除数的 7 位中选择被除数的 8 位的真值表。由于除数永远不会为零，因此真值表不考虑除数值为零的任何值。此外，在表 23.8 中，“1”表示分母存在于特定的数据路径上，“0”表示分母不存在于除数列中的特定数据路径上。另一方面，“1”表示相应的分子将移动到减法器，而“0”表示分子将移动至被除数列中的余数。

表 23.8 选择 8 位被除数的真值表

行	除数							被除数							
	d_6	d_5	d_4	d_3	d_2	d_1	d_0	n_7	n_6	n_5	n_4	n_3	n_2	n_1	n_0
1	0	0	0	0	0	0	1	1	1	0	0	0	0	0	0
2	0	0	0	0	0	1	1	1	1	1	0	0	0	0	0
3	0	0	0	0	1	1	1	1	1	1	1	0	0	0	0
4	0	0	0	1	1	1	1	1	1	1	1	1	0	0	0
5	0	0	1	1	1	1	1	1	1	1	1	1	1	0	0
6	0	1	1	1	1	1	1	1	1	1	1	1	1	1	0
7	1	1	1	1	1	1	1	1	1	1	1	1	1	1	1

图 23.32 表示 8 位选择块的电路实现。在图中，n_7、n_6、n_5、n_4、n_3、n_2、n_1 和 n_0 表示被除数的位的位置。另一方面，d_6、d_5、d_4、d_3、d_2、d_1 和 d_0 表示除数的位的位置。PMOS 和 NMOS 晶体管的控制栅极通过相应除数位的存在而被启用。所有 PMOS 和 NMOS 晶体管的源极都是相应的被除数位。PMOS 晶体管的漏极是下一个减法器的输入，而 NMOS 晶体管的漏极是余数块的输入。

例 23.6　考虑被除数是 $(10110100)_2$，除数是 $(101)_2$。因此，n_7 =1，n_6 =0，n_5 =1，n_4 =1，n_3 =0，n_2 =1，n_1 =0，n_0 =0。由于除数中有 3 个位，d_2、d_1 和 d_0 是有效的，因此使能前 4 个 PMOS 晶体管，因此 s_7 =1、s_6 =0、s_5 =1、s_4 =1，并且其余的位 s_3、s_2、s_1 和 s_0 变为无效。此外，余数位变为 r_3 =0、r_2 =1、r_1 =0、r_0 =0。图 23.33 说明了 8 位选择块的电路行为。

由于以下性质，可以通过减少 NMOS 晶体管的数量来进一步优化选择块：

① 性质 1：由于省略了除以 0 的操作，除数的长度至少为 1。

② 性质 2：算法 23.1 中的除法算法使用选择块的 n 位被除数的前 m+1 位，其中 m 是除数的位数，n 是被除数的位数。

因此，在设计单比特除法器时，可以去掉前两个余数位。单比特除法器的电路行为如图 23.34 所示。从图 23.34 中可以明显看出，对于单个位除数的存在，前两位余数位始终处于非活动状态。因此，当除数中的位数增加时，它也将保持不活动状态。选择块的改进版本如图 23.35 所示。最后，图 23.36 展示了一个 n 位选择块。

算法 23.4 表示从被除数中选择 n 位的前 m+1 位的算法，其中 m 是被除数的位数，n 是除数的位数。图 23.36 所示的电路图就是根据算法 23.4 设计的。

算法 23.4　m+1 位选择电路的算法

Input: An n-bit dividend d ($d_n d_{n-1} d_{n-2} \ldots d_0$) and m-bit divisor n ($n_n n_{n-1} n_{n-2} \ldots n_0$);
Output: An m-bit subtractor value s and remainder r;
1　$0 \leqslant i \leqslant m$:
2　$0 \leqslant j \leqslant m+1$;
3　Apply a $nmos_i$ transistor where input:={control:=d_{m-1}, drain:=s_j, source:=n_j}, a $pmos_i$ transistor where input:={control:=d_{m-1}, drain:=r_j, source:=n_j};
4　Apply a $nmos_{i+1}$ transistor where input:={control:=d_{m-2}, drain:=s_{j+1}, source:=n_{j+1}}, a $pmos_{i+1}$ transistor where input:={control:=d_{m-2}, drain:=r_{j+1}, source:=n_{j+1}};
5　⋮
6　Apply a $nmos_{m-1}$ transistor where input:={control:=d_0, drain:=s_m, source:=n_m}, a $pmos_m$ transistor where input:={ control:=d_0, drain:=r_m, source:=n_m};
7　Apply a $nmos_m$ transistor where input:={control:=d_0, drain:=s_{m+1}, source:=n_{m+1}}, a $pmos_m$ transistor where input:={control:=d_0, drain:=r_{m+1}, source:=n_{m+1}};

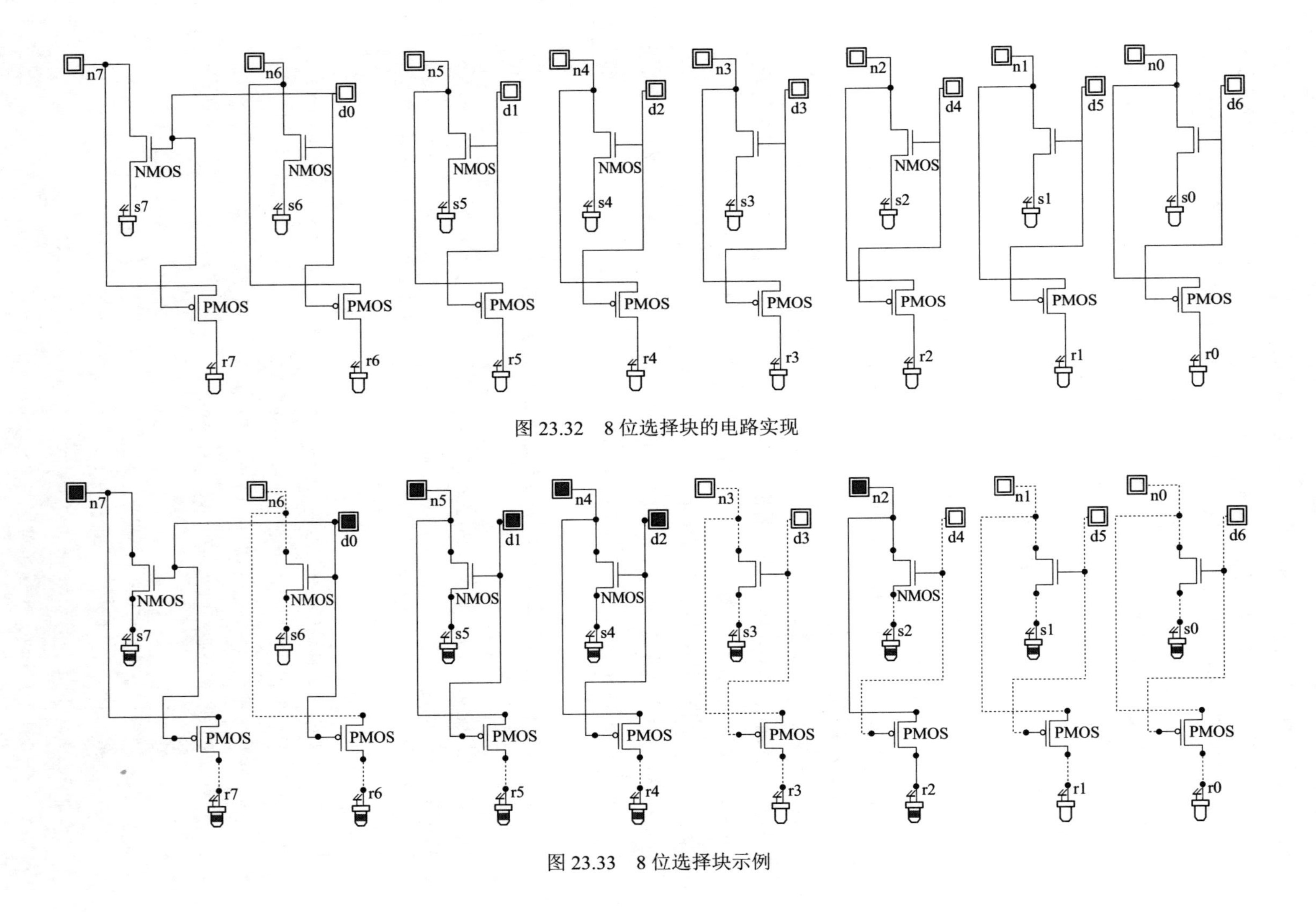

图 23.32 8 位选择块的电路实现

图 23.33 8 位选择块示例

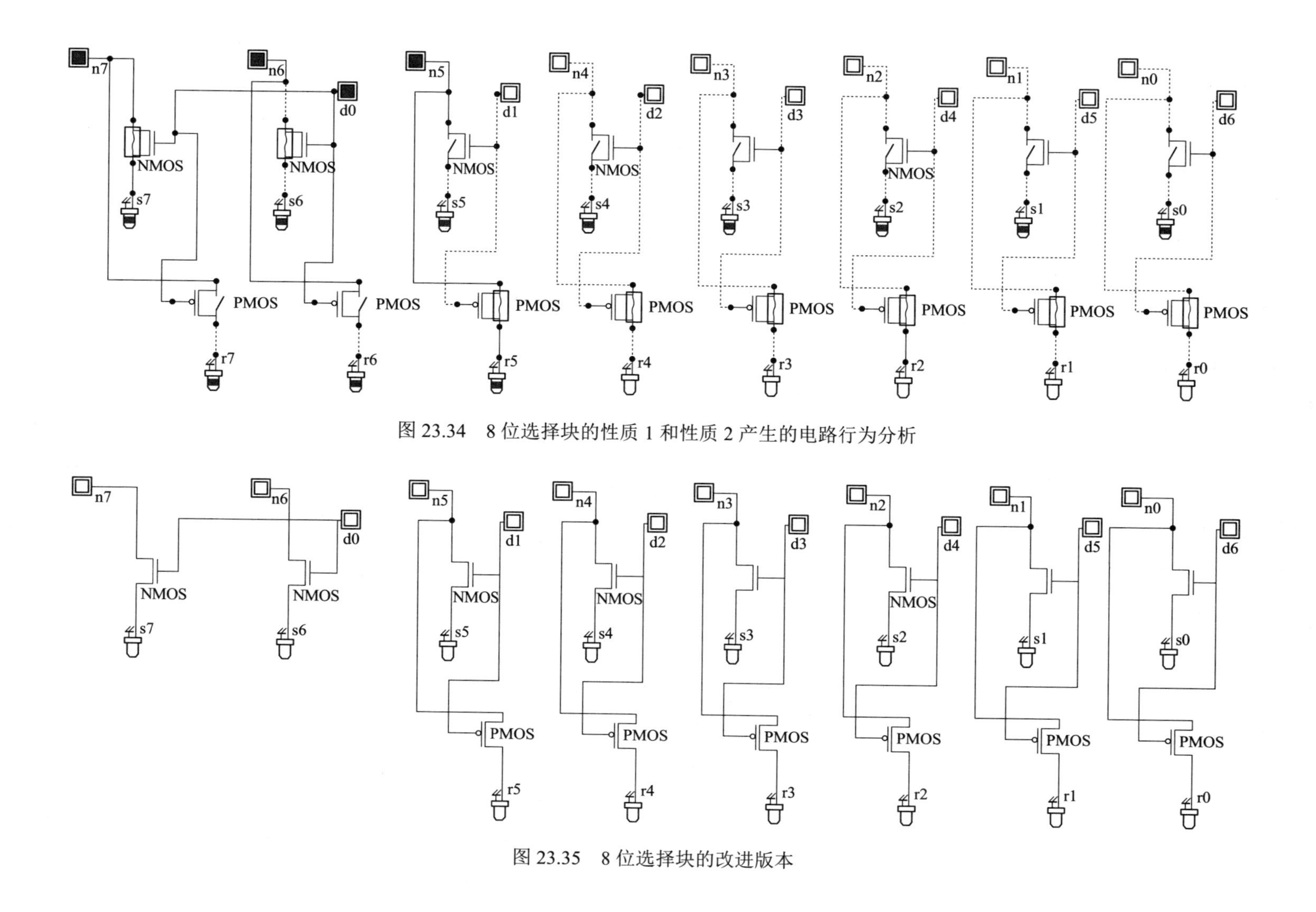

图 23.34　8 位选择块的性质 1 和性质 2 产生的电路行为分析

图 23.35　8 位选择块的改进版本

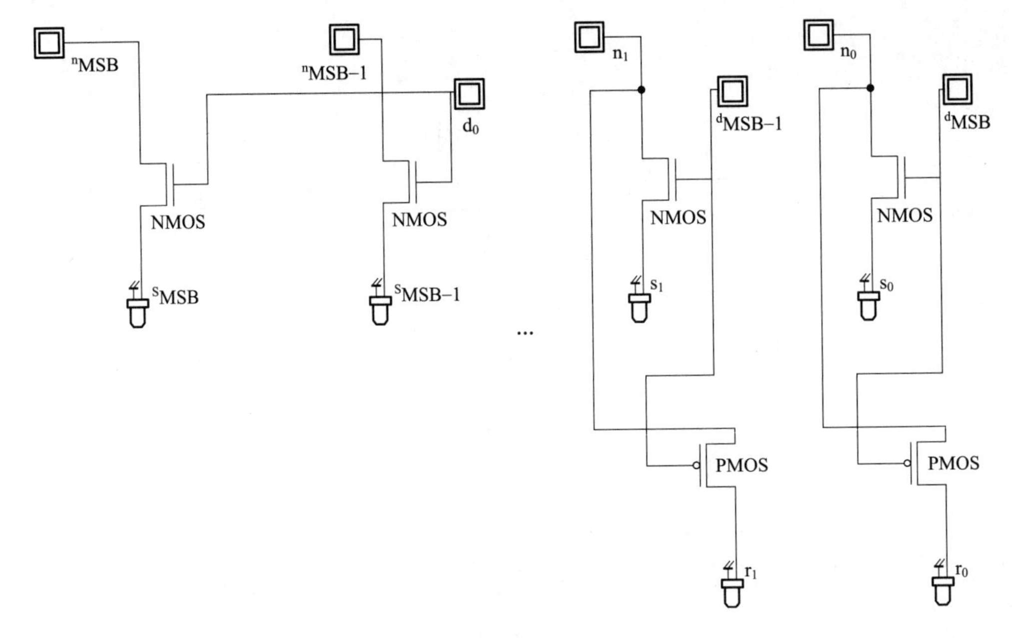

图 23.36 *n* 位选择块的电路图

23.3.2.4 转换为零的电路

本小节描述了构造除法器电路所需的重要电路之一。除法运算的算法使用一串“0”值进行串联，以形成用于商选择逻辑的新操作数。字符串的长度通过使用从上一个减法器获得的值来确定。例如，如果从减法器获得二进制 $(110)_2$，那么字符串将是“00000”，其中零的长度是 $(101)_2$ 或 5_{10}。

表 23.9 为将 $\lceil \log_2 n+1 \rceil$ 位转换为 *n* 位的真值表。在该表中，*n* 被选为 7。减法器的值用 s_i 表示，字符串的长度用 z_j 表示，其中 $i<3$，$j<6$。已针对所需字符串的长度，推导出式（23.19）～式（23.24）。

表 23.9 将 $\lceil \log_2 n+1 \rceil$ 位转换为 *n* 位的真值表（*n*=7）

行	输入			输出					
	s_2	s_1	s_0	z_5	z_4	z_3	z_2	z_1	z_0
1	0	0	0	0	0	0	0	0	0
2	0	0	1	0	0	0	0	0	0
3	0	1	0	0	0	0	0	0	1
4	0	1	1	0	0	0	0	1	1
5	1	0	0	0	0	0	1	1	1
6	1	0	1	0	0	1	1	1	1
7	1	1	0	0	1	1	1	1	1
8	1	1	1	1	1	1	1	1	1

图 23.37 展示了式（23.19）～式（23.24）的电路实现。对于输入 $(101)_2$，电路效果如图 23.38 所示。对应的输出是 $(1111)_2$，即字符串的长度为 4。

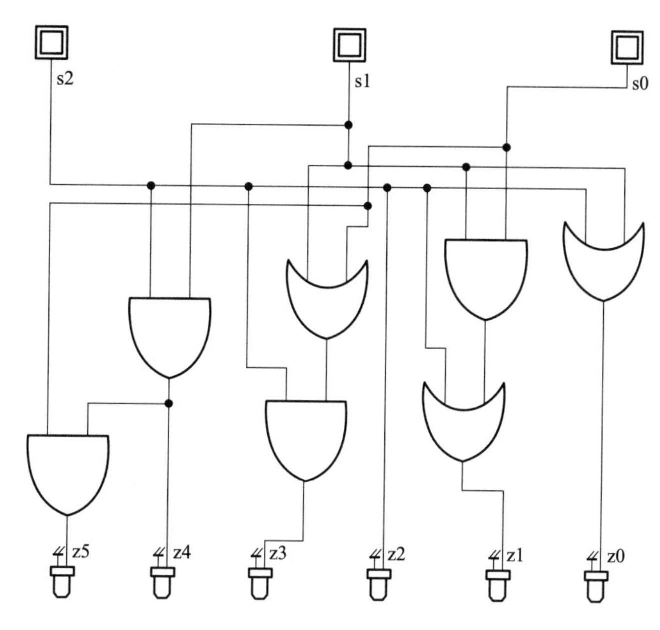

图 23.37　式（23.19）～式（23.24）的电路图

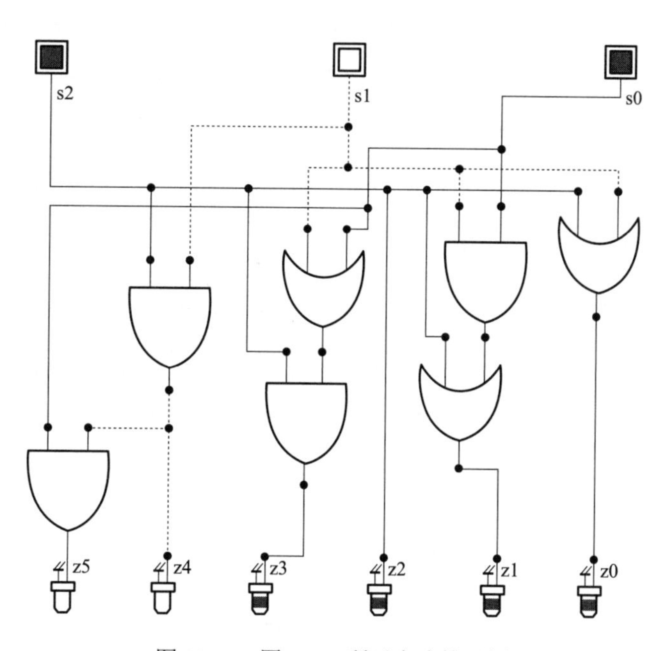

图 23.38　图 23.37 所示电路的示例

图 23.39 展示了 3 位到 6 位零转换器电路的电路实现过程。当相应的输出位 z_j 为 1（其中 $j<6$）时，相应的 PMOS 晶体管的控制栅极被激活，在作为转换器电路的最终输出的 PMOS 三极管的漏极处，提供一个恒定的“0”（用作 PMOS 三极晶体管的源极）。

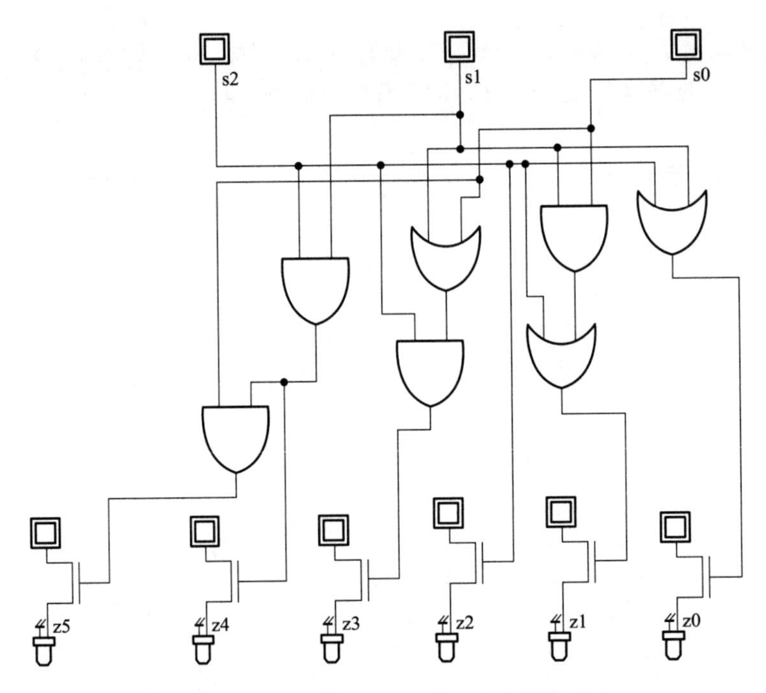

图 23.39　3 位至 6 位零转换器电路的电路图

例 23.7　图 23.40 展示了图 23.39 中电路的电路行为。对于图 23.40 中所有 0 的输入，最终输出 *z* 是无效的。图 23.41 展示了图 23.39 中输入 $(001)_2$ 电路的电路行为。根据表 23.9，对于图 23.41 的输入 $(001)_2$，最终输出 *z* 再次处于非激活状态。图 23.42 展示了图 23.39 中输入 $(011)_2$ 电路的电路行为。对于输入 $(011)_2$，最终输出 *z* 是 $(0)_2$。

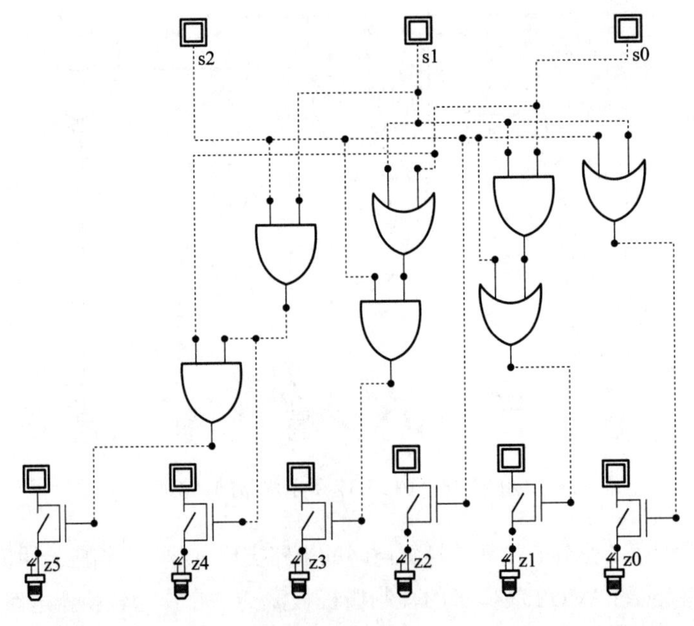

图 23.40　当输入为 $(000)_2$ 时，图 23.39 中所示电路的电路行为

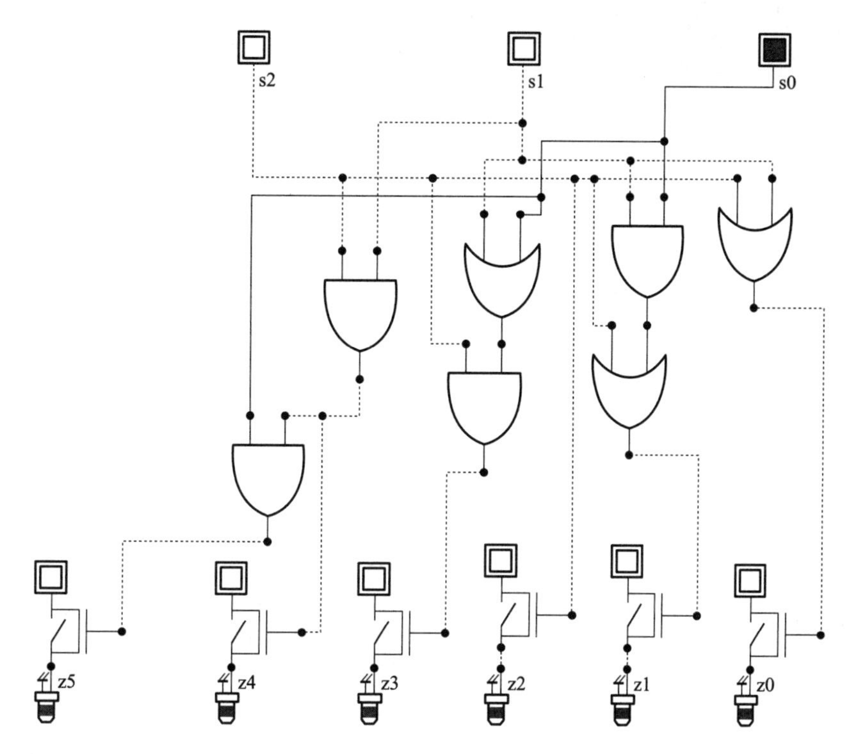

图 23.41　当输入为 $(001)_2$ 时，图 23.39 中所示电路的电路行为

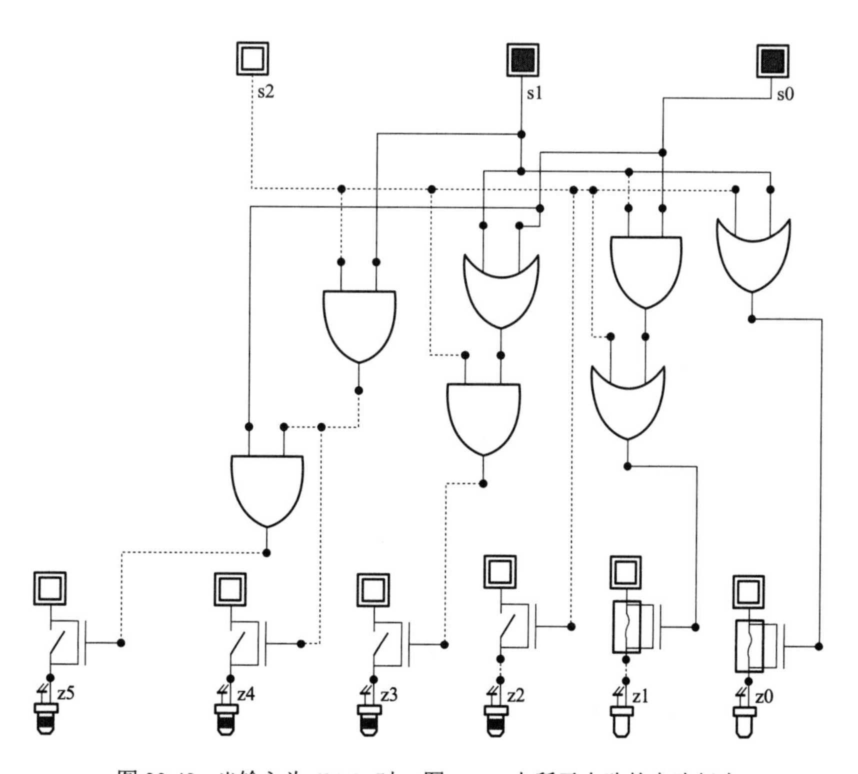

图 23.42　当输入为 $(011)_2$ 时，图 23.39 中所示电路的电路行为

$$z_0 = s_1 + s_2 \tag{23.19}$$

$$z_1 = s_2 + (s_0 \bullet s_1) \tag{23.20}$$

$$z_2 = s_2 \tag{23.21}$$

$$z_3 = s_2(s_0 + s_1) \tag{23.22}$$

$$z_4 = s_1 \bullet s_2 \tag{23.23}$$

$$z_5 = s_0 \bullet s_1 \bullet s_2 \tag{23.24}$$

算法 23.5 中提出了一种构造 n 位到 2^n-2 位电路的通用算法。该算法的工作过程说明如下：

① 假设输入位是 4 位，这意味着它需要 $2^4=16$ 个条目，而输出将是 $2^4-2=14$ 位。因此，真值表由 16 个条目构成。经过前两次迭代之后，输出位将逐渐变为 1。

② 现在，在 AND 和 OR 逻辑的帮助下，产生所需的输出函数如下：

$$z_0 = s_1 + s_2 + s_3 \tag{23.25}$$

$$z_1 = s_2 + s_3 + (s_0 \bullet s_1) \tag{23.26}$$

$$z_2 = s_2 + s_3 \tag{23.27}$$

$$z_3 = (s_2 \bullet (s_0 + s_1)) + s_3 \tag{23.28}$$

$$z_4 = (s_1 \bullet s_2) + s_3 \tag{23.29}$$

$$z_5 = (s_0 \bullet s_1 \bullet s_2) + s_3 \tag{23.30}$$

$$z_6 = s_3 \tag{23.31}$$

$$z_7 = s_3 \bullet (s_0 + s_1 + s_2) \tag{23.32}$$

$$z_8 = s_3 \bullet (s_1 + s_2) \tag{23.33}$$

$$z_9 = s_2 + (s_0 \bullet s_1) \tag{23.34}$$

$$z_{10} = s_2 \bullet s_3 \tag{23.35}$$

$$z_{11} = (s_0 + s_1) \bullet s_2 \bullet s_3 \tag{23.36}$$

$$z_{12} = s_1 \bullet s_2 \bullet s_3 \tag{23.37}$$

$$z_{13} = s_0 \bullet s_1 \bullet s_2 \bullet s_3 \tag{23.38}$$

式（23.25）～式（23.38）可被用于构造 4 位到 14 位的零转换器电路。

算法 23.5 *n* 位转换电路的算法

```
Input: An n-bit input operand s(s_n s_{n-1} s_{n-2} ··· s_0);
Output: An 2^n-2-bit output operand s(s_{2^n-2} s_{(2^n-2)-1} s_{(2^n-2)-2} ··· s_0);
1   i=0;
2   j=2;
3   k=0;
4   l=0;
5   Generate a truth table with 2^n entries.;
6   repeat
7       if i<2 then
8           repeat
9               z_k=0;
10          until k≤2^n-2;
11          k++;
12      else
13          repeat
14              z_l=1;
15          until l≤i-2;
16          l++;
17      i++;
18  until i≤2^n;
19  Use AND and OR logic to generate each z_i;
```

23.3.2.5 除法电路的设计

本小节将解释除法器电路的电路实现。图 23.43 展示了根据算法 23.6 的 4 位除法器的电路图。4 位除法器电路使用两个 4 位计数器来计数被除数和除数的位数。计数器电路的执行是并行工作的。然后，两个位计数器的输出移动到 3 位比较器和减法器电路。3 位比较器电路的输出决定是从被除数中减去整个除数，还是使用部分被除数进行减法过程。选择块为减法过程提供必要的被除数位。3 位减法器用于计算余数。该余数再次用于下一次迭代中的被除数。从 3 位比较器开始到余数块的路径被认为是余数计算的路径。从第一个 3 位减法器到商寄存器的路径被视为商选择逻辑路径。商选择逻辑使用一个电路来转换为零。然后，零转换器电路的输出被用于级联。级联电路是用 D 触发器构成的。接着，使用 3 位加法器来计算必要的商位。

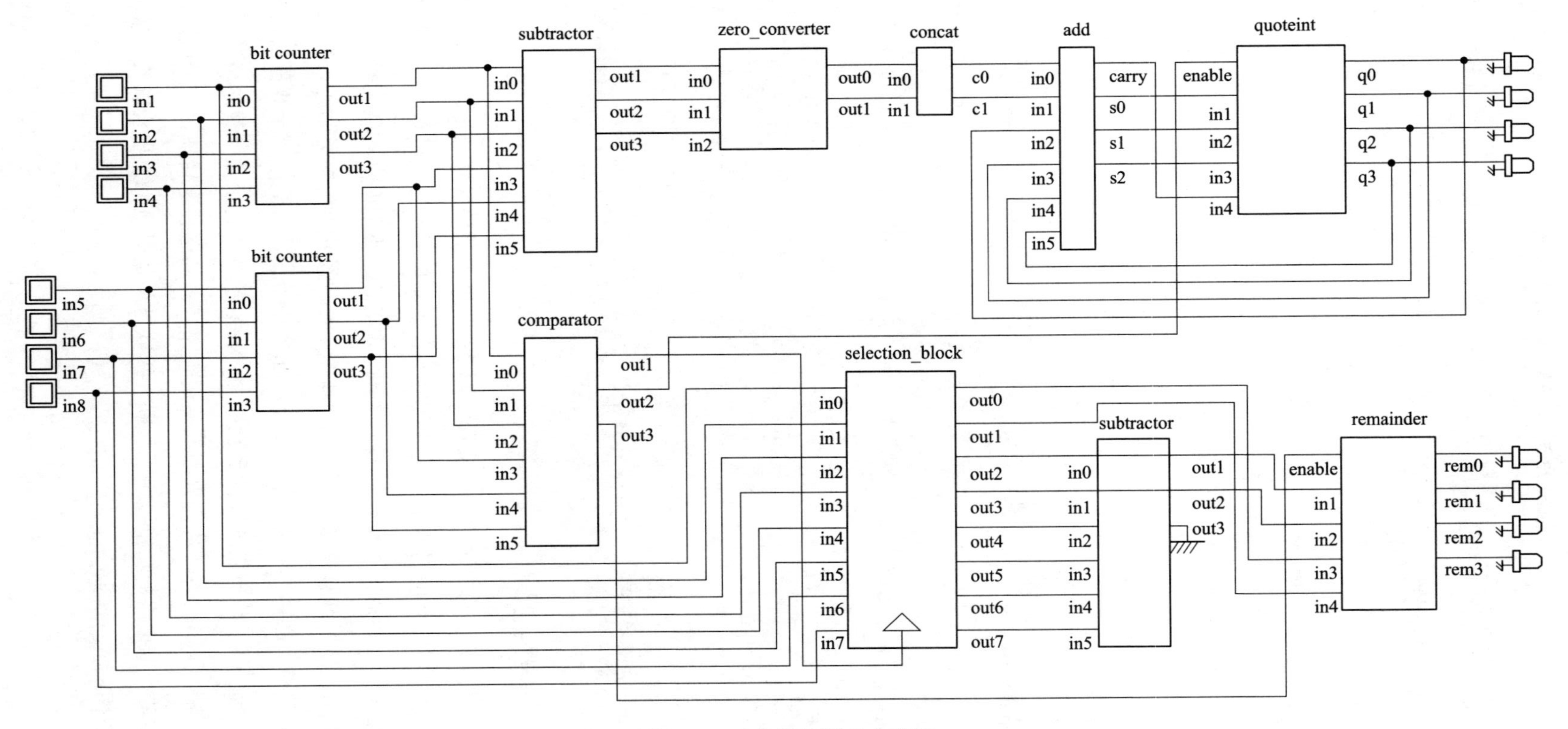

图 23.43　4 位除法器的电路图

算法 23.6　*n* 位除法器电路的算法

Input: A *m*-bit divisor X ($X_m X_{m-1} X_{m-2} \cdots X_0$) and *n*-bit dividend Y ($Y_n Y_{n-1} Y_{n-2} \cdots Y_0$);

Output: The(n+m−1)-bit quotient Q ($Q_{(n+m-1)} Q_{(n+m-1)-1} Q_{(n+m-1)-2} \cdots Q_0$) and Remainder R($R_{(n+m-1)} R_{(n+m-1)-1} R_{(n+m-1)-2} \cdots R_0$);

1 $j=\lceil log_2 n+1 \rceil$;

2 $k=2^n-2$;

3 Apply a *m*-bit counter where input: $=\{(X_m X_{m-1} X_{m-2} \cdots X_0)\}$, output: $=\{CX_j\ CX_{j-1}\ CX_{j-2} \cdots CX_0\}$; apply a *n*-bit counter where input: $=\{(Y_n Y_{n-1} Y_{n-2} \cdots Y_0)\}$, output: $=\{CY_j\ CY_{j-1}\ CY_{j-2} \cdots CY_0\}$.

4 Apply a *j*-bit counter where input: $=\{(CX_j\ CX_{j-1}\ CX_{j-2} \cdots CX_0), (CY_j\ CY_{j-1}\ CY_{j-2} \cdots CY_0)\}$, output: $=\{CX$ is greater than CY or CX is less than CY or CX is equal to $CY\}$; apply a *j*-bit subtractor where input: $=\{(CX_j\ CX_{j-1}\ CX_{j-2} \cdots CX_0), (CY_j\ CY_{j-1}\ CY_{j-2} \cdots CY_0)\}$, output: $=\{(s_j\ s_{j-1} s_{j-2} \cdots s_0)\}$.

5 Apply s m+1-bit selection block where input: $=\{(X_m X_{m-1} X_{m-2} \cdots X_0), (Y_n Y_{n-1} Y_{n-2} \cdots Y_0)$, (*CX equal to CY*)}, output: ={remainder($r_m\ r_{m-1}\ r_{m-2} \cdots r_0$), $(s_n\ s_{n-1}\ s_{n-2} \cdots s_0)\}$; apply a *j*-bit zero converter where input: $=\{(s_j s_{j-1} s_{j-2} \cdots s_0)\}$, output: ={*k*-bit of zero $(z_k z_{k-1} z_{k-2} \cdots z_0)\}$;

6 Apply a *n*-bit subtractor where input: $=\{(s_n\ s_{n-1}\ s_{n-2} \cdots s_0)\}$, output: $=\{(S_n\ S_{n-1}\ S_{n-2} \cdots S_0)\}$; apply a n+m−1-bit concatenation circuit where input: $=\{(Q_n Q_{n-1} Q_{n-2} \cdots Q_0), (z_k\ z_{k-1}\ z_{k-2} \cdots z_0)\}$, output: $=\{(Q_{(n+m-1)} Q_{(n+m-1)-1} Q_{(n+m-1)-2} \cdots Q_0)\}$;

7 Apply a n+m−1-bit adder where input: $=\{(Q_{(n+m-q-1)} Q_{(n+m-q-1)-1} Q_{(n+m-q-1)-2} \cdots Q_{q-0})\}$, output: $=\{(Q_{(n+m-1)} Q_{(n+m-1)-1} Q_{(n+m-1)-2} \cdots Q_0)\}$.

图 23.44 展示了 *n* 位除法器的电路图，其中 *n* 是被除数的位数。*n* 位除法器电路使用两个 *n* 位计数器来对被除数和除数的位数计数。*n* 位计数器的输出是 $\lceil \log_2 n+1 \rceil$ 位。计数器电路的执行是并行工作的。然后，两个位计数器的输出移动到 $\lceil \log_2 n+1 \rceil$ 位比较器和减法器电路。$\lceil \log_2 n+1 \rceil$ 位比较器电路的输出决定是从被除数中减去整个除数，还是使用部分被除数。选择块为减法过程提供必要的被除数位。*m* 位减法器用于计算余数，其中 *m* 是除数中的位数。该余数再次用于下一次迭代中的被除数。从第一个 $\lceil \log_2 n+1 \rceil$ 位减法器开始到商寄存器的路径被认为是商选择逻辑的路径。商选择逻辑使用一个 $\lceil \log_2 n+1 \rceil$ 位到 *n* 位的零转换电路来附加下一个块。然后，零转换器电路的输出被用于级联。级联电路是用 D 触发器构成的。最后，使用 *n* 位加法器来计算必要的商位。

例 23.8　被除数 $=(1111)_2$ 和除数 $=(10)_2$ 的电路行为的执行如图 23.45 所示。在图中，灰色表示“1”值，而白色表示“0”值。

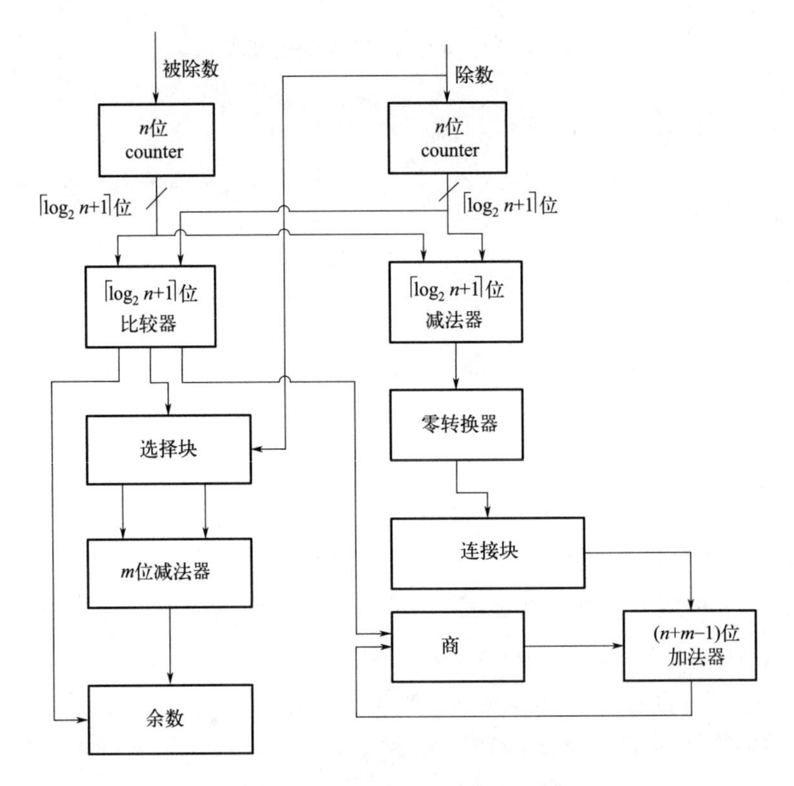

图 23.44 n 位除法器电路的框图

23.3.3 基于 LUT 的电路

本小节说明了基于查找表（LUT）的除法器电路的设计方法。23.2 节已初步介绍了 n 输入 LUT 的基本定义和工作流程。利用 LUT 可进行全加器、减法器、比较器和转换器电路的设计。此外，还简要描述了基于 LUT 的每种元件的工作过程。

在 FPGA 的商业设计中，存在几种类型的 LUT，例如 2 输入、3 输入、4 输入、5 输入、6 输入、7 输入和 8 输入 LUT，最新类型的 LUT 是 9 输入 LUT。研究人员发现，与其他输入 LUT 相比，6 输入 LUT 在构建需要面积延迟方面有突出效果的电路时表现良好。LUT 架构的异构结构也可用于构建电路。因此，本章考虑使用 6 输入 LUT 架构来构建基于 LUT 的除法器电路。

23.3.3.1 基于 LUT 的位计数器电路

下面介绍基于 LUT 的位计数器电路设计。首先介绍一种算法，然后演示通过基于 LUT 的电路算法来构建电路。

算法 23.7 为用于基于 LUT 的计数器电路的算法。假设 n=15，表示需要构造基于 15 位 LUT 的计数器电路。

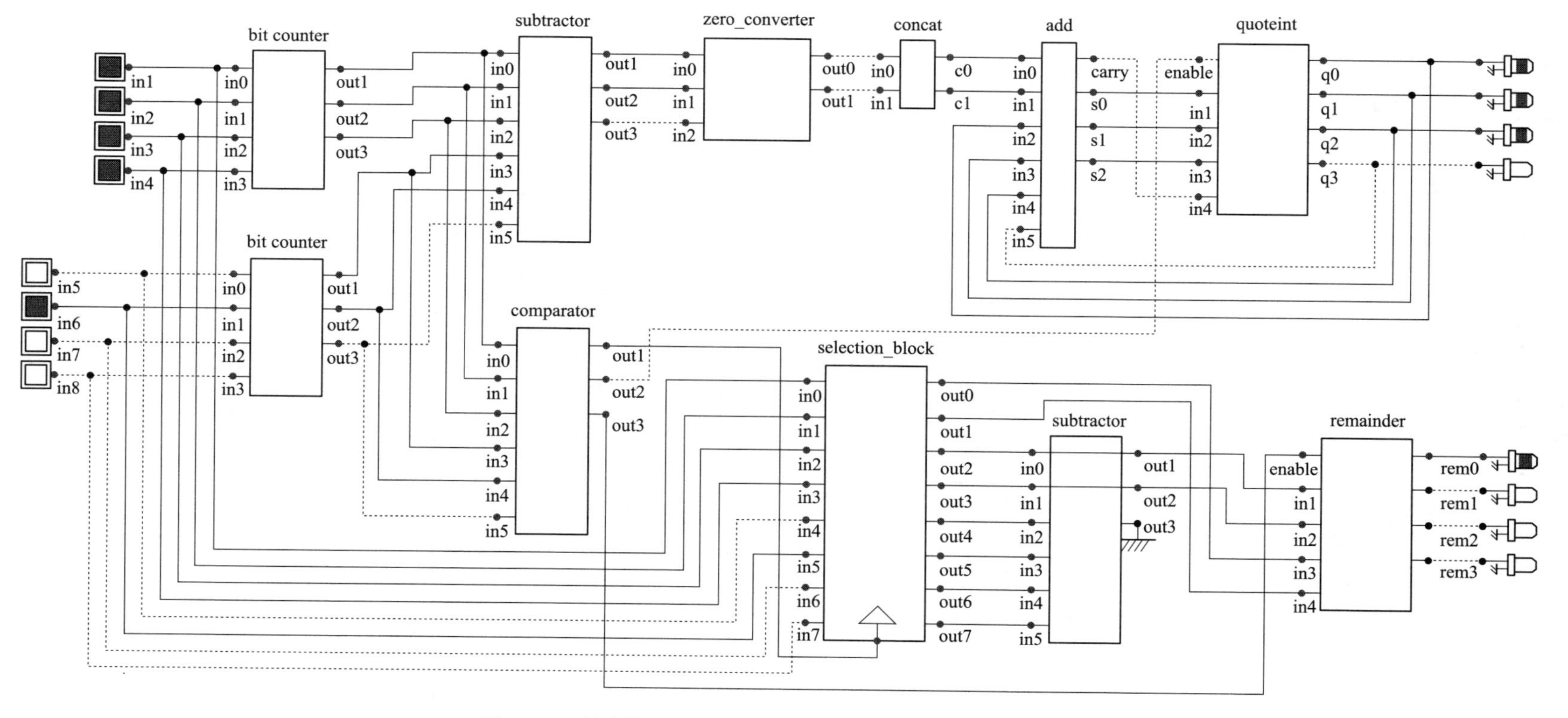

图 23.45　被除数 =(1111)$_2$ 和除数 =(10)$_2$ 时的 4 位除法器电路

算法 23.7　基于 LUT 的计数器电路

输入：一组函数。

输出：变量的一个划分，如果有 $2r$ 个变量，那么这个划分将包含r对不同的变量。

1：根据式（23.14）～式（23.17），首先必须计算每个输入操作数 a_i 的出现频率，其中 $0 \leqslant i \leqslant 14$，表23.10显示了每个输入变量的频率。

2：现在，必须按降序对表23.10进行排序，如表23.11所示，表23.11表示为 $L \in (a_3, a_7, a_{11}, a_1, a_5, a_9, a_{13}, a_0, a_2, a_4, a_6, a_8, a_{10}, a_{12}, a_{14})$。

3：从L中取前5个输入变量组成 $R \in (a_3, a_7, a_{11}, a_1, a_5)$。

4：然后形成以下两个方程，可以在单个6输入LUT中实现：

$$F_0 = (a_3 \oplus a_7 \oplus a_{11} \oplus a_1 \oplus a_5) \tag{23.39}$$

$$F_1 = (a_3 \oplus a_7 \oplus a_{11}) \tag{23.40}$$

5：现在创建 $L' = L - R$，其中 $L' \in (a_9, a_{13}, a_0, a_2, a_4, a_6, a_8, a_{10}, a_{12}, a_{14})$。

6：从 L' 取前5个输入变量，形成 $R' \in (F_0, a_9, a_{13}, a_0, a_2)$。

7：然后形成以下两个方程，其可以在单个6输入LUT中实现：

$$F_2 = (F_0 \oplus a_9 \oplus a_{13}) \tag{23.41}$$

$$F_3 = (F_0 \oplus a_9 \oplus a_{13} \oplus a_0 \oplus a_2) \tag{23.42}$$

8：现在创建 $L'' = L' - R'$，其中 $L'' \in (a_4, a_6, a_8, a_{10}, a_{12}, a_{14})$。由于现在使用了所有输入操作数，流程结束，因此只需要三个6输入LUT。类似地，为了构造7位计数器电路，该算法只需要两个6输入LUT。

表 23.10　15 位输入的频率分布表

输入	a_0	a_1	a_2	a_3	a_4	a_5	a_6	a_7	a_8	a_9	a_{10}	a_{11}	a_{12}	a_{13}	a_{14}
频率	1	2	1	3	1	2	1	3	1	3	1	3	1	2	1

表 23.11　15 位输入的排序后的频率分布表

输入	a_3	a_7	a_{11}	a_1	a_5	a_9	a_{13}	a_0	a_2	a_4	a_6	a_8	a_{10}	a_{12}	a_{14}
频率	3	3	3	2	2	2	2	1	1	1	1	1	1	1	1

n 输入 LUT 的一个重要性质是，当输入小于 $n-1$ 时（其中 $3 \leqslant n \leqslant 9$），它就可以用于双输出。这一特性已被用于基于 LUT 的分频电路中。因此，式（23.11）中的输出函数 b_0 可以通过式（23.43）中 LUT F_0 的输出变量来实现：

$$F_0 = (a_0 \oplus a_1) \oplus (a_2 \oplus a_3) \oplus (a_4 \oplus a_5) \tag{23.43}$$

F_0 的输出与另一个 6 输入 LUT 链接，产生双输出 F_1 和 F_2，如式（23.44）所示：

$$F_1 = F_0 \oplus a_6;\ \ F_2 = (a_1 \oplus a_3) \oplus (a_5) \tag{23.44}$$

从式（23.13）导出的输出操作数 b_3 的最高有效位不需要任何 LUT，因为它是在输入操作数 a_3 的帮助下直接生成的。框图如图 23.46 所示。

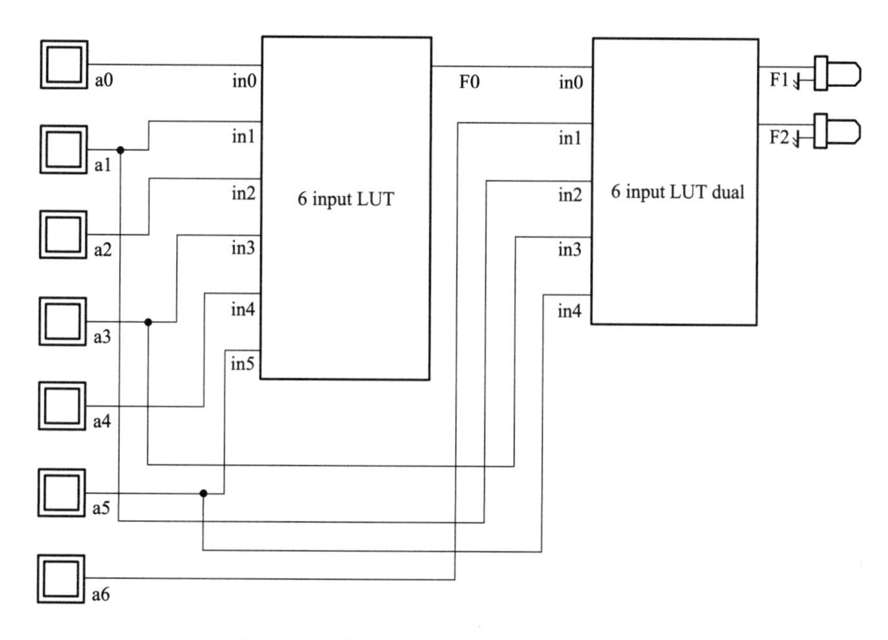

图 23.46　基于 LUT 的 7 位计数器电路框图

23.3.3.2　基于 LUT 的位比较器电路

下面介绍基于 LUT 的比较器电路设计。首先给出一种算法，然后演示基于 LUT 的电路算法来构建电路。

算法 23.8 介绍了基于 LUT 的 n 位比较器电路的设计算法。假设 $n=16$，即输入长度为 16 位。

算法 23.8　基于 LUT 的 n 位比较器电路算法

Input：An n-bit input operand a $(a_n a_{n-1} a_{n-2} \cdots a_0)$;

Output：An $\lceil log_2 n+1 \rceil$-bit operand $b(b_{\lceil log_2 n+1 \rceil} b_{\lceil log_2 n+1 \rceil -1} b_{\lceil log_2 n+1 \rceil -2} \cdots b_0)$;

1　$0 \leqslant i \leqslant n$;

2　Count the occurrence frequency of each of the input operand a_i;

3　Sort the input operand in descending order of their frequency and create a list $L \in a_i$;

4　Choose first $(m-1)$ number of input operands from L and create another list $R \in a_m$, where m is the number of inputs in LUT;

5　Form the respective required functions with R;

6　Exclude R from L;

7　Repeat from step 4 until L is empty.

图 23.47 为基于 LUT 的 16 位比较器电路的电路图。

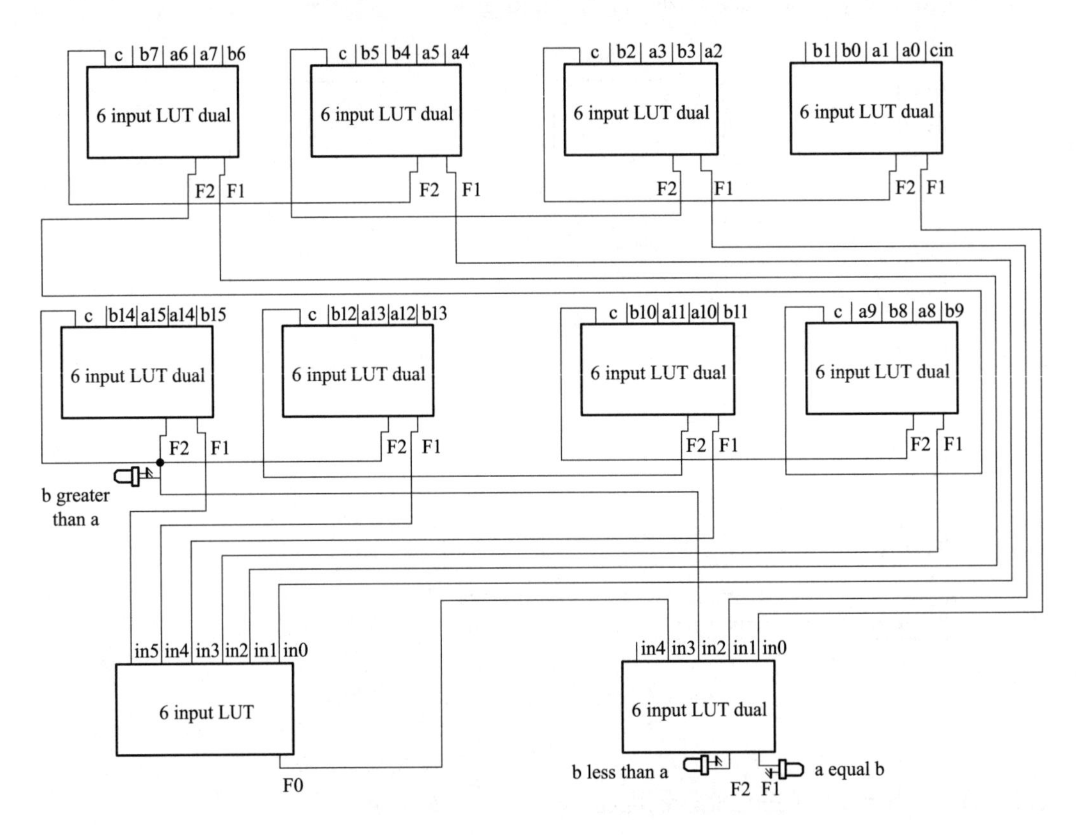

图 23.47 基于 LUT 的 16 位比较器电路

同样，基于 LUT 的 6 位比较器电路如图 23.48 所示。算法 23.8 可以在任意输入 LUT 中实现。为了验证这一点，可以采用一个 4 输入 LUT 架构的示例来设计一个基于 LUT 的 4 位比较器电路，如图 23.49 所示。具体步骤如下。

① 输入位必须以 $P \in (a_0, b_0), (a_1, b_1), (a_2, b_2), (a_3, b_3)$。

② 第一个 4 输入 LUT 的输入为 (a_0, b_0, c_{in})，产生如下两个输出：

$$F_0 = a_0 \oplus b_0 \oplus \text{carry}_0;\ \ F_1 = a_0 \cdot b_0 + b_0 \cdot \text{carry}\ y_0 + a_i \cdot \text{carry}\ y_0 \tag{23.45}$$

③ 第二个 4 输入 LUT 的输入为 (a_1, b_1, F_1)，产生如下两个输出：

$$F_2 = a_1 \oplus b_1 \oplus F_1;\ \ F_3 = a_1 \cdot b_1 + b_1 \cdot F_1 + a_1 \cdot F_1 \tag{23.46}$$

④ 第三个 4 输入 LUT 的输入为 (a_2, b_2, F_3)，产生如下两个输出：

$$F_4 = a_2 \oplus b_2 \oplus F_3;\ \ F_5 = a_2 \cdot b_2 + b_2 \cdot F_3 + a_2 \cdot F_3 \tag{23.47}$$

⑤ 第四个 4 输入 LUT 的输入为 (a_3, b_3, F_5)，产生如下两个输出：

$$F_6 = a_3 \oplus b_3 \oplus F_5;\ \ F_7 = a_3 \cdot b_3 + b_3 \cdot F_5 + a_3 \cdot F_5 \tag{23.48}$$

式中，F_7 是大于 a 的所需输出 b。

⑥ 第五个 4 输入 LUT 的输入为 (F_0, F_2, F_4, F_6)，产生如下单个输出：

$$F_8 = F_0 \oplus F_2 \oplus F_4 \oplus F_6 \tag{23.49}$$

式中，F_8是所需的输出b等于a。

⑦ 第六个4输入LUT的输入为(F_7, F_8)，产生如下输出：

$$F_9 = F_7' \cdot F_8' \tag{23.50}$$

式中，F_9是小于a的所需输出b。因此，基于LUT的4位计数器电路只需要六个4输入LUT。

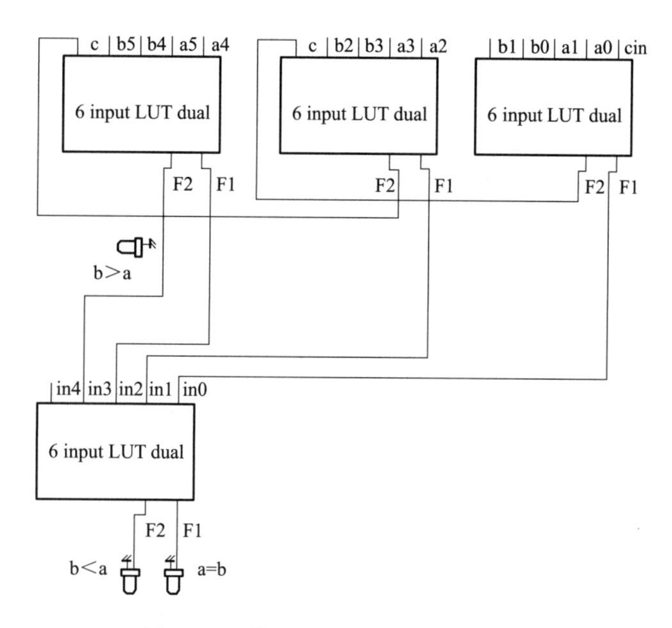

图23.48　基于LUT的6位比较器电路

23.3.3.3　基于LUT的选择电路

下面介绍基于LUT的选择电路设计。

算法23.9　基于LUT的选择电路

1：16位输入操作数有8对，可以表示为$P \in \{(a_0, b_0), (a_{0+1}, b_{0+1}), \cdots, (a_{15}, b_{15})\}$。因此，需要8个6输入LUT，其中$P$的前两对和上一个LUT的一个进位构成每个LUT的输入集。由于有5个输入，因此每个6输入LUT都是双输出函数。每个LUT将提供以下输出函数F_1和F_2：

$$F_1 = \text{carry}_i = a_i \cdot b_i + b_i . \cdot \text{carry}_{i-1} + a_i . \cdot \text{carry}_{i-1} \tag{23.51}$$

2：最后一个链接的LUT的进位提供所需的输出$b>a$。然后，所有LUT的F_2输出被发送到一个6输入的LUT，产生输出$a=b$。

3：最后，前一个单个6输入LUT的输出（$a=b$）、最后一个链接的6输入LUT的输出（$b>a$）和步骤1中未使用的6输入LUT的输出被馈送到6输入LUT，最终产生的输出$b<a$。

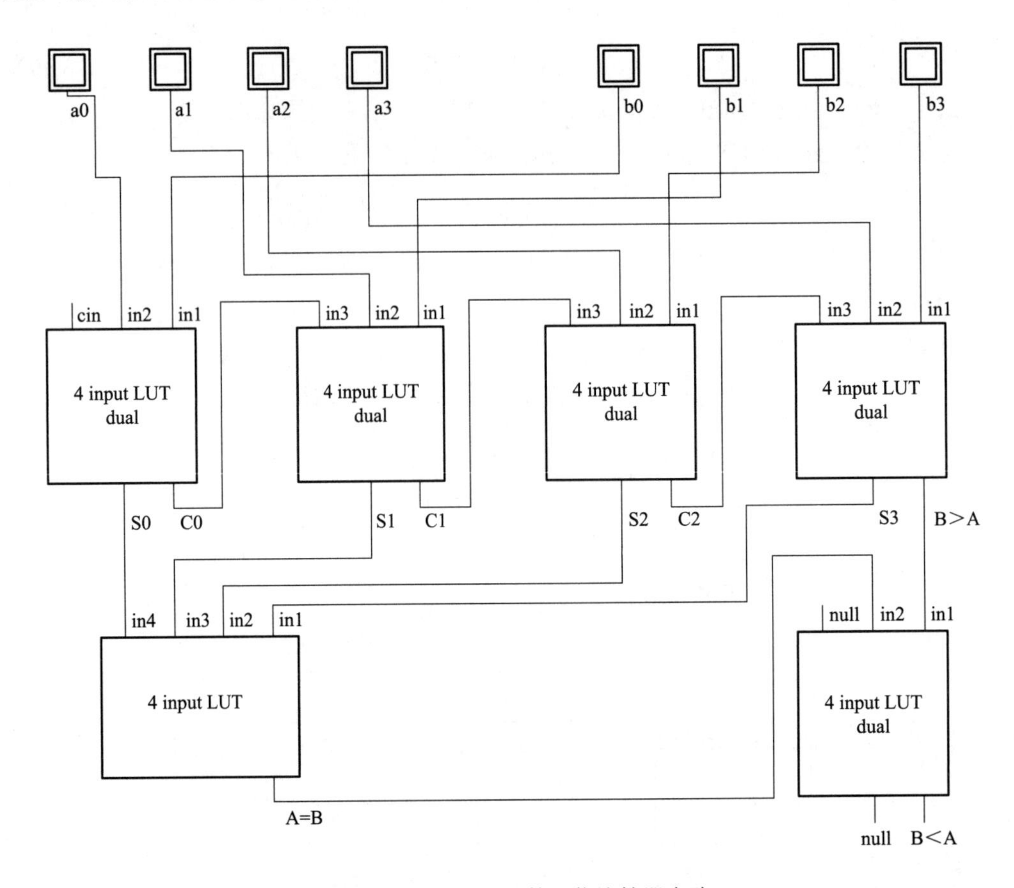

图 23.49 基于 LUT 的 4 位比较器电路

算法 23.9 表示基于 LUT 从被除数的 *n* 位中选择前 *m*+1 位的算法，其中 *m* 为被除数的位数，*n* 为除数的位数。采用算法 23.9 中的算法设计 4 位选择电路的电路图，如图 23.50 所示。

构建完成的电路如图 23.50 所示，该电路用 4 输入 LUT 进行演示。然而，通过使用算法 23.9，也可以用 5 输入、6 输入或 7 输入 LUT 完成。

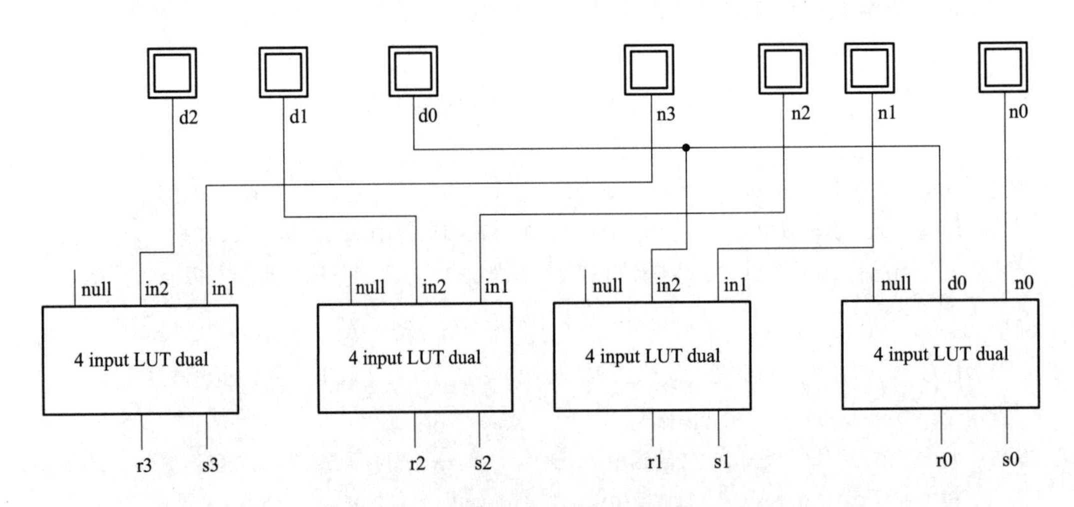

图 23.50 基于 LUT 的 4 位选择电路设计

23.3.3.4　基于 LUT 的转换电路

算法 23.10　基于 LUT 的 *n* 位转换器电路算法

Input：An *n*-bit input operand a ($a_n a_{n-1} a_{n-2} \dots a_0$);

Output：An $\lceil log_2 n+1 \rceil$ -bit operand $b(b_{\lceil log_2 n+1 \rceil} b_{\lceil log_2 n+1 \rceil -1} b_{\lceil log_2 n+1 \rceil -2} \cdots b_0)$;

1　$0 \leqslant i \leqslant n$;

2　Count the occurrence frequency of each of the input operand a_i;

3　Sort the input operand in descending order of their frequency and create a list $L \in a_i$;

4　Choose first ($m-1$) number of input operands from L and create another list $R \in a_m$, where m is the number of inputs in LUT;

5　Form the respective required functions with R;

6　Exclude R from L;

7　Repeat from step 4 until L is empty.

算法 23.10 为基于 LUT 的转换器电路的电路设计算法。该算法已被用于构建如图 23.51 所示的 3 位转换器电路。同样，该算法也可用于构建如图 23.52 所示的 4 位转换电路。在这两种情况下，都使用了 4 输入 LUT。基于 3 位 LUT 的转换器只需要 3 个 4 输入 LUT，而 4 位转换器需要 8 个 4 输入 LUT。虽然已经对 4 输入 LUT 进行了设计，但是也可以按照算法 23.10 使用更多输入的 LUT。例如，如果使用 6 输入 LUT 来设计 4 位转换器电路，则只需要 5 个 6 输入 LUT。因此，当 LUT 的输入数从 4 输入增加到 6 输入时，具有 6 输入 LUT 的 4 位转换器电路在所需 LUT 数量方面得到了改进。因此，随着 LUT 输入数的增加，基于 LUT 的转换器电路的性能也将得到提高。

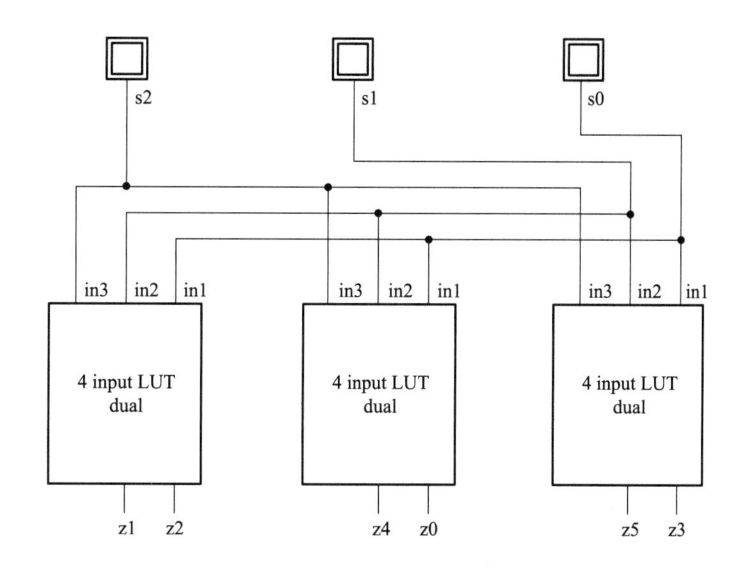

图 23.51　基于 LUT 的 3 位转换器电路设计

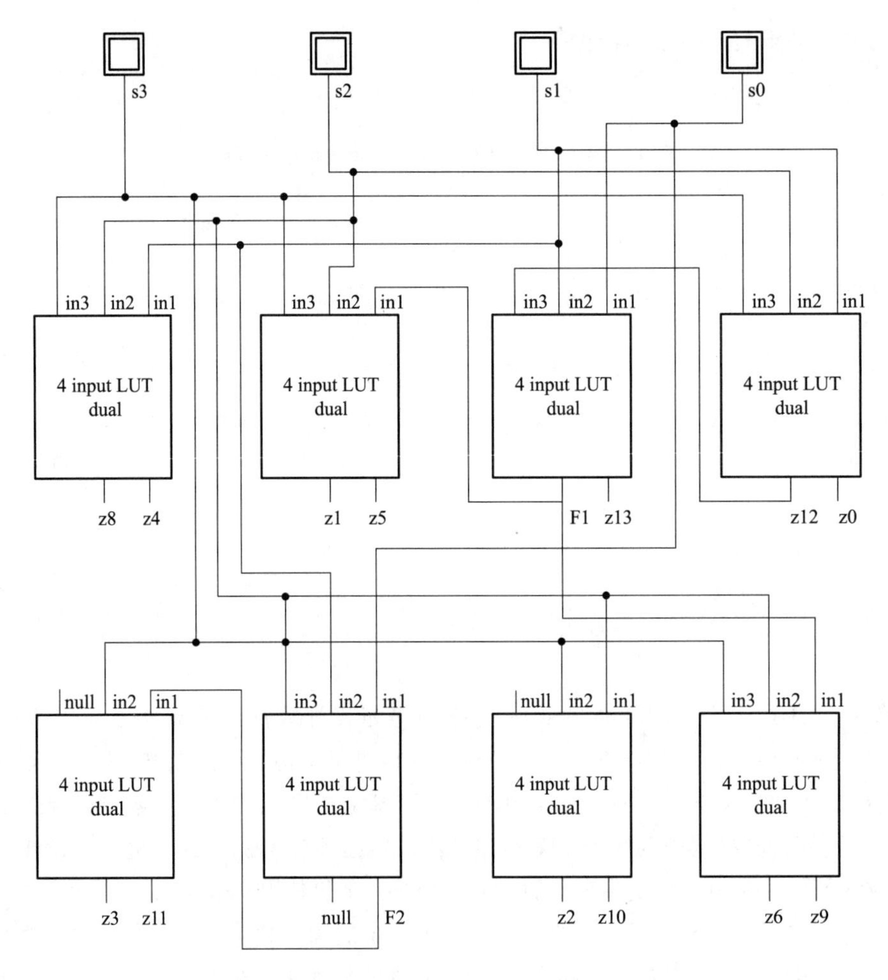

图 23.52 基于 LUT 的 4 位转换器电路设计

23.3.3.5 基于 LUT 的除法电路设计

这里讨论了基于 LUT 的除法器电路。在前面的小节中，介绍了所有必需的元件，如计数器电路、比较器电路、选择电路和转换电路。按照算法 23.6 对各元件进行累加后，设计了除法器电路。主要区别在于基于 LUT 的除法器电路需要基于 LUT 的电路。算法 23.7 给出了基于 LUT 的计数器电路的设计算法，算法 23.8 给出了基于 LUT 的比较器电路，算法 23.10 给出了基于 LUT 的转换电路，最后，算法 23.9 给出了基于 LUT 的选择模块。链接电路由一系列 D 触发器电路组成。

基于 LUT 的除法器框图如图 23.44 所示，与基于 ASIC 的设计相同。不同之处是需要使用基于 LUT 的元件，而不是基于 ASIC 的元件。基于 LUT 的元件的构造算法已经在前文各小节中作了介绍。

23.3.3.6 基于 LUT 的可逆容错除法电路

下面介绍一种基于 LUT 的可逆容错（RFTL）除法器电路，设计过程遵循算法 23.6 所述。

对于电路的可逆和容错结构，遵循算法 23.11 中描述的设计过程。相关算法见算法 23.12、算法 23.13。RFTL 除法器的逐步构造如下。

① 设 X 为 4 位除数 $(X_3\ X_2\ X_1\ X_0)$，Y 为 4 位被除数 $(Y_3\ Y_2\ Y_1\ Y_0)$，输出为 4 位商 $Q(Q_3\ Q_2\ Q_1\ Q_0)$ 和余数 $R(R_3\ R_2\ R_1\ R_0)$。

② 应用一个 4 位基于 LUT 的可逆容错计数器，输入为 $\{(X_3\ X_2\ X_1\ X_0)\}$，输出为 $\{CX_3\ CX_2\ CX_1\ CX_0\}$；再应用一个 4 位基于 LUT 的可逆容错计数器，输入为 $\{(Y_3\ Y_2\ Y_1\ Y_0)\}$，输出为 $\{CY_2\ CY_1\ CY_0\}$。

③ 应用一个 3 位基于 LUT 的可逆容错的计数器，其中输入为 $\{(CX_2\ CX_1\ CX_0)$，$(CY_2\ CY_1\ CY_0)\}$，输出为 $\{CX > CY$，或 $CX < CY$，或 $CX = CY\}$；应用一个 3 位基于 LUT 的可逆容错减法器，其中输入为 $\{(CX_2\ CX_1\ CX_0)$，$(CY_2\ CY_1\ CY_0)\}$，输出为 $\{(s_2\ s_1\ s_0)\}$。

④ 应用一个 4 位基于 LUT 的可逆容错选择块，其中输入为 $\{(X_3\ X_2\ X_1\ X_0)$，$(Y_3\ Y_2\ Y_1\ Y_0)$，$(CX{=}CY)\}$，输出为 { 余数 $(r_3\ r_2\ r_1\ r_0)$，$(s_3\ s_2\ s_1\ s_0)\}$；应用一个 j 位基于 LUT 的可逆容错零转换器，其中输入为 $\{(s_2\ s_1\ s_0)\}$，输出为 {2 位零 $(z_1\ z_0)\}$。

⑤ 应用一个 4 位基于 LUT 的可逆容错减法器，其中输入为 $\{(s_3\ s_2\ s_1\ s_0)\}$，输出为 $\{(s_2\ s_1\ s_0)\}$；采用 3 位基于 LUT 的可逆容错串联电路，输入为 $\{(Q_0\ Q_1\ Q_2)$，$(z_1\ z_0)\}$，输出为 $\{(Q_2\ Q_1\ Q_0)\}$。

⑥ 应用一个 3 位基于 LUT 的可逆容错加法器，其中输入为商寄存器的内容和连接电路的输出，输出为 $\{(Q_3\ Q_2\ Q_1\ Q_0)\}$。

算法 23.11　4 位选择电路

1：首先，考虑输入位是4，这表明被除数和除数都是4位长。循环将从i值为4开始，i是循环控制器变量。被除数表示为$(n_3\ n_2\ n_1\ n_0)$，被除数表示为$(d_3\ d_2\ d_1\ d_0)$。

2：最初，i值是0。因此，条件 $i<2$ 将为真，并且第一个LUT的输入为n_0和d_0，这将产生所需输出s_0和r_0。

3：i和j的值都会增加1，此时i和j的值都是1。因此，条件 $i<2$ 为真，第二个LUT的输入为n_1和d_0，这将产生所需输出s_1和r_1。

4：i和j的值都将增加1，此时i和j的值都是2。因此，条件 $i<2$ 为假，第三个LUT的输入为n_2和d_1，这将产生所需输出s_2和r_2。

5：i和j的值都将增加1，此时i和j的值都是3。因此，条件 $i<2$ 为假，第四个LUT的输入为n_3和d_2，这将产生所需输出s_3和r_3。

算法 23.12　基于 LUT 的 m+1 位选择电路的算法

Input：An n-bit dividend d $(d_n d_{n-1} d_{n-2} \cdots d_0)$ and m-bit divisor n $(n_n n_{n-1} n_{n-2} \cdots n_0)$;

Output：An m-bit subtractor value s and remainder r;

```
1  0≤i≤m;
2  0≤j≤m+1;
3  repeat
4    if i<2 then
5        LUT_input: ={n_j, d_0};
6        LUT_output: ={s_i, r_i};
7    else
8        LUT_input: ={n_i, d_(i-1)};
9        LUT_output: ={s_i, r_i};
10   i++;
11   j++;
12 until i≤m;
```

算法 23.13 *n* 位基于 LUT 的转换电路的算法

Input：An n-bit input operand $s(s_n s_{n-1} s_{n-2} \cdots s_0)$；

Output：An 2^n–2-bit output operand $s(s_{2^n-2}\ s_{(2^n-2)-1}\ s_{(2^n-2)-2} \ldots s_0)$；

```
1  i=0;
2  j=2
3  k=0;
4  l=0;
5  Generate a truth table with 2^n entries.;
6  repeat
7    if i<2 then
8        repeat
9            z_k=0;
10       until k≤2^n-2;
11       k++;
12   else
13       repeat
14           z_l=1;
15       until l≤i-2;
16           l++;
17   i++;
18 until i≤2^n;
19 Apply a m-input LUT where input: ={s_m-1 s_(m-2) s_(m-3) ... s_0)} and output: =z_i;
20 Use carry chained fashion architecture to reduce the area.
```

23.4　小结

与加法器和乘法器电路相比，除法器电路由于其计算复杂性以及在面积和延迟方面的硬件困难而受到较少的关注。但是，如果不提高除法运算的性能，处理器的性能最终会下降。在基于专用集成电路（ASIC）的除法电路中，不恢复算法比其他算法（如恢复算法、SRT 算法和数字收敛算法）提供了更多的面积 - 延迟优势，因此被广泛用于构建基 2 或二进制除法电路。然而，商业设计也使用不恢复除法算法来构建电路，它被广泛认为是最先进的算法。对传统的不恢复算法进行的最新改进，将电路每次迭代的延迟从 3 次减少到 2 次，并在长比特位被除数上显示出一些令人满意的结果。然而，电路的面积却因延迟的最小化而大幅增加。

本章提出了一个除法器电路，该除法电路采用了一种计算位差的新方法，即利用特定问题的启发式函数来求商值。所介绍的除法算法用于构建同时计算下一个部分余数和商位的除法电路。此外，除法算法只需要加法和减法两个操作。本章介绍了用于构造除法电路的四种新电路，这些电路分别是：位计数器电路，计算输入操作数中存在的位数；改进的比较器电路，计算给定的两个输入操作数是否彼此相等或大于或小于对方；选择块，它从 n 位中选择第一个 m+1 位，其中 m 是除数的位数，n 是被除数的位数；转换电路，将位数转换为零。因此，本章所述电路需要一个逆变器、一个 2 输入与门和三个 D 触发器的延迟。该方法将输入操作数中出现的所有输入位转换为“1”，然后计算输入操作数中出现 1 的个数。

比较器电路的最新设计采用三条不同的路径来获得其输出。其中一条路径计算输入操作数是否相等，另外两条路径计算输入操作数是否大于或小于对方。这三条路径的计算需要大量的硬件资源。为了最小化比较器电路的面积，本章使用了两条路径。两个路径的输出经反相后与一个 2 输入与门共轭以获得第三个输出。转换器电路是构建除法器电路的重要电路之一。除法算法通过位计数器电路将输入操作数的位数从 n 位压缩到 $\log_2 n+1$ 位。然后在这个过程中加上 $\log_2 n-1$ 个 0 。该机制已由转换电路实现。

除法算法得以增强的主要原因是使用了被除数和除数之间的位数差。第一，它使用启发式函数来计算被除数和除数之间的位数差。第二，该方法定义了商的位数（全局最优）。第三，根据局部最优如何填补缺陷以达到全局最优，计算迭代进度可能不增加。第四，基于调度生成较少的部分余数（局部最优）。第五，在减法运算中，从 Y 的前 m+1 位减去 X，其中 X 是除数，Y 是被除数，m 是被除数的位数。因此，该除法算法优化了所需硬件资源的数量。此外，位计数器、选择块、比较器和转换电路在面积和延迟方面提高了除法电路的效率。不论是使用专用集成电路（ASIC）还是现场可编程门阵列（FPGA），该设计可以很容易地在任何平台上实现商业化。可逆元件具有最小门、晶体管和单位延迟数量，可作为高成本效益量子计算机的构件。

参考文献

[1] K. Pocek, R. Tessier and A. DeHon, "Birth and adolescence of reconfigurable computing: A survey of the first 20 years of field-programmable custom computing machines", In Highlights of the First Twenty Years of the IEEE International Symposium on Field-Programmable Custom Computing Machines, pp. 3–19, 2013.

[2] A. Amara, F. Amiel and T. Ea, "FPGA vs. ASIC for low power applications", Microelectronics Journal, vol. 37, no. 8, pp. 669–677, 2006.

[3] I. Kuon and J. Rose, "Measuring the gap between FPGAs and ASICs", IEEE Trans. on Computer-aided Design of Integrated Circuits and Systems, vol. 26, no. 2, pp. 203–215, 2007.

[4] B. Jovanovic, R. Jevtic and C. Carreras, "Binary Division Power Models for High-Level Power Estimation of FPGA-Based DSP Circuits", IEEE Trans. on Industrial Informatics, vol. 10, no. 1, pp. 393–398, 2014.

[5] S. Subha, "An Improved Non-Restoring Algorithm", International Journal of Applied Engineering Research, vol. 11, no. 8, pp. 5452–5454, 2016.

[6] D. M. Muoz, D. F. Sanchez, C. H. Llanos and M. A. Rincn, "Tradeoff of FPGA design of a floating-point library for arithmetic operators", Journal of Integrated Circuits and Systems, vol. 5, no. 1, pp. 42–52, 2010.

[7] S. F. Oberman and M. J. Flynn, "Design issues in division and other floating-point operations", IEEE Trans. on Computers, vol. 46, no. 2, pp. 154–161, 1997.

[8] S. F. Obermann and M. J. Flynn, "Division algorithms and implementations", IEEE Trans. on Computers, vol. 46, no. 8, pp. 833–854, 1997.

[9] R. Tessier, K. Pocek and A. DeHon, "Reconfigurable computing architectures", Proceedings of the IEEE, vol. 103, no. 3, pp. 332–354, 2015.

[10] A. D. Hon and J. Wawrzynek, "Reconfigurable computing: what, why, and implications for design automation", In Proceedings of the 36th Annual ACM/IEEE Design Automation Conference, pp. 610–615, 1999.

[11] K. Jun and E. E. Swartzlander, "Modified non-restoring division algorithm with improved delay profile and error correction", In 2012 Conference Record of the Forty Sixth Asilomar Conference on Signals, Systems and Computers (ASILOMAR), pp. 1460–1464, 2012.

[12] R. Senapati, B. K. Bhoi and M. Pradhan, "Novel binary divider architecture for high speed VLSI applications", In Information & Communication Technologies (ICT), IEEE Conference on, pp. 675–679, 2013.

[13] G. Sutter and J. P. Deschamps, "High speed fixed point dividers for FPGAs", International Conference on Field Programmable Logic and Applications, pp. 448–452, 2009.

[14] R. Jevtic, B. Jovanovic and C. Carreras, "Power estimation of dividers implemented in FPGAs", In Proceedings of the 21st Edition of the Great Lakes Symposium on Great Lakes Symposium on VLSI, pp. 313–318, 2011.

[15] M. U. Haque, Z. T. Sworna and H. M. H. Babu, "An Improved Design of a Reversible Fault Tolerant LUT-Based FPGA", In 29th International Conference on VLSI Design, pp. 445–450, 2016.

[16] R. P. Brent, "The parallel evaluation of general arithmetic expressions", Journal of the

ACM, vol. 21, no. 2, pp. 201–206, 1974.

[17] Y. Moon and D. K. Jeong, "An efficient charge recovery logic circuit", IEEE Journal of Solid-State Circuits, vol. 31, no. 4, pp. 514–522, 1996.

[18] Z. T. Sworna, M. U. Haque, N. Tara, H. M. H. Babu and A. K. Biswas, "Low power and area efficient binary coded decimal adder design using a look up table-based field programmable gate array", IET Circuits, Devices & Systems, vol. 10, no. 3, pp. 163–172, 2016.

[19] C. V. Freiman, "Statistical analysis of certain binary division algorithms", Proceedings of the IRE, vol. 49, no. 1, pp. 91–103, 1961.

[20] J. E. Robertson, "A new class of digital division methods", IRE Trans. on Electronic Computers, pp. 218–222, 1958.

[21] K. D. Tocher, "Techniques of multiplication and division for automatic binary computers", The Quarterly Journal of Mechanics and Applied Mathematics, vol. 11, no. 3, pp. 364–384, 1958.

[22] D. E. Atkins, "Higher-radix division using estimates of the divisor and partial remainders", IEEE Trans. on Computers, vol. 100, no. 10, pp. 925–934, 1968.

[23] K. G. Tan, "The theory and implementations of high-radix division", In IEEE Symposium on Computer Arithmetic, pp. 154–163, 1978.

[24] J. Ebergen and N. Jamadagni, "Radix-2 Division Algorithms with an Over-Redundant Digit Set", IEEE Trans. on Computers, vol. 64, no. 9, pp. 2652–2663, 2015.

[25] M. R. Meher, C. C. Jong and C. H. Chang, "A high bit rate serial-serial multiplier with on-the-fly accumulation by asynchronous counters", IEEE Trans. on Very Large Scale Integration (VLSI) Systems, vol. 19, no. 10, pp. 1733–1745, 2011.

[26] Z. T. Sworna, M. U. Haque and H. M. H. Babu, "A LUT-based matrix multiplication using neural networks", In Circuits and Systems (ISCAS), IEEE International Symposium on, pp. 1982–1985, 2016.

[27] N. R. Strader and R. Thomas, "A canonical bit-sequential multiplier", IEEE Trans. on Computers, vol. 31, no. 8, pp. 791–795, 1982.

[28] L. Robert, "Irreversibility and heat generation in the computing process", IBM J. Res. Dev., vol.5, no. 3, pp. 183–191, 1961.

[29] M. M. A. Polash and S. Sultana, "Design of a LUT-based reversible field programmable gate array", Journal of Computing, vol. 2, no. 10, pp. 103–108, 2010.

[30] A. S. M. Sayem and S. K. Mitra, "Efficient approach to design low power reversible logic blocks for field programmable gate arrays", In Computer Science and Automation Engineering (CSAE), IEEE International Conference on, vol. 4, pp. 251–255, 2011.

第 24 章

TANT 网络的布尔函数综合

TANT 是一个三电平 AND-NOT 网络，其真实输入完全由 NAND（与非）门组成。本章介绍了一种最小化 TANT 电路的系统方法，并提供了该技术不同阶段的启发式算法。本章将广泛讨论所述方法的每个步骤的算法。

24.1 引言

与可编程逻辑阵列（PLA）表示相比，TANT 网络具有显著的优势。就门的数量而言，函数 f 的 TANT 设计永远不会比相应的 PLA 差。TANT 有非补码（肯定）变量作为其输入，而 PLA 有非补码变量及其否定作为输入。因此，如果要保证矩形布局的实现，则 PLA 的输入平面的一个维度是 TANT 的两倍大。此外，TANT 的质蕴含项数量也比 PLA 少。它还允许更好地结合扇入约束，即“标准调用”实现 PLA 型两级逻辑。因此，TANT 网络的自动化综合将在解决集成电子设备互连问题方面发挥重要作用。与 RAM 相比，三电平网络广泛应用于闪存中，例如硬盘。它被用于数码相机和家庭录像机等设备中，以方便快捷地存储信息。

24.2 TANT 最小化

已经证明，三电平逻辑足以满足“几乎所有”布尔函数的要求，因为通过将两层的数量增加到三层，可以大大减少门的数量。让我们考虑一个简单的例子，函数 f_1 写成 AND-OR-NOT 形式：

$$f_1 = x_0 x_1' + x_1 x_2' x_0' \tag{24.1}$$

在这种情况下，从图 24.1 可以看出，它需要 6 个 AND-OR-NOT 门。但如果用 TANT 形式表示为：

$$f_1 = ((x_0(x_0x_1)')' \cdot (x_1x_2'(x_0x_1)')')' \tag{24.2}$$

对于较大的电路，与 AND-OR-NOT 电路相比，门的数量减少得更多。虽然 TANT 电路的功耗比相应的 AND-OR-NOT 电路高，但对于二进制逻辑函数，其重点是最小化 TANT 电路。

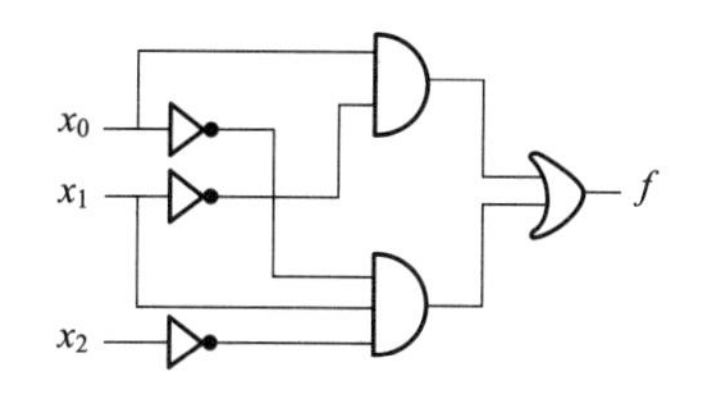

图 24.1　式（24.1）中函数 f_1 的表示

下面描述一种最小化 TANT 的方法。在此之前，已经讨论了设计所需的一些必要定义。

性质 24.2.1　设 $H=T_1, T_2, \cdots, T_n$ 为一个布尔表达式。如果 H 是一个非补码变量、非补码变量的乘积或布尔常数 1，那么 H 就被称为表达式的“头部”。另一方面，如果每个 T_i' 都是一个补码变量或未补码变量乘积的补码，那么 T_i' 将被称为表达式的“尾部”。

例 24.1　在表达式 $x_0x_1 = x_2'(x_3x_4')$ 中，头部为 x_0x_1 和 $x_2', (x_3x_4')$ 为尾部因子。

性质 24.2.2　设 X_a 和 Y_a' 为两个布尔表达式。将 X_a 与 Y_a' 的一致关系（二阶）记为 $(X_a, Y') \rightarrow X \cdot Y$。

共识操作将变量“a”从等式中消除为1，即 $a + a_0' = 1$。

例 24.2　$(wx'y', yx'z')$ 是有效的，但 $(xw'y', yw'x') \rightarrow w'$ 是无效的。

在得到 PI（质蕴含项）的集合后，对集合进行共识操作（如果可能），生成与集合的任意 PI 具有相同头部的 PI。然后将生成的 PI 组合到相同的头部。

性质 24.2.3　如果 $Y - X$ 在包含 X' 的项的头部因子中，则尾部因子 Y' 将是另一个尾部因子 X' 的有用尾部因子（UTF）。

例 24.3　z' 是项 xyz' 的尾部因子。z' 的有用尾部因子是 $(xz)'$、$(yz)'$、$(xyz)'$。

可以用图 24.2 所示流程图来表示该方法。

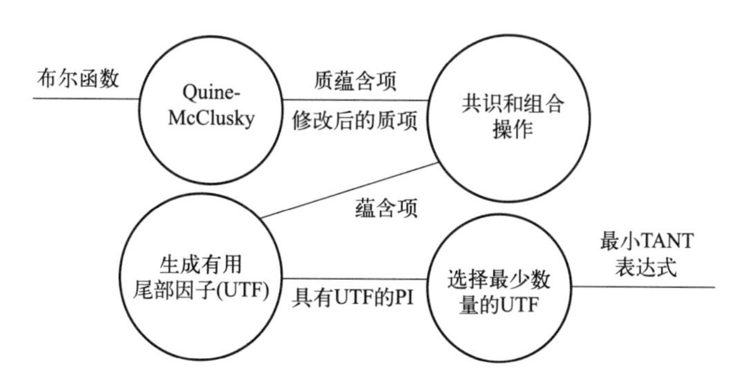

图 24.2　方法流程图

图 24.2 中第一个圆圈显示，该方法使用流行的 Quine-McClusky 方法找到质蕴含项。之后，再执行三个步骤来最小化 TANT 网络。虽然该算法效率很高，但也存在一

定的缺陷：

① 该技术只适用于手动求解；

② UTF 的生成不遵循任何明确定义的算法；

③ 尾部因子最小数量的选择（最后阶段）采用蛮力算法；

④ 对于变量数量较多的函数，该技术效果不佳。

24.3 TANT 最小化的推荐方法

上一节讨论了相关方法的缺点。在本节中，介绍了一种启发式的方法来最小化 TANT 电路，该方法几乎在每一步都有一些高效的算法。在介绍所述方法之前，先引出一些定义。

性质 24.3.1 如果逻辑上 $X = Y$，则项 Y 是 X 的广义质蕴含项（GP）。一个最小项可以产生多个 GP。GP 生成是为给定 PI 生成所有可能 GP 的过程。

例 24.4 考虑一个最小项 x_0x_1'，$x_0(x_0x_1)'$ 则是 x_0x_1' 的 GP，因为 $x_0(x_0x_1)' = x_0(x_0' + x_1') = x_0' + x_0x_1' = x_0x_1'$。再看另一个最小项 $x_1x_2'x_0'$，由它可生成 3 个 GP，即 $x_1(x_2x_1)'x_0'$、$x_1x_2'(x_0x_1)'$、$x_1(x_2x_1)'(x_0x_1)'$。

性质 24.3.2 如果一个 PI 不包含任何头部因子，即仅包含尾部因子，则该 PI 可称为“仅含尾部因子”（OTF）。

例 24.5 最小项 x_0'、x_1'、x_2' 和 $x_0'(x_2x_1')$ 都是 OTF，因为它们没有任何头部因子，只有尾部因子。

本方法的步骤如图 24.3 所示，使用易于理解的流程图来展示。

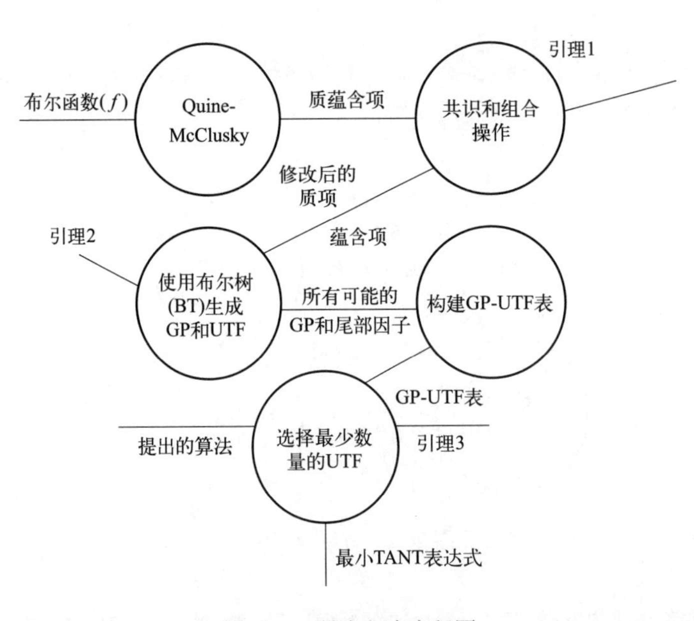

图 24.3 所述方法流程图

从图 24.3 中可以看出，在该方法中有一些新的术语、数据结构（BT）、性质和算法。下面对每个新术语作简要描述。

性质 24.3.3　如果共识操作生成的新项与 PI 在逻辑上相加，并修改该 PI 的尾部因子，该尾部因子是 OTF 的一部分，则逻辑加法将不会执行。根据“共识操作”的定义，共识操作有时会产生一些不寻常的项，取代其他一些重要项。但是通过用新项代替旧项可能会有一个尾部因子与另一个 PI 的尾部因子相同。

算法 24.1 用于对 PI 集合进行共识操作，算法 24.2 表示组合运算，下一节将介绍这两种算法。

布尔树（BT）：一种新的数据结构，可以有效地生成 GP 和 UTF。每个 PI 会生成两次 GP。BT 是高效和准确的。图 24.4 显示了 PI $AB(C)'(D)'$ 的 BT。但有时 BT 也会产生一些不寻常的 GP 和尾部因子。如果在 PI 中存在尾部因子，而它是 OTF 的一部分，那么由尾部因子产生的有用尾部因子是不必要的，因为每个 OTF 的所有尾部因子必须在 TANT 电路的第一层产生。为了解决这个问题，引入了性质 24.3.4。

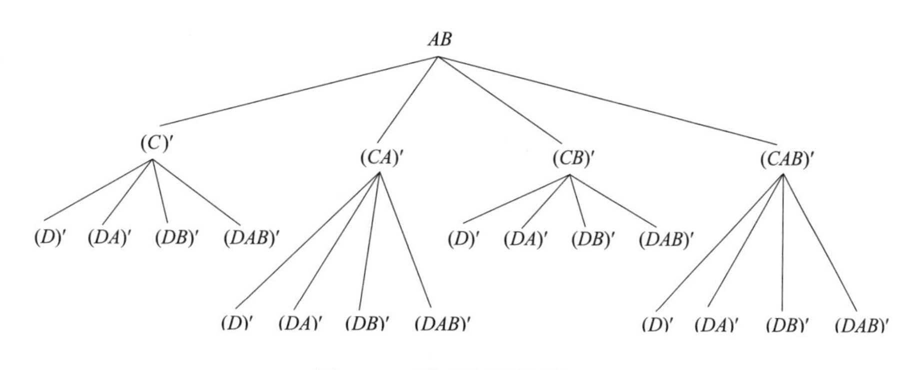

图 24.4　PI $AB(C)'(D)'$ 的 BT

性质 24.3.4　如果 PI 中的任何尾部因子是任意 OTF 的一部分，则在有用尾部因子生成过程中，该尾部因子将不会进一步展开。

如果在 BT 中遵循性质 24.3.3，则 BT 将如图 24.5 所示。

性质 24.3.4 可用于 GP 生成，其中 GP 的算法见下一节算法 24.3 和算法 24.4。

GP-UTF 表：在 GP-UTF 表中，将 GP 放入行中，将 UTF（由 BT 生成）放入列中。如果行 GP 包含与该列的 UTF 匹配的尾部因子，则在单元格中画一个十字圆。GP-UTF 表有助于在计算机程序和手动求解中找到最优网络。

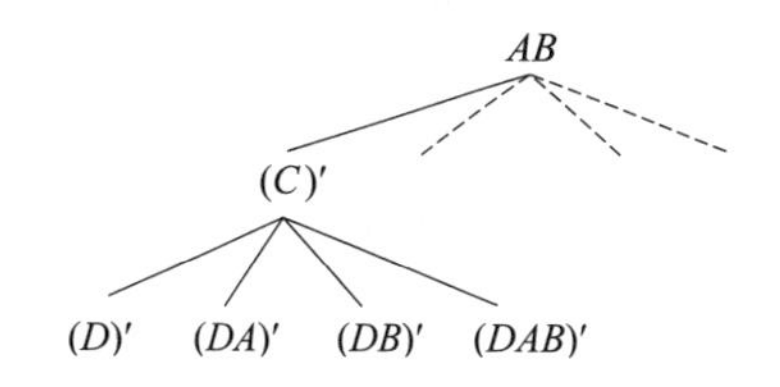

图 24.5　$AB'(C)'(D)'$ 的 BT（考虑性质 24.3.3），其中 $(C)'$ 是 OTF 的一部分

寻找最优解：提出了一种利用 GP-UTF 表寻找布尔表达式的最小 TANT 网络的有效算法。算法 24.4 将应用于特定基准函数的评估部分。在引入算法 24.4 之前，先引入辅助性质 24.3.5，它将有助于算法的实现。

性质 24.3.5　在最小的 TANT 网络中，如果所有 PI 中尾部因子的最大值为 n，则至少有 n 个 UTF。

24.4 不同阶段使用的算法

在本节中，介绍了一些用于 TANT 最小化的启发式算法。

算法 24.1 共识操作

```
for i=1 to (total_no_of_PIs−1) loop
  if (PI_i and PI_i+1 has exactly one variable with
      1 in a PI and 0 in another PI) then
        temp=Consensus (PI_i, PI_i+1)
  for j=1 to total_no_of_PIs loop
    if (Combine(PI_j, temp)doesn't violate Lemma 3 then
        replace PI_j with temp;
    end if;
   end loop
  end if;
 end loop;
end;
```

算法 24.2 组合运算

```
for i=1 to (total_no_of_PIs−1) loop
    if (Head (PI_i) =Head (PI_j) and only one tail factor in both PI_i
        and PI_j) then
            Res=Combine (PI_i, PI_j) ;
            Add Res with both the set of PIs;
            Mark PI_i and PI_j;
    end if;
  end for;
    for i=1 to (tatal_no_of_PIs−1) loop
            if PI_i is marked then
              remove PI_i from the set of PI;
            end if;
    end for;
end;
```

算法 24.3 GP 生成

```
for all Prime Implicants (PI_i) in the set of PIs loop
  if PI_i is an OTF then
    for all variables V_j in the PI_i loop
        Select those PIs that has a tail factor
        Like V_j and mark the variable;
      end for;
    end if;
  end for;
  for all Prime Implicants (PI_i) in the set of PIs loop
  if PI_i is not an OTF then
    generate all possible combinations of the head
    Factors of PI_i and store them in RESULT;
    Call  generate_GP_For_A_PI;
   end if;
  end for;
end;
```

算法 24.4 为 PI 生成 GP

```
1)  i=minimal number of UTF that must be present in the result (Using Lemma 3).
2)  Check whether the UTFs of the PI that has i UTF cover all the PIs (or their GPs) or not.
3)  If state 3 is successful result=result U (UTF of that GP), goto state 7.
4)  Covering possible for all PIs (or their GPs) goto state 7.
5)  Goto state 4
6)  Result=One  GP  from  each PI whose UTF  is the subset of select UTFs
END.
```

24.5 小结

在本章中，提出了一种启发式技术来最小化具有真输入（TANT）网络的三层 AND-NOT 网络。就门的数量而言，任何函数的 TANT 设计都不会比相应的可编程逻辑阵列（PLA）差。本章广泛讨论了相关步骤和算法。本章方法针对给定的单个输出函数构造了最优的 TANT 网络。该方法不仅减少门的数量，还可以从时间上降低复杂性。

参考文献

[1] E. J. McClusky, "Minimization of Boolean Functions", Bell System Technical Journal, vol. 35, no.5, pp. 1417–1444, 1956.
[2] P. Tison, "Generalization if consensus theory and application in minimization of Boolean function", IEEE Trans., Electronic Computers, vol. EC-16, pp, 446–456, 1967.
[3] K. S. Koh, "A minimization technique for TANT network", IEEE Trans. on Computer, pp. 105–107, 1971.
[4] M. A. Marin, "Synthesis of TANT Networks using Boolean Analyser", The Comp. Journal, vol. 12, no. 3, 1969.
[5] M. A. Perkowski and M. C. Jeske, "Multiple-Valued Input TANT network", ISMVL, pp. 334–341, 1994.
[6] H. M. H. Babu, M. R. Islam, S. M. A. Chowdhury and A. R. Chowdhury, "Synthesis of Full Adder Circuit Using Reversible Logic", Proceedings on 17th International Conference on VLSI Design, 2004.
[7] H. M. H. Babu, M. R. Islam, S. M. A. Chowdhury and A. R. Chowdhury, "Reversible Logic Synthesis for Minimization of Full-Adder Circuit", Proceedings on DSD, pp. 50–54, 2003.

第 25 章

基于神经网络的非对称高基有符号数加法器

本章将介绍一种基于神经网络（NN）的非对称高基有符号数（AHSD）加法器，并证明 AHSD 数字系统利用神经网络可支持无进位（CF）加法。此外，神经网络在高速运行中意味着结构简单。有符号数系统表示对任意基数 $r \geqslant 2$ 只使用一个冗余数字的二进制数，处理器中的高速加法器可以在有符号数系统中实现，而不会造成进位传播的延迟。基于 $AHSD_4$ 数字系统构建了一种新的 CF 加法器神经网络设计，并在本章进行了介绍。此外，如果将基数指定为 $r=2^m$，其中 m 为任意正整数，则无论字长如何，二进制到 AHSD 的转换都可以在恒定时间内完成。因此，AHSD 到二进制的转换在基于 ASHD 的算法系统的性能中占主导地位。为了研究基于 NN 设计的 AHSD 数字系统如何实现其功能，我们对从二进制到基于 $AHSD_4$ 的算术系统转换的关键电路进行了计算机模拟。

加法是计算机系统中最重要、最常用的算术运算。通常来说，有几种方法可以加快加法运算的速度。一种是利用神经网络设计将操作数从二进制数系统转换为冗余数系统，如符号数系统或剩余数系统，使加法变为无进位（CF）。这种神经网络的设计意味着快速加法可以在二进制数系统和冗余数系统之间进行转换。在这一章中，重点是探索高基有符号数，以及使用神经网络设计非对称高基有符号数（AHSD）的数字系统。

AHSD 的概念并不新鲜。我们的目的不是提出一种新的数字表示法，而是利用神经网络探索 AHSD 固有的无进位性质。基于神经网络的 AHSD 中的无进位加法是高速加法电路的基础。下面将详细讨论 AHSD 与二进制之间的转换。通过选择 $r=2^m$，其中 m 为任意正整数，可以在恒定时间内将二进制数转换为它的标准 AHSD 表示。本章还提出了一种简单的算法，用于在 AHSD 中将二进制位模式转换为基 r 的对。神经网络设计用于 AHSD 数转换为二进制：前一种强调高速，后一种提供硬件可重用性。由于从 AHSD 到二进制的转换一直被认为是基于神经网络的 AHSD 算法中的计算瓶颈，这些基于神经网络的设计将极大地提高 AHSD 系统的性能。为了说明，本章将详细讨论 $AHSD_4$ 的例子，即基 4 的 AHSD 数字系统。

25.1 基本定义

25.1.1 神经网络

神经网络是一种强大的数据建模工具，能够捕获和表示复杂的输入/输出关系。开发神经网络技术的动机源于人们想要开发一种人工系统，这种系统可以执行类似人类大脑执行的“智能”任务。神经网络在以下两个方面与人类大脑相似：

① 神经网络通过学习来获取知识；

② 神经网络的知识存储在神经元间的连接强度中，即突触权重。

图 25.1 为神经网络的简单原型。

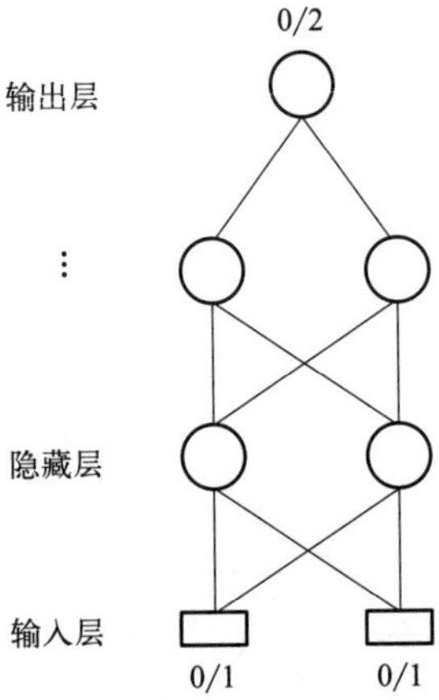

图 25.1　AHSD 数字系统加法的神经网络原型

25.1.2 非对称数系统

基 r 非对称高基有符号数（AHSD）的数字系统，记为 AHSD_r，是一个位权数字系统，其数字集 $S_r=\{-1,0,\cdots,r-1\}$，其中 $r>1$。AHSD 数字系统是一个最小冗余系统，在数字集中只有一个冗余数字。在 AHSD 中，我们将探讨其固有的无进位特性，并开发从二进制数转换成 AHSD 数的系统方法。

AHSD_r 中的 n 位数 X 表示为：

$$X=(x_{n-1},x_{n-2},\cdots,x_0)_r$$

其中，$x_i\in S_r, i=0,1,\cdots,n-1$，而 $S_r=\{-1,0,\cdots,r-1\}$ 是 AHSD_r 的数字集。X 的值可以表示为

$$X=\sum_{i=0}^{n-1}x_i r^i$$

显然，X 的值域是 $[(1-r^n)/(r-1),r^n-1]$。

25.1.3 二进制到非对称数系统的转换

由于二进制数系统的应用最为广泛，因此必须考虑 ASHD 与二进制数系统之间的转换。虽然基数 r 可以是任意正整数，但是对于任意正整数 m，如果 $r=2^m$，则可以实现简单的二进制到 ASHD 的转换。后面将解释这种简单转换的原因。除非另有说明，下文中我们假设 $r=2^m$。请注意，一个二进制数可能有多个 AHSD_r 数表示。例如，二进制数 $(0, 1, 1, 1, 0, 0)_2$ 可以转换为两个不同的数，即 $(1, -1, 0)_4$ 和 $(0, 3, 0)_4$。因此，二进制到 AHSD_r 的转换是一

对多的映射，可以通过几种不同的方法来执行。本章试图找到一种利用无进位特性的高效系统的转换方法。这里遵循一个通用算法来配对，将二进制转换为 $AHSD_r$，见算法 25.1。

算法 25.1 从二进制数转换为 AHSD 的算法

```
1:  Suppose given binary # bits =n
2:  if radix=2^m, where m is any positive integer then
3:     2^p<m<2^(p+1) where p= 1, 2, 3......
4:     # Zero(0) will be padded in front of binary bits pattern 2^(p+1)−n
5:     Divide the array by m
6:     If each sub array is =m
7:  else
8:     Divide each sub array by m
9:  end if
```

证明 25.1 二进制到 ASHD 数字系统转换的递归关系为：

$$T(n)=\begin{cases} c, & n=m(\text{其中}c\text{为常数}，m>2) \\ mT(n/m), & n>m \end{cases}$$

若 $n=n/m$，则 $T(n)=mT(n/m)$。

$$T(n/2)=mT(n/m^2)$$

所以

$$T(n)=m^2T(n/m^2)\cdots$$

$$T(n)=m^{kT}(n/m^k)\text{，其中 }k=1, 2, 3, \cdots$$

假设 $n=m^k$

$$T(n)=m^kT(m^k/m^k)$$

$$T(n)=m^kT$$

$$T(n)=m^kn=m^k$$

$$\log_m n=\log_m m^k=k$$

将二进制转换成 $AHSD_r$ 的算法 25.1 的复杂度为 $O(\log_m n)$。

25.1.4 $AHSD_4$ 数字系统的加法

这里介绍 AHSD 数字系统的加法过程。这种加法过程可以用于 1 位到 n 位加法器的设计，无需考虑进位传播及其延迟。

例 25.1 这里将两个 4 位的 $AHSD_4$ 数字相加。

$X \to$ 11 11 11 11

$Y \to$ 11 00 01 00

………………

$X(\text{AHSD}_4) \to (3\ 3\ 3\ 3)_4$

$Y(\text{AHSD}_4) \to (3\ 0\ 1\ 0)_4$

………………

$X+Y(Z)$： 6 3 4 3

进位位： 1 1 1 1 0 c

中间和： 2 −1 0 1 μ

………………

最终和 S：$(1\ 3\ 0\ 1\ 1)_4$

结果：$(01\ 11\ 00\ 01\ 01)_2=(453)_{10}$

最终结果是二进制格式。给出的例子说明了没有进位传播的加法过程。

25.2 基于神经网络的加法器设计

神经元将基于前馈网络进行并行处理，这种技术可以看作是并行地在加法器中做加法。图 25.2 为使用神经网络的 N 位加法器。

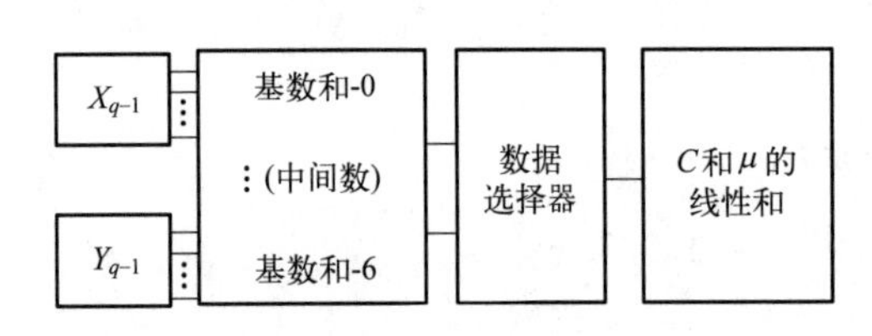

图 25.2 N 位加法器

性质 25.2.1 基 n 非对称 q 位加法器设计生成中间和以及进位的神经元总数为 $q\times 2(n-1)$。

证明 25.2 因为 n 是基数，所以每个位都包含 $n-1$ 的值。因此，中间和将在 0 ～ 2$(n-1)$ 的范围内。1 位加法器设计的神经元总数将为 $2(n-1)$。对于 q 位加法器设计，神经元总数将为 $q\times 2(n-1)$。

算法 25.2 为一种使用神经网络从二进制到 AHSD_4 的 n 位加法器的算法。

算法 25.2 使用神经网络从二进制到 AHSD_4 的 n 位加法器

1：创建4n个输入向量（每个有2n个元素），表示所有可能的输入组合。例如，对于1位加法，将有4个输入向量（每个有2个元素）：{0, 0}，{0, 1}，{1, 0}，{1, 1}。

2：创建4n个输出向量（每个有$\lceil n/2+1\rceil$个元素），代表相应的目标组合。例如，对于1位加法，将有4个输出向量（每个有2个元素）：{0, 0}，{0, 1}，{0, 1}，{0, 2}。

3：创建一个前馈反向传播神经网络。

4：针对步骤1和步骤2的输入和输出向量训练神经网络。

5：用步骤1的输入向量模拟神经网络，以AHSD_4中的和为目标。

25.3　基 5 非对称高基有符号数加法

基 5 的非对称高基数字系统被认为不适合进行加法运算。从二进制到 AHSD 的第一次转换需要用 3 位二进制对位进行配对。它将以十进制形式传递 0 到 7 的值。但是基 5 的情况需要 0 到 4 的值。所以会得到 5、6、7 这些未确定的值。因此，加法过程也无法进行。所以 AHSD_4 最适合于无进位和快速的加法运算。

25.4　小结

本章提出了一种基于神经网络（NN）的非对称高基有符号数（AHSD_4）的数字系统的无进位数字加法器。另外，对于任意正整数 m，如果 $r=2^m$，则可以实现 AHSD 与二进制数字系统的接口，并且易于实现。为了在二进制到 AHSD 的转换过程中实现配对，本章还介绍了一种算法。由于二进制到 AHSD 和 AHSD 到二进制的转换器即无进位加法器都在恒定时间内工作，因此可以得出 AHSD 到二进制转换器在整个基于神经网络设计的 AHSD 系统的性能中占主导地位。因此，整个 AHSD 无进位加法器的时间复杂度为 $O(\log_m n)$。

参考文献

[1] S. H. Sheih and C. W. Wu, “Asymmetric high-radix signed-digit number systems for carry-free addition”, Journal of information science and engineering, vol. 19, pp. 1015–1039, 2003.

[2] B. Parhami, “Generalized signed-digit number systems: a unifying framework for redundant number representations”, IEEE Trans. on Computers, vol. 39, pp. 89–98, 1990.

[3] S. H. Sheih and C. W. Wu, “Carry-free adder design using asymmetric high-radix signed-digit number system”, in Proceedings of 11th VLSI Design/CAD Symposium, pp. 183–186, 2000.

[4] M. Sakamoto, D. Hamano and M. Morisue, “A study of a radix-2 signed-digit al fuzzy processor using the logic oriented neural networks”, IEEE International Systems Conference Proceedings, pp. 304–308, 1999.

[5] T. Kamio, H. Fujisaka and M. Morisue, “Back propagation algorithm for logic oriented neural networks with quantized weights and multilevel threshold neurons”, IEICE Trans. Fundamentals, vol. E84-A, no. 3, 2001.

[6] A. Moushizuki and T. Hanyu, “Low-power multiple-valued current-mode logic using substrate bias control”, IEICE Trans. Electron., vol. E87-C, no. 4, pp. 582–588, 2004.

第26章

SoC测试自动化集成框架——基于矩形装箱的包装器/TAM协同优化与约束测试调度

本章介绍了片上系统（SoC）测试自动化的集成框架。该框架基于一种新的使用矩形装箱的包装器/TAM（测试访问机制）协同优化方法，该方法考虑了矩形的对角线长度，以强调核心所需的TAM宽度及其相应的测试时间。在本章中，引入了一种高效算法来构建包装器，从而减少核心测试时间。矩形装箱被用于开发一种集成调度算法，该算法将功率约束纳入测试调度中。测试功耗非常重要，因为超过系统的功率限制可能会损坏系统。

26.1 引言

微电子技术的发展促成了片上系统（SoC）的实现，SoC即一种在单个芯片上实现由多个专用集成电路（ASIC）、微处理器、存储器和其他知识产权（IP）模块的完整系统。随着SoC的复杂性不断增加，带来了许多测试问题。SoC测试集成的一般问题包括TAM架构的设计、核心包装器的优化和测试调度。测试包装器形成了核心和TAM之间的接口，而TAM在SoC引脚和测试包装器之间传输测试数据。设计测试包装器和TAM以最小化SoC测试时间的问题已被解决。虽然优化的包装器减少了单个核心的测试应用时间，但优化的TAM可以实现更高效的片上测试数据传输。由于封装会影响TAM设计（反之亦然），因此需要一种协同优化策略来联合优化SoC的包装器和TAM。

本章介绍一种基于矩形装箱的通用版本的集成包装器/TAM协同优化和测试调度的方法，该矩形装箱方法考虑了待装箱矩形的对角线长度。该方法的主要优点是在考虑测试功率限制的同时，最大限度地减少了测试应用时间。

26.2　包装器设计

包装器设计算法（Wrapper_Design，见算法 26.1）的目的是在每个核心构建一组包装器链。包装器链包括一组扫描的元素（扫描链、包装器输入单元和包装器输出单元）。核心的测试时间由以下公式给出：

$$T_{\text{core}} = p[1+\max\{si,so\}]+\min\{si,so\}$$

式中，p 是要应用于核心的测试向量的数量，$si(so)$ 表示加载（卸载）测试向量（测试响应）所需的扫描周期的数量。因此，为了减少测试时间，应尽量减少最长的包装链（内部或外部，或两者兼有），即 $\max\{si,so\}$。最近对包装器设计的研究强调了平衡包装器扫描链的必要性，以最小化最长的包装器链。平衡包装扫描链是指长度尽可能相等的扫描链。

算法 26.1　Wrapper_Design (int $W_{\max}$, Core C)

```
1:   {//Wmax=TAM width; //#SC=Total scan chain in Core C; Total_Scan_Element =total
I/O+ΣC.Scan_Chain_Length[i](1≤i<≤#SC);
2:   if If C.#SC=0//combinational core then
3:     if Total_Scan_Element<=Wmax then
4:       Assign one bit on every I/O wrapper cell;
5:     else
6:       Design Wmax wrapper scan chains; //sequential core
7:     end if
8:   else
9:     Mid_Lines=Wmax/2;
10:     Upper_Bound=Total_Scan_Element/Mid_Lines;
11:     Sort the internal scan chains in descending order of their length;
12:     for each scan chain SC do
13:       for each wrapper scan chain W already created do
14:         if Length (W) +Length (SC) <=Upper_Bound then
15:           Assign the scan chain to this wrapper scan chain W;
16:         else
17:           Create a new Wrapper scan chain Wnew;
18:           Assign the scan chain to this wrapper scan chain Wnew;
19:           Add functional I/O to balance the wrapper chains;
20:         end if
21:       end for
22:     end for
23:   end if
```

Wrapper_Design 算法试图最小化核心测试时间以及测试包装器所需的 TAM 宽度。这些目标是通过平衡包装扫描链的长度并对扫描元件的总数施加上限来实现的。启发式算法可以分为两个主要部分：第一个用于组合核心，第二个用于顺序核心。对于组合核心，有两种可能性。如果 $I+O$（其中 I 是函数输入的数量，O 是函数输出的数量）低于或等于 TAM 带宽限制 W_{max}，则不采取任何措施，并且到 TAM 的连接数量为 $I+O$。如果 $I+O$ 高于 W_{max}，那么 I/O 上的一些单元被链接在一起，以减少到 TAM 所需的连接数量。

对于顺序核心，首先指定一个上限（Upper_Bound）。然后按降序对内部扫描链进行排序。之后，每个内部扫描链被依次分配给包装扫描链，该包装扫描链在分配之后的长度最接近但不超过上限的长度。在该算法中，只有当无法在不超过上限长度的情况下将内部扫描链装配到一个包装扫描链中时，才创建包装扫描链。最后，添加函数输入和输出，以平衡包装扫描链。包装器设计算法的结果如表 26.1 所示。

表 26.1　p93791 核心 6 的封装设计结果

TAM 大小	使用的 TAM(TAM_u)	最长扫描链
50 ～ 64	47	521
48 ～ 49	39	1021
32 ～ 47	24	1042
24 ～ 31	16	1563
20 ～ 23	12	2084
16 ～ 19	10	2605
14 ～ 15	8	3126
12 ～ 13	7	3647
10 ～ 11	6	4689
8 ～ 9	5	5729
6 ～ 7	4	7809
4 ～ 5	3	11969
2 ～ 3	2	23789
1	1	24278

26.3　TAM 设计及测试调度

通用集成包装器 /TAM 协同优化和测试调度问题介绍如下，给出了每个核心的总 SoC TAM 宽度和测试集参数。每个核心的参数集包括主 I/O 的数量、测试模式、扫描链和扫描链长度。目标是确定每个核心的 TAM 宽度和包装器设计，以及最小化 SoC 测试时间的测试调度，以满足以下约束：

① 在任何时刻使用的 TAM 线的总数不超过 W_{max}；

② 不超过最大功耗值。

该问题是由两个复杂程度逐渐变高的问题组成的。这两个问题简述如下：

问题 1：包装器 /TAM 协同优化和测试调度。

问题 2：具有功率约束的包装器 /TAM 协同优化和测试调度。

在本节中，将解决问题 1，并说明如何将包装器 /TAM 协同优化与测试调度相结合。下一节将介绍如何将这个问题推广到包括功率约束在内的问题 2。

问题 1：确定要分配的 TAM 宽度，为每个核心设计一个包装器，并以总测试时间和使用的 TAM 宽度最小化的方式安排 SoC 的测试，并且当给定每个核心的一组参数时，在任何时刻使用的 TAM 线总数都不超过总 TAM 宽度。

考虑一个有 N 个核心的 SoC，设 R_i 是核心 i 的矩形集，$1 \leqslant i \leqslant N$。广义的矩形装箱（RP）问题 Problem_$_{RP}$1 如下：从 R_i 中为每个核心 $R_i(1 \leqslant i \leqslant N)$ 选择一个矩形 R，并将所选矩形填充在一个固定高度、宽度不受限制的箱中，这样两个矩形就不会重叠，并且装箱的宽度最小。所选的每个矩形都不允许在矩形装箱中垂直拆分。Problem_$_{RP}$1 可以证明是 NP 难问题。Problem_$_{RP}$1 的一个特殊情况是，其中每个集合的基数 $R_i(1 \leqslant i \leqslant N)$ 等于 1，并且不允许分割矩形。

问题 1 通过广义版本的矩形装箱或二维装箱（Problem_$_{RP}$1）来解决。Wrapper_Design 算法用于针对不同的 TAM 宽度值获得每个核心的不同测试时间。现在可以构建一组用于核心的矩形，使得每个矩形的高度对应于不同的 TAM 宽度，并且矩形的宽度表示该 TAM 宽度值的核心测试应用时间。Problem_$_{RP}$1 与问题 1 的关系见图 26.1，为核心选择的矩形的高度对应于分配给核心的 TAM 宽度，而矩形宽度对应于其测试时间。

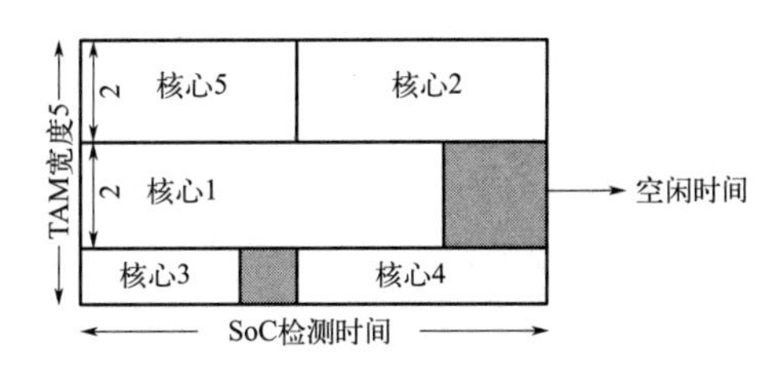

图 26.1　使用矩形装箱的测试调度示例

箱的高度对应于总 SoC TAM 宽度，箱的最终填充的宽度对应于要最小化的系统测试时间。箱的未填充区域对应于测试期间 TAM 线上的空闲时间。此外，每个矩形的左边缘和箱的左边缘之间的距离对应于每个核心测试的开始时间。该方法强调核心的测试时间和通过考虑矩形的对角线长度来实现该测试时间所需的 TAM 宽度。对角线长度强调测试时间和 TAM 宽度，因为 $DL = \sqrt{W^2 + H^2}$，其中 W、H、DL 分别表示矩形的宽度、高度和对角线长度。考虑三个矩形 $R[1] = \{H = 32, W = 7.1, DL = 32.78\}$，$R[2] = \{H = 16, W = 13.8, DL = 21.13\}$，$R[3] = \{H = 32, W = 5.4, DL = 32.45\}$。这里，如果考虑到测试时间（$W$），那么它应该首先装箱 $R[2]$，然后装箱 $R[1]$ 和 $R[3]$。但如果考虑对角线长度，则应依次装箱 $R[1]$、$R[2]$、$R[3]$，从而得到效率极高的结果。

该方法还通过将使用的 TAM(TAM_u) 线分配给核心来实现特定的测试时间，从而将 TAM_u 宽度降至最低。例如，在 Wrapper_Design 中，从 50 ～ 64 的所有 TAM 宽度导致 p93791 中核心 6 相同的测试时间（114317 个周期）和相同的 TAM 宽度使用值（TAM_u 为 47）（表 26.1）。因此，为了实现 114317 个周期的测试时间，在所述方法中使用 TAM_u 值 47。

26.4 功率约束测试调度

本节详细描述了问题 2（集成 TAM 设计和功率约束测试调度），然后提出了问题 $Problem_{\_RP}2$，它是 $Problem_{\_RP}1$ 的广义版本，等效于问题 2。

问题 2：求解问题 1，使得不超过最大功耗值 P_{max}。功率约束必须包含在时间调度中，以确保在测试过程中不会超过 SoC 的额定功率。

问题 2 可以用矩形装箱表示如下。

考虑具有 N 个核的 SoC，并且：

① 设 R_i 是核心 i 的矩形集，$1 \leqslant i \leqslant N$；

② 让测试核心 i 的功耗为 P_i。

$Problem_{\_RP}2$ 求解 $Problem_{\_RP}1$，确保在任何时刻所选矩形的 P_i 值之和不得超过最大指定值 P_{max}。

26.4.1 数据结构

算法 26.2 中给出了存储 SoC 核心的 TAM 宽度和测试时间值的数据结构。随着测试计划的制订，该数据结构会随着每个核心的开始时间、结束时间和分配的 TAM 宽度而更新。

算法 26.2 数据结构 test_schedule

```
1: width[i] //分配给核心i的TAM宽度
2: finish[i] //核心i的结束时间
3: scheduled[i] //布尔值，表示核心i已被调度
4: start[i] //核心i的开始时间
5: complete[i] //布尔值，表示核心i的测试已完成
6: peak_TAM[i] //等于核心i的 MAX_TAM_u
```

26.4.2　矩形结构

测试调度算法（Test_Scheduling）见算法 26.3，其中，在得到 Wrapper_Design 的结果后，对于每个核心，以 TMA_u 为矩形高度，以其对应的测试时间为矩形宽度，构建一组矩形，使得 $TMA_u \leqslant W_{max}$（图 26.2），MAX_TAM_u 是满足上述约束的 TMA_u 值中最大的。

算法 26.3　Test_Scheduling(W_{max}，Core C[1...NC])

```
1.  {For each core C[i], construct a set of rectangles taking TAM_u as rectangle height and its
    corresponding testing time as rectangle width such that TAM_u≤W_max.
2.  Find the smallest (T_min) among the testing time corresponding to MAX_TAM_u of all cores.
3.  For each core C[i], divide the width T[i] of all rectangles constructed in line 1 with T_min
4.  For each core C[i], calculate Diagonal Length DL[i]=√((W[i])²+(T[i]²))whereW[i] denotes
    MAX_TAM_u and T[i] denotes corresponding reduced testing time.
5.  Sort the Cores in descending order of their diagonal length calculated in line 4 and keep in list
    INITIAL[NC].
6.  Next_Schedule_Time=current_Time =0;
W_avail=W_mx;  // TAM available;  Idle_Flag=False;
// peak_tam[c] is equal to MAX_TAM_u of core c;  // PENDING is a queue.
7.  While (INITIAL and PENDING not Empty)
{
8.  If (W_avail>0 and Idle_Flag =False)
{
9.  If (INITIAL is not empty)
{
c=delete (INITIAL);
If (W_avail>=peak_tam[c] && no_powerConflict)
Update (c, peak_tam(c));
Else If (Possible_TAM>=0.5* peak_tam[c] && no_powerConflict)
Update (c, Possible_TAM);
Else
add (PENDING, c);
if (peak_tam[PENDING[front]]≤W_avail && no_powerConflict)
Update (PENDING[front], peak_tam[PENDING[front]]);
delete (PENDING);
}
10.  Else //if INITIAL is empty
{
```

```
If (peak_tam[PENDING[front]]≤W_avail && no_power Conflict)
Update (PENDING[front], peak_tam[PENDING[front]]) ;
delete (PENDING)
Else
Idle_Flag=True;
}
}
11.  Else //TAM available<0 or idle
Calculate Next_Schedule_Time=Finish[i], such that Finish[i]>This_Time and Finish[i] is minimum;
Set This_Time =Next_Schedule_Time;
12.  For every Core i, such that finish[i]=This_Time
W_avail=W_avail+Width[i];
13.  Set Complete[i]= TRUE;
Idle_Flag=False;
}
}//end of while
return test_schedule;
}
```

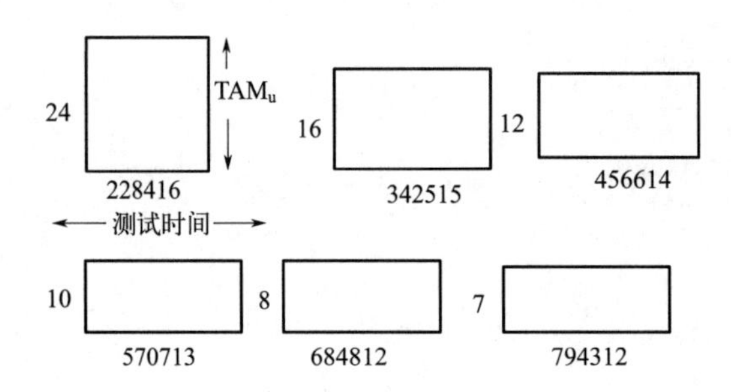

图 26.2　当 W_{max}=32 时，SoC p93791 核心 6 的矩形示例

在图 26.3 中，$MAX\_TAM_u = 24$，$W_{max} = 32$。对于组合核心，MAX_TAM_u 总是等于 W_{max}。注意，如果将 TAM 线分配给 p93791 的特定调度（图 26.2），则必须根据可用的 TAM 宽度从值 24、16、12、10、8 和 7 中选择要分配给核心 6 的 TAM 线。

26.4.3 对角线长度计算

对应于所有核心的 MAX_TAM$_u$，找到最小的测试时间（T_{min}）。然后将所有构建矩形

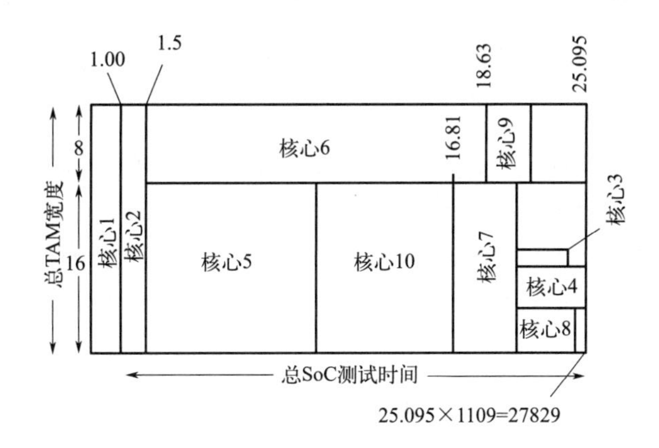

图 26.3　在没有功率约束的情况下，使用所述算法（T_{min}=1109，TAM 宽度为 24）对 d695 进行测试调度

的每个核心宽度（测试时间）除以 T_{min}。再对于每个核心计算矩形的对角线长度，其中矩形高度 $W[i]$=MAX_TAM$_u$，矩形宽度 $T[i]$ 是对应于 MAX_TAM$_u$ 的减少的测试时间。最后核心按对角线长度的降序排列。

26.4.4　TAM 任务分配

在执行 main while 循环时，如果有 W_{avail} TAM 线可用于分配，并且列表 INITIAL 不为空，则按排序顺序从列表中选择一个核心 c。如果此时 TAM 可用，$W_{avail} \geqslant$ peak_tam[c]，并且不存在功率冲突，则安排该核心的测试，并将 TAM 线分配给等于 peak_tam[c] 的 c。注意，peak_tam[c] 等于核心 c 的 MAX_TAM$_u$。如果 $W_{avail} <$ peak_tam[c]，并且满足功率约束，则它试图找到 TMA$_u$ 值，使得 TMA$_u \leqslant W_{avail}$ 并且 TMA$_u$ 大于 peak_tamb[c] 的一半。如果未能将 TAM 线分配给满足这些条件的核心 c，则将核心 c 添加到队列 PENDING 中。然后，仅当 $W_{avail} \geqslant$ peak_tam[p] 并且不存在功率冲突时，它才从队列 PENDING 中删除核心 p 以进行调度。

如果列表 INITIAL 为空，则只有当 $W_{avail} \geqslant$peak _ tam [c] 并且满足功率约束时，算法才会删除队列 PENDING 前面的核心 c。否则，它将等到足够的 TAM 线变为可用并且满足功率约束。如果 W_{avail}>0 且 INITIAL 为空，则这些 W_{avail} 线被声明为空闲，并且如果 W_{avail} 不能满足功率约束以及条件 $W_{avail} \geqslant$ peak _ tam [c]，则设置 Idle_Flag，其中 c 是队列 PENDING 前面的核心。

如果存在 W_{avail} 空闲线路或 $W_{avail} = 0$，则执行继续，开始执行将 This _ Time 更新为 Next _ Schedule _ Time 和 W_{avail}。对于在 This _ Time 完成测试的所有核心，W_{avail} 增加了在 This_Time 的新值处结束的所有核心的宽度。

26.5 小结

在本章中，提出了一种包装器 /TAM 协同优化和测试调度技术，该技术在最小化测试应用时间的同时考虑了测试功耗。测试功耗很重要，因为超过它可能会损坏系统。该技术基于矩形装箱，通过考虑对角线长度来强调时间和 TAM（测试访问机制）宽度。本章还描述了 SoC（片上系统）测试自动化的集成框架。

参考文献

[1] J. Aerts and E. J. Marinissen, "Scan chain design for test time reduction in core-based ICs", Proceedings International Test Conference, pp. 448–457, 1998.

[2] E. J. Marinissen, "A structured and scalable mechanism for test access to embedded reusable cores", Proceedings International Test Conference, pp. 284–293, 1998.

[3] E. J. Marinissen, S. K. Goel and M. Lousberg, "Wrapper design for embedded core test", Proceedings International Test Conference, pp. 911–920, 2000.

[4] E. Larsson and Z. Peng, "An integrated system-on-chip test framework", Proceedings of the Design Automation and Test in Europe Conference, pp. 138–144, 2002.

[5] J. Pouget, E. Larsson and Z. Peng, "SOC Test Time Minimization Under Multiple Constraints", Proceedings of the Asian Test Symposium, 2003.

[6] R. Chou, K. Saluja and V. Agrawal, "Scheduling Tests for VLSI Systems under Power Constraints", IEEE Trans. on VLSI Systems, vol. 5, no 2, pp. 175–185, 1997.

[7] V. Muresan, X. Wang and M. Vladutiu, "A Comparison of Classical Scheduling Approaches in Power-Constrained Block-Test Scheduling", Proceedings International Test Conference, pp. 882–891, 2000.

[8] V. Iyengar, K. Chakrabarty and E. J. Marinissen, "Test wrapper and test access mechanism co-optimization for system-on-chip", J. Electronic Testing: Theory and Applications, vol. 18, pp. 211–228, 2002.

[9] V. Iyengar, K. Chakrabarty and E. J. Marinissen, "Efficient wrapper/TAM co-optimization for large SOCs", Proceedings of the Design Automation and Test in Europe (DATE) Conference, 2002.

[10] V. Iyengar and K. Chakrabarty, "Test bus sizing for system-on-a-chip", IEEE Trans. Computers, vol. 51, 2002.

[11] Y. Huang, S. M. Reddy, W. T. Cheng, P. Reuter, N. Mukherjee, O. Samman and Y. Zaidan, "Optimal core wrapper width selection and SOC test scheduling based on 3-D bin packing algorithm", Proceedings IEEE of International Test Conference (ITC), pp. 74–82, 2002.

[12] E. G. Coffman, M. R. Garey, D. S. Johnson and R. E. Tarjan, "Performance bounds for level oriented two-dimensional packing algorithms", SIAM J. Comput., vol. 9, pp. 809–826, 1980.

第27章

基于忆阻器的 SRAM

易失性和非易失性存储器都可用于计算机存储器系统中。对于主存储器，在易失性存储器方面使用诸如静态 RAM（SRAM）和动态 RAM（DRAM），而非易失性存储方面则是使用闪存等。然而，最近开发的新型非易失性技术，有望快速改变存储器系统环境。忆阻器是一种无源的双端器件，其电阻与供电电压的大小和极性成正比。与存储器件类似，它表现出电压和电流之间的非线性连接。本章描述了一种使用忆阻器设计非易失性 6T（六管）静态随机存取存储器（SRAM）的方法。在一种设计工作站上，使用 NMOS 制造工艺和最小 2μm 的几何形状创建了 SRAM。除了 SRAM 集成电路之外，还加入了测试结构，以帮助表征工艺和设计。本章还讨论基于忆阻器的电阻式随机存取存储器（MRRAM），其工作原理与 SRAM 单元类似。

27.1 引言

1971 年，蔡少棠（Leon Chua）提出了忆阻器，这是第四种非线性无源双端电气元件，它在给定的时间间隔内建立电荷和磁通量之间的联系。惠普（HP）实验室的研究人员在 2008 年报告称，忆阻器是利用纳米级二氧化钛器件在物理上实现的。从本质上讲，忆阻器是一种记忆电阻器件。当电压被提供给该元件时，电阻发生变化，但当电压被撤回时，电阻保持恒定。忆阻器（M）的非线性输入输出特性将其与三个无源器件（R、L 和 C）区分开来。在差分放大器中，忆阻器也被用作可编程电阻负载。忆阻器是未来存储器的一个很好的选择，因为它具有非易失性和交叉阵列中的高封装密度。与传统的 6T SRAM 相比，其电路的主要特点是非易失性和更小的尺寸。即使电源关闭很长一段时间，数据也会保存在存储器中。由于每个存储器单元只有三个晶体管和两个忆阻器，它可能比传统的 SRAM 单元小得多。

电阻式 RAM（RRAM）可以在施加适当电压的情况下在一个或多个电阻之间翻转，

它表现出忆阻活性，可以被认为是一种忆阻器。该器件可以具有两个或多个不同的电阻状态，或者其电阻可能不断变化。无论情况如何，至关重要的是电阻的变化可以由器件的历史状态来调节，即先前施加的电压或流过器件的电流。RRAM 器件可能缓解微电子技术中的一些现有限制。

任何复杂集成电路的设计都需要减少其不必要的组成部分，可以使用从下到上构建电路的分层方法。制作一些单元来表示常用的部件，将其组合以形成最终电路。如图 27.1 所示，任何分层设计的第一阶段都是创建基本单元。然后通过 NETED 软件包将这些原理图输入计算机。NETED 软件是一个原理图捕获程序，它将电路图转换为节点列表。这些节点列表与晶体管模型文件一起定义了电路、互连和 NMOS 晶体管的器件特性。

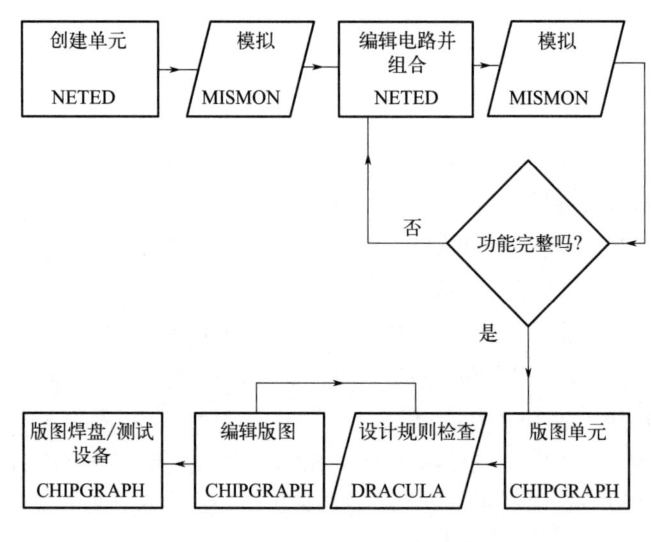

图 27.1 分层设计的流程图

27.2 忆阻器特性

忆阻器是根据磁通量 $\Phi_m(t)$ 和流过的电荷量 $q(t)$ 之间的非线性函数关系定义的，如

$$f(\Phi_m(t), q(t)) = 0 \tag{27.1}$$

变量 Φ_m（磁通量）源自电感器的电路特性。在这种情况下，它不是磁场。它的物理意义将进一步解释。电压随时间的积分用符号 M 表示。因为一个相对于另一个的导数取决于 Φ 和 q 之间的连接中一个或另一个值，所以每个忆阻器都由其忆阻函数定义，该函数描述了通量随电荷变化的与电荷相关的变化率。

$$M(q) = \frac{\mathrm{d}\Phi_m}{\mathrm{d}q} \tag{27.2}$$

将通量替换为电压的时间积分，将电荷替换为电流的时间积分，得到更方便的形式是：

$$M(q(t)) = \frac{\mathrm{d}\Phi_m / \mathrm{d}t}{\mathrm{d}q / \mathrm{d}t} = \frac{V(t)}{I(t)} \tag{27.3}$$

为了将忆阻器与电阻器、电容器、电感器联系起来，隔离用于表征器件的 $M(q)$ 是有帮助的，并将其写成微分方程。图 27.2 涵盖了 I、q、Φ_m 和 V 的所有有意义的关系。没有任何器件可以将 dI 与 dq 或 $d\Phi_m$ 与 dV 关联起来，因为 I 是 q 的导数，Φ_m 是 V 的积分。由此可以推断出忆阻是与电荷相关的电阻。如果 $M(q(t))$ 是常数，则得到欧姆定律 $R(t)=V(t)/I(t)$。然而，如果 $M(q(t))$ 非常数，则该式不等价，因为 $q(t)$ 和 $M(q(t))$ 可以随时间变化。将电压作为时间的函数求解会产生下式：

$$V(t)=M(q(t))I(t) \tag{27.4}$$

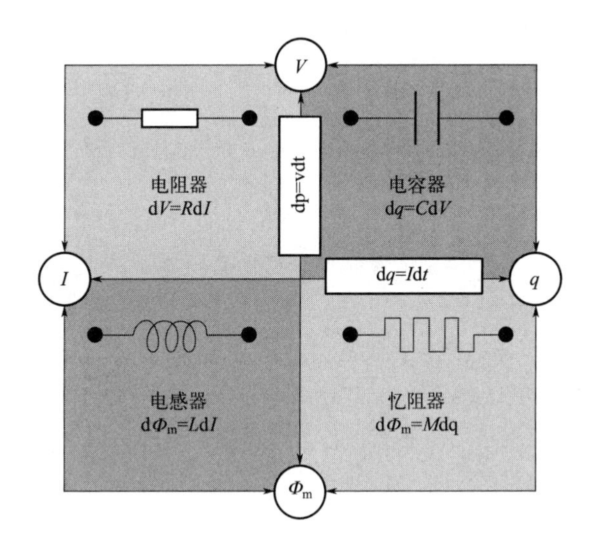

图 27.2 电阻器、电容器、电感器和忆阻器之间的关系

只要 M 不随电荷变化，式（27.4）表明忆阻定义了电流和电压之间的线性关系。随时间变化的电荷由非零电流表示。然而，只要 q 的最大变化不产生 M 的显著变化，交流电流就可以通过产生可量化的电压而不引起净电荷移动来定义电路功能中的线性依赖性。此外，如果不提供电流，则忆阻器保持静止。如果 $I(t)=0$，则得出 $V(t)=0$，并且 $M(t)$ 是常数。这就是记忆效应的本质。其功耗特性类似电阻器的功耗特性 I^2R。

$$P(t)=I(t)V(t)=I^2(t)M(q(t)) \tag{27.5}$$

只要 $M(q(t))$ 变化很小，例如在交流电下，忆阻器就会表现为一个恒定电阻器。然而，如果 $M(q(t))$ 迅速增加，电流和功耗将迅速停止变化。对于所有 q 值，$M(q)$ 在物理上都被限制为正（假设器件是无源的，并且在某个 q 下不会变成超导的）。而负值意味着当用交流电操作时，它将永远提供能量。对于 $R_{ON}\ll R_{OFF}$，忆阻函数可确定如下：

$$M(q(t))=R_{OFF}\left(1-\frac{\mu_v}{D^2}q(t)\right) \tag{27.6}$$

式中，R_{OFF} 表示高电阻状态（R_{ON} 表示低电阻状态），μ_v 表示薄膜中掺杂剂的迁移率，D 表示薄膜的厚度。

27.3 忆阻器作为开关

所施加的电流或电压在一些忆阻器中产生电阻的显著变化。通过检查产生电阻变化所需的时间和能量，可以将此类器件归类为开关，这是基于所施加的电压是恒定的假设。当计算单个开关事件期间的能量耗散时，发现忆阻器在时间 T_{ON} 到 T_{OFF} 内从一种状态转换到另一种状态，即 R_{ON} 到 R_{OFF}，电荷必须改变 $\Delta Q = Q_{ON} - Q_{OFF}$。

$$
\begin{aligned}
E_{\text{switch}} &= V^2 \int_{T_{\text{off}}}^{T_{\text{on}}} \frac{dt}{M(q(t))} \\
&= V^2 \int_{Q_{\text{off}}}^{Q_{\text{on}}} \frac{dq}{I(q)M(q)} = V^2 \int_{Q_{\text{off}}}^{Q_{\text{on}}} \frac{dq}{V(q)} \\
&= V\Delta Q
\end{aligned}
$$

使用 $V = I(q)M(q)$，然后对于常数 VT_{ON} 使用 $\int \mathrm{d}q / V = \Delta Q / V$，得到最终表达式。这种功率特性与基于电容器的 MOS 晶体管的功率特性有根本不同，忆阻器的最终电荷状态与偏置电压无关。

当一种忆阻器在其全电阻范围内切换时，就会发生迟滞，也称为“硬开关模式”。另一方面，对于一个循环的 $M(q)$ 开关，在连续偏压下，每个 OFF-ON 事件随后都会有一个 ON-OFF 事件。在任何情况下，这种器件都可以作为忆阻器工作，尽管它的实用性较差。

27.4 忆阻器工作原理

可以使用类似的时间相关电阻器来描述忆阻器，该电阻器在时间 t 处的值与通过它的电荷量 q 成正比。在 HP 公司的忆阻器中，一层 50nm 的二氧化钛夹在两个 5nm 厚的电极之间，一个是钛，另一个是铂。二氧化钛薄膜最初包含两层，其中一层的氧原子含量很低。因为氧空位起到电荷载流子的作用，所以耗尽层的电阻显著低于未耗尽层的阻抗。当引入电场时，氧空位漂移。高电阻层和低电阻层之间的边界移动。结果，薄膜的总电阻是通过确定在某一方向上穿过薄膜的电荷来计算的，而改变电流方向则可反过来计算总电阻。

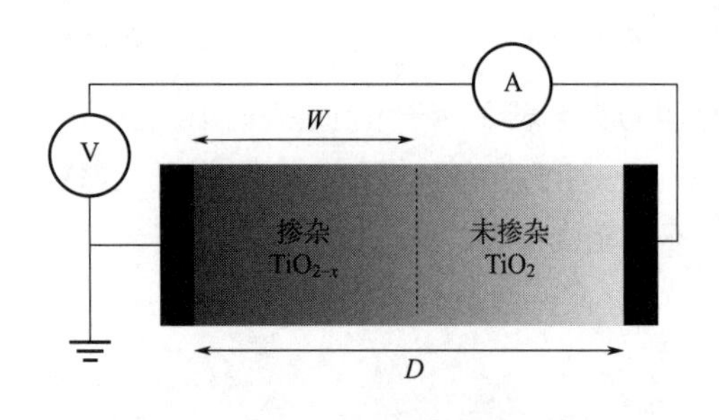

图 27.3　忆阻器的特性

HP 的器件被归类为纳米离子器件，因为它在纳米尺度上表现出快速的离子传导。由于电阻变化是非易失性的，所以该单元的功能类似于存储器元件。图 27.3 描绘了忆阻器的掺杂和未掺杂区域。

如果在忆阻器两端施加电压，则获得以下结果：

$$v(t)=M(t)i(t)$$
$$M(t)=R_{\mathrm{ON}}\frac{w(t)}{D}+R_{\mathrm{OFF}}\left(1-\frac{w(t)}{D}\right) \tag{27.7}$$

式中，R_{ON} 是完全掺杂的忆阻器的电阻，R_{OFF} 是完全未掺杂的忆电阻器的电阻，$w(t)$ 由下式给出

$$\frac{\mathrm{d}w(t)}{\mathrm{d}t}=\mu_v\frac{R_{\mathrm{ON}}}{D}i(t) \tag{27.8}$$

式中，μ_v 是平均掺杂迁移率，D 是忆阻器的长度。从这些方程中，得到所考虑的由薄膜边缘产生的非线性关系为：

$$f\left(\frac{w(t)}{D}\right)=1-\left(2\times\frac{w(t)}{D}-1\right)^{2p} \tag{27.9}$$

图 27.4 显示了当 3.6$V_{\mathrm{p-p}}$ 方波施加在忆阻器上时，其电阻的变化。在正循环中，忆阻器的电阻从 20kΩ 变化至 100kΩ，当方波脉冲反转其方向时，这种变化以相反的方式发生。

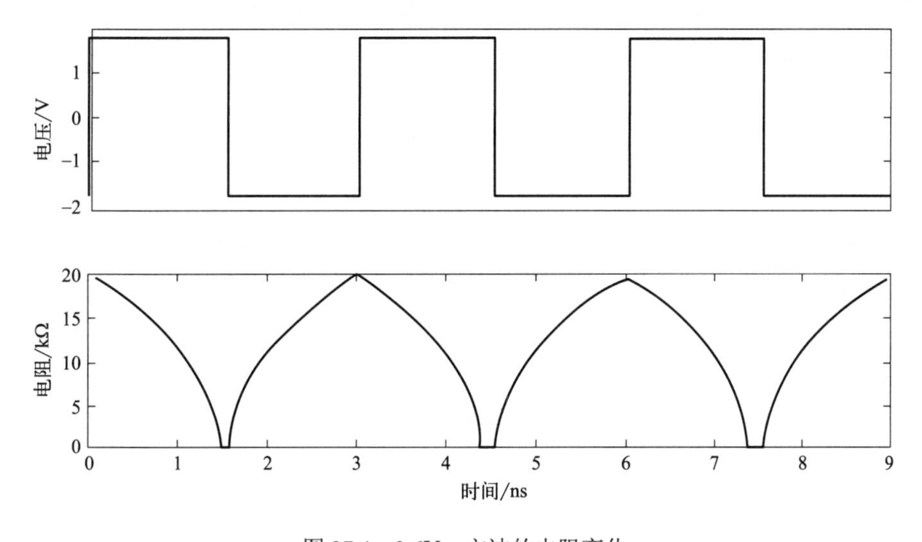

图 27.4 3.6$V_{\mathrm{p-p}}$ 方波的电阻变化

27.5 忆阻 SRAM

图 27.5 描述了 SRAM 单元的电气架构。作为一个存储元件，使用两个忆阻器。如图 27.6 所示，该配置使得它们在写入周期并联但极性相反；在读取周期串联，如图 27.7 所示。这些连接由两个 NMOS 传输晶体管 T1 和 T2 识别。第三个晶体管 T3 用于在读取和写入操作期间将存储器阵列的单元与其他单元隔离。T3 的栅极输入是 Comb 信号，它是 RD（读取）和 WR（写入）信号的逻辑或。RD 被设置为 LOW 状态，WR 和 Comb 被设置为 HIGH 状态，以进行写入操作。因此，就形成了图 27.6 的电路。

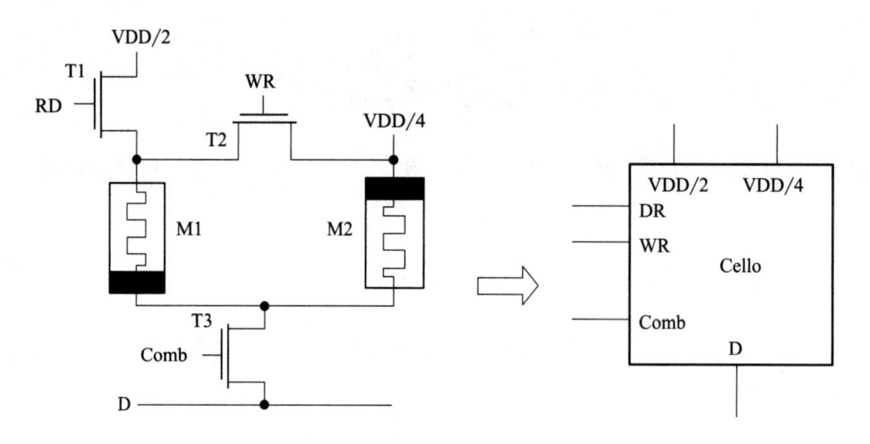

图 27.5 三个晶体管和两个忆阻器 SRAM 单元

在这种情况下，忆阻器两端的电压为$V_{\mathrm{D}}-V_{\mathrm{DD}}/4$，它可以是正的（$V_{\mathrm{D}}=V_{\mathrm{DD}}$）或负的（$V_{\mathrm{D}}=0\mathrm{V}$），具体取决于数据。因为忆阻器的极性是相反的，所以忆阻器（或电阻）将沿相反的方向变化。图 27.7 所示的电路是通过将 R_{D} 和 Comb 保持在 HIGH 状态而形成的。在 D 处，电压现在为：

$$V_{\mathrm{D}}=\left(\frac{V_{\mathrm{DD}}}{2}-\frac{V_{\mathrm{DD}}}{4}\right)\times\frac{R_2}{R_1+R_2}+\frac{V_{\mathrm{DD}}}{4} \tag{27.10}$$

式中，R_1 和 R_2 分别是 M1 和 M2 的电阻。如果在写入周期中写入“1”，则 R_2 明显大于 R_1，然后 V_{D} 大于 $V_{\mathrm{DD}}/4$。如果写入“0”，则 R1 明显大于 R2，这使得 V_{D} 接近于 $V_{\mathrm{DD}}/4$。比较器可以用作感测放大器，以将这些电压正确地解释为 HIGH 或 LOW。

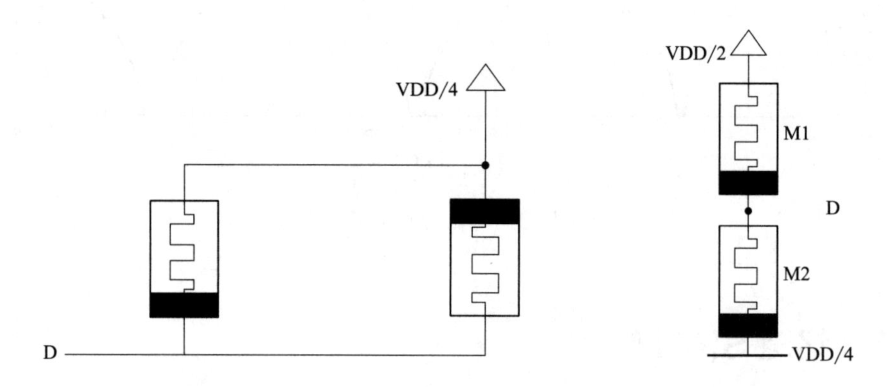

图 27.6 当 RD=0、WR=1、Comb=1 时的电路

图 27.7 当 RD=1、WR=0、Comb=1 时的电路

27.6 小结

在本章中，介绍了一种基于忆阻器的静态随机存取存储器（SRAM）单元的设计。最

近的研究表明，通过结合最先进的制造工艺和基于忆阻器的电阻式RAM（RRAM），可以显著缩短写入时间。基于忆阻器的SRAM可以被认为是新技术的结合，这种存储器有可能在存储器体系结构领域打开一扇新的大门。

参考文献

[1] L. Chua, "Memristor-the missing circuit element", IEEE Trans. Circuit Theory, vol. 18, no. 5, pp. 507–519, 1971.
[2] D. Struckov, G. Snider, D. Stewart and R. Williams, "The missing memristor found", Nature, vol. 453, no. 7191, pp. 80–83, 2008.
[3] G. Chen, "Leon Chua's memristor", IEEE Circuits Syst. Mag., vol. 8, no. 2, pp. 55–56, 2008.
[4] Y. V. Pershin and M. D. Ventra, "Spin memristive systems: Spin memory effects in semiconductor spintronics", Phys. Rev. B, vol. 78, no. 11, pp. 113309-1–113309-4, 2008.
[5] K. Witrisal, "Memristor based stored reference receiver-the UWB solution", Electron. Lett., vol. 45, no. 14, pp. 713–714, 2009.
[6] S. Shin, K. Kim and S. M. Kang, "Memristor based fine resolution programmable resistance and its applications", Proc. IEEE Int. Conf. Commun. Circuits Syst., pp. 948–951, 2009.
[7] D. Varghese and G. Gandi, "Memristor based highline arrange differential pair", Proc. IEEE Int. Conf. Commun., Circuits Syst., pp. 935–938, 2009.
[8] Y. V. Pershin and M. DiVentra, "Practical approach to programmable analog circuits with memristors", IEEE Trans. Circuits Syst. I, vol. 57, no. 8, pp. 1857–1864, 2010.
[9] S. Shin, K. Kim and S. M. Kang, "Memristor applications for programmable analog ICs", IEEE Trans. Nanotechnol., vol. 10, no. 2, pp. 266–274, 2011.
[10] D. B. Strukov and S. Williams, "Exponential ionic drift: Fast switching and low volatility of thin film memristors", Appl. Phys. A, Mater. Sci. Process., vol. 94, no. 3, pp. 515–519, 2009.
[11] N. Y. Joglekar and S. J. Wolf, "The elusive memristor: Properties of basic electrical circuits", Eur. J. Phys., vol. 30, no. 4, pp. 661–675, 661, 2009.
[12] E. Linn, R. Rosezin, C. Kügeler and R. Waser, "Complementary resistive switches for passive nanocrossbar memories", Nature Mater., vol. 9, pp. 403–406, 2010.
[13] P. Junsangsri and F. Lombardi, "A memristor-based memory cell using ambipolar operation", Proc. IEEE 29th Int. Conf. Comput. Design, pp. 148–153, 2011.
[14] K. Eshraghian, K. R. Cho, O. Kavehei, S. K. Kang, D. Abbott and S. M. S. Kang, "Memristor MOS content addressable memory (MCAM): Hybrid architecture for future high performance search engines", IEEE Trans. Very Large scale Integr. (VLSI) Syst., vol. 19, no. 8, pp. 1407–1417, 2011.
[15] S. S. Sarwar, S. A. N. Saqueb, F. Quaiyum and A. B. M. H. Rashid, "Memristor-Based Nonvolatile Random Access Memory: Hybrid Architecture for Low Power Compact Memory Design", IEEE Trans. Science and Technology, vol. 1, no. 3, pp. 29–34, 2013.

第28章

微处理器设计的容错方法

本章介绍一种可靠的微处理器设计的容错方法，该方法基于在处理器流水线中使用在线检查器组件，对核心处理器设计错误和运行故障（如电源电压噪声和高能粒子撞击）提供了显著的抵抗力。该方法既能保持系统性能，又能降低面积开销和功耗需求。检查器是一个相当简单的状态机，可以进行形式验证、性能扩展和重用。此外，本章还描述了对检查器组件的额外改进，这些改进允许更好地对设计、制造和运行故障进行检测。

28.1 引言

高质量的验证和测试是设计成功的微处理器产品的重要步骤。设计人员必须验证大型复杂系统的正确性，并确保制造的零件在各种（有时是不利的）运行条件下可靠工作。如果设计成功，用户便会相信当处理器被投入到任务中时，它将呈现正确的结果。如果设计不成功，处理器可能会故障，往往会造成严重后果，从负面新闻、经济损失到人员伤亡，不一而足。实现可靠的微处理器设计必须克服巨大的挑战。错误的来源有很多，每一个都需要在设计、验证和制造过程中仔细注意。总之，我们可将可靠性降低的故障大致分为三类：设计故障（错误）、制造故障（缺陷）和运行故障。

28.1.1 设计故障

设计故障是人为错误的结果，无论是在系统组件的设计还是规范方面，都会导致部件无法正确响应某些输入。用于检测这些错误的典型方法是基于仿真的验证，对设计中的处理器模型执行一系列测试，并将模型的结果与预期结果进行比较。遗憾的是，由于测试空间巨大，设计错误有时会在测试过程中漏掉。为了最大限度地降低未检测到错误的概率，设计者采用了各种技术来提高验证质量，包括联合仿真、覆盖率分析、随机测试生成和模型驱动测试生成等。

另一种流行的技术是形式验证，使用相等性检查来将测试中的设计与设计规范进行比较。优点是它在更高的抽象级别上工作，因此可以用于检查设计，而无需进行详尽的模拟。缺点是在实现过程自动化之前，需要正式指定其实现的设计和指令集架构。复杂的现代设计已经超过了当前验证技术的能力。例如，一个具有 32 位寄存器、8kB 指令和数据缓存以及 300 个引脚的微处理器无法通过基于仿真的测试进行全面检查。该设计具有一个测试空间，其具有至少 2^{132396} 个起始状态和从每个状态发出的多达 2^{300} 个过渡边缘。虽然形式验证提高了对设计故障的检测能力，但对于复杂的动态调度微处理器设计来说，进行完全形式验证是不可能的。迄今为止，该方法仅在顺序问题流水线或窗口尺寸较小的简单乱序流水线中得到了验证。对复杂的现代微处理器进行完全形式验证，包括乱序问题、推测和大指令窗口，目前仍是难以解决的问题。

28.1.2 制造缺陷

制造缺陷源于制造过程中出现的一系列工艺问题。例如，金属化过程中出现的台阶覆盖问题可能会导致电路开路，或者 CMOS 晶体管沟道中的不当掺杂可能导致器件的阈值电压和时序的变化。将器件置于特殊测试模式的非并发测试技术是诊断此类错误的主要工具。对系统的测试是通过添加专门的测试硬件来完成的。

扫描测试在触发器的输入端增加一个多路复用器，允许在测试模式期间读取和写入锁存器。该方法提供对触发器操作的直接检查和对连接到扫描锁存器的组合逻辑的间接检查。使用扫描链将测试向量加载到触发器中，然后使用组合逻辑来确定实现是否有故障。内建自测试（BIST）添加了专门的测试生成硬件，以减少用测试向量加载锁存器所需的时间。BIST 生成器通常使用修改的线性反馈移位寄存器（LFSR）或 ROM 来生成关键测试向量，该向量可以快速测试内部逻辑缺陷，例如单固定型线路故障。可采用一种更全局的方法，使用板载电流监测来检测是否存在短路。在测试过程中，系统运行时会对电源电流进行监控，任何异常的高电流尖峰都表明存在短路缺陷。

28.1.3 运行故障

运行故障的特征是芯片对环境条件的敏感性。根据故障发生的频率，可将这类错误细分为永久性、间歇性和瞬态故障。

永久性故障总是持续发生，因为芯片经历了内部故障。电金属迁移和热电子是永久性故障的两个例子，这些故障会使设计受到不可逆的损坏。由 CMOS 版图中的双极晶体管结构的单位增益引起的闩锁效应也被归类为永久性故障，但是可以通过关闭系统电源来清除此故障。

与永久性故障不同，间歇性故障不会持续出现，它们时而出现，时而消失，但其表现形式与压力大的运行条件高度相关。这类故障的例子包括电源电压噪声或冷却不足导致的定时故障。与数据相关的设计错误也属于这一类。这些执行错误可能是最难发现的，因为它们需要特定的定向测试来定位。

瞬态故障偶尔出现，但不容易与任何特定的运行条件相关联。这些故障的主要来源是单粒子辐射（SER）的干扰。SER 故障是通电粒子撞击逻辑电路造成的，通电粒子会沉积或移除足够的电荷，从而暂时打开或关闭器件，可能造成逻辑错误。虽然屏蔽该故障的解决方案是可能实现的，但这类方案物理结构和成本使其仍不可行。

通常需要并行测试技术来检测运行故障，因为它们的出现是不可预测的。三种最流行的方法是定时器、编码技术和多次执行。定时器通过在定时器到期时发出中断信号，以保证处理器继续运行。编码技术使用额外的信息来检测数据中的故障，虽然主要用于保护存储，但也存在用于逻辑的编码技术。另外，还可以通过使用 k 元系统来检查数据，其中使用额外的硬件或冗余执行来提供用于比较的值。

深亚微米制造技术（即最小特征尺寸小于 0.25μm 的工艺）中，运行故障检测尤为重要。更小的器件的电荷更少，其更精细的特征尺寸增加了它们暴露在噪声相关故障和 SER 中的风险。如果设计者不能应对这些新的可靠性挑战，他们可能无法享受这些更密集的技术带来的成本和速度优势。

本章后续介绍一种称为动态验证的在线测试方法，它能解决未来微处理器设计所面临的许多可靠性挑战。该解决方案在复杂微处理器的退役阶段插入了一个在线检查机制，检查器监控处理器执行的所有指令的结果。如果在计算中没有发现错误，检查器就会允许将指令结果存入架构寄存器和内存状态。如果发现任何结果不正确，检查器就会修复错误结果，并以正确结果重新启动处理器核心。检查处理器非常简单，适用于高质量的形式验证和电气稳健性设计。在流水线中加入检查器几乎不会导致核心处理器的运行速度减慢，而完整的检查器设计的面积和功耗开销也非常适中。简单的检查器能有效抵御设计和运行故障，并为高效、低成本地检测制造故障提供了便捷机制。由于检查器将检查集中在自身，因此简化了设计检查。具体来说，如果核心处理器中仍然存在任何设计错误，检查处理器将对其进行纠正（尽管效率不高）。此外，还引入了一种低成本、高覆盖率的技术，用于检测和纠正与 SER 相关的故障。该方法利用检查处理器检测核心处理器中的高能粒子撞击，针对检查处理器开发了一种错误时重新执行技术，允许检查处理器进行自我检查。最后，展示了如何利用检查器实施低成本的分层制造测试方法。通过简单的低成本 BIST 对检查器模块进行测试，然后将检查器用作测试器，对核心处理器的制造错误进行测试。这种方法可以大大降低微处理器后期测试的成本，同时缩短测试部件所需的时间。

28.2 动态验证

近年来，为了减轻复杂微处理器设计中的验证负担，引入了动态验证。动态验证是一种在线指令检查技术，它源于一个简单观察，即推测执行具有容错性。以一个包含设计错误的分支预测器为例，预测器阵列用程序计数器（PC）的最高有效位（而不是最低有效位）进行索引。

28.2.1 系统架构

即使分支预测器包含设计错误，但由此所得到的设计也将正确运行。对系统的唯一影响就是将显著降低分支预测器的准确性（更多的分支预测错误），并相应地降低系统性能。从正确设计的分支预测器检查机制的角度来看，预测器损坏导致的错误预测与预测器设计正确导致的错误预测是无法区分的。此外，预测器不仅能容忍永久性错误（如设计错误），还能容忍制造缺陷和运行故障（如噪声相关故障或自然辐射粒子撞击）。

考虑到这一观察结果，可以简单地通过增加推测程度来减少复杂设计中的验证负担。动态验证通过将推测推向核心程序执行的各个方面来实现这一点，使架构完全具有推测性。在一个完全推测性的架构中，所有处理器的通信、计算、控制和前向进程都是推测性的。因此，这种推测中的任何永久性故障（如设计错误、缺陷或故障）和瞬态故障（如噪声相关故障）都不会影响程序的正确性。图 28.1 说明了该方法。

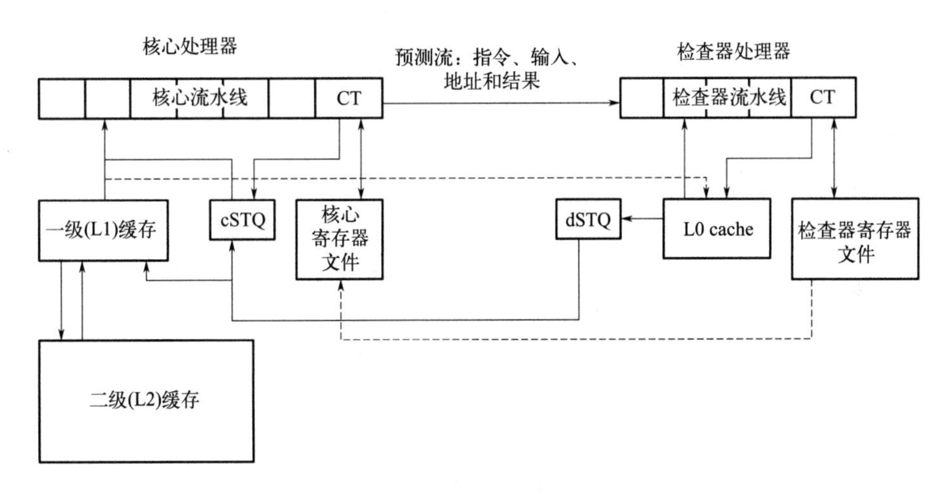

图 28.1 动态验证系统架构

为了实现动态验证，使用两个执行相同程序的异构内部处理器来构建微处理器。核心处理器负责预执行程序以创建预测流。预测流由所有已执行的指令（按程序顺序传递）及其输入值和引用的任何内存地址组成。在基线设计中，核心处理器在退役阶段之前（但不包括退役阶段）的所有方面都与传统的复杂微处理器核心相同。在这个基线设计中，复杂的核心处理器正在“预测”值，因为它可能包含潜在的错误，这些错误可能会导致这些值不正确。

检查处理器跟随核心处理器，通过重新执行核心处理器之后的所有程序计算来验证核心处理器的活动。来自核心处理器的高质量预测流可以简化检查处理器的设计，加快其处理速度。在复杂的核心处理器上预先执行程序，可以消除所有的处理冒险（hazard）（如分支预测错误、高速缓存缺失和数据依赖性），这些冒险（hazard）会降低简单处理器的运行速度，并需要复杂的微架构。如果核心产生了错误的预测值（例如由于设计错误产生的），检查处理器将修复错误值，从核心处理器中清除所有内部状态，并在错误指令之后重新启动核心处理器。重新启动后，核心处理器从非累积存储区读取寄存器和内存值时，将与机器的正确状态重新同步。

为了消除产生存储结构冒险的可能性，检查处理器拥有自己的寄存器文件以及指令和数据高速缓存。检查处理器有一个小型专用数据高速缓存，称为 L0 高速缓存（cache），装载核心处理器接触到的任何数据；它从 L1 高速缓存的输出端口分流。这种预取技术大大减少了检查器的未命中（miss）次数。但是，如果检查处理器在 L0 高速缓存中出现未命中，就会阻塞整个检查流水线，未命中数据将由核心 L2 高速缓存处理。即使是很小的缓存，检查处理器也很少发生缓存未命中的情况，因为来自核心处理器的高质量地址流使其能够非常高效地管理这些资源。核心和检查器还增加了存储队列（图 28.1 中的 cSTQ 和 dSTQ），以提高性能。

由此产生的动态验证架构应能减轻验证负担，因为只有检查器需要完全正确。由于检查处理器会修正要提交的指令中的任何错误，因此核心的验证就简化为定位和修正可能影响系统性能的常见设计错误的过程。由于复杂核心是一个主要的测试问题，因此减轻这部分设计的正确性负担可以节省大量的验证时间。为了保持高质量的检查处理器，可利用形式验证来确保功能的正确性，并广泛利用检查处理器内建自测试（BIST）来保证成功实现。

28.2.2 检查处理器架构

为了使动态验证可行，检查处理器必须简单而快速。它必须足够简单，以减轻整体设计验证的负担，同时又足够快，以免减慢核心处理器的运行速度。图 28.2 展示了一个单问题两级检查处理器，虽然所展示的设计假定是一个单宽检查器，但扩展到更宽或更深的设计是一项相当简单的任务（稍后讨论）。在正常运行时（如图 28.3 所示），核心处理器向检查流水线发送指令（带预测）。这些预测包括下一条 PC（NPC）、指令、指令输入和引用地址（用于加载和存储）。检查处理器通过使用四个并行阶段来确保这一传输过程中每个部分的正确性，每个阶段都对预测流中的一个单独部分进行检查。IF CHECK 单元通过使用检查程序计数器访问指令存储器，验证指令取回。ID CHECK 通过检查输入寄存器和控制信号，验证指令译码是否正确。EX CHECK 重新执行功能单元操作，以验证核心计算。最后，MEM CHECK 通过访问检查器内存层次结构来验证任何加载。

如果来自核心处理器的每条预测都是正确的，那么检查处理器计算出的当前指令结果（寄存器或内存值）就可以在其提交（CT）阶段退至非累积存储区。如果发现任何预测信息不正确，则会修复错误的预测，刷新核心处理器，并在错误指令之后重新启动核心和检查处理器流水线。核心刷新和重启使用的是所有现代高性能流水线中包含的分支推测恢复机制。

如图 28.3、图 28.4 所示，路由复用器可分别配置为并行器检查流水线或恢复流水线。在恢复模式下，流水线被重新配置为串行流水线。在这种模式下，阶段计算被发送到检查处理器流水线的下一个逻辑阶段，而不是用于验证核心预测。每次只允许一条指令进入恢复流水线。因此，恢复流水线配置不需要旁路数据通路或复杂的调度逻辑来检测冒险。恢复模式下单条指令的处理性能会很差，但只要故障不频繁发生，就不会对程序性能产生明显影响。一旦指令退出，检查处理器就会重新进入正常处理模式，并在错误指令之后重新启动核心处理器。

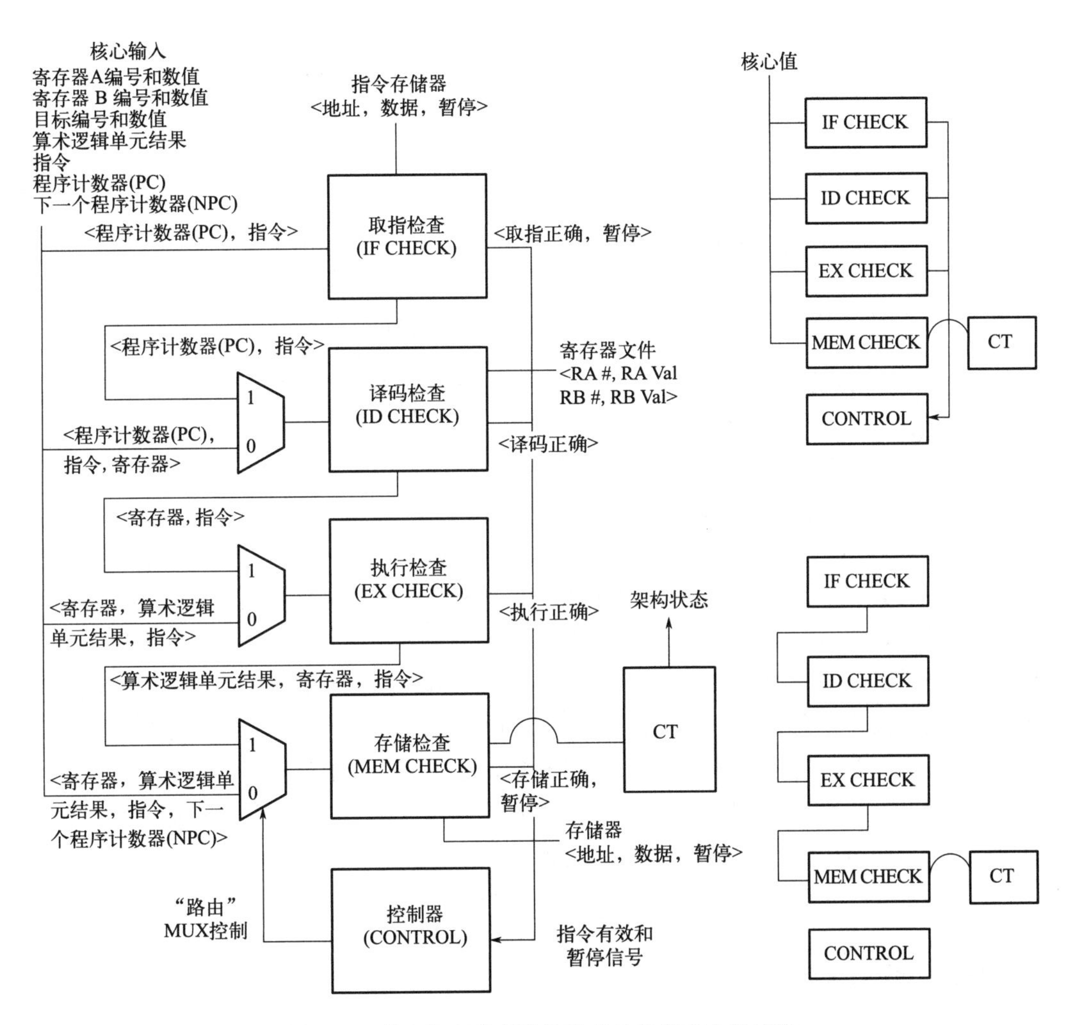

图 28.2　单宽检查处理器的检查处理器流水线结构

图 28.2 还说明检查和恢复模式使用相同的硬件模块，从而降低了检查器的面积成本。每个阶段只需要中间流水线输入，至于这些输入是来自核心处理器预测流，还是检查处理器流水线的上一阶段（在恢复模式下），则与阶段的运行无关。这一特性使得单个阶段的控制和执行非常简单。在恢复模式下，检查逻辑是多余的，因为输入始终是正确的。流水线调度非常简单，如果任何检查流水线因故阻塞，所有检查处理器流水线都会停滞。这简化了检查处理器的控制，无需指令缓冲或复杂的非阻塞存储接口。由于在正常处理过程中指令之间不存在依赖关系，因此只有在高速缓存缺失或结构（资源）冒险时才会出现检查

处理器流水线停滞。由于不存在依赖关系，因此可以将检查器控制构建为三阶段（空闲、检查和执行）Moore 状态机。流水线处于空闲状态，直到有失效的核心处理器指令到来。然后，流水线进入正常的检查模式，直到所有指令耗尽或有指令声明为故障。如果出现故障，流水线将进入执行状态，将流水线重新配置为单条串行指令处理。一旦故障指令处理完毕，流水线将返回空闲或检查模式，具体取决于核心指令的可用性。

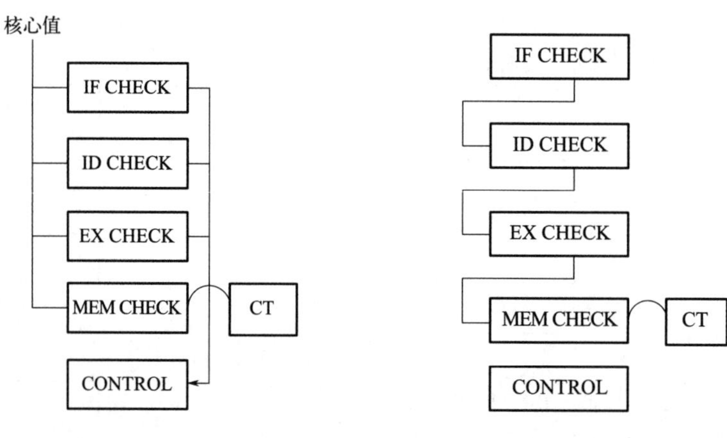

图 28.3 检查模式下的检查处理器流水线结构

图 28.4 执行模式下的检查处理器流水线结构

某些故障，尤其是影响核心处理器控制电路的故障，会锁定核心处理器或使其进入死锁或活锁状态，在这些状态下，没有指令试图退出。例如，如果高能粒子撞击将预留站中的输入标签改变为同一指令的结果标签，处理器核心调度器就会陷入死锁。为了检测这些故障，系统增加了看门狗定时器（WT）。每条指令提交后，看门狗定时器会重置为任何一条指令完成的最大延迟时间。如果定时器到期，处理器核心不再向前推进，核心将重新启动。此时，流水线控制会转换到恢复模式，在该模式下，检查处理器能够完成当前指令的执行，然后在停止指令之后重新启动核心处理器。

28.3 物理设计

对于各类测试技术，除了考虑其优点外，还必须量化其成本。本节将分析检查处理器原型的性能、面积和功耗成本。为了评估检查处理器对性能的影响，我们为 Alpha 指令集的整数子集构建了一个 Verilog 模型。用手工编码的小型汇编程序对该设计进行了测试，以验证检查器的正确运行。

由于时间限制，没有实施浮点指令。不过，我们使用相同技术中一个无关物理设计的测量结果估算了浮点开销。Synopsys 工具集与 0.25μm 工艺库结合使用，生成了一个运行频率为 288MHz 的无流水线全综合设计。这里，我们考虑将这种方法以及半定制设计作为匹配当前微处理器速度的手段。Synopsys 工具集会根据使用的单元和估计的互连，生成综合设计的面积估计值。利用模块间逻辑冗余的边界优化被关闭，以便评估每个模块对总面积的贡献。工具集生成的单宽检查器尺寸为 1.65mm^2，其与 Alpha 21264 微处理器 205mm^2 的尺寸相比相当小，仅为 Alpha 芯片面积的 0.8%。不过，如前所述，它只实现了指令集的一个子集。检查器面积分解图显示，容纳功能单元的检查模块对总体尺寸的影响最大。

由于需要跟踪指数，浮点模块应略大于整数模块。Cacti 工具预计的 I-cache（指令缓存）和 D-cache（数据缓存）的面积分别为 0.57mm^2 和 1.1408mm^2。这些数值针对的是前一节所述的 512B I-cache 和 4KB D-cache。考虑到高速缓存，检查器的总面积上升到大约 10mm^2，但仍然远远小于采用相同技术的完整微处理器。

28.4　附加故障覆盖率的设计改进

迄今为止介绍的设计都是针对设计故障的。虽然检查器由于其检查能力和对关键电路的简化而在本质上有助于检测运行和制造故障，但这并不是迄今为止的主要重点。现在，我们将探讨动态验证如何进一步帮助检测运行和制造故障。

28.4.1　运行错误

有几种机制可以降低运行错误影响功能的概率，特别是 SER 粒子撞击可能导致的错误。如果检查器设计得当，就能保证系统在核心出现任何错误时都能正常运行。这种保证之所以可以安全地进行，是因为检查器将检测并纠正核心中的任何运行故障。如果考虑到检查电路中可能存在的运行错误，确保正确运行就更具挑战性。在理想情况下，检查器的设计应使其寿命和辐射耐受性高于表 28.1 列举的检查过程中可能出现的故障情况。情况 A 代表误报情况，即检查器检测到的故障实际上并没有发生。为解决情况 A，需要添加额外的控制逻辑，使得当检测到错误时，检查器会在进入恢复模式前重新检查核心值。

表 28.1　检查电路中的运行故障

	error occurred	error did not occur
检测到错误	正常运行 检查器检测到发生的错误	情况 A 检查器将重新检查并确认指令正确
未检测到错误	情况 B 发生的概率较小，见文本中的公式	正常运行 核心工作正常，检查器未发现任何错误

这降低了发生这种情况的可能性，但代价是故障恢复性能稍慢。情况 B 有两种发生方式：第一种是运行错误导致核心和检查器同时发生等效错误。这是两个小概率事件的乘积。如果给定一个好的设计，则发生这种情况的概率很小。不过，可以通过复制功能单元来进一步降低这种概率。另一种可能性是比较逻辑或控制逻辑出错。为降低这种错误发生的概率，可以在控制逻辑上采用 TMR（三模冗余）。在带有检查器的系统中，式（28.1）所示

的故障概率总是至少两个不太可能发生事件的乘积。对于需要超高可靠性的系统，可以复制检查器，直到概率达到应用所能接受的程度。这是一种低成本的冗余执行方法，因为只需复制小型检查器。

$$P_{\text{failure}} = P_{\text{design error core}} P_{\text{masking strike in checker}} + P_{\text{design error core}} P_{\text{strike checker control}} \tag{28.1}$$

图 28.5 说明了如何将 TMR 应用于检查器的控制逻辑，以便在检查器控制出现运行错误时提供更好的可靠性。同样，我们通过综合 Verilog 模型进行了设计分析。前面给出的面积估算表明，检查器的简单控制逻辑只占整个检查器面积的一小部分。增加两个以上的控制逻辑单元和表决器逻辑只需额外消耗 0.12mm^2。TMR 在表决器逻辑中仍存在单点故障，但与控制单元逻辑相比，由于面积不同，发生故障的概率有所降低。此外，表决器逻辑可以配备大小足够大以对环境条件具有高耐受性的晶体管。

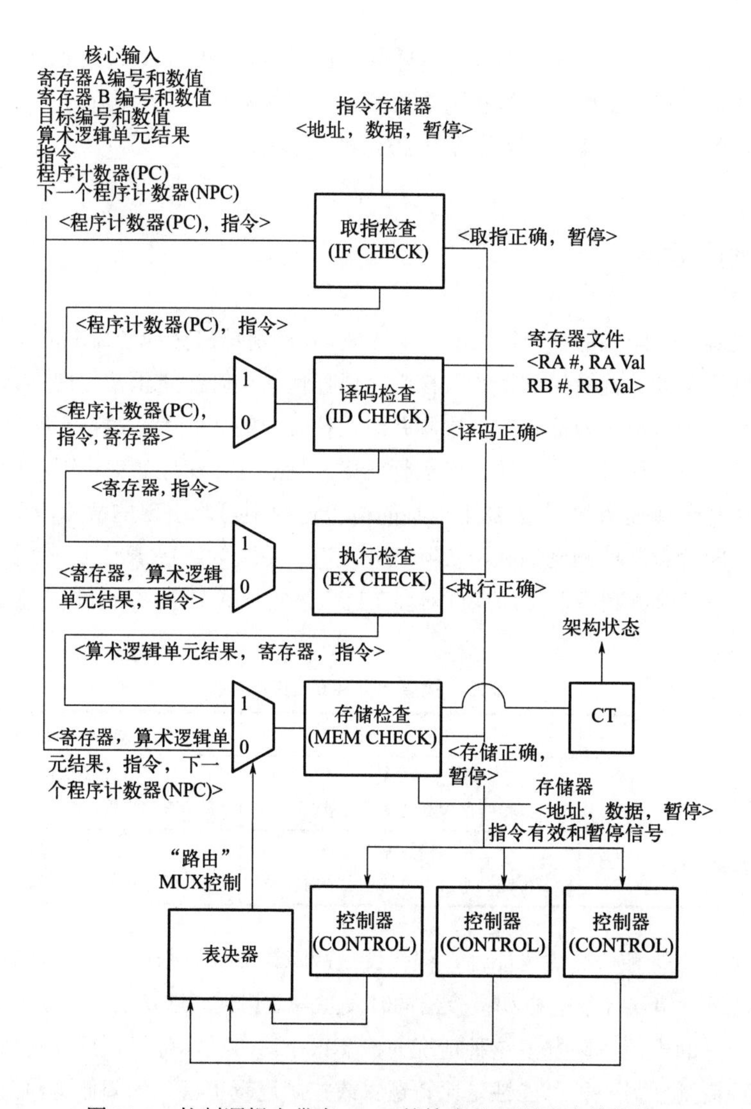

图 28.5　控制逻辑上带有 TMR 的检查处理器流水线结构

28.4.2　制造错误

检查处理器可以提高制造测试的成功率，因为检查器的设计适合这些测试，只有当检查器完全没有缺陷，程序才能正确运行。由于检查器的中值被锁存在硬件中，并与硬件进行比较，提高了检查器对非并行测试技术的适用性。可以在向检查器提供数据的锁存器中综合一个简单的扫描链。这种类型的测试可以提高核心的故障覆盖率，因为检查器电路要简单得多。而 BIST 是另一种对这类电路具有巨大潜力的选择。

如图 28.6 所示，可以添加 BIST 硬件来测试检查器的制造错误。BIST 硬件使用测试

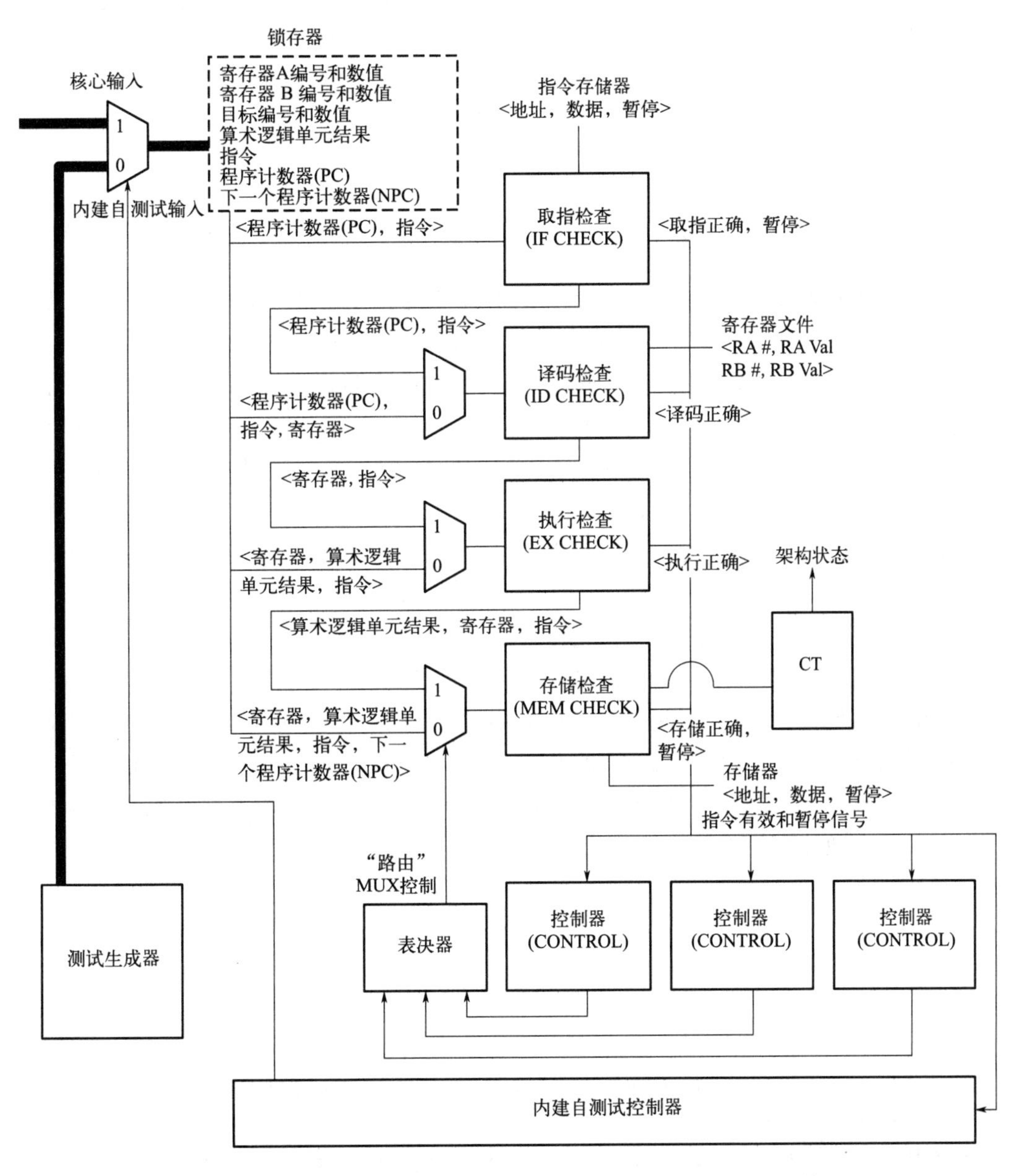

图 28.6　带有控制逻辑 TMR 和 BIST 的检查处理器流水线结构

发生器来人为刺激检查器逻辑，并将值传递到检查级锁存器，锁存器保存指令供检查器验证。最有效的测试生成器是一个包含操作码、输入和预期结果的 ROM。利用这些数据和系统中已有的错误信号，可以进行有效的非并行测试。显然，ROM 应同时包含好的和坏的数据集，以便对检查模块进行全面测试。测试所有故障所需的测试次数取决于检查器逻辑的大小和结构。存储器是设计的另一个重要组成部分。执行 1 和 0 只是测试存储器的一种简单方法。

虽然难以量化，但是制造过程可能会从检查处理器的应用中受益。在晶圆厂中，零件生产的测试受到测试仪器的带宽和延迟限制，而引入检查处理器可以提高测试性能。一旦内部 BIST 机制对检查器进行了全面测试，检查处理器本身就可以测试余下的核心处理器电路，无需昂贵的外部测试仪器，只需电源和一个简单的接口。通过 ROM 保存核心测试程序和一个简单的 I/O 接口，我们可以确定检查器是否通过了所有核心处理器测试。

28.5 小结

现代微处理器设计面临着许多可靠性挑战。功能性的设计错误和电气故障会损害部件的功能，使其失去作用。虽然功能和电气验证可以发现大部分设计错误，但仍有许多非平凡错误进入实际应用领域。此外，还必须克服由于制造缺陷和运行故障（如高能粒子撞击）引起的额外故障。在深亚微米制造技术中，由于设计复杂性增加、与噪声相关的故障机制增加，并且更容易受到自然辐射源的影响，对可靠性的关注日益增加。为了应对这些可靠性挑战，提出了使用动态验证技术，即在处理器流水线的最后阶段增加一个检查处理器。如果核心处理器发出错误指令，检查处理器将修复错误的计算，并利用处理器的推测恢复机制重新启动核心处理器。

动态验证将验证工作集中在检查处理器上，其简单灵活的设计有利于高质量的功能验证和稳健的实现。本章对检查处理器原型设计进行了详细分析。简单的检查器可以轻松跟上复杂的核心处理器，因为它利用核心处理器中的预计算来清除分支、数据和通信冒险，否则这些冒险可能会减慢简单检查器流水线的速度。最后，介绍了基线设计的新扩展，以提高运行故障和制造故障检测的覆盖率。其中一种方法是利用核心的容错性来实现自适应的核心电路。通过采用自适应时钟机制，可以超频核心电路，从而回收几乎总是存在的设计和环境余量。

参考文献

[1] M. Williams, “Faulty Transmeta Crusoe Chips Force NEC to Recall 300 Laptops”, The Wall Street Journal, 2000·
[2] P. Bose, T. Conte and T. Austin, “Challenges in processor modeling and validation”, IEEE Micro, pp. 2–7, 1999.

[3] R. Grinwald, "User defined coverage, a tool supported methodology for design verification", Proceedings of the 35th ACM/IEEE Design Automation Conference, pp. 1–6, 1998.
[4] M. K. Srivas and S. P. Miller, "Formal Verification of an Avionics Microprocessor", SRI International Computer Science Laboratory Technical Report CSL, 1995.
[5] M. C. McFarland, "Formal Verification of Sequential Hardware: A Tutorial", IEEE Trans. on Computer-Aided Design of Integrated Circuits and Systems, vol 12, no. 5. 1993.
[6] J. Sawada, "A table based approach for pipelined microprocessor verification", Proc. of the 9th International Conference on Computer Aided Verification, 1997.
[7] H. A. Asaad and J. P. Hayes, "Design verification via simulation and automatic test pattern generation", Proceedings of the International Conference on Computer-Aided Design, IEEE Computer Society Press, pp. 174–180, 1995.
[8] B. T. Murray and J. P. Hayes, "Testing ICs: Getting to the Core of the Problem", Computer, vol. 29, no.11, pp. 32–45, 1996.
[9] M. Nicolaidis, "Theory of Transparent BIST for RAMs", IEEE Trans. Computers, vol. 45, no. 10, pp. 1141–1156, 1996.
[10] M. Nicolaidis, "Efficient UBIST Implementation for Microprocessor Sequencing Parts", J. Electronic Testing: Theory and Applications, vol. 6, no. 3, pp. 295–312, 1995.
[11] S. K. Reinhardt and S. S. Mukherjee, "Transient Fault Detection via Simultaneous Multithreading", Proceedings 27th Annual Intl. Symp. Computer Architecture (ISCA), 2000.
[12] E. Rotenberg, "AR-SMT: A Micro architectural Approach to Fault Tolerance in Microprocessors", Proceedings of the 29th Fault-Tolerant Computing Symposium, 1999.
[13] S. Chatterjee, C. Weaver and T. Austin, "Efficient Checker Processor Design", In Micro-33, 2000.
[14] H. A. Assad, J. P. Hayes and B. T. Murray, "Scalable test generators for high-speed datapath circuits", Journal of Electronic Testing: Theory and Applications, vol. 12, no. 1/2, 1998.
[15] J. Gaisler, "Evaluation of a 32-bit microprocessor with built-in concurrent error detection", Proceedings of the 27th Fault-Tolerant Computing Symposium, 1997.
[16] Y. Tamir and M. Tremblay, "High-performance fault tolerant VLSI systems using micro rollback", IEEE Trans. on Computers, vol. 39, no. 4, pp. 548–554, 1990.

第29章

超大规模集成电路与嵌入式系统的应用

我们身处在一个创新驱动的世界。当个人电脑最初出现时，它们曾是如此巨大，有些甚至需要占用一整个房间。这是因为它们由巨大的真空管制成，尽管它们的体积庞大，但速度却相对适中。然而，不久之后，制造者们意识到并不想要如此庞大的电脑，它们的尺寸应该更小。集成电路（IC）的发明为这一进程奠定了基础，不久后超大规模集成电路（VLSI）问世。VLSI代表了集成度超高的电路技术。

VLSI通过将数十亿个半导体器件集成到一个芯片中实现。VLSI始于19世纪70年代，当时复杂的半导体和通信技术不断创新。微处理器就是其中的一个成果。在VLSI创新之前，大多数集成电路所能实现的功能是有限的。电子电路可能由CPU、ROM、RAM和其他逻辑元件组成。随着技术的进步，集成电路制造商能够将这些元件集成到一个芯片中，从而实现更高的集成度。

嵌入式系统是嵌入到应用环境或其他计算系统中并提供专门支持的特殊用途计算系统。随着处理能力的成本不断降低，加上内存成本的不断降低，以及设计低成本片上系统的能力的提高，嵌入式计算系统得到了广泛的开发和应用。例如，用于计算系统和移动电话的网络适配器，用于空调、工业系统和汽车的控制系统，以及监控系统。网络嵌入式系统包括两类系统，它们为端到端服务提供了所需的支持。第一类是基础设施（核心网络）系统，包括核心网络运行所需的所有系统，如交换机、网桥和路由器；第二类是终端系统，包括终端用户可见的系统，如移动电话和调制解调器。

29.1 超大规模集成电路应用

VLSI无处不在，其实际应用包括个人电脑或工作站中的微处理器，显卡中的芯片，数码相机或摄像机中的芯片，手机或便携式计算设备中的芯片，以及汽车中的嵌入式处理器等。本节将讨论超大规模集成电路电路的一些应用。

29.1.1　工业厂房中的自主机器人

机器人技术的发展日新月异，许多自主机器人进入生产线，可以在生产线上自动完成任务，加快了日常工作的速度，提高了工作的精确度。在 VLSI 技术进步的推动下，这些自由移动的机器人可以根据需要执行更复杂的任务，以可控和可预测的方式执行计算机化的任务，使得它们有可能提高制造工厂的效率。由于最新 VLSI 技术的改进，这些机器人内部的复杂电路日趋小型化。例如，图 29.1 就是自主机器人的示例。一般来说，计算机导引车和运输工具已被引入制造厂，用于移动材料和部件。不过，这些机器人大部分都依赖于预设的路线，没有出现偏差的可能。但随着每一代电子产品的升级，现在人们发现，越来越多的机器人正在执行具有挑战性的任务。例如，处理器技术、传感器、3D 摄像头、网络等方面的创新，都为智能机器人配备了在工业设施地面上安全探索路径的硬件。一些具有前瞻性的制造商正在积极采用这种架构。例如，在意大利，汽车生产商佛吉亚（Faurecia）正在利用 MiR 公司的自主规划路径能力来提高其物流能力。两家公司合作，重新设计了 Faurecia 的生产线布局，使机器人能够使用其内部导航系统进行路径规划。工人可以通过手机、平板电脑或计算机界面与机器人进行互动，通过按下按钮告知机器人他们的需求。

图 29.1　工业自主机器人示例

29.1.2　制造业中的机器

任何生产商都不希望将资源投入到工厂中却发现其使用率低下，无法获得产出。正因为如此，智能 VLSI 设计已成为观察机器使用情况的主流和开创性方法，通过仪表板向管理员发送重要的执行信息，告诉他们与其他硬件相比，哪些设备工作得最好。这些阶段可以成为改进制造工厂的关键驱动力，因为可以据此摒弃无法达到预期目标的瓶颈机器。

例如，MachineMetrics一直在与总部位于明尼苏达州的锁存器和设备生产商Fastenal合作，应用一种智能设备来监控加工厂的运行情况。该产品可以通过将MachineMetrics Edge与控制器的以太网端口连接来与任何先进的数控机床连接，而较旧的机器则可以利用计算机和简单的I/O模块将信息合法地共享到云端。

在Fastenal公司的案例中，该产品每天、每周和每月持续提供机器使用情况的信息，以揭示进行有效升级的机会。MachineMetrics表示，在最初的三个月里，机器使用率提高了11%。

一个中小型装配车间可能包含多个不同形状和大小的管理员设备，这些设备可用于多种用途。对于大型工业设施来说，这个数字可能会上升到数千个。VLSI的进步意味着，这些设备绝不会在特定的操作边界之外被错误地使用，这将极大地提高生产效率。从图29.2中我们可以看到，智能机器正在提高制造工厂的生产力。

图29.2　生产力的提高：互联设备可以减少人为失误

空中客车公司和博世公司也在推动这类应用，利用相关智能设备开展了“未来工厂”活动，促进了这一领域的发展。在航空工厂中，这些程序可能发生在多个工作单元中，并且可以由不同的管理员执行。空客公司表示，通过使手动设备更加智能化，改进这些程序的潜力巨大。其他装配公司也决定采用同样的模式。例如，通用电气（GE）航空公司的工人们已经将Wi-Fi驱动的力矩扳手与混合现实头显结合在一起，以确保以最理想的情况固定螺栓。这与提高生产力和盈利能力以及产品质量息息相关。

装配，就其本质而言，需要大量的能量，这意味着巨大的工作成本。正因为如此，加工厂的所有者和主管们正逐步采用智能化VLSI解决方案，这些解决方案可提供接口传感器、执行器、调节器和其他硬件，从而能够检查能源使用、照明、暖通空调和消防安全结构。这些信息还可以与来自更广泛数据集的数据相结合，如气候预测以及与资金相关的数据（电力和各种公用事业的成本等）。这种设计在装配工厂中越来越多，也使结构更加智能、合理和熟练。

例如，BAE系统公司与施耐德合作，在其位于英国的一个制造办公室引入了EcoStruxure大楼。在这个特定的案例中，EcoStruxure平台被用于监控仓库和办公区的暖通空调，以及其他设备，包括风扇、热回收装置和电加热板。在架构安装方面，架构集成商 Aimteq 为工作场所和配送中心安装了两块板，其中包含施耐德 SmartX AS-P 调节器和 I/O 模块，以及触摸屏平板电脑。如果没有智能电路和电子设备的帮助，这是不可能实现的。

29.1.3 用于质量控制的智能视觉技术

更快、适应性更强的生产线可能是满足客户需求的方式，但如果检查不充分，同样会对质量控制产生负面影响。如今，随着工厂寻求机械化来取代人工检查，人们开始通过创新来确保质量不出现偏差。VLSI 驱动的高像素摄像头视觉架构与声学传感器等不同的器具相结合，再加上图像处理功能，逐渐取代了人眼。图 29.3 举例说明了智能视觉摄像设备。这些设备可用于识别瑕疵（例如尺寸、形状或光洁度），以及识别名称、扫描仪标签或二维码的准确性和含义。通过这些数据就可以回溯到生产线的前几个阶段，使管理人员能够在进行修改之前识别并归纳出问题的根本原因。经过一段时间后，计算机化的感知可以用来完善和改进生产程序。

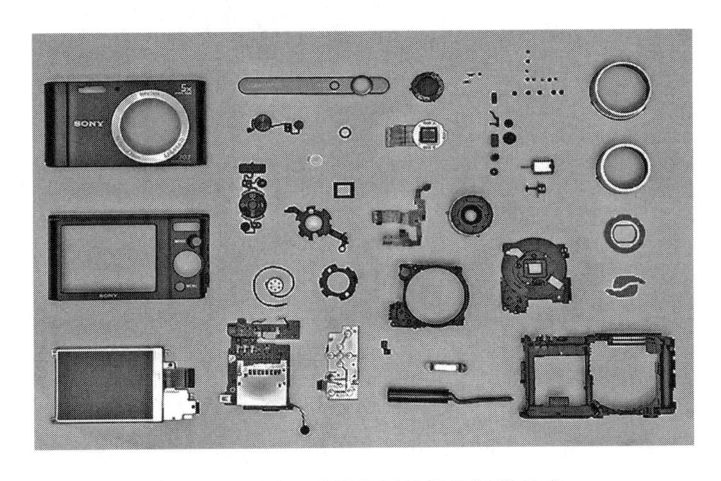

图 29.3　用于质量控制的智能视觉技术

这种智能视觉技术被广泛应用于装配工厂，以检测包括电子设备、采购商品和金属部件在内的各种物品的品质。例如，汽车零部件供应商格特拉克（Getrag）一直在使用一种架构来检测离合器等部件，持续为工程师提供有关非调整部件和装配过程中检测到的信息。这样做的目的是提高产品质量，减少过多的返工，提升品牌形象。

电子电路为制造商带来的优势并不会在产品到达调度中心之后便消失。实际上，运输和协调工作已成为数字化的重要受益者之一，资源跟踪传感器可提供有关资源区域、周围温度和移动情况的连续数据，例如 LoRa（远距离无线电）和窄带物联网。这些系统可根据需要将 VLSI 传感器信息安全无误地传输到云端。

最近，Hoopo 公司和 Polymer Logistics 公司联合推出了一种利用 LoRa 技术的集装箱智能跟踪系统，可以在不需要 GPS 的情况下定位资源。这就保证了设备的低功耗，并在持续提供资源信息的同时延长了电池寿命。

29.1.4 确保安全的可穿戴设备

可穿戴技术的创新可能与智能健身设备密切相关。例如，可穿戴设备正逐步被用于保障个人安全，利用随身佩戴的传感器监测生理状况，了解体温、心跳和呼吸频率等关键体征。图 29.4 展示了一款智能健身手环。

图 29.4 可穿戴设备：确保安全

通过在硬件中植入传感器或智能设备，它们就成了收集信息并将信息发送到某个网络的节点。特别是在装配工厂，其工人有时需要单独行动或处理潜在危险物质。这是一种降低企业一致性和管理费用的方法。同时，出于人体工学的考虑，可穿戴设备被应用于装配行业，也可以减少体力劳动对工人身体造成的伤害。

德国汽车制造商奥迪（Audi）公司正在其工厂中使用外骨骼人体工学导引器，在工人搬运巨大材料时为他们提供帮助。此外，外骨骼还允许工人在需要时采取坐姿。

这些功能可以将背部的压力减轻 20% ～ 30%，并长期保持更健康的姿势。随着技术的不断进步，这类器具也被融入 VLSI 的技术，使专家们能够利用更精确的信息来实现人体工学的目的。

29.1.5 使用 CPU 进行计算

你可能对“处理器”这个词并不陌生，因为经常谈到中央处理器（CPU）。CPU 是最常用的处理器类型，适用于各种工作。总的来说，CPU 运行操作系统和应用程序。

CPU 利用预测单元、寄存器和执行单元工作，这就是所谓的架构。寄存器存储信息或指向内存的指针，通常为 64 个信息组。执行单元至少利用一个寄存器完成一些工作，例如，浏览并与内存保持联系或执行数学运算。二进制 CPU 上可以使用无数个执行单元，每个执行单元需要一两个时钟周期来完成其功能。

中央处理器的适应性很强，足以满足各种任务的需要。其执行速度可以扩展，从而改变时钟速度（以 GHz 为单位），以使每个时钟周期完成更多任务。例如，AMD Ryzen 9 3950X 为其第三代 Ryzen 处理器，为 16 核 32 线程 CPU。7nm VLSI 技术使 AMD 能够制造出前所未有的处理器。AMD Ryzen CPU 如图 29.5 所示。

图 29.5　使用 CPU 进行计算：AMD Ryzen 处理器

29.1.6　片上系统

SoC 代表片上系统，顾名思义，就是将一套完整的处理单元封装在一起。它不是一个处理器，而是一种封装。SoC 包含许多处理部件、内存、调制解调器和其他基本部件，它们被集成在一个芯片中，并连接到电路板上。VLSI 技术的所有进步都对这一领域产生了巨大的影响。没有 VLSI 技术，我们就不会在日常生活中使用带有 SoC 的智能手机。

SoC 就像我们手机的大脑。将不同部件集成到一个芯片中，可以节省空间、成本，提升利用率。SoC 还能与不同部件连接，例如摄像头、显示屏、存储器等。SoC 能够处理从 Android 操作系统到识别我们按下按钮时的等一切。下面给出了 SoC 的一些最重要的部件。

中央处理器（CPU）：SoC 的“头脑”，运行着 Android 操作系统的大部分代码和大部分应用程序。

图形处理单元（GPU）：处理与设计相关的任务，例如，可视化应用程序的 UI 和 2D/3D 游戏。

图像处理单元（IPU）：将来自手机摄像头的信息转换为图片和视频文件。

数字信号处理器（DSP）：处理更密集的数字信号，且包括解压缩音乐文件和检查陀螺仪传感器信息。

神经处理单元（NPU）：用于顶级手机，以加速人工智能任务，其中包括语音识别和摄像头处理。

视频编码器 / 解码器：处理视频文件。

调制解调器：将信号转换为我们的手机获得的信息，包含4G LTE、5G、Wi-Fi和蓝牙调制解调器等。

在手机领域，高通（Qualcomm）、三星半导体（Samsung Semiconductor）、华为海思（HiSilicon）和联发科（MediaTek）是业内最著名的四家公司。我们的手机中很可能就有这些公司的芯片。高通公司是手机SoC的最大供应商，每年为大多数高端、中端甚至低端手机提供芯片，其SoC品牌为Snapdragon（骁龙）。该公司曾经的最佳创新的高端芯片为骁龙800系列，例如骁龙865；中端和超中端产品分别为骁龙600和700系列，例如支持5G的骁龙765；而低端产品为400系列。

29.1.7 前沿AI处理

神经处理单元（NPU）、AI处理器等术语经常被使用，但它们在现代个人电脑/智能手机中的含义非常相似。NPU是一种明确用于神经网络和AI计算的系统。在20年前，这类系统还不实用。但随着先进的VLSI半导体技术的发展，我们现在可以使用这类系统来实现更精确、更灵活的AI计算。如今，就连智能手机也有NPU。NPU相比CPU能更快、更熟练地处理神经系统和AI任务。NPU还使用其邻域内存缓存加速执行，而不使用较慢RAM。

神经系统经常需要执行的任务是将不同位的信息只产生一个结果，它可以同时处理从16位到8位甚至4位的信息，这与CPU使用的数学和信息类型不同。因此，随着NPU和其他智能硬件的加速发展，人工智能领域的发展也加快了步伐。

29.1.8 5G网络中的VLSI

各种新技术，如自动驾驶汽车、智能工厂、流媒体视频和基于云的应用程序，都更加强调更高的带宽和更短的延迟。为了满足这些不断发展的需求，5G将速度提高到4G LTE的100倍，同时将延迟降低一个数量级或更低。此外，5G规范要求新网络每平方公里连接100万台设备，是以前的100多倍。

要达到这些更高的性能水平，就必须做出重大改变，包括采用新的频段和改变无线接入网络（RAN）架构。在建设4G LTE之后，运营商必须部署一种全新的传输技术，其复杂性更高，硬件和软件组件也要多得多。这种部署本身是大规模的，运营商需要的解决方案不仅要部署快速、高效，还要在采购和运营方面经济实惠。这些组件还必须可靠，并最大限度地降低功耗。在这方面，VLSI技术再次显示了其对构建未来网络的作用。从频段开始，5G网络几乎完全不同于4G LTE。5G接续了4G的发展，频谱范围从6GHz到300GHz。更高的频率可支持更小的小区规模，从而使5G小区能够在社区、制造工厂，甚至房屋和其他建筑内提供高度本地化的覆盖。例如，图29.6显示了一个小型5G塔。这类小型基站使用的是最先进的网络调制解调器、接收器和发送电路，它们都是采用最先进的VLSI网络元件制造的。

29.1.9　模糊逻辑和决策图

图 29.6　5G 网络中的超大规模集成电路：5G 网络单元

模糊逻辑是日常生活中的一个重要范式。我们使用大量的数学推理和由模糊逻辑和决策图生成的复杂解。在日常生活中，VLSI 和逻辑门使得各种模糊算法的实现比以前容易得多。最新型的 VLSI 比以往任何时候都能更快地实现各种基于决策图的解决方案。由于采用了最新的 IC 技术，电子设备的许多决策现在都得到了简化。下面将讨论 VLSI 的进步对模糊逻辑方面产生影响的一些重要领域。

（1）航空

在航空领域，模糊逻辑被应用于以下方面：

- 航天飞机 / 飞机的高程控制；
- 卫星的高程控制；
- 飞机系统中的流线和混合准则，等等。

（2）汽车

在汽车领域中，模糊逻辑用于以下方面：

- 基于模糊逻辑的速度控制系统；
- 程序化和自动驾驶汽车的移动策略；
- 交通信号管理。

（3）商业

在商业领域，模糊逻辑可用于以下方面：

- 动态决策支持网络；
- 大型企业的员工绩效评估；
- 监控各种工具和机器的效率。

（4）安全

在安全领域，模糊逻辑可用于以下方面：

- 水下目标确认；
- 红外图像的程序目标确认；
- 电力保护系统；
- 超高速拦截器的控制。

（5）海洋

在海洋领域，我们也可以看到模糊逻辑的大量应用，例如：

- 船舶自动驾驶；
- 理想航线确定；

- 自主水下航行器的控制；
- 船舶控制。

（6）医学

在医学领域，也可以看到模糊逻辑的大量使用如下：

- 临床症状情感支持网络；
- 人类行为检查；
- 基于模糊逻辑思维的刑事检查和预防；
- 镇静期间的血压控制；
- 镇静的多变量控制；
- 分析阿尔茨海默病患者的神经病理学数据。

29.2 嵌入式系统应用

嵌入式系统是一种电子或PC框架，旨在控制和访问电子设备中的信息。它包括单芯片微控制器，如ARM、Cortex，以及FPGA、微芯片、ASIC和DSP。在当前形势下，嵌入式系统的用途是无限的。但是，微控制器中的软件只能解决有限的问题。嵌入式系统可以执行多种任务，同样适合与不同的系统和设备连接。嵌入式系统适用于空间、交通、通信、机械系统、家用电器等领域，应用领域非常广泛，用途包括家电、办公自动化、安全、媒体传输、仪器仪表、娱乐、航空、银行和汽车等。

29.2.1 用于路灯控制的嵌入式系统

这种系统的根本目的是识别公路上车辆的分布与行进情况，并打开其前方的路灯，然后在车辆通过路灯后关闭路灯，以节约能源。

29.2.2 用于工业温度控制的嵌入式系统

机械温度调节器用于根据需要控制现代应用中任何微小元件的温度。它能显示一定范围内的温度。其电路的核心是构成嵌入式系统的微控制器。

29.2.3 用于交通信号控制的嵌入式系统

该系统的基本目标是规划一个基于交通流量的交通灯架构。在每个交叉路口，信号灯都会根据交通流量自然地发生变化。交通堵塞是全球众多城市社区的一个重要问题，给工作者和旅行者带来了困扰。

29.2.4　用于车辆定位的嵌入式系统

这项任务背后的主要动机是利用 GPS 调制解调器定位车辆，减少车辆抢劫。调制解调器向预定义的多功能器发送短信，多功能器将信息存储在其中。LCD 显示屏用于显示数据。

29.2.5　用于战地侦察机器人的嵌入式系统

利用射频的创新技术的机械车辆可用于远距离活动，并配有用于监视的远程摄像头，这是世界上许多现代军队的共同特征。带有摄像头的机器人可以远程发送具有夜视能力的视频。这种机器人可用于军事中的侦察。图 29.7 是用于国防的无人侦察机的一个例子。

29.2.6　自动售货机

该系统需要一个微控制器来控制整个过程，显示屏为用户显示不同的信息，一个组件确认用户投入的硬币或纸币，并检查等价物，列出其价值。图 29.8 为自动售货机。在自动售货机上，用户可以选择购买某种商品，并在有可用现金的情况下退还额外的现金，并且现在有数以百万计的自动售货机正在使用这种类型的小型嵌入式系统。

图 29.7　智能无人机

图 29.8　自动售货机

29.2.7　机械臂调节器

机械臂调节器用于像人类手臂一样执行不同的动作，并完成特定的活动，主要是拾取和投放。机器人的手臂如图 29.9 所示。

29.2.8　路由器和交换机

网络系统由小型 / 中型 / 大型办公室中常见的大量交换机和路由器组成。它要求正确执行合法的协议并确保安全性。网络将通过嵌入式系统来实现。需要不同的端口来连接多PC架构中的各种PC，而控制这些PC需要接口。因此，这些都是嵌入式系统的例子。相关示例如图29.10所示。

图29.9 机械臂

图29.10 网络设备示例

29.2.9 工业FPGA

现场可编程门阵列（FPGA）是一种集成电路，即在电路制造完成后，客户仍可根据特定目的对其进行配置。在某种程度上，它可为特定应用重新定义功能。互连可以及时重新设计，允许FPGA在其使用寿命内适应变化，甚至有助于其他应用。

将FPGA的CLB设计成数百或数千个无差别的处理部件的能力，可应用于图像处理、AI、服务器农场设备、智能驾驶车辆等领域。

随着要求的提高以及新的公约和准则的采用，这些应用领域都在迅速变化。FPGA使制造商能够实现按需更新。其中一个真实应用案例是快速搜索：微软在其服务器农场中使用FPGA来执行Bing的搜索计算。

由于FPGA以相同的方式工作，它们具有更高的速度，因此可以用于处理复杂的计算问题，再加上可重新编程的能力，这使得FPGA成为既神奇又适应性强的器件。

例如，Amazon Web Services公司通过Xilinx FPGA来加快计算密集型应用的速度。FPGA在汽车中的应用如激光雷达和自动驾驶，可降低功耗。在商业领域，FPGA芯片为自动化和安全创新开辟了新的入口，这可以帮助企业和工厂应对安全隐患，并为工作环境中的机械化发展赋能。

FPGA被广泛应用于不同领域，例如临床设备、PC设备和无线电设备。此外，它们还被应用在生物信息学、语音识别技术、安全、有线或远程数据传输框架的各个方面，以及各种消费电子产品。由于FPGA具有大内存和大量的乘法器，因此也被用于信号处理。除此之外，它们也被用于图片和视频处理。

FPGA的最终目标是加快设备的计算速度，就像微软在其Catapult项目中所做的那样，加快伪神经系统或人工智能应用。这些非常适合用于低容量、垂直应用开发，因为它们可能比ASIC更经济。

与微控制器相比，FPGA 在物联网（IoT）的应用越来越成功，因为它允许以同权重和同步的方式快速准备多个计算点。

FPGA 还非常适合用于需要严格控制级别的顶级控制应用。

29.2.10 工业 PLC

可编程逻辑电路（PLC）可用于不同行业，例如钢铁、汽车、化工和能源行业。PLC 应用范围的显著增加，取决于其对所有不同领域带来的改进，例如，在旅游业中，利用 PLC 监测安全控制，并对电梯和升降机进行操作。

（1）玻璃行业

PLC 调节器已经在玻璃行业使用了相当长的一段时间。它们在很大程度上被用来控制材料比例，就像加工平板玻璃一样。多年来，由于这项技术一直在进步，这使得人们对玻璃行业中使用的 PLC 控制模式产生了更大的兴趣。玻璃的制造是一个复杂的过程，因此相关机构经常在其控制模式中使用具有新功能的 PLC。一般来说，PLC 既适用于玻璃制造中的简单信息记录，也适用于先进的质量和位置控制。

（2）造纸工业

在造纸工业中，PLC 用于不同的流程。例如，控制高速生产纸制品的机器，还可以控制和监测纸张的印刷过程。

（3）混凝土搅拌

混凝土搅拌包括在炉中混合不同的原材料。这些原材料的性质及其比例完全决定了最终产品的性质。为了保证正确质量和数量的原材料，可通过 PLC 监测这些工艺因素的相关信息。

（4）工业设备

PLC 可用于企业的循环控制系统。例如，PLC 可用于控制球磨机、煤炉和竖炉。PLC 编程在不同企业中的应用实例还包括航空部门的水箱熄火系统、食品行业的灌装机控制系统、纺织行业的机械批量清洗机控制系统等。

移动自动化中的 PLC 还受到了来自不同顶级行业制造商的巨大影响，例如 Allen Bradley 和 Omron。

29.3 小结

超大规模集成电路（VLSI）和嵌入式系统的应用对我们的生活产生了很大的影响。从整体上看，这些技术非常了不起，在众多设备、各类工作、机械控制系统、现代仪器和家用电器中发挥着不可或缺的作用。由于 VLSI 和嵌入式系统控制着如此众多的设备，没有它们，企业便将不复存在。它们提供的计算机化为企业创造了福利、提高了效率。例如，如果一家开发机构在其机器上安装了 VLSI 和嵌入式系统，那么在其中一台机器出现安全隐患之前，该系统就会发出警报，提示人们需要进行设备调整。此外，许多人手中都有先进的机器和智能手机，它们对工作和生活起到了促进作用。老板可以使用不同的设备与员工打交道，如果设备无法执行任务，可能不会收到警报，这就会造成问题。设备也可以在流水线上重复执行类似的任务，而不会出错或需要休息，因为人们可以监控它们，并在问题出现之前采取措施。如果没有 VLSI 和嵌入式系统，自动化的进步将无从谈起。物联网（IoT）带来的现代变革使 VLSI 和嵌入式系统在工业中变得更加常见。

参考文献

[1] Wikipedia, [Online]. Available: https://en.wikipedia.org/wiki/Very_Large_Scale_Integration. [Accessed: 21 Sep., 2020].

[2] Tutorialspoint. [Online]. Available: https://www.tutorialspoint.com/vlsi_design/vlsi_design_digital_system.html. [Accessed: 13 Oct., 2019].

[3] Howtogeek. [Online]. Available: https://www.howtogeek.com/394267/what-do-7nm-and-10nm-mean-and-why-do-they-matter/. [Accessed: 12 Nov., 2020].

[4] Autonomous Robots: https://upload.wikimedia.org/wikipedia/commons/0/02/Hannover_-_CeBit_2015_-_DT_Industrie_40_-_Roboter_008.jpg [Accessed: 5 June, 2021].
https://creativecommons.org/licenses/by-sa/3.0/deed.en, CeBIT 2015Deutsche Telekom (Booth CeBIT)Internet of things, CC-BY-SA-3.0Pictures by Mummelgrummel

[5] Industrial Robots: https://en.wikipedia.org/wiki/Smart_manufacturing#/media/File:BMW_Leipzig_MEDIA_050719_Download_Karosseriebau_max.jpg
https://creativecommons.org/licenses/by-sa/2.0/de/deed.en
CC BY-SA 2.0 de view terms [Accessed: 15 Jun., 2021].

[6] Airbus. [Online]. Available: https://www.airbus.com/newsroom/news/en/2014/07/airbus- moves-forward-with-its-factory-of-the-future-concept.html. [Accessed: 25 Feb., 2020].

[7] EcoStruxure. [Online]. Available: https://www.se.com/ww/en/work/campaign/innovation/overview.jsp. [Accessed: 30 Mar., 2020].

[8] EETimes. [Online]. Available: https://www.eetimes.com/software-sizes-digitally-controlled-transmissions/. [Accessed: 28 Feb., 2020].

[9] Polymerlogistics. [Online]. Available: https://www.polymerlogistics.com/. [Accessed: 30 Jun., 2020].

[10] New Atlas. [Online]. Available: https://newatlas.com/health-wellbeing/audi-exoskeleton-trial-ingolstadt/. [Accessed: 2 Jul., 2020].

[11] Engineering. [Online]. Available: https://www.engineering.com/ElectronicsDesign/ElectronicsDesignArticles/ArticleID/5791/Applications-Processors-The-Heart-of-the-Smartphone.aspx. [Accessed: 13 Jul., 2020].

[12] Qualcomm. [Online]. Available: https://www.qualcomm.com/snapdragon. [Accessed: 18 Jul., 2020].

[13] AMD Ryzen 5. [Online]. Available: https://commons.wikimedia.org/wiki/File:Ryzen_5_1600_CPU_on_a_motherboard.jpg
https://creativecommons.org/licenses/by-sa/4.0/deed.en [Accessed: 19 June, 2021].

[14] 5G Network. [Online]. Available: https://upload.wikimedia.org/wikipedia/commons/4/43/Celluar_Antenna_with_tower_for_5G.jpg
https://creativecommons.org/licenses/by-sa/4.0/ [Accessed: 22 June, 2021].

[15] Wikichip. [Online]. Available: https://en.wikichip.org/wiki/neural_processor. [Accessed: 26- Jul- 2020].

[16] Program-plc. [Online]. Available: https://program-plc.blogspot.com//08/application-of-2010plc-in-glass-industry.html. [Accessed: 29 Jul., 2020].

[17] Study. [Online]. Available: https://study.com/academy/lesson/programmable-logic-controllers-plc-in-industrial-networks-definition-applications-examples.html. [Accessed: 2 Aug., 2020].

[18] Gbctechtraining. [Online]. Available: https://www.gbctechtraining.com/blog/PLC-Applications-in-our-Everyday-Lives. [Accessed: 5 Aug., 2020].

[19] Wikipedia. [Online]. Available: https://en.wikipedia.org/wiki/Embedded_system. [Accessed: 9 Aug., 2020].

[20] The Engineering Projects. [Online]. Available: https://www.theengineeringprojects.com/2016/11/examples-of-embedded-systems.html. [Accessed: 12 Aug., 2020].

[21] Vending Machine. [Online]. Available: https://upload.wikimedia.org/wikipedia/commons/5/51/Otsuka_vending_machines_in_Kita-ku%2C_Osaka.jpg
https://creativecommons.org/licenses/by/4.0/ [Accessed: 15 June, 2021].

[22] Elprocus. [Online]. Available: https://www.elprocus.com/embedded-systems-real-time-applications/. [Accessed: 17 Aug., 2020].

[23] Robot Arm. [Online]. Available: https://upload.wikimedia.org/wikipedia/commons/a/a4/CNX_UPhysics_11_02_RobotArm.png.
https://creativecommons.org/licenses/by/4.0/ [Accessed: 15 June, 2021].

[24] Electronics Hub. [Online]. Available: https://www.electronicshub.org/embedded-system-real-time-applications/. [Accessed: 17 Aug., 2020].

[25] Market Research. [Online]. Available: https://blog.marketresearch.com/embedded-systems-and-the-internet-of-things-iot: :text=Embedded_systems. [Accessed: 19 Aug., 2020].

[26] DJI. [Online]. Available: https://www.dji.com. [Accessed: 21 Aug., 2020].

[27] Sony. [Online].https://www.wallpaperflare.com/black-camera-accessory-lot-buttons-circuits-close-up-components-wallpaper-avxef [Accessed: 15 June, 2020].

[28] Fitbit. [Online]. https://upload.wikimedia.org/wikipedia/commons/7/78/FitBitIonicWorkOutMode092917.jpg
https://commons.wikimedia.org/wiki/Category:CC-BY-4.0 [Accessed: 15 June, 2021].

[29] Network Switch. [Online]. Available: https://upload.wikimedia.org/wikipedia/commons/e/e5/Network_switches.jpg
https://creativecommons.org/licenses/by-sa/3.0/ [Accessed: 25 June, 2021].

[30] SMD Smart Drone. [Online]. Available: https://upload.wikimedia.org/wikipedia/commons/b/b8/2015_Dron_DJI_Phantom_3_Advanced.jpg
https://creativecommons.org/licenses/by-sa/4.0/deed.en, [Accessed: 25 June, 2021].

结束语

数字逻辑设计是电气和计算机工程领域的基础。数字逻辑设计师同时使用电气和计算特性来构建复杂的电子元件。这些特性可能涉及功率、电流、逻辑函数、协议和用户输入。同样，超大规模集成电路（VLSI）设计用于开发硬件，如电路板和微芯片处理器。这类硬件处理计算机、导航系统、手机或其他高科技系统中的用户输入、系统协议和其他数据。本书旨在设计高性能和具有成本效益的超大规模集成电路，需要现代数字设计的各个方面的知识。由于超大规模集成电路已经从一种神奇而昂贵的技术转变为日常必需品，研究人员已经将超大规模集成电路设计的重点从电路设计转向先进的逻辑和系统设计。对超大规模集成电路设计的研究作为一个系统设计学科，需要这样的一本书，考虑一些不同的领域，而不仅是电路设计的研究。在这本书中，对于不同主题的设计，一方面是通过讨论电路，另一方面是通过架构选择来平衡的。

二元决策图（BDD）是一种有源的有向无环图，其中有一个或两个出度为 0 或 1 的终端节点，以及一组出度为 2 的变量节点。BDD 及其变体是一类数据结构，已成功应用于具有大型状态空间的系统的形式验证。本书介绍了 BDD 的变体，以支持系统验证和性能分析所需的定量计算。例如，多端 BDD（MTBDD）是 BDD 的一种推广，其中可以有多个叶节点，每个节点都标有一个不同的值。假设向量中作为条目的不同值集合很小，那么向量的 MTBDD 表示就会非常紧凑。MTBDD 也可用来表示矩阵，而向量 / 矩阵乘法等计算可通过 MTBDD 表示来高效执行。本书还介绍了 BDD 的其他各种变体，包括共享 MTBDD、多值决策图（MDD）和多值伪克罗内克决策图。

多值电路扫描可通过使用多值信号直接实现逻辑，或者通过使用多个二进制信号来表示一个多值信号，从而间接地用二进制电路实现逻辑。近年来，集成电路技术取得了长足的进步，这使得采用两级以上离散信号的电子电路变得可行，并引起了人们的极大兴趣。这种电路被称为多值逻辑电路，为改进现代 VLSI 设计提供了若干潜在的机会。事实上，一些商业产品已经受益于多值逻辑，这被认为是 VLSI 的重要性在下一代电子系统中被认识到的第一步。多值逻辑系统已经吸引了许多研究人员的关注。一些研究人员被该领域丰富的逻辑结构吸引，其丰富性超越了人们熟悉的二进制环境。另一些研究人员则致力于开发潜在的实际应用，以证明该领域的吸引力不仅在于其学术价值，还在于存在利用高阶方法改进数字系统的大量机会。综合技术的发展促进了二进制开关理论的多值网络设计。本书介绍了一些著名的多值元素和基本函数的电子实现方法。计算机应用（如图像处理）需要非常高的算术处理速度，因此有必要探索电路设计的潜在领域，以提高集成电路（IC）的处理速度。

可编程逻辑器件（PLD）是一种集成电路，它包含大量门电路、触发器等，用户可对其进行配置以执行不同的功能。PLD 的内部逻辑门和连接可通过编程进行配置。PLD 包含多个逻辑元件，如触发器以及与门和或门，用户可对其进行配置。在编程过程中，用户可使用专用软件应用程序修改内部逻辑和连接。将信息输入这些设备的过程称为编程。基本上，用户可以对这些设备或集成电路进行电气编程，以便根据要求实现布尔函数。这里的编程指的是硬件编程，而不是软件编程。当今最著名的 PLD 技术，即 FPGA（现场可编程门阵列），在电信、汽车电子或自动化技术等越来越多的领域得到了广泛应用。PLD 使许多用户、设计人员和制造商能够实现令人难以置信的创新和惊人技术，其核心是在各种应用中生产基于逻辑的解决方案。PLD 降低了功耗和成本，集成了许多其他替代品无法实现的功能，使其成为许多不同背景和行业用户的首选。

数字逻辑电路通常被称为开关电路，因为在数字电路中，电压电平被假定为从一个值瞬间切换到另一个值。因为最简单的数字电路由逻辑门（数字计算机的构件）构成，所以这些电路被称为逻辑电路。由于现实世界中遇到的大多数物理变量都是连续的，因此数字电路用比特串来模拟连续函数；使用的比特越多，就越能准确地表示连续信号。例如，如果用 16 个比特来表示一个变化的电压，信号就可以被分配为 65000 多个不同值中的一个。与模拟电路相比，数字电路对噪声的抗干扰能力更强，而且数字信号可被存储和复制而不会衰减。对于简单的数字电路，可以很容易地采用传统的电路设计方法，但对于复杂的数字电路，传统的电路设计方法因耗时长而难以奏效。相反，遗传编程主要用于自动生成程序。本书介绍了设计算术电路（通常是数字电路）的现代方法。

本书涵盖了现代 VLSI 和嵌入式系统的设计程序和工作机制，这些领域的研究人员正在高效地使用先进的嵌入式系统。除了理论知识外，书中还加入了一些 VLSI 和嵌入式系统的实际应用，让读者能够真正了解这些主题。无论是从业者还是高年级本科生或研究生，都将从本书中受益匪浅。对于学生来说，VLSI 设计课程的最大收获是将以前学到的电路、逻辑和架构设计基础知识融会贯通，从而理解不同抽象层次之间所存在的权衡关系。从事 VLSI 设计或开发 VLSI CAD 工具的专业人员可以利用本书来温习设计过程中较少涉及的部分内容。

作者简介

Hafiz Md. Hasan Babu 博士目前担任孟加拉国达卡大学工程与技术学院院长以及计算机科学与工程系教授，他还是该系的前系主任。2016 年 7 月 13 日至 2020 年 7 月 12 日，他担任孟加拉国国立大学副校长。由于其卓越的学术和行政能力，他还担任孟加拉国达卡大学机器人与机电一体化工程系教授和创始系主任。他曾担任世界银行高级顾问和孟加拉国 Janata 银行有限公司信息技术与管理信息系统部门总经理。他曾经还是孟加拉国最高法院项目执行委员会的世界银行常驻信息技术专家。他还是卫生和家庭福利部卫生经济部门的信息技术顾问，参与了德国金融合作组织通过德国复兴信贷银行（KfW）直接监督和资助的“SSK（Shasthyo Shurokhsha Karmasuchi）和社会健康保护计划”项目。Hafiz Md.Hasan Babu 教授于 1992 年获得捷克政府奖学金，获得捷克共和国布尔诺理工大学计算机科学与工程硕士学位。2000 年，获日本政府奖学金，在日本九州工业大学攻读博士学位。他还获得了 DAAD（德国学术交流中心）奖学金。

Hasan Babu 教授是一位杰出的研究者。他在三次著名的国际会议上获得了最佳论文奖。为了表彰他在计算机科学和工程领域的宝贵贡献，他获得了 2015 年孟加拉国科学院 M.O. 加尼博士纪念金奖，这是孟加拉国最负盛名的研究奖项之一。他还被授予 2017 年孟加拉国大学教育资助委员会金奖。他在国际知名期刊上（*IET Computers & Digital Techniques*，*IET Circuits and Systems*，*IEEE Transactions on Instrumentation and Measurement*，*IEEE Transactions on VLSI Systems*，*IEEE Transactions on Computers*，*Elsevier Journal of Micro electronics*，*Elsevier Journal of Systems Architecture*，*Springer Journal of Quantum Information Processing*，等等）发表了 100 多篇研究文章，并参加国际会议。根据谷歌学术的数据，Hasan Babu 教授的论文已有大约 1332 次引用，h 指数为 17，i10 指数为 31。他是著名国际期刊和国际会议的定期审稿人。他在不同国家举行的许多国际会议上发表了受邀演讲，或主持了科学会议，或者担任了组织委员会或国际咨询委员会的成员。他还是英国工程技术学会出版的 *IET Computers & Digital Techniques* 的副主编。

Hasan Babu 教授因其在工程科学领域的国家和国际级贡献，被任命为孟加拉国政府总理信息通信技术任务组委员会的成员。他目前是孟加拉国计算机协会主席，也是国际互联网协会孟加拉国分会主席。他还被任命为孟加拉国政府高等教育认证委员会的兼职成员，以确保孟加拉国高等教育的质量。